Word/Excel/PPT 2016

恒盛杰资讯 编著

完全自学教程

U0231944

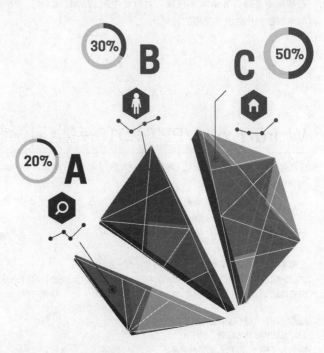

机械工业出版社
China Machine Press

图书在版编目（CIP）数据

Word/Excel/PPT 2016 完全自学教程／恒盛杰资讯编著. —北京：机械工业出版社，2017.2（2019.3 重印）

ISBN 978-7-111-55979-5

Ⅰ. ①W… Ⅱ. ①恒… Ⅲ. ①办公自动化－应用软件－教材 Ⅳ. ① TP317.1

中国版本图书馆 CIP 数据核字（2017）第 029117 号

Office 是由微软公司开发的风靡全球的办公软件套装，其中的 Word、Excel、PowerPoint 三大组件在办公中最为常用。本书以初学者的需求为立足点，以 Office 2016 为软件平台，通过大量详尽、直观的操作解析，让读者通过自学就能快速掌握三大组件，轻松晋级办公达人。

全书共 18 章，可分为 5 个部分。第 1 部分讲解 Office 2016 的安装、启动与操作环境设置及文档的新建、打开、保存、共享等通用基本操作。第 2 部分讲解 Word 2016 的操作，包括文本的输入、编辑与格式设置，运用图片、图形、视频、表格让文档更专业，文档的页面布局设置与打印输出，文档的审阅与保护，Word 2016 的高效办公技巧等内容。第 3 部分讲解 Excel 2016 的操作，包括工作簿、工作表和单元格的基本操作，数据的输入与格式化，公式与函数的应用，数据的分析与处理，图表和数据透视表（图）的应用，工作表的打印输出与安全设置等内容。第 4 部分讲解 PowerPoint 2016 的操作，包括演示文稿制作的基本操作、母版和动画效果的应用、幻灯片的放映与打包等内容。第 5 部分以综合实例的形式对三个组件的应用进行了回顾与拓展。

为方便自学者学习，书中还精心设置了一些栏目："知识点拨"和"助跑地带"解析难点、介绍诀窍、延展知识，开阔读者的眼界；"同步实践"则供读者通过实际动手操作检验和巩固学习效果。

本书内容全面、编排合理、图文并茂、实例典型，不仅适合广大 Office 新手自学，而且能够帮助有一定基础的读者掌握更多的 Office 实用技能，对需要使用 Word、Excel、PowerPoint 的办公人员也极具参考价值，还可作为大中专院校和社会培训机构的教材。

Word/Excel/PPT 2016 完全自学教程

出版发行：机械工业出版社（北京市西城区百万庄大街 22 号　邮政编码：100037）

责任编辑：杨　倩

印　　刷：北京天颖印刷有限公司　　　　　　版　次：2019 年 3 月第 1 版第 3 次印刷

开　　本：184mm×260mm　1/16　　　　　印　张：26.5

书　　号：ISBN 978-7-111-55979-5　　　　定　价：69.00 元

凡购本书，如有缺页、倒页、脱页，由本社发行部调换

客服热线：(010) 88379426　88361066　　　　投稿热线：(010) 88379604

购书热线：(010) 68326294　88379649　68995259　　读者信箱：hzit@hzbook.com

版权所有 · 侵权必究

封底无防伪标均为盗版

本书法律顾问：北京大成律师事务所　韩光 / 邹晓东

PREFACE 前 言

　　随着微软 Office 办公软件套装的日渐流行，熟练运用 Office 套装中的 Word、Excel、PowerPoint 三大组件已成为职场人士的必备技能。本书以 Office 2016 为软件平台，通过大量详尽、直观的操作解析，让读者通过自学就能快速掌握三大组件，轻松晋级办公达人。

◎内容结构

　　全书共 18 章，可分为 5 个部分。第 1 部分为第 1 章，主要讲解 Office 2016 的安装、启动与操作环境设置及文档的新建、打开、保存、共享等通用基本操作。第 2 部分包括第 2 ～ 7 章，讲解 Word 2016 的操作，包括文本的输入、编辑与格式设置，运用图片、图形、视频、表格让文档更专业，文档的页面布局设置与打印输出，文档的审阅与保护，Word 2016 的高效办公技巧等内容。第 3 部分包括第 8 ～ 13 章，讲解 Excel 2016 的操作，包括工作簿、工作表和单元格的基本操作，数据的输入与格式化，公式与函数的应用，数据的分析与处理，图表和数据透视表（图）的应用，工作表的打印输出与安全设置等内容。第 4 部分包括第 14 ～ 17 章，讲解 PowerPoint 2016 的操作，包括演示文稿制作的基本操作、母版和动画效果的应用、幻灯片的放映与打包等内容。第 5 部分为第 18 章，以综合实例的形式对三个组件的应用进行了回顾与拓展。

◎编写特色

　　★**内容全面，编排合理**：本书涵盖了三大组件在实际工作中最常用的功能，内容丰富、实用。按照组件及功能划分的模块化结构，也便于读者根据需要自由选择学习内容。

　　★**图文并茂，浅显易懂**：本书的每个知识点均从自学者的需求出发，用通俗易懂的语言做详尽讲解，并配以大量屏幕截图，直观、清晰地展示操作效果，易于理解和掌握。

　　★**边学边练，自学无忧**：办公软件的学习重在实践。本书配套的云空间资料完整收录了书中全部实例的原始文件和最终文件，读者按照书中的讲解，结合实例文件动手操作，能够更加形象、直观地理解和掌握知识点。

◎读者对象

　　本书不仅适合广大 Office 新手自学，而且能够帮助有一定基础的读者掌握更多的 Office 实用技能，对需要使用 Word、Excel、PowerPoint 的办公人员也极具参考价值，还可作为大中专院校和社会培训机构的教材。

　　由于编者水平有限，在编写本书的过程中难免有不足之处，恳请广大读者指正批评，除了扫描二维码添加订阅号获取资讯以外，也可加入 QQ 群 227463225 与我们交流。

编者

2017 年 1 月

如何获取云空间资料

步骤 1: 扫描关注微信公众号

在手机微信的"发现"页面中点击"扫一扫"功能,如左下图所示,页面立即切换至"二维码/条码"界面,将手机对准右下图中的二维码,即可扫描关注我们的微信公众号。

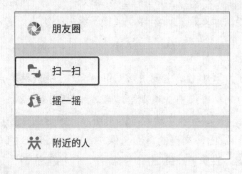 

步骤 2: 获取资料下载地址和密码

关注公众号后,回复本书书号的后 6 位数字"559795",公众号就会自动发送云空间资料的下载地址和相应密码。

步骤 3: 打开资料下载页面

方法 1:在计算机的网页浏览器地址栏中输入获取的下载地址(输入时注意区分大小写),按 Enter 键即可打开资料下载页面。

方法 2:在计算机的网页浏览器地址栏中输入"wx.qq.com",按 Enter 键后打开微信网页版的登录界面。按照登录界面的操作提示,使用手机微信的"扫一扫"功能扫描登录界面中的二维码,然后在手机微信中点击"登录"按钮,浏览器中将自动登录微信网页版。在微信网页版中单击左上角的"阅读"按钮,如右图所示,然后在下方的消息列表中找到并单击刚才公众号发送的消息,在右侧便可看到下载地址和相应密码。将下载地址复制、粘贴到网页浏览器的地址栏中,按 Enter 键即可打开资料下载页面。

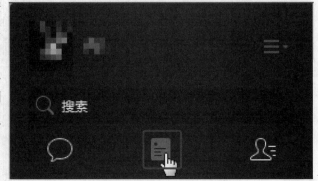

步骤 4: 输入密码并下载资料

在资料下载页面的"请输入提取密码:"下方的文本框中输入下载地址附带的密码(输入时注意区分大小写),再单击"提取文件"按钮,在新打开的页面中单击右上角的"下载"按钮,在弹出的菜单中选择"普通下载"选项,即可将云空间资料下载到计算机中。下载的资料如为压缩包,可使用 7-Zip、WinRAR 等解压软件解压。

CONTENTS 目　录

第3章　插入图片、图形或视频增强文档吸引力

第4章　制作更专业的文档表格

第5章　页面布局的设置与打印

第6章　文档的审阅与保护

第7章　实现 Word 2016 高效办公

第8章　Excel 2016 初接触

第9章 公式与函数的应用

第10章 数据的分析与处理

第11章 数据的可视化——图表的应用

第 12 章 数据透视表与数据透视图的使用

第 13 章 工作表的打印输出与安全设置

第 14 章 PowerPoint 2016 初接触

第15章　使用母版统一演示文稿风格

第16章　演示文稿由静态到动态的转变

第17章　幻灯片的放映与打包

第18章　运用 Office 制作商业计划书

第1章 体验全新的Office 2016

Office办公软件以界面友好、操作简单和功能齐全等强大优势得到了广大办公人员的青睐。Office 2016 在以前版本的基础上新增了许多人性化的功能，操作起来更为简单、方便和快捷。为了让用户尽快掌握 Office 2016 的应用技巧，本章将从最基本的软件安装、界面认识和基础操作开始介绍。

1.1 Office 2016 的安装与启动

Office 2016 并非 Windows 操作系统自带的应用软件，若要使用 Office 2016，首先必须将其安装到计算机中。Office 2016 和其他 Office 版本可以安装在同一台计算机中，只是在安装时需要选择自定义安装，不能选择升级安装，否则在安装高版本的 Office 软件程序时，会自动覆盖低版本。下面将简单介绍 Office 2016 的安装和启动等内容。

1.1.1 注册Microsoft账户

与之前所有的 Office 版本相比，Office 2016 融入了一些联机的新功能（如 OneDrive 云网盘），若要正常使用这些新功能，用户需要注册 Microsoft 账户。只需注册一个 Microsoft 账户就可以登录所有的 Microsoft 产品，包括 Office 办公软件。

步骤01 输入注册Microsoft账户的网址。启动IE浏览器，在地址栏中输入注册Microsoft账户的网址，例如输入https://login.live.com/，然后按【Enter】键，如图1-1所示。

步骤02 单击"创建一个"链接。打开Microsoft账户注册页面，在页面中单击"创建一个"链接，如图1-2所示。

图 1-1

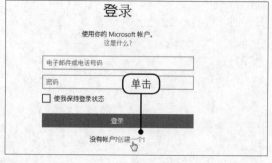

图 1-2

步骤03 输入姓名、用户名及密码。切换至"创建账户"界面，输入个人姓名、用户名和密码，若有电子邮件，可单击"改为使用电子邮件"按钮，如图1-3所示。

步骤04 获取新的电子邮件。单击后即可输入新的电子邮件，如图1-4所示，也可直接在上一步中新建电子邮件。

图 1-3

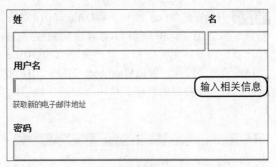

图 1-4

步骤05 完善个人信息。接着在页面中输入国家/地区、出生日期、性别，完善个人信息，如图1-5所示。

步骤06 填写电话号码。为保证账户安全，选择"国家/地区代码"，并填写电话号码和备用电子邮件地址，如图1-6所示。

步骤07 输入验证码。为确保创建用户的真实性，需要输入验证码，在"输入你看到的字符"文本框中输入上方图片中显示的字符，然后单击"创建账户"按钮，如图1-7所示。

图 1-5

图 1-6

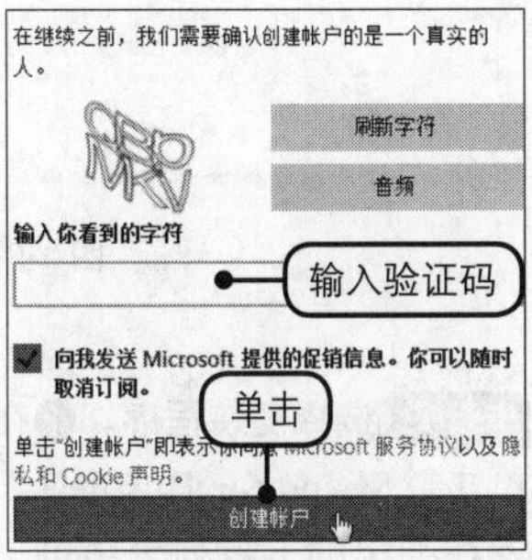

图 1-7

步骤08 注册成功。在新的页面中可看见账户摘要等信息，如图1-8所示，即注册成功。

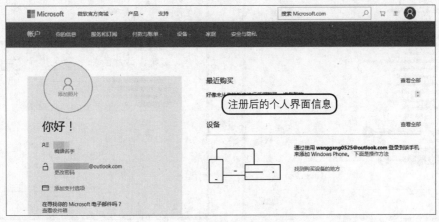

图 1-8

1.1.2　安装Office 2016

　　当计算机配置能够满足 Office 2016 的系统配置要求时，就可以安装 Office 2016 办公软件了。在安装过程中，用户可以根据自己的需求选择升级安装或者自定义安装。

步骤01 开始安装Office 2016。将Office 2016安装光盘放入光驱中,系统将自动运行安装程序并打开安装向导,也可在指定文件夹下双击Office 2016安装程序图标,弹出Microsoft Office 2016对话框,选择要安装的程序,单击"继续"按钮,如图1-9所示。

步骤02 选择自定义安装。在"选择所需的安装"界面中,有"立即安装"和"自定义"两个选项,这里选择"自定义"安装,单击"自定义"按钮,如图1-10所示。

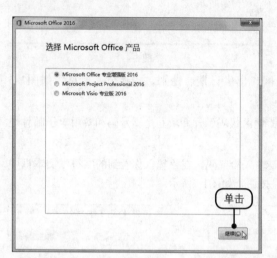

图 1-9

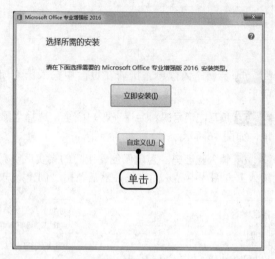

图 1-10

步骤03 选择安装程序。❶在"安装选项"列表中单击"Skype for Business"右侧的下三角按钮,❷在弹出的下拉列表中单击"不可用"选项,如图1-11所示。

步骤04 设置文件位置。❶切换至"文件位置"选项卡,❷单击"浏览"按钮选择文件安装路径,如图1-12所示。

图 1-11

图 1-12

步骤05 选择文件位置。弹出"浏览文件夹"对话框,❶选择安装的位置,❷单击"确定"按钮,如图1-13所示。

步骤06 填写用户信息。❶切换至"用户信息"选项卡,在"全名""缩写""公司/组织"文本框中填写相关信息,❷并单击"立即安装"按钮,如图1-14所示。

图 1-13

图 1-14

步骤07 显示安装进度。安装程序开始安装Office 2016的所有组件到指定的位置，并显示软件的安装进度，如图1-15所示。

步骤08 安装完成。安装完成后，程序提示已经安装好，此时单击"关闭"按钮即可，如图1-16所示。

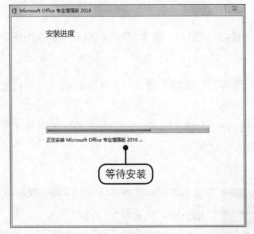

图 1-15

图 1-16

1.1.3　启动与退出Office程序

Office 2016 的启动与退出是使用 Office 时最基本的操作，只有启动了 Office 程序，用户才能正常使用它，而在使用完毕后可以直接退出 Office 程序。

1. 启动Office程序

Office 的启动方法主要有两种，第一种是利用"开始"菜单启动，第二种是利用桌面上的快捷图标启动。由于 Office 程序包括 Word、Excel 和 PowerPoint 等组件，而它们的启动方式是一样的，因此这里以 Word 为例介绍 Office 的启动方法。

方法1：利用"开始"菜单启动。❶单击"开始"按钮，❷在弹出的"开始"菜单中依次单击"所有程序> Word 2016"命令，如图1-17所示，即可启动Word 2016程序。

方法2：利用桌面上的快捷图标启动。双击桌面上的Word 2016快捷图标，如图1-18所示，同样可以启动Word 2016程序。

图 1-17   图 1-18

2. 退出Office程序

　　当用户使用完 Office 程序后便可退出，以释放其占用的系统资源。这里同样以 Word 2016 为例介绍退出 Office 程序的操作方法。

方法1：利用窗口控制按钮退出。在Word 2016窗口的右上角单击"关闭"按钮，如图1-19所示，即可退出Word 2016应用程序。

方法2：利用右键快捷菜单退出。在任务栏中右击要关闭的Word文档窗口图标，在弹出的快捷菜单中单击"关闭窗口"命令，如图1-20所示，即可退出Word 2016应用程序。

图 1-19   图 1-20

1.2 认识Office 2016界面

与 Office 2013 相比，Office 2016 在界面上没有大的变化，依然采用了基于 Ribbon 的用户界面，本节将介绍 Office 2016 三大组件的用户界面。

1.2.1 基于Ribbon的用户界面

Office 2010、Office 2013 和 Office 2016 均采用了 Ribbon 界面，即功能区界面。在 Office 程序中，Ribbon 界面是一个收藏了命令按钮和图示的面板，该面板包含了多个选项卡，而每个选项卡中又包含了大量的命令按钮与图示。这种界面最大的好处就是能够让用户对每个选项卡下的所有功能按钮一目了然，图 1-21 为 Word 2016 的 Ribbon 界面。需要指出的是，为了方便平板型计算机用户的办公，Office 2016 还推出了触摸模式，在触摸模式下，界面并没有发生大的变化，这里不再详述。

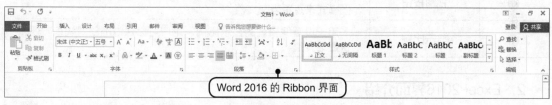

图 1-21

1.2.2 用户界面说明

在使用 Office 程序之前，用户有必要认识 Office 程序中一些常用组件的界面组成，以便在以后的学习中更快地掌握这些组件的功能和用途。常用的 Office 组件有 Word、Excel 和 PowerPoint，下面就分别介绍这三个组件的界面组成。

1. Word 2016界面介绍

Word 2016 的工作界面由"文件"按钮、快速访问工具栏、标题栏、窗口控制按钮、标签和功能区等部分组成，如图 1-22 所示，界面中各组成部分的名称及功能见表 1-1。

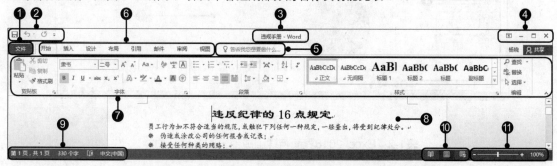

图 1-22

表1-1　Word 2016界面组成部分的名称及功能

编　号	名　称	功　能
❶	"文件"按钮	利用该按钮可以选择对文档执行新建、保存、打印等操作
❷	快速访问工具栏	该工具栏中集成了多个常用的功能按钮，默认状态下包括"保存""撤销""恢复"按钮，用户可以根据需要添加"新建""打开"等按钮

编号	名 称	功 能
❸	标题栏	用于显示文档的标题和类型
❹	窗口控制按钮	用于执行窗口的最大化、最小化或关闭操作
❺	智能搜索框	快速搜索用户想要使用的功能
❻	选项卡	位于标题栏下方，包括"开始""插入"等选项卡，单击任意标签可切换至对应的选项卡
❼	功能区	显示了当前选项卡所包含的功能按钮，例如切换至"开始"选项卡，便显示了复制、粘贴、字体设置和对齐方式设置等功能按钮
❽	编辑区	用于编辑和制作需要的文档内容
❾	状态栏	显示当前的状态信息，如页数、字数及输入法等
❿	视图按钮	提供页面、阅读和Web版式三种视图，用户可切换至任意视图模式来查看当前文档
⑪	显示比例	用于设置编辑区的显示比例，用户可以通过拖动滑块来方便快捷地调整

2. Excel 2016界面介绍

Excel 2016 的工作界面与 Word 2016 的工作界面组成基本上一致，都包括"文件"按钮、快速访问工具栏、窗口控制按钮、选项卡、功能区和状态栏等，但是也有不同的地方，Excel 2016 拥有 Word 2016 没有的组成元素，如名称框、编辑栏、行号、列标、工作表标签等。图 1-23 为 Excel 2016 的工作界面，表 1-2 列举了 Excel 2016 界面中特殊组成部分的名称及功能。

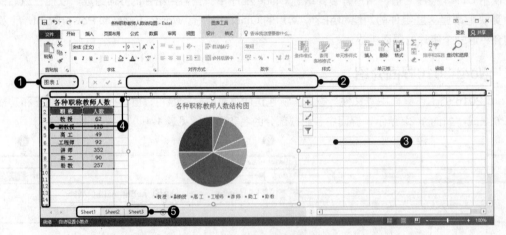

图 1-23

表1-2　Excel 2016界面特殊组成部分的名称及功能

编号	名 称	功 能
❶	名称框	显示或定义所选单元格或单元格区域的名称
❷	编辑栏	显示或编辑所选单元格中的内容
❸	编辑区	由大量的单元格组成，用户可对任一单元格或单元格区域进行操作
❹	行号与列标	显示工作表中的行与列，行以1、2、3、4……编号，列以A、B、C、D……编号
❺	工作表标签	显示当前工作簿中各工作表的名称，如Sheet1、Sheet2、Sheet3……

3. PowerPoint 2016 界面介绍

PowerPoint 2016 的界面与 Word 2016 和 Excel 2016 在窗体组成结构方面是一样的，另外，PowerPoint 2016 中带有与自身演示特点相关的一些组成元素，如幻灯片/大纲浏览窗格、幻灯片窗格、备注窗格等。图 1-24 为 PowerPoint 2016 的操作界面，表 1-3 列举了 PowerPoint 2016 界面中特殊组成部分的名称及功能。

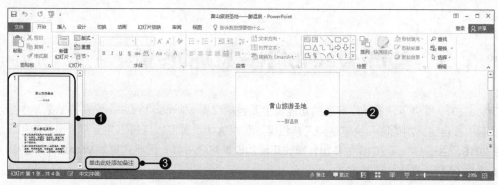

图 1-24

表1-3　PowerPoint 2016界面特殊组成部分的名称及功能

编　号	名　称	功　能
❶	幻灯片/大纲浏览窗格	显示幻灯片或幻灯片文本大纲的缩略图
❷	幻灯片窗格	显示当前幻灯片，用户可以在该窗格中对幻灯片内容进行编辑
❸	备注窗格	用于添加与幻灯片内容相关的注释，供演讲者演示文稿时参考

💡 助跑地带——在"打开"面板中固定文档到列表

Office 2016 中，除了可以通过 OneDrive 选项直接从 OneDrive 云网盘中打开文档，还提供了固定指定项目的功能。下面以 Word 2016 为例，介绍在"打开"界面中固定指定项目的操作方法。

（1）**单击"打开"命令。**新建一个空白文档，❶单击左上角的"文件"按钮，❷在弹出的菜单中单击"打开"命令，❸在"打开"面板中自动切换至了"最近"选项，如图1-25所示。

（2）**固定指定文档。**在右侧的界面中显示了最近访问的文档，若要固定某个最近访问的文档，则单击该文档右侧的"将此项目固定到列表"按钮，如图1-26所示。

（3）**查看固定后显示的文档效果。**此时可看到固定的文档与其他最近访问的文档分到了不同的组中，如图1-27所示。固定的文档将一直显示在"打开"的"最近"界面中，方便用户随时从此处打开该文档。

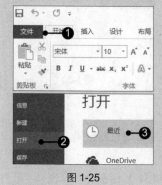

图 1-25

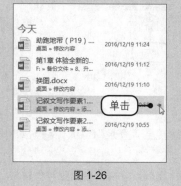

图 1-26

图 1-27

1.3 Office 2016操作环境的设置

Office 2016 提供了设置操作环境的功能，主要包括设置 Microsoft 账户、设置启动菜单中显示的文档数量以及自定义功能区和快速访问工具栏等，利用这些设置可以打造出完全符合用户使用习惯的 Office 2016。由于 Office 2016 中各组件操作环境的设置完全一样，因此这里以 Word 2016 为例来介绍 Office 2016 操作环境的设置方法。

1.3.1 设置Microsoft账户

Office 2016 为用户提供了登录 Microsoft 账户的功能，利用该功能既可以将当前文档同步到 OneDrive 云网盘中，又可以打开 OneDrive 云网盘中的文档。使用新注册的 Microsoft 账户登录后，账户中个人头像图片与 Office 背景、主题都是默认的，用户如果想要让操作界面具有自己的个人特色，可以自行设置这些内容，具体步骤如下。

步骤01 单击"账户"命令。新建一个空白文档，❶单击"文件"按钮，❷在弹出的"文件"菜单中单击"账户"命令，如图1-28所示。

步骤02 单击"登录"按钮。在右侧的"账户"界面中单击"登录"按钮，如图1-29所示。

步骤03 选择Microsoft账户。弹出"登录"对话框，❶输入账户的电子邮件地址或手机号码，❷单击"下一步"按钮，如图1-30所示。

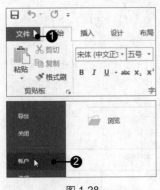
图 1-28

图 1-29

图 1-30

步骤04 输入Microsoft账户和密码。跳转至"登录"界面，❶输入Microsoft账户和密码，❷然后单击"登录"按钮，如图1-31所示。

步骤05 选择更改照片。返回Word 2016窗口，单击"更改照片"链接，如图1-32所示。

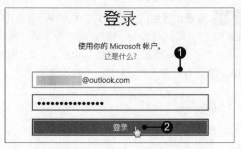

图 1-31

图 1-32

步骤06 选择更改图片。系统自动打开网页，单击"更改图片"选项，如图1-33所示。

步骤07 单击"浏览"按钮。跳转至新的页面，在页面中单击"浏览"按钮，如图1-34所示。

图 1-33

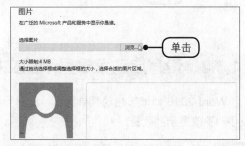

图 1-34

步骤08 选择要上传的图片。弹出"选择要加载的文件"对话框，❶在地址栏中选择图片的保存位置，❷在列表框中选中图片，❸然后单击"打开"按钮，如图1-35所示。

步骤09 调整图片的显示内容。返回页面，在页面中拖动调整图片的显示内容，然后单击"保存"按钮，如图1-36所示。

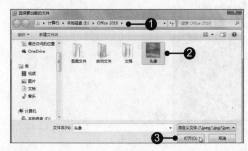

图 1-35

图 1-36

步骤10 单击"个人资料"选项。返回"个人资料"页面，若要编辑相关信息，则在"我的个人资料"下方单击"个人资料"选项，如图1-37所示。

步骤11 单击"编辑"选项。跳转至新的页面，个人信息在注册账户时已经填写，所以只需编辑工作信息即可，在"工作信息"下方单击"编辑"选项，如图1-38所示。

图 1-37

图 1-38

步骤12 编辑工作信息。跳转至新的页面，在页面中设置工作寻呼机、工作传真以及工作电子邮件等信息，设置完成后单击"保存"按钮，如图1-39所示。

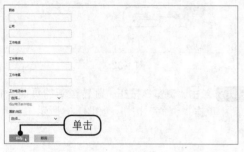

图 1-39

步骤13 查看设置后的头像图片。返回Word 2016文档窗口，当重新登录账户时，在"账户"界面中可看见更改的头像图片，如图1-40所示，最后设置Office背景为"春天"，Office主题为"白色"。

图 1-40

1.3.2　设置启动菜单显示的文档数量

　　Word 2016 新增了启动菜单界面，该界面将显示最近使用的文档，系统默认显示 25 个，用户可以手动更改显示的数量。

步骤01 查看启动菜单默认显示的文档数量。启动Word 2016组件，可以看见显示最近使用的Word文件数量，单击右侧的"空白文档"图标，如图1-41所示。

图 1-41

步骤02 单击"选项"命令。新建一个空白文档，❶单击左上角的"文件"按钮，❷在弹出的"文件"菜单中单击"选项"命令，如图1-42所示。

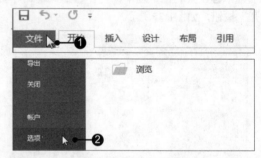

图 1-42

步骤03 设置显示的最近使用文档数量。弹出"Word选项"对话框，❶单击左侧的"高级"选项，❷然后在右侧的"显示"组中设置最近使用文档的显示数目，例如设置只显示3个，如图1-43所示，然后单击"确定"按钮。

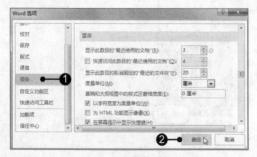

图 1-43

步骤04 查看设置后显示的文档数量。再次启动Word组件，此时可在左侧看见显示的最近使用文档数量为3，如图1-44所示，即设置成功。

图 1-44

知识点拨　认识Word默认设置的最近使用文档显示数量

Word 默认设置在启动菜单中显示的最近使用文档数量为 25，该数量其实是显示的最大值，当使用的文档数量小于 25 时，则不会显示 25 个最近使用的文档；当使用的文档数量大于 25 时，则只显示 25 个最近使用的文档。

1.3.3　自定义功能区

Office 2016 提供了自定义功能区的功能，用户使用此功能可以在功能区中自定义新的选项卡，并且可以将现有功能区中的按钮或命令位置进行调整，例如在 Word 2016 中创建一个名为“文本设置”的选项卡，并将“开始”选项卡中“字体”和“段落”组以及“插入”选项卡中的“文本”组的命令移至该选项卡中。

步骤01 **单击“选项”命令。** 启动Word 2016后新建一个空白文档，❶单击“文件”按钮，❷在弹出的“文件”菜单中单击“选项”命令，如图1-45所示。

步骤02 **新建选项卡。** 弹出“Word 选项”对话框，❶单击“自定义功能区”选项，❷然后在右侧的“自定义功能区”下方单击“新建选项卡”按钮，如图1-46所示。

步骤03 **选择重命名选项卡。** ❶可看见新建的选项卡，❷单击“重命名”按钮，如图1-47所示。

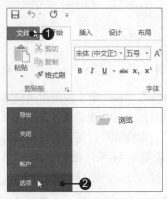

图 1-45

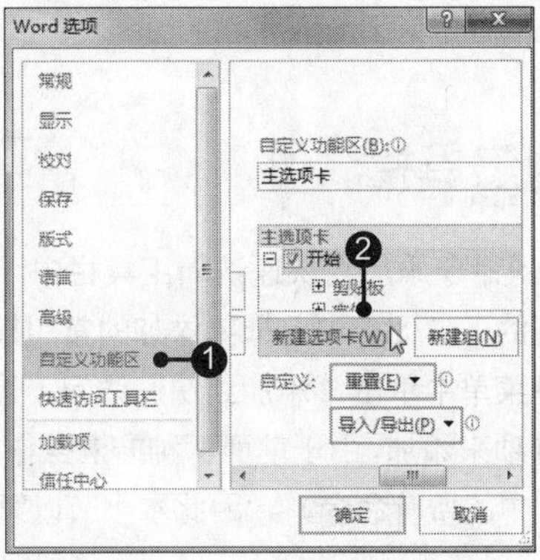

图 1-46

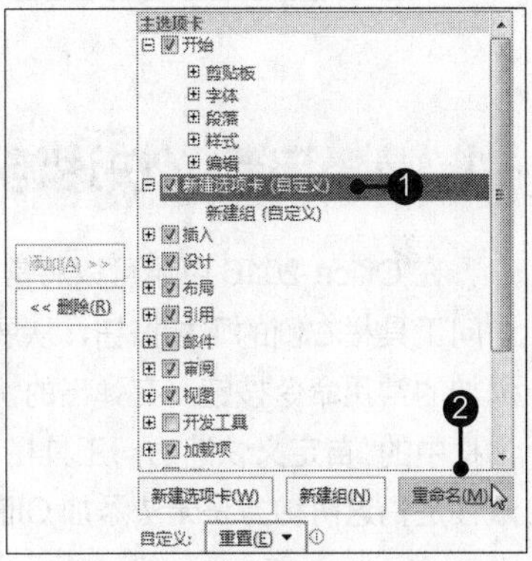

图 1-47

步骤04 **输入选项卡名称。** 弹出“重命名”对话框，在“显示名称”文本框中输入选项卡名称，例如输入“文本”，如图1-48所示，然后单击“确定”按钮。

步骤05 **移动现有命令组。** ❶在“主选项卡”列表框中单击“开始>字体”选项，❷然后单击“下移”按钮，如图1-49所示。

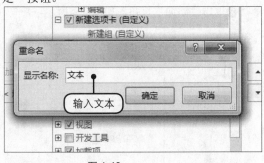

图 1-48

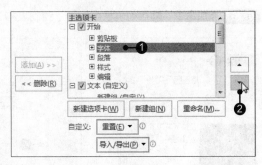

图 1-49

步骤06 **移至“文本”选项卡中。** 继续单击“下移”按钮，将选中的“字体”组移至“文本”选项卡中，如图1-50所示。

步骤07 移动"段落"和"文本"组。使用相同的方法将"开始>段落"和"插入>文本"组命令移至"文本"选项卡中，如图1-51所示。

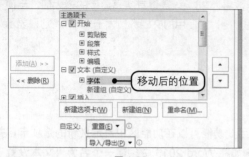

图 1-50

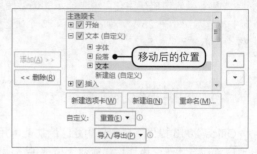

图 1-51

步骤08 显示自定义选项卡的信息。设置完成后单击"确定"按钮返回文档中，可以看到在功能区中添加了"文本"选项卡，并显示了"字体""段落"和"文本"选项组，如图1-52所示。

图 1-52

1.3.4　自定义快速访问工具栏

在 Office 2016 中还可以将常用的命令添加到快速访问工具栏中，方法有 3 种：第 1 种是使用快速访问工具栏右侧的下拉按钮，从展开的下拉列表中选择要添加的常用按钮；第 2 种是在功能区中右击要添加的常用命令按钮，在弹出的快捷菜单中单击"添加到快速访问工具栏"命令即可；第 3 种是利用对话框中的"自定义快速访问工具栏"选项来添加。由于前面两种方法操作比较简单且存在一定的局限性（局限性是指这两种方法无法添加 Office 中的所有命令），因此本小节以第 3 种方法为例进行介绍。

步骤01 单击"选项"命令。启动Word 2016组件，新建一个空白文档，❶单击"文件"按钮，❷在弹出的"文件"菜单中单击"选项"命令，如图1-53所示。

步骤02 选择"不在功能区中的命令"选项。弹出"Word 选项"对话框，❶单击"快速访问工具栏"选项，❷单击"从下列位置选择命令"右侧的下三角按钮，❸在展开的下拉列表中单击"不在功能区中的命令"选项，如图1-54所示。

步骤03 添加命令。❶在列表框中选择"绘制表格"命令，❷单击"添加"按钮，如图1-55所示。

图 1-53

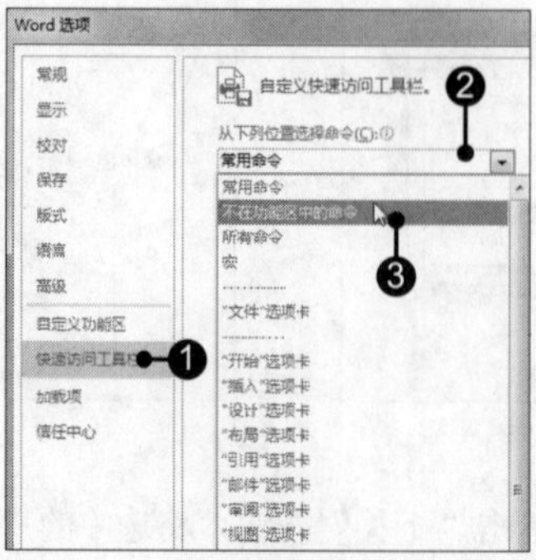

图 1-54

图 1-55

步骤04 保存退出。❶此时选中的"绘制表格"命令已添加至"自定义快速访问工具栏"列表框中，❷单击"确定"按钮，如图1-56所示。

步骤05 查看设置后的快速访问工具栏。此时可看到在快速访问工具栏中新增了"绘制表格"按钮，如图1-57所示。

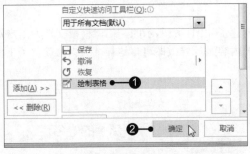

图 1-56

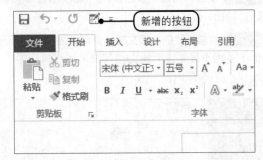

图 1-57

💡 助跑地带——功能区显示状态的设置

Office 2016 的功能区有三种显示状态：自动隐藏功能区、显示选项卡、显示选项卡和命令。程序默认的显示状态为显示选项卡和命令，当然，用户也可以按照下面介绍的方法选择任意一种显示状态。

（1）设置功能区只显示选项卡。新建一个空白文档，❶单击右上角的"功能区显示选项"按钮，❷在展开的下拉列表中选择功能区的显示状态，例如选择"显示选项卡"，如图1-58所示。

（2）查看更改显示状态后的功能区。此时可在界面中看见功能区只显示了选项卡，如图1-59所示。

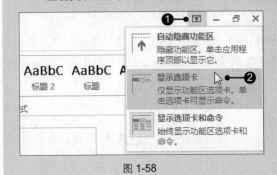

图 1-58

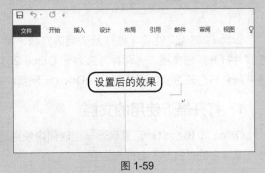

图 1-59

1.4 Office 2016三大组件的公用操作

Office 程序最常用的三大组件是 Word、Excel 和 PowerPoint，这三个组件有一些相同的操作，例如打开、新建、保存及关闭文档等，除此之外，加密文件、添加数字签名等基本保护功能也是这三个组件的公用操作。本节仍然以 Word 为例，来介绍三个组件的公用操作。

1.4.1 新建文档

在 Office 2016 中，用户可以选择新建空白文档和根据模板新建文档。其中新建空白文档在 1.3.2 小节进行了简单介绍，因此这里不再赘述，而根据模板新建文档是指根据 Office 提供的模板来创建新文档，其操作方法与创建空白文档相同，只是选择的模板不同。新建模板文档的具体操作如下。

原始文件：无

最终文件：下载资源 \ 实例文件 \ 第 1 章 \ 最终文件 \ 新建的模板文档 .docx

步骤01 选择"婚礼请柬"模板。启动Word 2016组件，❶在搜索栏中输入"请柬"进行搜索，❷在展示的结果中选择其中一个，这里选择第一个，如图1-60所示。

步骤02 单击"创建"按钮。此时显示出样本模板选项，选择需要的模板选项，然后单击"创建"按钮，如图1-61所示。

步骤03 查看创建的模板文档。此时根据所选模板样式创建了如图1-62所示的文档，模板文档为用户提供了多项设置完成后的文档效果，用户只需要对其中的内容进行修改即可，这样就大大地简化了工作流程，提高了工作效率。

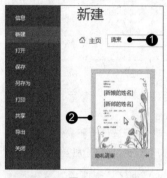

图 1-60

图 1-61

图 1-62

1.4.2 打开文档

　　Office 2016 提供了 3 种打开文档的方法，第 1 种是打开最近的文档，第 2 种是从本地计算机中查找并打开指定文档，这两种方法对于 Office 2016 之前的版本同样适用，而第 3 种则是 Office 2016 特有的文档打开方式，即打开 OneDrive 云网盘中的文档。

1. 打开最近使用的文档

　　Office 2016 会自动记录最近一段时间内使用过的文档，用户若要打开这些文档，可以直接利用"文件"菜单中的"打开"命令来实现。

原始文件：下载资源 \ 实例文件 \ 第 1 章 \ 原始文件 \ 总则 .docx
最终文件：无

步骤01 单击"打开"命令。启动Word 2016组件，❶单击左上角的"文件"按钮，❷在弹出的"文件"菜单中单击"打开"命令，如图1-63所示。

步骤02 选择最近使用的文档。在右侧的"打开"界面中将自动转至"最近"选项，如图1-64所示。

步骤03 选择要打开的文档。在右侧"最近使用的文档"界面中选择要打开的文档，如图1-65所示。

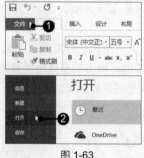

图 1-63

图 1-64

图 1-65

步骤04 查看打开的文档。此时可看见打开的"总则"文档，如图1-66所示。

图 1-66

2. 从本地计算机中查找

从本地计算机查找是指打开保存在计算机中的文档，利用该方法可以打开保存在计算机中的任意文档。

原始文件：下载资源 \ 实例文件 \ 第 1 章 \ 原始文件 \ 念奴娇·赤壁怀古 .docx
最终文件：无

步骤01 选择从计算机中打开文档。启动Word 2016组件，❶单击"文件"按钮，❷在弹出的"文件"菜单中单击"打开"命令，❸然后在右侧的"打开"选项面板中单击"这台电脑"选项，如图1-67所示，选择从计算机中打开文档。

步骤02 单击"我的文档"选项。接着在右侧的"这台电脑"界面中单击"我的文档"选项，如图1-68所示。

图 1-67

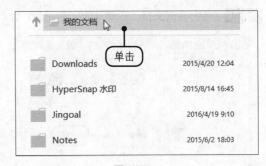

图 1-68

步骤03 选择要打开的文档。弹出"打开"对话框，❶在地址栏中选择待打开文档的保存位置，❷在列表框中选中要打开的文档，如图1-69所示，单击"打开"按钮。

步骤04 查看打开的文档。此时可在打开的Word窗口中看见所打开文档的详细内容，如图1-70所示。

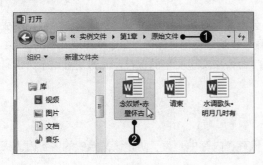

图 1-69

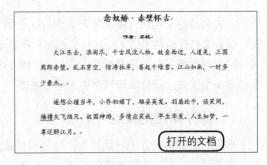

图 1-70

3. 从OneDrive云网盘中获取

　　Office 2016 将 Office 2013 的 SkyDrive 改为 OneDrive，用户利用该功能可以打开 OneDrive 云网盘中的任意 Office 文件，前提是当前计算机已经成功接入了 Internet。

步骤01 选择OneDrive。启动Word 2016组件，单击"文件"按钮，❶在弹出的"文件"菜单中单击"打开"命令，❷然后在右侧的"打开"界面中单击OneDrive选项，如图1-71所示。

步骤02 单击"OneDrive-个人"选项。接着在右侧的OneDrive界面中单击"OneDrive-个人"选项，如图1-72所示。

图 1-71

图 1-72

步骤03 选择要打开的文档。弹出"打开"对话框，在列表框中选择要打开的文档，如图1-73所示，然后单击"打开"按钮。

步骤04 查看打开的文档。打开新的文档窗口，此时可看到所打开文档的详细内容，如图1-74所示。

图 1-73

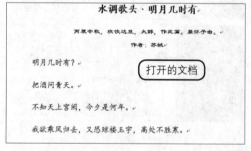

图 1-74

1.4.3　保存文档

　　用户创建好文档后，应及时将其保存，否则可能会因为断电或是操作失误，造成文件、数据的丢失。保存文档有两种方式：一是将文档保存在原来位置，也就是使用"保存"命令来实现文档的保存；另一种是将文档另外保存在其他位置，使用"另存为"命令来实现文档的保存，此方法可用于为现有文档做备份文件，避免因修改而丢失原始数据。

1. 保存新建的文档

　　当用户新建文档并进行编辑后，该文档只是暂时保存在内存中。为了防止该文档中的内容因为突然断电而丢失，可以选择将其保存在计算机中。

原始文件: 无
最终文件: 下载资源 \ 实例文件 \ 第 1 章 \ 最终文件 \ 声声慢 · 寻寻觅觅 .docx

步骤01 单击"文件"按钮。在Word 2016中完成内容的编辑后,单击"文件"按钮,如图1-75所示。

步骤02 单击"另存为"命令。在弹出的"文件"菜单中单击"另存为"命令,如图1-76所示。

步骤03 选择文件保存位置。接着在右侧的界面中选择一个文件夹作为文件的保存位置,如选择"今天"选项中的"最终文件",如图1-77所示。

图 1-75

图 1-76

图 1-77

步骤04 单击"保存"按钮。弹出"另存为"对话框,在"文件名"文本框中输入文档名称,如图1-78所示,单击"保存"按钮。

步骤05 查看保存的文档。返回文档窗口,可在标题栏中看到文档保存后的名称,如图1-79所示。

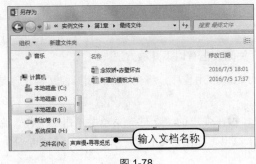
图 1-78

图 1-79

2. 另存为文档

Office 2016 提供了"另存为"命令,利用该命令同样可以实现文档的保存。如果当前编辑的文档已经保存在计算机中并且需要创建副本时,则可以利用"另存为"命令来实现。

原始文件: 下载资源 \ 实例文件 \ 第 1 章 \ 原始文件 \ 念奴娇 · 赤壁怀古 .docx
最终文件: 下载资源 \ 实例文件 \ 第 1 章 \ 最终文件 \ 备份文件 .docx

步骤01 单击"文件"按钮。打开原始文件,在文档窗口中单击"文件"按钮,如图1-80所示。

步骤02 单击"另存为"命令。在弹出的菜单中单击"另存为"命令,如图1-81所示。

步骤03 单击"浏览"选项。切换至"另存为"面板,直接单击"浏览"选项,如图1-82所示。

| 图 1-80 | 图 1-81 | 图 1-82 |

步骤04 设置文件位置和名称。弹出"另存为"对话框，❶设置另存为的文件位置，❷在"文件名"后的文本框中输入文件名称，如图1-83所示。

步骤05 查看保存的文档。返回文档窗口，此时可在标题栏中看见保存后的文档名称，如图1-84所示，即保存成功。

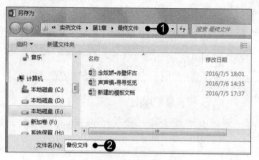
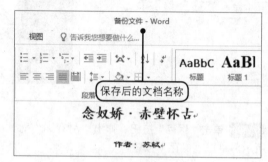

图 1-83

图 1-84

1.4.4 关闭文档

　　当用户完成文档内容的编辑后，就可以关闭文档。关闭文档有以下几种方法。

方法1：直接退出程序。 使用1.1.3小节中介绍的方法退出Word应用程序，将会同时关闭当前文档，这是最常用的关闭方法。

方法2：使用"关闭"命令关闭。 ❶单击"文件"按钮，❷在弹出的"文件"菜单中单击"关闭"命令，如图1-85所示。文档被关闭后，Word应用程序并未退出，如图1-86所示。用户可自己操作一下，体会方法1和方法2的区别。

方法3：使用快捷键关闭。 按快捷键【Ctrl+W】或【Ctrl+F4】，可以达到和方法2一样的效果。

　　如果文档在关闭之前未被保存过，将弹出如图 1-87 所示的提示框。用户可根据需要单击"保存"按钮或"不保存"按钮，也可单击"取消"按钮取消关闭操作，返回文档窗口。

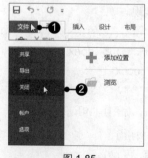

图 1-85

图 1-86

图 1-87

1.4.5 文档的基本保护

Office 2016 为用户提供了一些基本的保护文档的功能，主要包括将文档标记为最终状态、用密码加密文档、为文档添加数字签名等，下面以 Word 为例，介绍这些保护功能的基本操作。

1. 标记为最终状态

当用户完成 Word 文档的制作之后，为了防止内容出错、误操作或其他人员的修改，可以将其设置为最终只读版本。

原始文件： 下载资源 \ 实例文件 \ 第 1 章 \ 原始文件 \ 念奴娇·赤壁怀古 .docx
最终文件： 下载资源 \ 实例文件 \ 第 1 章 \ 最终文件 \ 念奴娇·赤壁怀古 1.docx

步骤01 单击"信息"命令。打开原始文件，❶单击"文件"按钮，❷在弹出的"文件"菜单中单击"信息"命令，如图1-88所示。

步骤02 选择"标记为最终状态"。❶单击"保护文档"按钮，❷在展开的下拉列表中单击"标记为最终状态"选项，如图1-89所示。

步骤03 单击"确定"按钮。弹出对话框，提示用户此文档将先被标记，再进行保存，单击"确定"按钮，如图1-90所示。

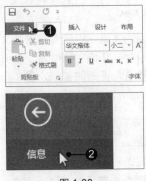

图 1-88

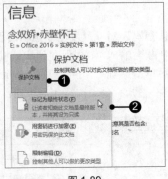

图 1-89

图 1-90

步骤04 成功标记为最终状态。弹出对话框，提示用户此文档已被标记为最终状态，❶勾选"不再显示此消息"复选框，❷然后单击"确定"按钮，如图1-91所示。

步骤05 查看标记后的显示效果。此时在文档窗口中可看见"此文档已标记为最终状态以防止编辑"提示信息，如图1-92所示。

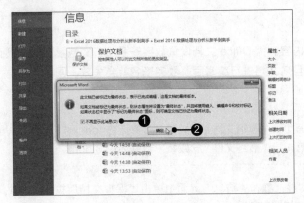

图 1-91

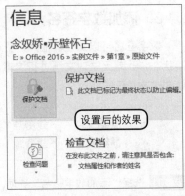

图 1-92

2．用密码加密

当文档中的数据或信息非常重要，且禁止传阅或更改时，为了防止他人对文档进行查看或更改，可进行加密设置。

原始文件：下载资源\实例文件\第 1 章\原始文件\念奴娇•赤壁怀古 .docx
最终文件：下载资源\实例文件\第 1 章\最终文件\念奴娇•赤壁怀古 2.docx

步骤01 选择用密码加密。打开原始文件，按照上一小节的方法打开"信息"界面，❶单击"保护文档"按钮，❷在展开的下拉列表中单击"用密码进行加密"选项，如图1-93所示。

步骤02 输入加密密码。弹出"加密文档"对话框，在"密码"文本框中输入加密密码，例如输入123456，如图1-94所示，然后单击"确定"按钮。

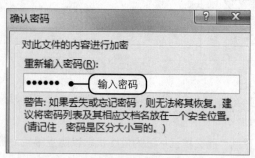

图 1-93

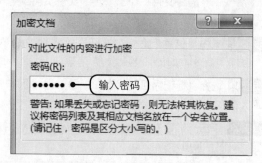

图 1-94

步骤03 再次输入加密密码。弹出"确认密码"对话框，在"重新输入密码"文本框中再次输入加密密码123456，如图1-95所示，然后单击"确定"按钮。

步骤04 查看设置密码后的效果。将设置加密的文档保存到计算机中，再次打开该文档时，便会弹出"密码"对话框，❶输入正确的密码，❷单击"确定"按钮，如图1-96所示。

图 1-95

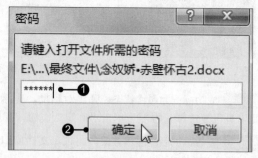

图 1-96

3．添加数字签名

数字签名可以防止其他用户更改文档中的内容。为 Office 文档设置数字签名后，文档就会处于只读状态，也就无法对文档进行编辑，其他人一旦对文档进行编辑后，数字签名就会失效，同时用户也就知道文档已被修改过。

原始文件：下载资源\实例文件\第 1 章\原始文件\念奴娇•赤壁怀古 .docx
最终文件：下载资源\实例文件\第 1 章\最终文件\念奴娇•赤壁怀古 3.docx

步骤01 选择"添加数字签名"选项。打开原始文件，❶在"信息"界面中单击"保护文档"按钮，❷在展开的下拉列表中单击"添加数字签名"选项，如图1-97所示。

步骤02 设置承诺类型。弹出"签名"对话框，❶单击"承诺类型"右侧的下三角按钮，❷在展开的下拉列表中选择"创建和批准此文档"选项，如图1-98所示。

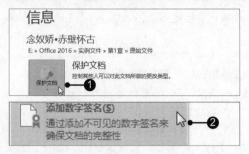

图 1-97

图 1-98

步骤03 输入签署目的。❶在"签署此文档的目的"文本框中输入签署目的，❷然后单击"详细信息"按钮，如图1-99所示。

步骤04 输入签名者角色/职务。弹出"其他签名信息"对话框，输入签名者角色/职务信息，如图1-100所示，然后单击"确定"按钮。

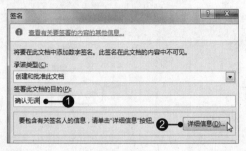

图 1-99

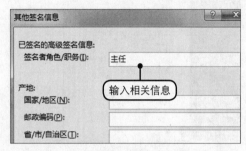

图 1-100

步骤05 单击"签名"按钮。返回"签名"对话框，单击"签名"按钮，如图1-101所示。

步骤06 签名成功。弹出"签名确认"对话框，提示用户已成功保存签名与文档，❶勾选"不再显示此消息"复选框，❷然后单击"确定"按钮，如图1-102所示。

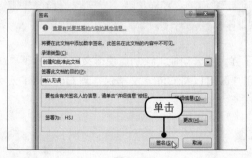

图 1-101

图 1-102

步骤07 查看添加的数字签名。返回文档窗口，此时可看见添加的数字签名，如图1-103所示。

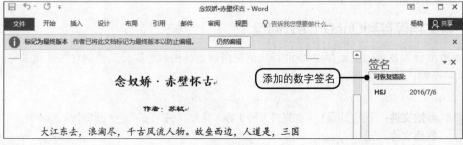

图 1-103

助跑地带——将编辑的文档保存为模板

在 Office 2016 中，用户可以将编辑的文档保存为模板，当创建类似文档时，只需在该模板的基础上修改其中的内容即可。

原始文件：下载资源\实例文件\第 1 章\原始文件\念奴娇·赤壁怀古 .docx
最终文件：下载资源\实例文件\第 1 章\最终文件\念奴娇·赤壁怀古 .dotx

（1）选择"更改文件类型"。打开原始文件，单击"文件"按钮，❶在弹出的"文件"菜单中单击"导出"选项，❷然后在"导出"选项面板中单击"更改文件类型"选项，如图1-104所示。
（2）单击"模板"选项。接着在"更改文件类型"界面中单击"模板"选项，如图1-105所示。
（3）选择保存位置。弹出"另存为"对话框，在地址栏中选择模板保存位置，在"文件名"文本框内输入模板的名称，如图1-106所示，然后单击"保存"按钮，即可将编辑的文档保存为模板。

图 1-104

图 1-105

图 1-106

1.5 Office 2016强大的云共享体验

与之前所有的 Office 版本相比，Office 2016 引入了强大的云功能，该功能使得文档的共享不再局限于局域网中，而是扩展到 Internet 中的其他用户。用户既可以将 Office 文档保存到 OneDrive 云网盘中实现共享，也可以利用邀请或发送功能来实现共享。

1.5.1 将文档保存到云网盘

将文档保存到云中是指将当前文档保存到 OneDrive 云网盘中，不仅如此，用户还可以直接登录 OneDrive 云网盘进行在线编辑或下载。

1. 将文档保存到OneDrive云网盘

OneDrive 云网盘可以说是 Microsoft 推出的网络硬盘，用户可以将文档保存到该硬盘中，只不过需要拥有一个 Microsoft 账号。

 原始文件：下载资源\实例文件\第 1 章\原始文件\念奴娇·赤壁怀古 .docx
最终文件：无

步骤01 单击"另存为"命令。打开原始文件，❶单击左上角的"文件"按钮，❷在弹出的"文件"菜单中单击"另存为"命令，如图1-107所示。

步骤02 选择保存到OneDrive云网盘中。在"另存为"界面中单击OneDrive-个人选项，如图1-108所示，选择将文档保存到OneDrive云网盘中。

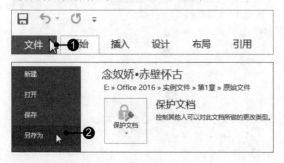

图 1-107

图 1-108

步骤03 选择保存位置。在右侧的OneDrive界面中选择要保存的文件夹，如图1-109所示。

步骤04 设置保存文件名。弹出"另存为"对话框，在"文件名"文本框中输入文档的名称，如图1-110所示，然后单击"保存"按钮。

图 1-109

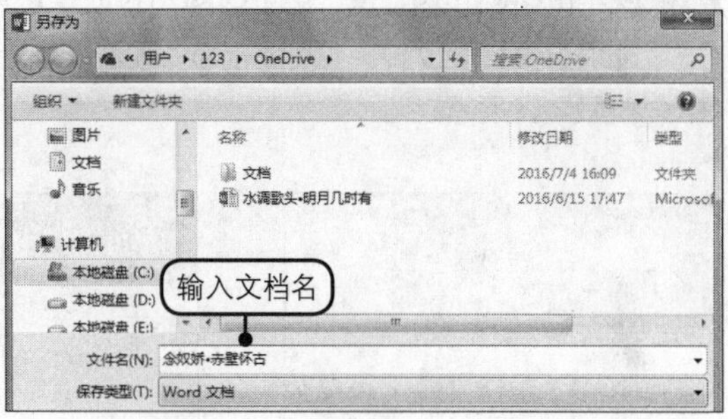

图 1-110

2. 在线编辑与下载

OneDrive 不仅可以保存 Office 文档，还提供了在线编辑与下载的功能，只不过在线编辑的功能有限，无法与 Office 软件相提并论。

步骤01 输入OneDrive首页网址。启动IE浏览器，在地址栏中输入http://onedrive.live.com/后按【Enter】键，如图1-111所示。

步骤02 输入Microsoft账户。进入OneDrive页面，❶输入Microsoft账户名，❷然后单击"下一步"按钮，如图1-112所示。

步骤03 输入Microsoft账户和密码。进入登录页面，❶输入账户名和密码，❷单击"登录"按钮，如图1-113所示。

图 1-111

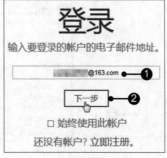

图 1-112

图 1-113

步骤04 打开上传的文件。打开个人主页，选择要编辑的文档，如图1-114所示。

步骤05 设置指定文本段落的字号。直接跳转至编辑页面，❶选择要调整字号的文本段落，❷单击"字号"右侧的下三角按钮，❸在展开的下拉列表中设置字号为14磅，如图1-115所示。

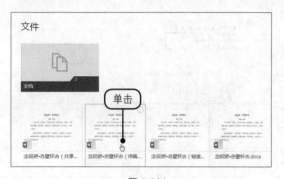

图 1-114

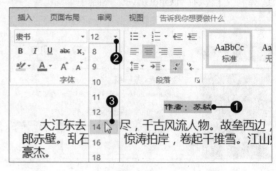

图 1-115

步骤06 设置字体颜色。❶接着单击"字体颜色"右侧的下三角按钮，❷在展开的下拉列表中选择字体颜色，这里选择"红色"，如图1-116所示。

步骤07 单击OneDrive链接。单击OneDrive链接，如图1-117所示。

步骤08 下载编辑的文档。返回OneDrive个人主页，❶选择要下载的文档，❷在顶部单击"下载"选项，如图1-118所示。

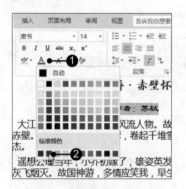

图 1-116

图 1-117

图 1-118

步骤09 保存文档。在窗口底部弹出快捷菜单栏，❶单击"保存"右侧的下三角按钮，❷在展开的列表中选择"另存为"选项，如图1-119所示。

步骤10 选择保存位置。弹出"另存为"对话框，在地址栏中选择文档的保存位置，如图1-120所示，然后单击"保存"按钮。

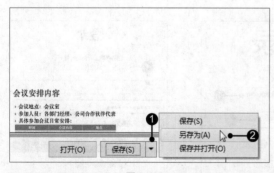

图 1-119

图 1-120

步骤11 查看下载的文档。此时可在打开的窗口中看见从OneDrive云网盘中下载的文档，如图1-121所示。

图 1-121

1.5.2 与同事使用云共享

Office 2016 提供了邀请他人查看 / 编辑文档及利用电子邮件发送文档的功能，用户利用这些功能可以将自己电脑中的文档与其他同事共享，哪怕同事与自己相隔很远。

1. 邀请他人查看或编辑文档

Office 2016 提供了共享编辑文档的功能，用户可以利用该功能来邀请他人查看或编辑指定的工作簿，具体的操作方法如下。

 原始文件: 下载资源 \ 实例文件 \ 第 1 章 \ 原始文件 \ 念奴娇·赤壁怀古 .docx
最终文件: 无

步骤01 单击"共享"命令。打开原始文件，❶单击"文件"按钮，❷在弹出的"文件"菜单中单击"共享"命令，如图1-122所示。

步骤02 选择"与人共享"。接着在右侧的"共享"界面中单击"与人共享"选项，如图1-123所示，邀请他人共享该文档。

步骤03 选择"保存到云"。在右侧的"与人共享"界面中单击"保存到云"按钮，如图1-124所示。

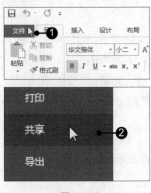

图 1-122

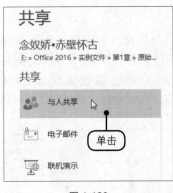

图 1-123

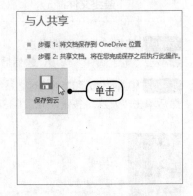

图 1-124

步骤04 选择要保存的文件夹。切换至"另存为"界面，❶单击OneDrive选项，❷然后在右侧选择要保存的文件夹，如图1-125所示。

步骤05 设置文档的名称。弹出"另存为"对话框，在底部输入文档的名称，如图1-126所示，然后单击"保存"按钮。

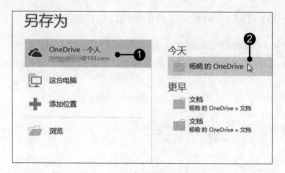

图 1-125

图 1-126

步骤06 单击"与人共享"按钮。单击"保存"按钮后，跳转至文档，在"与人共享"界面中单击"与人共享"按钮，如图1-127所示。

步骤07 发送邮件共享。此时文档弹出"共享"界面，❶在"邀请人员"下的文本框中输入邮箱地址，❷选择"可编辑"选项，输入内容，❸单击"共享"按钮即可，如图1-128所示。

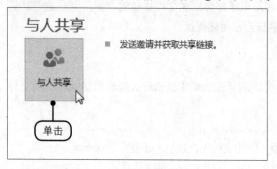

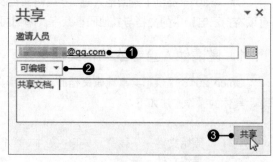

图 1-127

图 1-128

2. 作为附件发送电子邮件

Office 2016 提供了以邮件方式共享文件的功能，需要注意的是，若要以邮件方式共享文件，需要在计算机中安装 Outlook 2016 组件。

原始文件： 下载资源 \ 实例文件 \ 第 1 章 \ 原始文件 \ 念奴娇·赤壁怀古 .docx

最终文件： 无

步骤01 选择"作为附件发送"。打开原始文件，按照上一小节介绍的方法打开"共享"界面，❶单击"电子邮件"选项，❷然后在右侧单击"作为附件发送"选项，如图1-129所示。

步骤02 输入收件人和邮件内容。系统自动启动Outlook 2016，在界面中输入收件人邮箱地址和邮件内容，然后单击"发送"按钮，如图1-130所示，即可将该文档以附件的形式发送到指定收件人的邮箱中。

图 1-129

图 1-130

助跑地带——分享获取的共享链接

当共享的人过多时，通过"邀请他人查看或编辑文件"操作无法快速实现共享，此时可通过获取共享链接，然后将该链接发送给共享的人，让他们通过该链接实现查看或编辑指定文档，获取共享链接的具体操作方法如下。

原始文件：下载资源\实例文件\第 1 章\原始文件\念奴娇·赤壁怀古 .docx
最终文件：无

（1）选择获取共享链接。打开原始文件，按照1.5.2小节1小点步骤01~05介绍的方法打开"共享"界面，❶单击"电子邮件"选项，❷在右侧界面中单击"发送链接"按钮，如图1-131所示。
（2）发送共享链接。弹出邮件发送链接，❶在邮件中可以看见链接地址，❷输入收件人邮箱地址，❸单击"发送"按钮即可，如图1-132所示。

图 1-131

图 1-132

同步 实践 新建请柬并发送给客户

通过本章的学习，相信用户已经了解了 Office 2016 的新特性、安装 Office 2016 的系统要求及安装方法，初步认识了 Word/Excel/PPT 2016 三个组件的工作界面，并且学会自定义功能区和自定义快速访问工具栏按钮，掌握了 Word/Excel/PPT 2016 组件的基础操作方法，如新建、保存、打开及关闭操作。为了加深用户对本章知识的印象，下面通过新建并发送"请柬"来巩固本章所学知识。

 原始文件：无
最终文件：下载资源\实例文件\第 1 章\最终文件\请柬 .docx

步骤01 启动Word 2016组件。将原始文件保存在C:\用户\×××\我的文档\自定义Office 模板，其中×××表示当前正在使用的用户账户所对应的名称，❶单击"开始"按钮，❷在弹出的"开始"菜单中依次单击"所有程序>Word 2016"命令，新建一个文档，如图1-133所示。

步骤02 根据个人模板创建文档。❶在Word 2016启动菜单右侧单击"个人"选项，❷然后在下方选择"请柬"，如图1-134所示。

步骤03 添加文字。打开"请柬.docx"，在文档中添加请柬的内容，包括时间、地点、邀请人等信息，如图1-135所示。

图 1-133

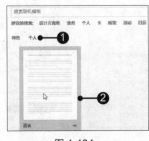

图 1-134

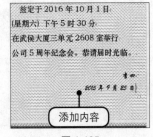

图 1-135

步骤04 单击"保存"命令。❶完成编辑后单击左上角的"文件"按钮，❷在弹出的"文件"菜单中单击"保存"命令，如图1-136所示。

步骤05 选择保存到计算机中。在右侧的"另存为"界面中自动转至"这台电脑"选项，如图1-137所示。

步骤06 选择保存位置。在右侧的"这台电脑"界面中选择保存的文件夹，如图1-138所示。

图 1-136

图 1-137

图 1-138

步骤07 单击"保存"按钮。弹出"另存为"对话框，在"文件名"文本框中输入文档名称，如图1-139所示，单击"保存"按钮。

步骤08 单击"共享"命令。❶保存完毕后再次单击左上角的"文件"按钮，❷在弹出的"文件"菜单中单击"共享"命令，如图1-140所示。

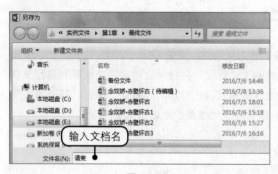

图 1-139

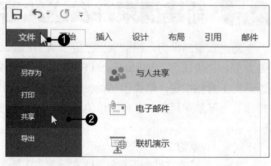

图 1-140

步骤09 选择将文档作为附件发送给客户。在右侧的"共享"界面中单击"电子邮件>作为附件发送"选项，选择将文档作为附件发送给客户，如图1-141所示。

步骤10 输入客户地址和邮件内容。系统自动启动Outlook 2016，❶在界面中输入客户的邮箱地址和邮件内容，❷然后单击"发送"按钮即可将其发送给指定客户，如图1-142所示，使用相同的方法可再次编辑"请柬.docx"并发送给其他客户。

图 1-141

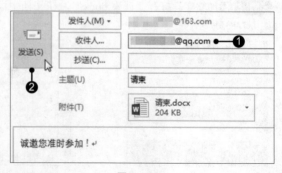

图 1-142

第2章 Word 2016中文本的输入

不同类型的文档对风格的要求也会有所不同，而文档的风格则可以通过文本的格式体现出来，所以在确定了文档的风格并输入了文档的内容后，就可以对文本的格式、效果等内容进行编排了，编排后的文档会有焕然一新的感觉。

2.1 输入文本

在 Word 2016 中输入文本时，不同内容的文本输入方法也会有所不同，另外对于一些经常使用到的文本，程序提供了一些快捷的输入方法。本节以普通文本、特殊符号、日期和时间三种类型的文本为例，来介绍一下输入的方法。

2.1.1 输入普通文本

通常所说的普通文本就是指只需要通过键盘就可以输入的文本，比如汉字、英文、阿拉伯数字等，在输入法软键盘中，例如搜狗输入法，有一项选择是"PC 软键盘"，输入的文本也是普通文本。相对的，无法通过物理键盘或者类似 "PC 软键盘" 一类的软键盘输入的、日常工作中较少应用到的就是特殊文本。在输入普通文本时，切换到需要的输入法，并确定输入的位置，就可以输入了。

步骤01 选择输入法。新建一个空白文档，❶单击任务栏中通知区域内的输入法图标，❷在展开的列表中选择要使用的输入法，如图2-1所示。

步骤02 输入文字内容。选择了要使用的输入法后，❶光标自动定位在文档的起始位置处，直接输入需要的文字，❷然后按【Enter】键，将光标定位到下一行，如图2-2所示。

步骤03 输入数字与英文。重新定位了光标的位置后，直接按键盘中对应的数字按键，完成数字的输入，按【Ctrl+Shift】组合键，将输入法切换到英文输入法，然后按下键盘中对应的英文字母，完成英文的输入，如图2-3所示，按照类似的方法输入其他文本。

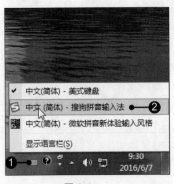

图 2-1

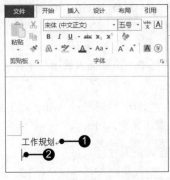

图 2-2

图 2-3

2.1.2 插入特殊符号

特殊符号是指通过键盘无法输入的符号，例如禁止符号、时间符号等，在"符号"对话框中，将符号按照不同类型进行了分类，所以在插入特殊符号前，首先需要选择符号的类型。

原始文件：下载资源 \ 实例文件 \ 第 2 章 \ 原始文件 \ 作息时间表 .docx
最终文件：下载资源 \ 实例文件 \ 第 2 章 \ 最终文件 \ 作息时间表 .docx

步骤01 确定符号插入的位置。打开原始文件，单击要插入特殊符号的位置，将光标定位在这里，如图 2-4所示。

步骤02 打开"符号"对话框。❶切换到"插入"选项卡，❷单击"符号"组中的"符号"按钮，❸在展开的下拉列表中单击"其他符号"选项，如图2-5所示。

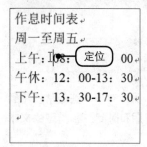

图 2-4

图 2-5

步骤03 选择符号字体类型。弹出"符号"对话框，❶单击"符号"选项卡中"字体"下拉列表框右侧的下三角按钮，❷在展开的下拉列表中单击"Wingdings"选项，如图2-6所示。

步骤04 插入第一个符号。对话框下方的列表框中显示出相应符号后，单击要插入的符号，如图2-7所示，然后单击"插入"按钮。

步骤05 插入第二个符号。在符号列表框中单击要插入的第二个符号，如图2-8所示，然后单击"插入"按钮。

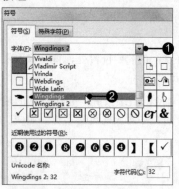

图 2-6

图 2-7

图 2-8

步骤06 插入第三个符号。在符号列表框中单击要插入的第三个符号，如图2-9所示，然后单击"插入"按钮。

步骤07 显示插入符号后的效果。单击"关闭"按钮返回Word文档后，就可以看到插入的特殊符号，然后利用剪切/粘贴操作调整符号的位置，如图2-10所示。

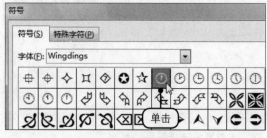

图 2-9

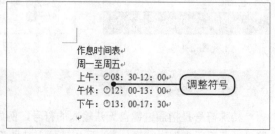

图 2-10

2.1.3 输入日期和时间

需要在文档中添加当前日期和时间时，可以使用程序中预设的格式快速完成操作。如果不是插入当前日期和时间，则可以在插入预设的日期文本后，手动对其进行更改。

原始文件: 下载资源 \ 实例文件 \ 第 2 章 \ 原始文件 \ 作息时间表 1.docx
最终文件: 下载资源 \ 实例文件 \ 第 2 章 \ 最终文件 \ 作息时间表 1.docx

步骤01 确定日期插入的位置。打开原始文件，将光标定位在文档右侧"总经办"文本下方，如图2-11所示。

步骤02 打开"日期和时间"对话框。❶切换到"插入"选项卡，❷单击"文本"组中的"日期和时间"按钮，如图2-12所示。

图 2-11

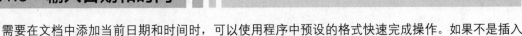

图 2-12

步骤03 选择要插入的日期格式。弹出"日期和时间"对话框，❶在"可用格式"列表框中单击要使用的日期，❷然后勾选"自动更新"复选框，❸最后单击"确定"按钮，如图2-13所示。

步骤04 显示插入日期的效果。返回Word文档中就可以看到插入的日期，如图2-14所示，并且随着时间的更改，该日期也会相应的更改；插入时间的方法与插入日期的方法一致。

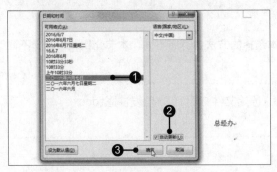

图 2-13

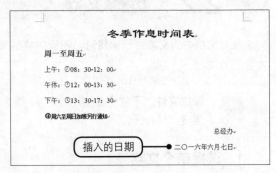

图 2-14

助跑地带——在文档中输入专业公式

数学公式中带有很多根号、平方、求和等符号，如果靠手动输入非常浪费时间，而且有可能不知道如何输入，Word 2016 中预设了很多种专业的公式，当用户需要输入这些公式时，可直接插入预设的公式。

（1）插入公式。❶打开文档，切换至"插入"选项卡，❷单击"符号"组中"公式"右侧的下三角按钮，如图2-15所示。

图 2-15

（2）执行"插入新公式"命令。在展开的下拉列表中单击"插入新公式"选项，如图2-16所示。

（3）选择要插入的公式。此时在编辑区域内显示出一个公式的文本框，❶切换至"公式工具-设计"选项卡，❷单击"结构"组中要插入的公式类型所对应的公式名称，❸在展开的下拉列表中选择要插入的公式，如第一个"积分"，如图2-17所示。

（4）显示插入的公式。经过以上操作，就完成了公式的插入，如图2-18所示，插入的公式位于文本框内，用户可根据需要对其进行编辑。

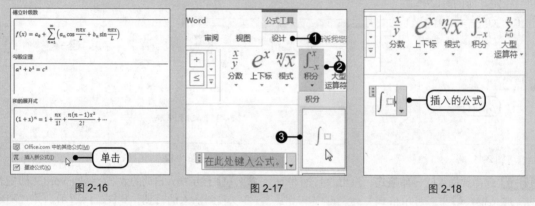

图 2-16   图 2-17   图 2-18

2.2 选择文本

在对文档中的文本进行编辑时，不同内容的文本选择的方法会有所不同，本节介绍八种选择不同内容的方法。

原始文件： 下载资源\实例文件\第 2 章\原始文件\满江红·怒发冲冠 .docx
最终文件： 无

1. 选择单个文字

在选择单个文字时，将光标定位在文字的前方或后方，拖动鼠标经过要选中的文字，然后释放鼠标，即可完成该文字的选择，如图 2-19 所示。

2. 选择词组

在选择词组时，将鼠标指针指向要选中的词组的中间，双击该词组，无论该词组是两个字还是三个字，都可以将其选中，如图 2-20 所示。

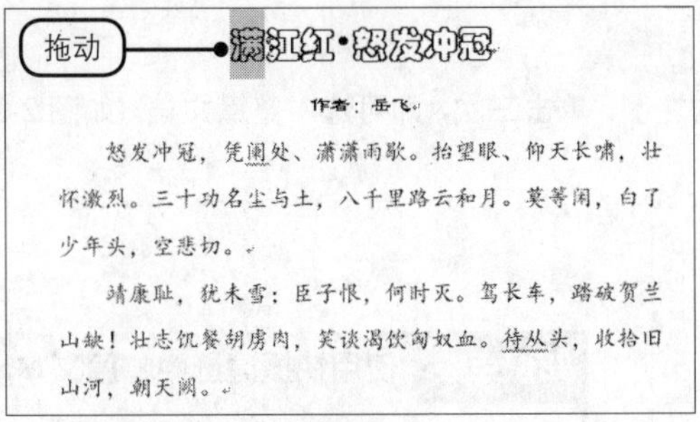

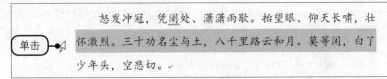

图 2-19 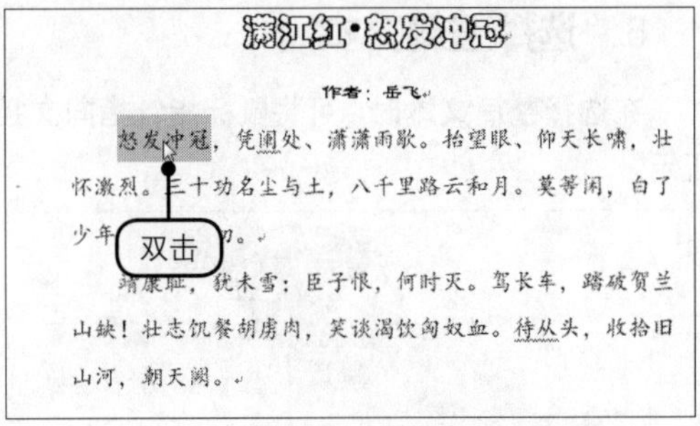   图 2-20

3．选择一行文本

在选择整行文本时，将鼠标指针指向该行左侧的空白区域，当鼠标指针变成白色箭头形状时，单击鼠标，即可选中该行文本，如图 2-21 所示。

图 2-21

4．选择一段文本

方法1：在段落左侧选择。将鼠标指针指向该行左侧的空白区域，当鼠标指针变成白色箭头形状时，双击鼠标，即可选中该段文本，如图2-22所示。

方法2：在段落中选择。将鼠标指针指向要选中的段落，当鼠标指针变成光标形状时，连续三次单击鼠标，也可以选中该段文本，如图2-23所示。

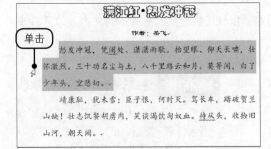

图 2-22 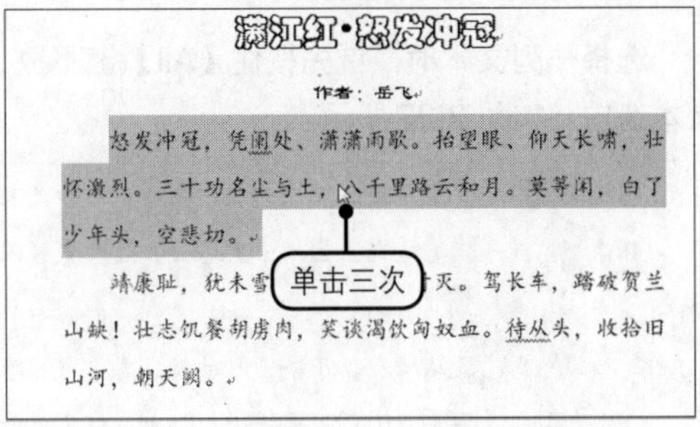   图 2-23

5．选择一页文本

在选择整页文本时，将光标定位在当页文本的页首，如图2-24所示，向下滚动页面至该页的末尾处，按【Shift】键单击鼠标，即可选中该页文本，如图 2-25 所示。

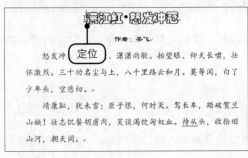

图 2-24 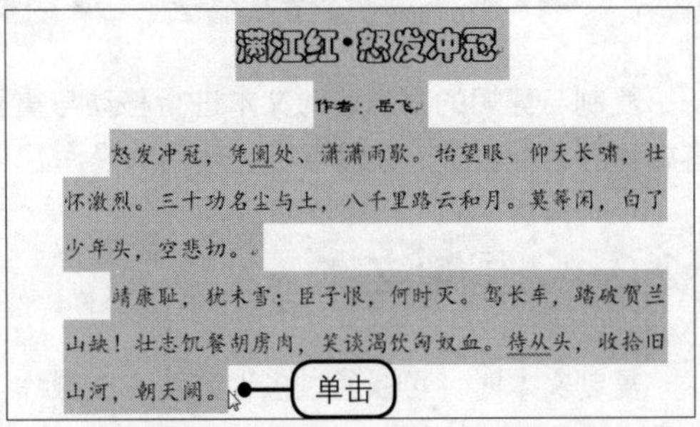   图 2-25

6. 选择整篇文本

在选择整篇文本时，可将鼠标指针指向文档页面的左侧，单击三次，即可选中整篇文档，如图 2-26 所示。

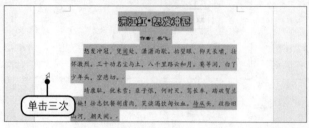

图 2-26

> **知识点拨　使用快捷键选中整篇文本**
>
> 按【Ctrl+A】快捷键，同样可以选中整篇文本。

7. 选择不连续的文本

在选择不连续的文本时，需要按住【Ctrl】键不放，然后拖动鼠标依次经过要选中的文本即可，如图 2-27 所示。

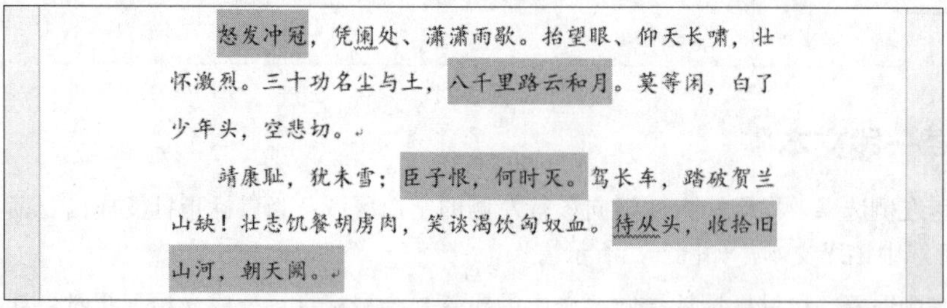

图 2-27

8. 选择一列文本

选择一列文本时，首先按住【Alt】键不放，然后拖动鼠标，经过要选中的一列文本，即可将该列文本选中，如图 2-28 所示。

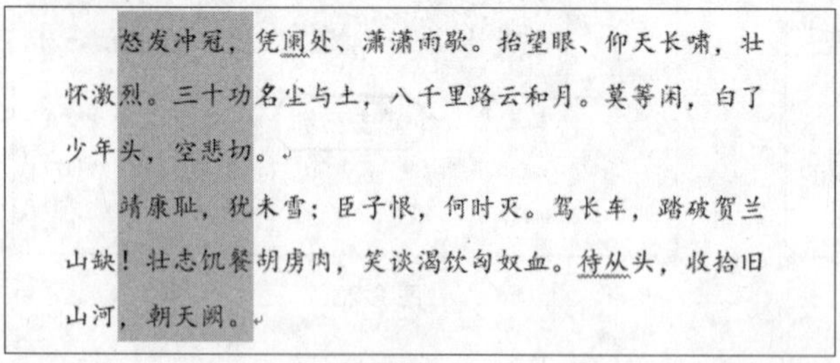

图 2-28

> **知识点拨　选择一列文本的注意事项**
>
> 在选择一列文本时，要先按住【Alt】键，然后再拖动鼠标选中文本，如果先选中了文本再按【Alt】键，则会打开“信息检索”任务窗格。

2.3 复制、剪切与粘贴文本

复制与剪切的目的是对文本进行移动与重复使用，执行了复制或剪切的操作后，为了将选中的内容转移到目标位置，还需要进行粘贴的操作。

2.3.1 复制文本

复制文本时，可以通过多种方法完成操作，例如通过快捷菜单、通过鼠标拖动完成复制操作，下面就来介绍一下这两种复制文本的方法。

方法1：通过快捷菜单复制。 ❶选中目标文本后，右击选中的区域，❷在弹出的快捷菜单中单击"复制"命令，如图2-29所示，完成复制操作。

方法2：通过鼠标拖动的方法复制。 ❶选中目标文本后，按住【Ctrl】键不放，❷使用鼠标拖动选中区域至文本要复制的目标位置后释放鼠标，如图2-30所示，可同时完成文本的复制与粘贴操作。

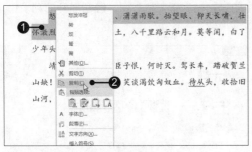

图 2-29

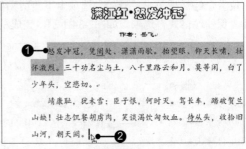

图 2-30

2.3.2 剪切文本

剪切可以将文本从一个位置移动到另一个位置中，剪切文本时同样可以通过多种方法完成操作，下面来介绍两种较常见的剪切的方法。

方法1：通过快捷菜单复制。 ❶选中目标文本后，右击选中的区域，❷在弹出的快捷菜单中单击"剪切"命令，如图2-31所示，完成剪切操作。

方法2：通过鼠标拖动的方法剪切。 ❶选中目标文本，❷使用鼠标拖动选中的区域至文本要移动的目标位置后释放鼠标，如图2-32所示，可快速完成文本的移动操作。

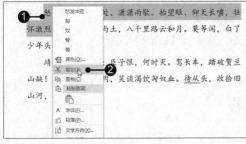

图 2-31

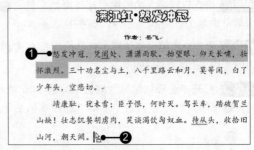

图 2-32

2.3.3 粘贴文本

粘贴是实现剪切或复制的最终步骤，粘贴文本包括全部粘贴、选择性粘贴两种方式，用户可根据需要选择适当的方式。

1. 全部粘贴

全部粘贴是将复制或剪切的文本及格式全部粘贴到目标位置。全部粘贴文本有多种操作方法，下面介绍三种常用的方法。

方法1：通过快捷菜单粘贴。对文本执行了复制或剪切的操作后，❶右击要粘贴文本的位置，❷在弹出的快捷菜单中单击"保留源格式"按钮，如图2-33所示，完成粘贴操作。

方法2：通过选项卡中的功能粘贴。对文本执行了复制或剪切的操作后，❶将光标定位在文本要粘贴到的位置，❷然后单击"开始"选项卡下"剪贴板"组中的"粘贴"下三角按钮，❸在展开的列表中选择"保留源格式"选项，如图2-34所示，完成粘贴操作。

图 2-33

图 2-34

2. 选择性粘贴

选择性粘贴中包括带格式文本、图片、HTML 格式、无格式的 Unicode 文本等选项，其中带格式文本是指将复制的文本全部粘贴；图片是指将复制的文本粘贴为图片；HTML 格式是指将复制的文本粘贴为网页格式，无格式的 Unicode 文本是指将复制的文本不粘贴格式，只粘贴文字。下面以粘贴无格式的 Unicode 文本为例，来介绍一下选择性粘贴的操作。

步骤01 确定日期插入的位置。打开原始文件，❶选中要复制的文本，右击选中的区域，❷在弹出的快捷菜单中单击"复制"命令，如图2-35所示，

步骤02 确定文本粘贴的位置。将光标定位在文档的末尾处，然后按【Enter】键换行，将光标定位在新的段落内，如图2-36所示。

步骤03 打开"选择性粘贴"对话框。❶单击"开始"选项卡下"剪贴板"组中"粘贴"的下三角按钮，❷在展开的下拉列表中单击"选择性粘贴"选项，如图2-37所示。

图 2-35

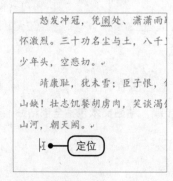

图 2-36

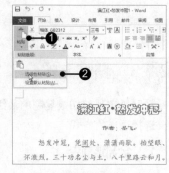

图 2-37

步骤04 选择粘贴形式。弹出"选择性粘贴"对话框，单击"形式"列表框内的"无格式的Unicode文本"选项，如图2-38所示，然后单击"确定"按钮。

步骤05 显示粘贴效果。经过以上操作，就可以将复制的文本只粘贴文本不粘贴格式，如图2-39所示。

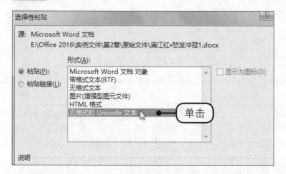

图 2-38　　　　　　　　　　　　　　　　图 2-39

知识点拨 **利用快捷键打开"选择性粘贴"对话框**

在 Word 2016 中，按【Ctrl+Alt+V】组合键，同样可以打开"选择性粘贴"对话框。

☀ 助跑地带——使用剪贴板随意选择粘贴对象

剪贴板用于存放要粘贴的项目，也就是在执行了复制或剪切的命令后，复制或剪切的内容就以图标的形式显示在"剪贴板"任务窗格中，该任务窗格最多可放置 24 个粘贴对象。使用剪贴板时，用户可以随意对之前复制的内容进行粘贴，而不必重新执行复制或粘贴的操作。

原始文件：下载资源 \ 实例文件 \ 第 2 章 \ 原始文件 \ 满江红·怒发冲冠 1.docx
最终文件：下载资源 \ 实例文件 \ 第 2 章 \ 最终文件 \ 满江红·怒发冲冠 4.docx

（1）**打开"剪贴板"任务窗格**。打开原始文件，单击"开始"选项卡下"剪贴板"组中的对话框启动器，如图2-40所示。

（2）**复制内容**。打开"剪贴板"任务窗格后，❶选中文本区域，❷右击对要粘贴的内容执行复制操作，如图2-41所示。

（3）**显示复制到剪贴板的效果**。然后复制的内容就会以图标的形式显示在"剪贴板"任务窗格中，如图2-42所示，按照同样方法，对其余需要粘贴的内容执行复制操作，复制的内容会一一显示在窗格中。

图 2-40　　　　　　　　　图 2-41　　　　　　　　　图 2-42

（4）**粘贴文本**。需要对剪贴板中的内容执行粘贴操作时，单击"剪贴板"任务窗格中相应的内容图标，如图2-43所示。

（5）**显示粘贴效果**。就可以将之前复制的内容粘贴到文档中，如图2-44所示。用户可按照类似的方法对其余文本进行粘贴。

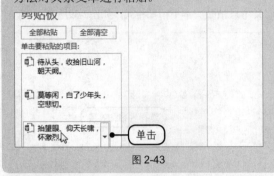

图 2-43　　　　　　　　　　　　　　　　　　　图 2-44

知识点拨　删除剪贴板中的项目

需要对剪贴板中的单个项目进行删除时，可单击目标项目右侧的下三角按钮，在展开的下拉列表中单击"删除"选项；需要删除剪贴板中的所有项目时，单击"单击要粘贴的项目"列表框上方的"全部清空"按钮即可。

2.4　设置文本格式

文本格式包括字体、字形、字号、颜色等。文本格式决定了文档的美观性及规范性，不同类型的文档使用的字体、字号都会有所不同。下面就来介绍一下文本格式的设置操作。

2.4.1　设置文本的字体、字形、字号及颜色

设置文本的字体、字形、字号及颜色有多种方法，下面来介绍使用选项卡进行设置与使用浮动工具栏进行设置两种常用的操作。

原始文件：下载资源 \ 实例文件 \ 第 2 章 \ 原始文件 \ 满江红·怒发冲冠 .docx
最终文件：下载资源 \ 实例文件 \ 第 2 章 \ 最终文件 \ 满江红·怒发冲冠 5.docx

1.　通过选项卡功能设置

步骤01 选择要设置格式的文本。打开原始文件，拖动鼠标选中文档中的标题，如图2-45所示。

步骤02 设置文本字体。❶单击"开始"选项卡下"字体"组中"字体"框右侧的下三角按钮，❷在展开的下拉列表中单击"华文楷体"，如图2-46所示。

步骤03 设置文本字号。❶单击"字号"框右侧的下三角按钮，❷在展开的下拉列表中单击要使用的字号"小初"，如图2-47所示。

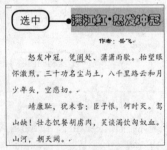
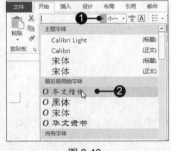

图 2-45　　　　　　　　　　图 2-46　　　　　　　　　　图 2-47

步骤04 设置文本颜色。❶单击"字体颜色"右侧的下三角按钮，❷在展开的颜色列表中单击要使用的字体颜色"橙色，个性色2"，如图2-48所示。

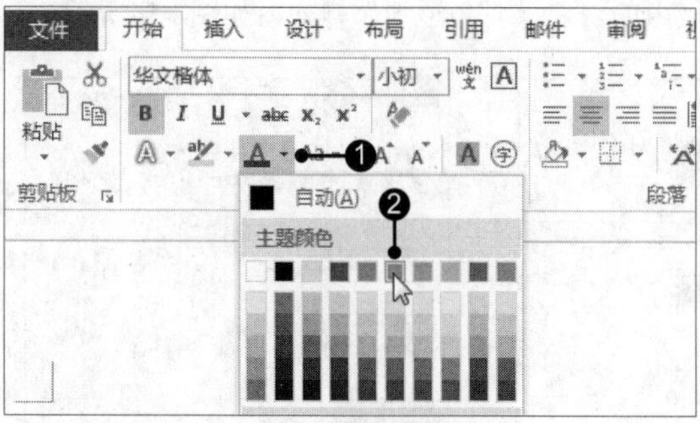

步骤05 显示设置文本格式的效果。经过以上操作，就完成了使用选项卡中的功能设置文本格式的操作，如图2-49所示。

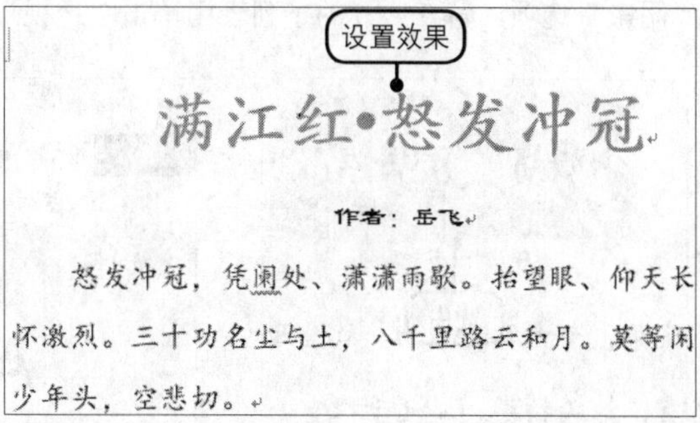

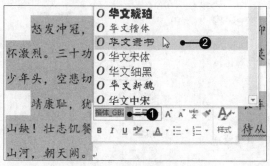

图 2-48

图 2-49

2. 通过浮动工具栏设置

步骤01 设置文本字体。在文档中选中要设置的文本后，在所选区域右上角就会看到一个浮动工具栏，将鼠标指针指向该工具栏，❶然后单击"字体"框右侧的下三角按钮，❷在展开的下拉列表中单击"华文隶书"，如图2-50所示，完成字体设置。

步骤02 设置文本颜色。设置了字体后，❶单击"字体颜色"右侧的下三角按钮，❷在展开的颜色列表中单击"标准色"区域内的"浅蓝"图标，如图2-51所示，即可完成文本颜色的设置。按照同样的方法还可对字号进行设置。

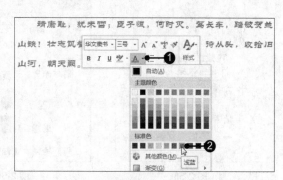

图 2-50

图 2-51

2.4.2　设置文本效果

　　文本效果包括为文本添加阴影、映像、底纹、删除线，设置上标、下标，将文本隐藏等效果，在实际的设置过程中，用户可根据需要对其效果进行适当的修改。

1. 使用程序预设的文本效果

　　Word 2016 程序中预设了一些样式、阴影等文本效果样式，使用这些预设的样式，可以快速地制作出美观的文档。

原始文件：下载资源＼实例文件＼第 2 章＼原始文件＼念奴娇•赤壁怀古 .docx
最终文件：下载资源＼实例文件＼第 2 章＼最终文件＼念奴娇•赤壁怀古 .docx

步骤01 选择要设置效果的文本。打开原始文件，拖动鼠标选中要设置效果的文本，如图2-52所示。

步骤02 为文本应用预设的文本效果。❶切换至"开始"选项卡，❷单击"字体"组中的"文本效果和版式"按钮，❸然后在展开的下拉列表中选择文本效果，这里选择"渐变填充-蓝色，着色1，反射"样式，如图2-53所示。

步骤03 为文本设置阴影效果。❶再次单击"文本效果"按钮，❷在展开的下拉列表中将鼠标指针指向"阴影"选项，❸在展开的子列表中单击"透视"区域内的"左上对角透视"样式，如图2-54所示。

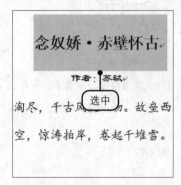

图 2-52

图 2-53

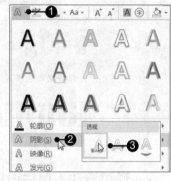

图 2-54

步骤04 显示设置效果。经过以上操作，就完成了为文档的标题设置文本效果的操作，如图2-55所示。

步骤05 设置上标效果。❶拖动鼠标，选中要设置为上标的文本，❷单击"字体"组的"上标"按钮，如图2-56所示。

步骤06 显示上标效果。经过以上操作，就完成了将文本设为上标的操作，如图2-57所示。

图 2-55

图 2-56

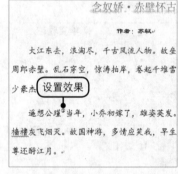

图 2-57

2. 自定义设置文本效果

在设置文本效果时，文本的填充效果、阴影大小、角度、距离、发光色彩等内容都是可以自定义进行设置的，下面就来介绍一下具体的操作方法。

原始文件： 下载资源\实例文件\第2章\原始文件\念奴娇·赤壁怀古.docx
最终文件： 下载资源\实例文件\第2章\最终文件\念奴娇·赤壁怀古1.docx

步骤01 打开"字体"对话框。打开原始文件，❶选择要设置效果的文本，❷单击"开始"选项卡下"字体"组中的对话框启动器，如图2-58所示。

步骤02 打开"设置文本效果格式"对话框。弹出"字体"对话框，单击"文字效果"按钮，如图2-59所示。

步骤03 选择文本填充样式。弹出"设置文本效果格式"对话框，❶单击"文本填充"按钮，❷在"文本填充"下方单击选中"渐变填充"单选按钮，❸然后单击"预设渐变"按钮，❹在展开的库中选择样式，例如选择"径向渐变-个性色2"样式，如图2-60所示。

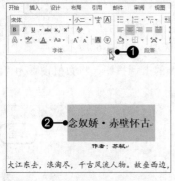
图 2-58

图 2-59

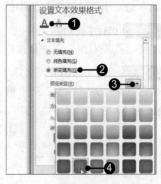
图 2-60

步骤04 选择阴影样式。❶单击"文字效果"按钮，❷在"阴影"下方单击"预设"按钮，❸在展开的库中选择阴影样式，例如选择"右上对角透视"样式，如图2-61所示。

步骤05 设置阴影颜色。❶单击"颜色"按钮，❷在展开的下拉列表中单击"蓝-灰，文字2，深色50%"，如图2-62所示。

步骤06 设置阴影的效果参数。❶拖动"透明度"标尺中的滑块，将阴影的透明度设置为"20%"，❷按照同样方法，设置"模糊"为"5磅"，❸"距离"为"4"磅，然后单击"确定"按钮，如图2-63所示。

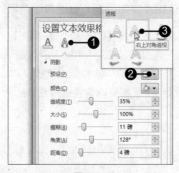
图 2-61

图 2-62

图 2-63

步骤07 显示自定义设置的文本效果。返回"字体"对话框，单击"确定"按钮，就完成了自定义设置文本效果的操作，设置后的标题如图2-64所示。

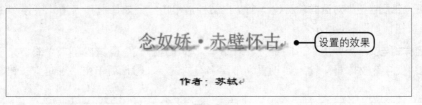
图 2-64

2.4.3 设置字符间距

字符间距是指字符与字符之间的距离。Word 2016 中预设了标准、加宽、紧缩三种间距样式，在选择了相应的样式后，用户可以通过自定义设置来决定字符的精确距离。

原始文件：下载资源\实例文件\第2章\原始文件\念奴娇·赤壁怀古.docx
最终文件：下载资源\实例文件\第2章\最终文件\念奴娇·赤壁怀古2.docx

步骤01 打开"字体"对话框。打开原始文件，❶拖动鼠标，选中要调整字符间距的文本，❷单击"开始"选项卡下"字体"组中的对话框启动器，如图2-65所示。

步骤02 选择字符间距。弹出"字体"对话框，❶切换到"高级"选项卡，❷单击"字符间距"区域内"间距"框右侧的下三角按钮，❸在展开的下拉列表中单击"加宽"选项，如图2-66所示。

步骤03 设置加宽磅值。选择了间距选项后，单击"磅值"数值框右侧的上调按钮，将数值设置为"5磅"，如图2-67所示，然后单击"确定"按钮。

图 2-65

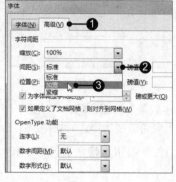

图 2-66

图 2-67

步骤04 显示加宽效果。经过以上操作，就完成了调整字符间距的操作，最终效果如图2-68所示。

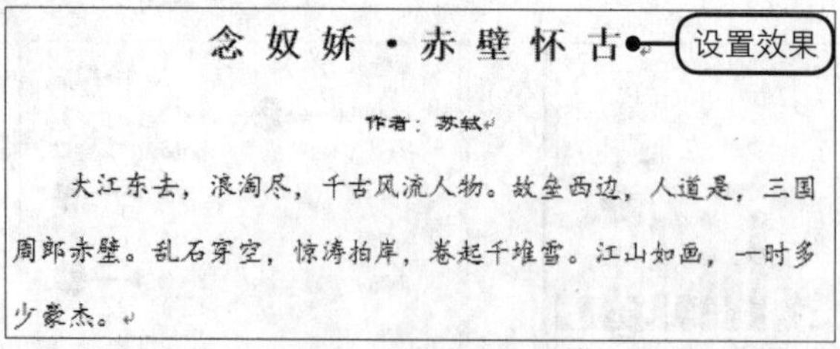

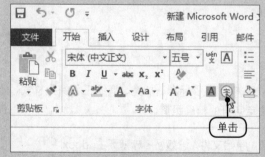

图 2-68

知识点拨 认识"字符间距"区域其他选项

在"字体"对话框中"高级"选项卡下的"字符间距"区域内还包括"缩放"和"位置"两个选项，其中"缩放"的作用是更改文本大小，而"位置"则是将文本位置提升或降低。

助跑地带——制作带圈字符并增大圈号

在制作一些编号、标注类的文本时，用户可以将其制作为带圈字符，只需选择程序中预设的圈号样式即可，还可以对圈号的大小进行自定义设置。

（1）打开"带圈字符"对话框。新建一个空白文档，单击"开始"选项卡下"字体"组中的"带圈字符"按钮，如图2-69所示。

（2）设置样式与文字。弹出"带圈字符"对话框，❶在"样式"区域内单击"缩小文字"图标，❷然后在"文字"文本框中输入要设置为带圈字符的文字，❸最后单击"确定"按钮，如图2-70所示。

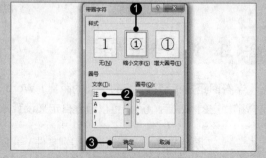

图 2-69

图 2-70

（3）切换域代码。在文档中插入了带圈字符后，❶选中该字符后右击，❷在弹出的快捷菜单中单击"切换域代码"命令，如图2-71所示。

（4）设置圈号大小。将带圈字符切换为代码后，❶选中代码中的圆圈，❷单击"字体"组中"字号"框右侧的下三角按钮，❸在展开的下拉列表中单击"四号"选项，如图2-72所示。

（5）打开"字体"对话框。❶选中代码区域中的字符，❷单击"字体"组中的对话框启动器，如图2-73所示。

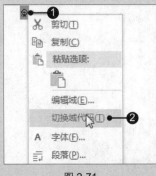

图 2-71

图 2-72

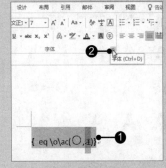

图 2-73

（6）提供字符位置。弹出"字体"对话框，❶切换到"高级"选项卡，❷单击"位置"右侧"磅值"数值框右侧的上调按钮，将数值设置为"3磅"，如图2-74所示。

（7）切换域代码。单击"确定"按钮后返回文档中，❶右击代码区域，弹出快捷菜单，❷单击"切换域代码"命令，如图2-75所示。

（8）显示制作的字符效果。经过以上操作，就完成了带圈字符的制作，效果如图2-76所示。

图 2-74

图 2-75

图 2-76

知识点拨 使用已有字符制作带圈字符

使用文档中已有的字符制作带圈字符时，选中目标文本后，单击"带圈字符"按钮，继续操作即可。

2.5 使用艺术字

艺术字是一些漂亮的汉字样式，艺术字样式中包括了字体的填充颜色、阴影、映像、发光、柔化边缘、棱台、旋转等，艺术字一般应用于一些对版面美观度要求非常高的宣传画报、广告纸等文档中。

原始文件： 下载资源\实例文件\第2章\原始文件\自然之声.docx
最终文件： 下载资源\实例文件\第2章\最终文件\自然之声.docx

步骤01 选择艺术字样式。打开原始文件，切换到"插入"选项卡，❶单击"文本"组中的"艺术字"按钮，❷在展开的下拉列表中单击"填充-灰色-50%，着色3，锋利棱台"选项，如图2-77所示。

步骤02 输入艺术字。选择艺术字样式后，在编辑区显示出"请在此放置你的文字"文本框，直接输入艺术字，然后拖动文本框，将其移动到编辑区的适当位置，如图2-78所示。

步骤03 设置文字方向。输入了艺术字后，程序自动切换到"绘图工具-格式"选项卡，❶单击"文本"组中的"文字方向"按钮，❷在展开的下拉列表中单击"垂直"选项，如图2-79所示。

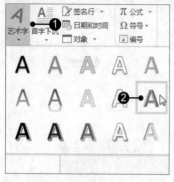

图 2-77

图 2-78

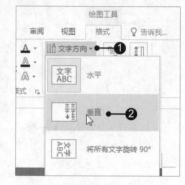

图 2-79

步骤04 设置文字发光效果。❶单击"艺术字样式"组中的"文字效果"按钮，❷在展开的下拉列表中单击"发光>蓝色，18pt发光，个性色5"选项，如图2-80所示。

步骤05 设置艺术字形状。❶再次单击"艺术字样式"组中的"文字效果"按钮，❷在展开的下拉列表中单击"转换>波形2"选项，如图2-81所示。

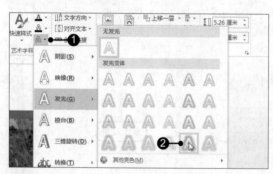

图 2-80

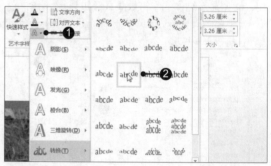

图 2-81

步骤06 更改艺术字文本框的长度。设置了艺术字的形状后，将鼠标指针指向文本框上方的控点，当鼠标指针变成十字形状时向上拖动，将其调整到合适高度，如图2-82所示。

步骤07 显示设置的艺术字效果。经过以上操作，就完成了在文档中制作艺术字的操作，效果如图2-83所示。

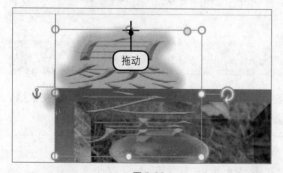

图 2-82

图 2-83

知识点拨 设置艺术字的字体、字号等格式

添加了艺术字后，需要更改艺术字的字体、字号时，可直接切换到"开始"选项卡下，通过"字体"功能组进行设置即可。

2.6 设置段落格式

段落格式用于控制段落外观，设置段落格式时，可以通过设置段落的对齐方式、缩进、段落间距等内容实现。

2.6.1 设置段落对齐方式与大纲级别

在 Word 2016 中，段落的对齐方式包括左对齐、居中、右对齐、分散对齐、两端对齐 5 种；而大纲级别就是段落所处层次的级别编号，共有 9 级。

原始文件： 下载资源 \ 实例文件 \ 第 2 章 \ 原始文件 \ 劳动合同 .docx
最终文件： 下载资源 \ 实例文件 \ 第 2 章 \ 最终文件 \ 劳动合同 .docx

步骤01 打开"段落"对话框。打开原始文件，❶将光标定位在要设置对齐方式的段落中，❷单击"开始"选项卡下"段落"组的对话框启动器，如图2-84所示。

步骤02 设置段落对齐方式。弹出"段落"对话框，❶单击"缩进和间距"选项卡下"常规"组中"对齐方式"框右侧的下三角按钮，❷在展开的下拉列表中单击"居中"选项，如图2-85所示。

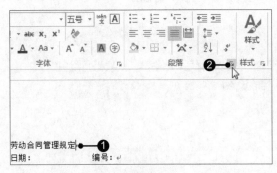

图 2-84

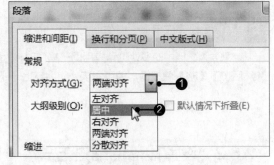

图 2-85

步骤03 设置段落大纲级别。❶单击"大纲级别"框右侧的下三角按钮，❷在展开的下拉列表中单击要使用的级别选项，如图2-86所示。

步骤04 打开"段落"对话框。返回文档中，❶将光标定位在另一处要设置对齐方式的段落中，❷单击"开始"选项卡下"段落"组的对话框启动器，如图2-87所示。

步骤05 设置段落大纲级别。弹出"段落"对话框，❶单击"大纲级别"框右侧的下三角按钮，❷在展开的下拉列表中单击要使用的级别选项，如图2-88所示，按照类似方法，将其他需要设置级别的文本进行同样的设置。

图 2-86

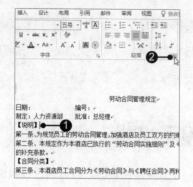
图 2-87

图 2-88

步骤06 打开"导航"任务窗格。单击"确定"按钮返回文档，❶切换到"视图"选项卡，❷勾选"显示"组中的"导航窗格"复选框，如图2-89所示。

步骤07 显示设置的级别效果。显示了"导航"任务窗格后，在其中可以看到设置的大纲级别，单击相应级别选项，编辑区内就会显示相应的内容，如图2-90所示。

图 2-89

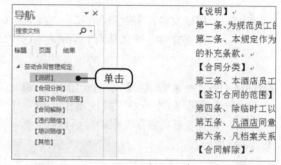
图 2-90

知识点拨 **快速应用上一操作**

　　需要为文档中的多处位置应用同一操作时，设置了前一处的效果后，选中第二处要进行设置的文本，然后按下【F4】快捷键，即可为该处应用与上一处同样的设置。

2.6.2　设置段落的缩进方式

　　一般情况下，在每个段落的开头要使用缩进的方式进行区分，中文文档的习惯是在每段的开头缩进两个字符，但是在具体操作中，可根据需要对缩进的字符进行自定义设置。

　　　　原始文件：下载资源\实例文件\第 2 章\原始文件\录用通知单 .docx
　　　　最终文件：下载资源\实例文件\第 2 章\最终文件\录用通知单 .docx

步骤01 打开"段落"对话框。打开原始文件，❶将光标定位在要设置缩进的段落内，❷单击"开始"选项卡下"段落"组的对话框启动器，如图2-91所示。

步骤02 设置缩进方式。弹出"段落"对话框，在"缩进和间距"选项卡下"特殊格式"框中选择"首行缩进"方式，程序自动将"缩进值"设置为"2字符"，如图2-92所示。

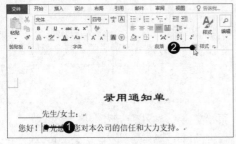
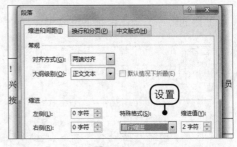

图 2-91　　　　　　　　　　　　　　　　　　　图 2-92

步骤03 显示缩进效果。单击"确定"按钮后返回文档中，按照同样方法，将其余段落也设置为缩进2字符效果，如图2-93所示。

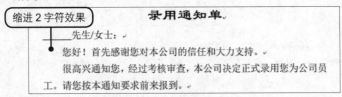

图 2-93

知识点拨 **缩进多字符**

设置段落的缩进时，如果用户需要缩进 2 个以上的字符，打开"段落"对话框，选择"首行缩进"的方式后，单击"磅值"数值框右侧的上调按钮，如果需要缩进 3 字符，就将磅值设置为"3 字符"，最后单击"确定"按钮。

2.6.3　设置段落间距

段落间距是指段落与段落之间的距离，在一些条目较多的文档中，为了区分段落，可以对段落间距进行设置。

原始文件： 下载资源 \ 实例文件 \ 第 2 章 \ 原始文件 \ 条例 .docx
最终文件： 下载资源 \ 实例文件 \ 第 2 章 \ 最终文件 \ 条例 .docx

步骤01 选中要设置间距的段落。打开原始文件，拖动鼠标选中要设置间距的段落，如图2-94所示。

步骤02 设置段落间距。打开"段落"对话框，❶在"缩进和间距"选项卡下单击"间距"区域内"段前"数值框右侧的上调按钮，将数值设置为"0.5行"，❷按照同样方法，将"段后"也设置为"0.5行"，❸单击"确定"按钮，如图2-95所示。

步骤03 显示段落间距设置效果。至此就完成了设置段落间距的操作，效果如图2-96所示。

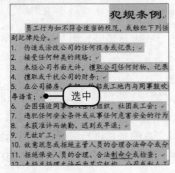

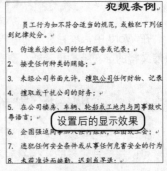

图 2-94　　　　　　　　　　图 2-95　　　　　　　　　　图 2-96

助跑地带——制作首字下沉效果

首字下沉是将整篇文档中的第 1 个字进行放大、下沉的设置。该效果有两种方式：首字悬挂与首字下沉。其中首字悬挂是将首字下沉后，悬挂于页边距之外；而首字下沉则是将首字下沉后，放置于页边距之内。

原始文件： 下载资源 \ 实例文件 \ 第 2 章 \ 原始文件 \ 念奴娇·赤壁怀古 .docx
最终文件： 下载资源 \ 实例文件 \ 第 2 章 \ 最终文件 \ 念奴娇·赤壁怀古 3.docx

（1）**单击"首字下沉选项"。** 打开原始文件，❶选中要设置下沉的文字，❷单击"插入"选项卡下"文本"组中的"首字下沉"按钮，❸在展开的下拉列表中单击"首字下沉选项"选项，如图2-97所示。

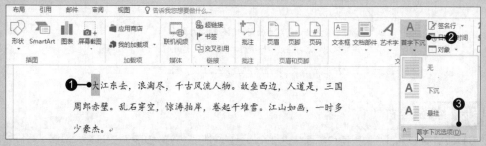

图 2-97

（2）**设置首字下沉属性。** 弹出"首字下沉"对话框，❶在"位置"组中单击"下沉"选项，❷然后设置字体为"方正舒体"，"下沉行数"默认为"3"行，❸设置后单击"确定"按钮，如图2-98所示。

（3）**设置缩进方式。** 经过以上操作，可看见所选的文字首字下沉3行，如图2-99所示。

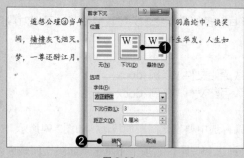

图 2-98

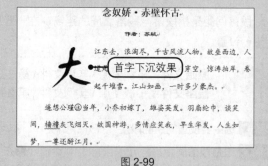

图 2-99

2.7 项目符号与编号的使用

在 Word 中，项目符号和编号位于文本最前端，起到强调的作用。合理使用项目符号和编号，可以使文档的层次结构更清晰、更有条理。

2.7.1 添加项目符号

项目符号一般放于文本的最前端，可用于强调效果，也可用于对文本的条目进行区分。应用项目符号可以使条目较多的文档看起来清晰美观，所以在使用项目符号时，应尽量选择一些外观漂亮的符号应用。

1. 添加项目符号库内的符号

Word 2016 的项目符号列表库中预设了几种比较经典的项目符号，用户可以直接选择使用。

原始文件： 下载资源 \ 实例文件 \ 第 2 章 \ 原始文件 \ 面谈表 .docx
最终文件： 下载资源 \ 实例文件 \ 第 2 章 \ 最终文件 \ 面谈表 .docx

步骤01 选中要添加项目符号的文本。打开原始文件，拖动鼠标选中要添加项目符号的文本，如图2-100所示。

步骤02 选择要使用的项目符号。❶单击"开始"选项卡下"段落"组中的"项目符号"按钮，❷在展开的下拉列表中单击"项目符号库"区域内第一排第四个符号样式，如图2-101所示。

步骤03 显示应用项目符号的效果。经过以上操作，就完成了为文本添加项目符号的操作，如图2-102所示，使用相同的方法为其他文本添加项目符号。

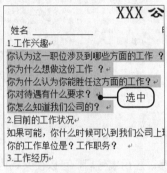

图 2-100

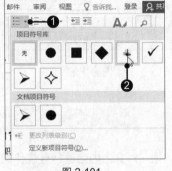

图 2-101

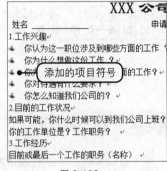

图 2-102

2. 添加自定义项目符号

除了项目符号库中的符号，还有许多漂亮、简约的符号可用作项目符号，但是需要用户自己进行添加。

原始文件： 下载资源 \ 实例文件 \ 第 2 章 \ 原始文件 \ 违规手册 .docx
最终文件： 下载资源 \ 实例文件 \ 第 2 章 \ 最终文件 \ 违规手册 .docx

步骤01 选中要添加项目符号的文本。打开原始文件，拖动鼠标选中添加项目符号的文本，如图2-103所示。

步骤02 打开"定义新项目符号"对话框。❶单击"开始"选项卡下"段落"组中的"项目符号"按钮，❷在展开的下拉列表中单击"定义新项目符号"选项，如图2-104所示。

步骤03 打开"图片项目符号"对话框。弹出"定义新项目符号"对话框，单击"符号"按钮，如图2-105所示。

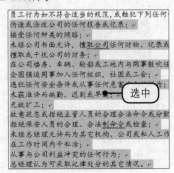

图 2-103

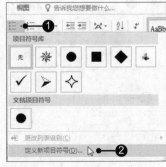

图 2-104

图 2-105

步骤04 选择要使用的项目符号。弹出"符号"对话框，单击要用作项目符号的符号，如图2-106所示，然后单击"确定"按钮。

步骤05 完成项目符号的定义。返回"定义新项目符号"对话框，在"预览"列表框中即可看到应用效果，单击"确定"按钮，如图2-107所示。

步骤06 显示应用项目符号的效果。经过以上操作，就完成了为文本添加自定义项目符号的操作，如图2-108所示。

图 2-106

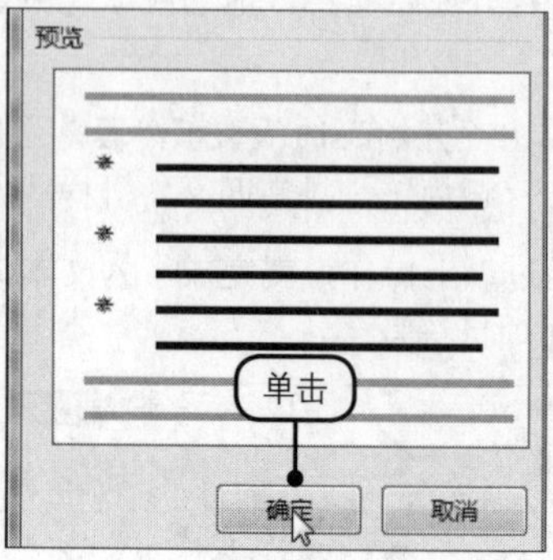

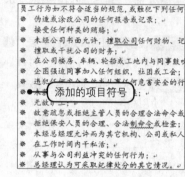

图 2-107

图 2-108

2.7.2 插入编号

编号是以某种有顺序的数据为依据，对文本内容进行有规律的排序。应用编号后，可以使文档内容清晰明了。

1. 使用预设的编号样式

Word 2016 中预设了一些编号样式，用户可直接应用，下面介绍具体的操作方法。

原始文件：下载资源 \ 实例文件 \ 第 2 章 \ 原始文件 \ 面谈表 .docx
最终文件：下载资源 \ 实例文件 \ 第 2 章 \ 最终文件 \ 面谈表 1.docx

步骤01 选中要添加编号的文本。打开原始文件，拖动鼠标选中要添加编号的文本，如图2-109所示。

步骤02 选择要使用的编号样式。❶单击"开始"选项卡下"段落"组中的"编号"按钮，❷在展开的下拉列表中单击第2排第2个样式，如图2-110所示。

步骤03 显示应用编号的效果。经过以上操作，就完成了为文本应用编号的操作，如图2-111所示。

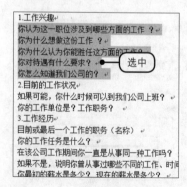

图 2-109

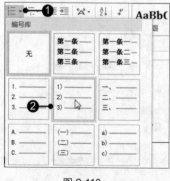

图 2-110

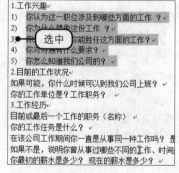

图 2-111

2. 自定义编号格式

虽然 Word 2016 预设了大量的编号格式，但是仍然无法满足所有的用户，基于此原因，用户可以选择自定义编号格式，来制作符合自己要求的编号格式。

原始文件：下载资源\实例文件\第 2 章\原始文件\总则 .docx
最终文件：下载资源\实例文件\第 2 章\最终文件\总则 .docx

步骤01 打开"定义新编号格式"对话框。打开原始文件，拖动鼠标选中要添加编号的文本，❶单击"开始"选项卡下"段落"组中的"编号"按钮，❷在展开的下拉列表中单击"定义新编号格式"选项，如图2-112所示。

步骤02 选择编号样式。弹出"定义新编号格式"对话框，❶单击"编号样式"框右侧的下三角按钮，❷在展开的下拉列表中单击要使用的编号样式"一.二.三.（简）..."选项，如图2-113所示。

步骤03 打开"字体"对话框。选择了编号的样式后，单击对话框右侧的"字体"按钮，如图2-114所示。

图 2-112

图 2-113

图 2-114

步骤04 设置编号字体。弹出"字体"对话框，❶将"字体"设置为"华文楷体"，❷"字形"为"加粗"，❸"字号"为"四号"，如图2-115所示。

步骤05 设置编号格式。单击"确定"按钮后返回"定义新编号格式"对话框，❶在"编号格式"文本框中编号的前方与后方分别输入适当字符，❷最后单击"确定"按钮，如图2-116所示。

步骤06 显示自定义设置编号的效果。经过以上操作，返回文档中就可以看到自定义设置的编号效果，如图2-117所示。

图 2-115

图 2-116

图 2-117

编排公司休假制度文档

本章主要介绍了文字与段落的编辑操作，用户通过本章的学习，可以根据需要为文档设置或规范、或美观的效果，下面结合本章所学知识来为公司休假制度文档设置文本格式。

原始文件： 下载资源 \ 实例文件 \ 第 2 章 \ 原始文件 \ 公司休假制度 .docx
最终文件： 下载资源 \ 实例文件 \ 第 2 章 \ 最终文件 \ 公司休假制度 .docx

步骤01 选择插入日期和时间。打开原始文件，❶将光标定位至文档最后一行，切换至"插入"选项卡，❷单击"文本"组中的"日期和时间"按钮，如图2-118所示。

步骤02 选择日期和时间的格式。弹出"日期和时间"对话框，❶在"语言"选项框中选择"中文（中国）"，❷在"可用格式"列表框中选择合适的格式，如图2-119所示，然后单击"确定"按钮。

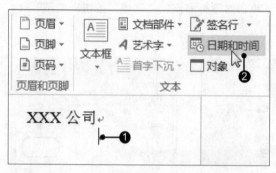

图 2-118

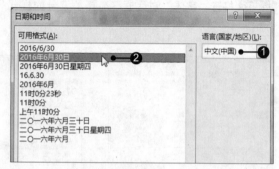

图 2-119

步骤03 查看插入的日期和时间。返回文档窗口，此时可看见插入的日期与时间，如图2-120所示。

步骤04 选择设置指定格式的段落。❶在文档中选中除标题外的所有文本，切换至"开始"选项卡，❷单击"段落"组的对话框启动器，如图2-121所示。

步骤05 设置段落格式。弹出"段落"对话框，❶在"间距"组中设置行距为"单倍行距"，❷然后单击"确定"按钮，如图2-122所示。

图 2-120

图 2-121

图 2-122

步骤06 选择文档标题。返回文档窗口，可看见设置间距后的文档，拖动鼠标选中标题文本，如图2-123所示。

步骤07 设置标题文本的对齐方式和大纲级别。打开"段落"对话框，❶设置"对齐方式"为"居中"，❷设置"大纲级别"为"1级"，❸然后设置段前/段后间距均为"1行"，如图2-124所示。

步骤08 设置标题文本的字号。单击"确定"按钮返回文档窗口，在"字体"组中设置标题文本的字号为"二号"，如图2-125所示。

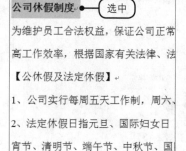

图 2-123

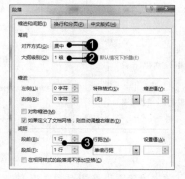

图 2-124

图 2-125

步骤09 选择要设置段落缩进的文本。利用鼠标结合【Ctrl】键选中需要设置段落缩进的文本内容，如图2-126所示。

步骤10 设置段落缩进。打开"段落"对话框，在"缩进"选项组中设置"特殊格式"为"首行缩进"，"缩进值"自动显示为"2字符"，如图2-127所示。

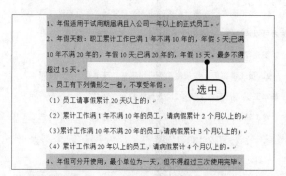

图 2-126

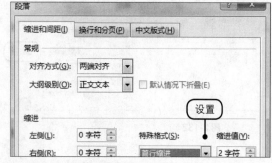

图 2-127

步骤11 继续选择要设置段落缩进的文本。单击"确定"按钮返回文档窗口，利用【Ctrl】键和鼠标选择文档中带有括号数字编号的文本，如图2-128所示。

步骤12 设置段落缩进。打开"段落"对话框，在"缩进"选项组中设置"特殊格式"为"首行缩进"，"缩进值"为"3字符"，如图2-129所示。

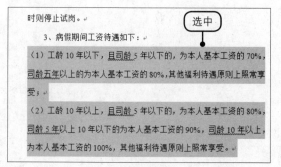

图 2-128

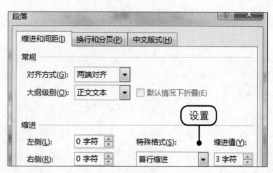

图 2-129

步骤13 选择带有【】的文本。单击"确定"按钮返回文档窗口，利用【Ctrl】键和鼠标选择文档中带有【】的文本，如图2-130所示。

步骤14 设置段落格式。打开"段落"对话框，❶设置"大纲级别"为"2级"，❷段前/段后间距均为"0.5行"，如图2-131所示。

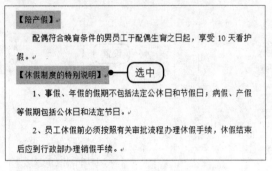

图 2-130

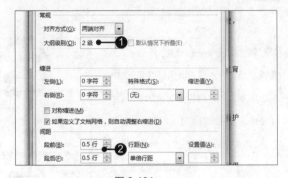

图 2-131

步骤15 设置显示"导航"任务窗格。单击"确定"按钮返回文档窗口，❶切换至"视图"选项卡，❷在"显示"组中勾选"导航窗格"复选框，如图2-132所示。

步骤16 查看事假的详细规定。在"导航"任务窗格中单击"事假"选项，便可在右侧查看事假的详细规定，如图2-133所示。

图 2-132

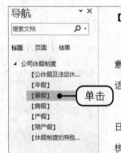

图 2-133

第3章 插入图片、图形或视频 增强文档吸引力

在 Word 中插入图片和图形，可形象直观地表现文本内容，此外，还可以美化文档页面。而在 Word 中插入视频，则可使阅读者产生身临其境的感受。通过图片、图形及视频的多方面配合，能够使阅读者更清楚地了解制作者的意图。

3.1 在文档中插入图片

在 Word 2016 中插入图片时，主要有三种渠道：插入存储设备中的图片（主要是计算机和移动存储设备，如 U 盘、移动硬盘）、插入联机图片和获取屏幕截图。

3.1.1 插入存储设备中的图片

存储设备中的图片是指保存在计算机或者是移动存储设备如 U 盘、移动硬盘中的图片，Word 2016 支持 emf、wmf、jpg、jfif、png、bmp 等十多种格式图片的插入。

原始文件：下载资源 \ 实例文件 \ 第 3 章 \ 原始文件 \ 尼康 D800.docx、尼康 D800.jpg
最终文件：下载资源 \ 实例文件 \ 第 3 章 \ 最终文件 \ 尼康 D800.docx

步骤01 单击"图片"按钮。打开原始文件，❶将光标定位在要插入图片的位置，❷切换到"插入"选项卡，❸单击"插图"组中的"图片"按钮，如图3-1所示。

步骤02 选择要插入的图片。弹出"插入图片"对话框，❶进入要插入的图片所在路径，❷选中目标文件，如图3-2所示，单击"确定"按钮。

步骤03 查看插入的图片。经过上述操作，就完成了为文档插入图片的操作，如图3-3所示。

图 3-1

图 3-2

图 3-3

3.1.2 插入联机图片

在 Office 2016 中，插入联机图片是指利用 Internet 来查找并插入图片，用户可以利用必应图像搜索或者 OneDrive 实现图片的插入。下面以 Word 2016 为例进行讲解。

1. 必应图像搜索

Bing 是一个搜索引擎，它的功能与百度类似，Word 2016 的图片搜索中内置了该搜索引擎，用户可以直接通过 Word 搜索 Internet 中的图片，选择满意的图片并将其插入到文档中。

原始文件： 下载资源 \ 实例文件 \ 第 3 章 \ 原始文件 \ 高尔夫 .docx
最终文件： 下载资源 \ 实例文件 \ 第 3 章 \ 最终文件 \ 高尔夫 .docx

步骤01 选择插入联机图片。打开原始文件，❶切换至"插入"选项卡，❷单击"插图"组中的"联机图片"按钮，如图3-4所示。

步骤02 输入关键字。弹出"插入图片"对话框，❶在"必应图像搜索"右侧的文本框中输入"高尔夫"，❷然后单击"搜索"按钮，如图3-5所示。

图 3-4

图 3-5

步骤03 插入指定图片。待对话框中显示搜索的结果后，❶选择满意的图片，❷然后单击"插入"按钮，如图3-6所示。

步骤04 查看插入的图片。返回文档窗口，此时可看到插入的图片效果，如图3-7所示。

图 3-6

图 3-7

2. 从OneDrive中获取图片

从 OneDrive 中获取图片是指在文档中插入保存在 OneDrive 云网盘中的图片，该功能是从 Word 2013 的 SkyDrive 功能演化而来的。需要说明的是，只有在微软注册账户的用户才可以使用该功能。只要 OneDrive 云网盘中保存了图片，就可以将它插入到当前文档中。

原始文件： 下载资源 \ 实例文件 \ 第 3 章 \ 原始文件 \ 高尔夫 .docx
最终文件： 下载资源 \ 实例文件 \ 第 3 章 \ 最终文件 \ 高尔夫 1.docx

步骤01 选择插入联机图片。打开原始文件，❶切换至"插入"选项卡，❷单击"插图"组中的"联机图片"按钮，如图3-8所示。

步骤02 输入关键字。弹出"插入图片"对话框，在界面中单击"OneDrive"右侧的"浏览"选项，如图3-9所示。

图 3-8   图 3-9

步骤03 插入指定图片。切换至新的界面，显示了OneDrive云网盘中的所有图片，❶选择合适的图片，❷单击"插入"按钮，如图3-10所示。

步骤04 查看插入的图片。返回文档窗口，此时可看到插入的图片，如图3-11所示。

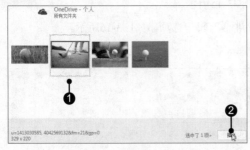

图 3-10

图 3-11

3.1.3 获取屏幕截图

截取屏幕是 Word 2016 非常实用的一个功能，它可以将未最小化的窗口以图片的形式截取并插入到文档中，获取屏幕截图包括截取全屏图像和自定义截取图像两种方式。

1. 截取全屏图像

截取全屏图像时，只要选择了要截取的程序窗口，程序就会自动执行截取整个屏幕的操作，并且截取的图像会自动插入到文档中光标所在位置处。

 原始文件: 下载资源\实例文件\第3章\原始文件\美丽的自然.docx、美丽的自然.pptx
最终文件: 下载资源\实例文件\第3章\最终文件\美丽的自然.docx

步骤01 定位图像插入的位置。打开原始文件，❶将光标定位在需要插入图片的位置，❷切换到"插入"选项卡，❸单击"插图"组中的"屏幕截图"按钮，如图3-12所示。

步骤02 选择截取的画面。在展开的下拉列表中选择要插入的窗口截图，如图3-13所示。

步骤03 显示截取的窗口图片。此时已将所选窗口截图插入到当前文档中，如图3-14所示。

图 3-12

图 3-13

图 3-14

2. 自定义截图

自定义截图可以对图像截取的范围、比例进行自定义设置，自定义截取的图像内容同样会自动插入到当前文档中。

原始文件：下载资源 \ 实例文件 \ 第 3 章 \ 原始文件 \ 声音 .docx、自然之声 .docx
最终文件：下载资源 \ 实例文件 \ 第 3 章 \ 最终文件 \ 声音 .docx

步骤01 定位图像插入的位置。打开原始文件，❶将光标定位在要插入图像的位置，❷切换到"插入"选项卡，❸单击"插图"组中的"屏幕插图"按钮，如图3-15所示。

步骤02 选择"屏幕剪辑"。在展开的下拉列表中单击"屏幕剪辑"选项，如图3-16所示。

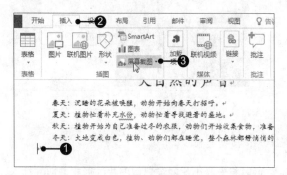

图 3-15　　　　　　　　　　　　　　　　　　　图 3-16

步骤03 截取图像。自动跳转到剪辑页面，屏幕中的画面呈半透明的白色效果，鼠标指针为十字形状，拖动鼠标，经过要截取的画面区域，如图3-17所示，拖至合适位置处释放鼠标。

步骤04 显示截取的图像。经过以上操作，就完成了自定义截取屏幕画面的操作，所截取的图像自动插入到目标文档中，如图3-18所示。

图 3-17　　　　　　　　　　　　　　　　　　　图 3-18

知识点拨　将Word 窗口转换为全屏视图

在截取图像的过程中，如果用户需要截取 Word 窗口的全屏视图，又希望尽量截取大部分的编辑区，可直接将需要截图的 Word 窗口转换为全屏视图，转换时，单击选项标签右上角的"功能区最大化"按钮即可。

3.2 编辑图片

将图片插入到文档中后，Word 会为图片的大小、边框等应用默认的效果，为了让图片与文本内容完美结合，还需要对图片进行一系列的美化操作。Word 2016 提供了很多图片处理功能，让图片处理更加人性化，也更加方便。

3.2.1 删除图片背景

删除图片背景是 Word 2010 新增的图片处理功能，Word 2016 同样具有该功能，用户可以通过该功能删除图片中主体周围的背景。

原始文件：下载资源 \ 实例文件 \ 第 3 章 \ 原始文件 \ 蝴蝶 .docx
最终文件：下载资源 \ 实例文件 \ 第 3 章 \ 最终文件 \ 蝴蝶 .docx

步骤01 选择要编辑的图片。打开原始文件，单击要编辑的图片，如图3-19所示。

步骤02 执行"删除背景"命令。选中图片后，❶切换到"图片工具-格式"选项卡，❷单击"调整"组中的"删除背景"按钮，如图3-20所示。

图 3-19

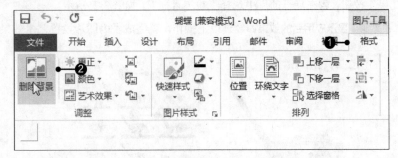

图 3-20

步骤03 设置删除的背景范围。执行了删除背景命令后，切换至"背景消除"选项卡，在图片的周围可以看到一些白色的控点，拖动控点可以调整删除的背景范围，将其调整到合适位置后释放鼠标，如图3-21所示。

步骤04 保留更改。在"背景消除"选项卡中单击"关闭"组中的"保留更改"按钮，如图3-22所示。

步骤05 显示删除图片背景后的效果。经过以上操作，就完成了删除图片背景的操作，如图3-23所示。

图 3-21

图 3-22

图 3-23

知识点拨 取消删除图片背景操作

删除了图片背景后，需要恢复时，进入"背景消除"选项卡后，单击"放弃所有更改"按钮即可。

3.2.2 设置图片的艺术效果

Word 中的艺术效果是指图片的不同风格，程序中预设了标记、铅笔灰度、铅笔素描、线条图、粉笔素描、画图笔画、画图刷、发光散射、虚化、浅色屏幕、水彩海绵、胶片颗粒、马赛克气泡、玻璃、混凝土、纹理化、十字图案蚀刻、蜡笔平滑、塑封、图样、影印、发光边缘二十二种效果，应用任意一种效果后，都可以对其进行自定义设置。

1. 应用预设艺术效果

Word 2016 中预设了大量的图片艺术效果样式，为图片设置艺术效果时，直接选择要使用的效果样式即可。

原始文件：下载资源 \ 实例文件 \ 第 3 章 \ 原始文件 \ 高尔夫 1.docx
最终文件：下载资源 \ 实例文件 \ 第 3 章 \ 最终文件 \ 高尔夫 2.docx

步骤01 选择要编辑的图片。打开原始文件，选中要编辑的图片，如图3-24所示。

步骤02 选择要应用的艺术效果。切换到"图片工具-格式"选项卡，❶单击"调整"组中的"艺术效果"按钮，❷在展开的库中选择"粉笔素描"，如图3-25所示。

步骤03 显示应用后的效果。经过以上操作，就完成了为图片设置艺术效果的操作，如图3-26所示。

图 3-24

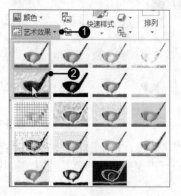

图 3-25

图 3-26

2. 自定义设置艺术效果

Word 2016 预设的每种艺术效果都有相应的参数，为图片应用艺术效果后，用户可以通过更改效果的参数来改变图片的艺术效果。

原始文件：下载资源 \ 实例文件 \ 第 3 章 \ 原始文件 \ 风景介绍 .docx
最终文件：下载资源 \ 实例文件 \ 第 3 章 \ 最终文件 \ 风景介绍 .docx

步骤01 选择要编辑的图片。打开原始文件，选中要编辑的图片，如图3-37所示。

步骤02 打开"设置图片格式"任务窗格。切换到"图片工具-格式"选项卡，❶单击"调整"组中的"艺术效果"按钮，❷在展开的库中单击"艺术效果选项"选项，如图3-28所示。

图 3-27

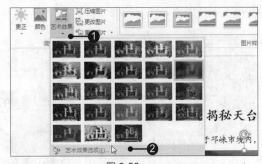

图 3-28

步骤03 设置纹理效果的缩放比例。界面右侧弹出"设置图片格式"任务窗格，在"艺术效果"下方按住鼠标左键向左拖动"半径"标尺中的滑块，将数值设置为"0"，如图3-29所示，

步骤04 显示自定义设置的艺术效果。经过以上操作，就完成了自定义设置图片艺术效果的操作，如图3-30所示。

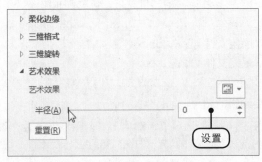

图 3-29

图 3-30

知识点拨 恢复图片原始状态

为图片设置效果后，需要将图片恢复为原始状态时，单击"图片工具 - 格式"选项卡下"调整"组中的"重设图片"按钮即可。

3.2.3 调整图片色调与光线

当图像文件过暗或曝光不足时，可通过调整图片的色彩与光线等参数将其恢复为正常效果，本小节就来介绍一下调整图片色调、颜色和饱和度等效果的操作。

1. 调整图片色调

不同的色温所产生的效果会有所不同，在调整图片色调时，主要是靠调整图片的色温来实现，温度较低的为冷色调，温度较高的为暖色调。

原始文件：下载资源\实例文件\第 3 章\原始文件\风景介绍 1.docx
最终文件：下载资源\实例文件\第 3 章\最终文件\风景介绍 1.docx

步骤01 选择要编辑的图片。打开原始文件，选中要编辑的图片，如图3-31所示。

步骤02 设置图片色调。选中图片后，自动切换到"图片工具-格式"选项卡，❶单击"调整"组中的"颜色"按钮，❷在展开的库中单击"色调"区域内的"色温4700K"样式，如图3-32所示。

步骤03 显示更改色调的效果。经过以上操作，就完成了更改图片色调的操作，如图3-33所示。

图 3-31

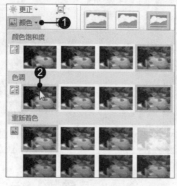

图 3-32

图 3-33

2. 调整图片颜色饱和度

饱和度是指图片中色彩的浓郁程度，饱和度越高，色彩越鲜艳；饱和度越低，色彩则越暗淡。

原始文件：下载资源 \ 实例文件 \ 第 3 章 \ 原始文件 \ 莲说 .docx
最终文件：下载资源 \ 实例文件 \ 第 3 章 \ 最终文件 \ 莲说 .docx

`步骤01` 选择要编辑的图片。打开原始文件，单击选中要编辑的图片，如图3-34所示。

`步骤02` 设置图片饱和度。选中图片后，切换到"图片工具-格式"选项卡，❶单击"调整"组中的"颜色"按钮，❷在展开的库中单击"颜色饱和度"区域内的"300%"样式，如图3-35所示。

`步骤03` 显示更改饱和度的效果。经过以上操作，就完成了更改图片饱和度的操作，效果如图3-36所示。

图 3-34

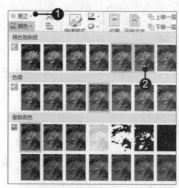

图 3-35

图 3-36

3. 对图片进行着色

对图片进行着色是指为图片设置不同颜色的变体，Word 2016 预设了灰度、冲蚀、黑白等 20 种着色效果，单击目标样式即可应用。

原始文件：下载资源 \ 实例文件 \ 第 3 章 \ 原始文件 \ 莲说 1.docx
最终文件：下载资源 \ 实例文件 \ 第 3 章 \ 最终文件 \ 莲说 1.docx

`步骤01` 选择要编辑的图片。打开原始文件，选中要编辑的图片，如图3-37所示。

`步骤02` 设置图片饱和度。文档切换到"图片工具-格式"选项卡，❶单击"调整"组中的"颜色"按钮，❷在展开的库中单击"重新着色"区域内的"橙色，个性色6浅色"样式，如图3-38所示。

步骤03 显示图片重新着色的效果。经过以上操作，就完成了对图片进行重新着色的操作，效果如图3-39所示。

图 3-37

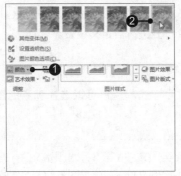

图 3-38

图 3-39

4．调整图片亮度与对比度

亮度和对比度体现了图片的光线及图片中每种色彩的强度，为图片设置亮度与对比度时，既可使用预设的参数，也可自定义进行设置，下面就来介绍自定义调整图片亮度和对比度的操作。

原始文件： 下载资源 \ 实例文件 \ 第 3 章 \ 原始文件 \ 蜡梅 .docx
最终文件： 下载资源 \ 实例文件 \ 第 3 章 \ 最终文件 \ 蜡梅 .docx

步骤01 选择要编辑的图片。打开原始文件，单击选中要编辑的图片，如图3-40所示。

步骤02 打开"设置图片格式"任务窗格。切换到"图片工具-格式"选项卡，❶单击"调整"组中的"更正"按钮，❷在展开的库中单击"图片更正选项"选项，如图3-41所示。

步骤03 调整图片亮度和对比度参数。在右侧弹出"设置图片格式"任务窗格，❶在"图片更正"组中拖动"亮度/对比度"区域内"亮度"标尺中的滑块，将数值设置为"24%"，❷按照同样的方法，将"对比度"设置为"43%"，如图3-42所示。

图 3-40

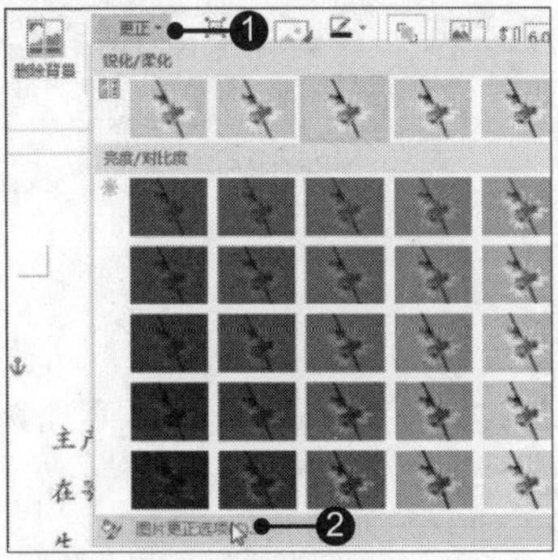

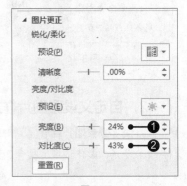

图 3-41

图 3-42

步骤04 显示调整图片亮度与对比度的效果。经过以上操作，就完成了调整图片亮度和对比度的操作，效果如图3-43所示。

图 3-43

知识点拨 **图片的锐化与柔化处理**

在"更改"下拉列表中还可以对图片进行锐化和柔化处理，其中锐化是使图片更加清晰，而柔化则是使图片模糊。

图片的样式是指图片的形状、边框、阴影、柔化边缘等效果，设置图片的样式时，可以直接应用程序中预设的样式，也可以对图片样式进行自定义设置。

1. 应用预设图片样式

Word 2016 预设了大量的图片样式，用户可以选择满意的图片样式，然后将其应用到指定的图片。

原始文件：下载资源 \ 实例文件 \ 第 3 章 \ 原始文件 \ 蜡梅 1.docx
最终文件：下载资源 \ 实例文件 \ 第 3 章 \ 最终文件 \ 蜡梅 1.docx

步骤01 选择要编辑的图片。打开原始文件，❶单击选中要编辑的图片，❷单击"图片样式"组中的快翻按钮，如图3-44所示。

步骤02 选择图片样式。接着在展开的库中选择图片样式，例如选择"映像右透视"，如图3-45所示。

步骤03 显示更改色调的效果。经过以上操作，就完成了为图片应用预设图片样式的操作，如图3-46所示。

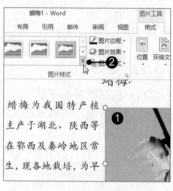

图 3-44

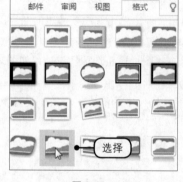

图 3-45

图 3-46

2. 自定义设置图片样式

自定义设置图片样式时，可以通过调整图片边框、效果两个选项进行设置，其中效果中包括阴影、映像、发光、柔化边缘、棱台、三维旋转六个选项。

原始文件：下载资源 \ 实例文件 \ 第 3 章 \ 原始文件 \ 风景介绍 2.docx
最终文件：下载资源 \ 实例文件 \ 第 3 章 \ 最终文件 \ 风景介绍 2.docx

步骤01 选择要编辑的图片。打开原始文件，单击选中要编辑的图片，如图3-47所示。

步骤02 设置图片边框颜色。切换到"图片工具-格式"选项卡，❶单击"图片样式"组中"图片边框"右侧的下三角按钮，❷在展开的下拉列表中单击"标准色"区域的"浅蓝"图标，如图3-48所示。

步骤03 设置边框宽度。❶再次单击"图片边框"右侧的下三角按钮，❷在展开的下拉列表中单击"粗细>6磅"选项，如图3-49所示。

图 3-47

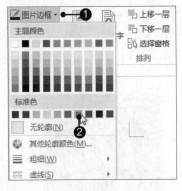
图 3-48

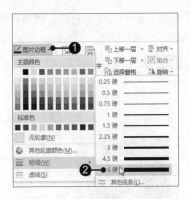
图 3-49

步骤04 为图片添加阴影。❶单击"图片样式"组中的"图片效果"按钮，❷在展开的下拉列表中单击"阴影>居中偏移"选项，如图3-50所示。

步骤05 设置图片棱台效果。❶再次单击"图片效果"按钮，❷在展开的下拉列表中单击"棱台>圆"选项，如图3-51所示。

步骤06 显示自定义设置图片样式的效果。经过以上操作，就完成了自定义设置图片样式的操作，效果如图3-52所示。

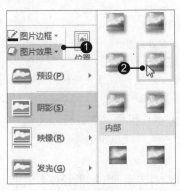

图 3-50

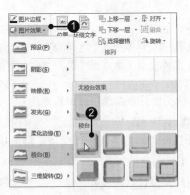
图 3-51

图 3-52

3.2.5 裁剪图片

裁剪图片是对图片的边缘进行修剪，在 Word 2016 中主要有普通裁剪、裁剪为形状、按比例裁剪三种方法。

1. 普通裁剪

普通裁剪是指仅对图片的四周进行裁剪，经过该方法裁剪过的图片，纵横比将会根据裁剪的范围自动进行调整。

原始文件：下载资源\实例文件\第 3 章\原始文件\莲说 1.docx
最终文件：下载资源\实例文件\第 3 章\最终文件\莲说 2.docx

步骤01 执行裁剪命令。打开原始文件，❶单击选中要编辑的图片，❷单击"图片工具-格式"选项卡下"大小"组中的"裁剪"按钮，❸在展开的下拉列表中单击"裁剪"选项，如图3-53所示。

步骤02 裁剪图片。执行了裁剪命令后，图片的四周出现一些黑色的控点，将鼠标指针指向图片上方的控点处，当鼠标指针变成黑色倒立的T形时，向下拖动鼠标，即可将图片上方鼠标经过的部分裁剪掉，如图3-54所示，按照同样的方法，对图片另外三边也进行适当的裁剪。

步骤03 显示裁剪后的图片。将图片裁剪完毕后，单击文档任意位置，就完成了裁剪图片的操作，如图3-55所示。

图 3-53

图 3-54

图 3-55

2．将图片裁剪为不同形状

在文档中插入图片后，图片默认设置为矩形，如果将图片更改为其他形状，可以让图片与文档更为和谐。

原始文件：下载资源＼实例文件＼第 3 章＼原始文件＼高尔夫 2.docx
最终文件：下载资源＼实例文件＼第 3 章＼最终文件＼高尔夫 3.docx

步骤01 选择要编辑的图片。打开原始文件，单击选中要编辑的图片，如图3-56所示。

步骤02 选择图片要裁剪的形状。❶单击"图片工具-格式"选项卡"大小"组中的"裁剪"按钮，❷在展开的下拉列表中将鼠标指针指向"裁剪为形状"选项，❸展开子列表后，单击"基本形状"区域内的"椭圆"图标，如图3-57所示。

步骤03 显示裁剪为椭圆形状后的图片。经过以上操作，就完成了将图片裁剪为不同形状的操作，效果如图3-58所示。

图 3-56

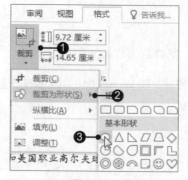

图 3-57

图 3-58

3．按比例裁剪

要方便快捷地裁剪出完全符合特定比例的图片，可以使用图片的纵横比裁剪功能。按比例裁剪图片时，程序会根据选择的比例来保留图片中的内容。

原始文件：下载资源＼实例文件＼第 3 章＼原始文件＼蔬菜的营养 .docx
最终文件：下载资源＼实例文件＼第 3 章＼最终文件＼蔬菜的营养 .docx

步骤01 选择要编辑的图片。打开原始文件，单击选中要编辑的图片，如图3-59所示。

步骤02 选择图片裁剪的比例。❶单击"图片工具-格式"选项卡"大小"组中的"裁剪"按钮，❷在展开的下拉列表中将鼠标指针指向"纵横比"选项，弹出子列表后，❸单击"纵向"区域内的"3:4"选项，如图3-60所示。

步骤03 显示按比例裁剪图片的效果。选择了裁剪的比例后，单击文档中的任意位置，就可以完成按比例裁剪图片的操作，如图3-61所示。需要更改图片的裁剪比例时，再次执行步骤02与步骤03的操作即可。

图 3-59

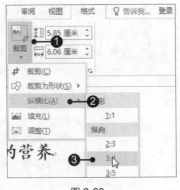

图 3-60

图 3-61

3.2.6　快速设置文档中图片的位置

　　图片在文档中的排列方式包括嵌入、四周型环绕、紧密型环绕、穿越型环绕、上下型环绕、衬于文字下方、衬于文字七种。用户可以根据图片与文字的排列需要自定义文档中图片的位置。

原始文件： 下载资源\实例文件\第3章\原始文件\蔬菜的营养1.docx
最终文件： 下载资源\实例文件\第3章\最终文件\蔬菜的营养1.docx

步骤01 选择要编辑的图片。打开原始文件，单击选中要编辑的图片，如图3-62所示。

步骤02 选择图片的排列方式。❶单击图片右上角的"布局选项"按钮，❷在展开的库中选择"紧密型环绕"，如图3-63所示。

步骤03 移动图片在文档中的位置。设置了图片的环绕方式后，将鼠标指针指向文档中的图片，当鼠标指针变成十字交叉形状时，拖动鼠标，将其移动到文档左侧的适当位置，然后释放鼠标即可，如图3-64所示。使用相同的方法可调整文档中其他图片的位置。

图 3-62

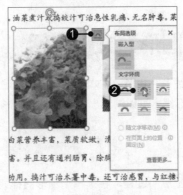

图 3-63

图 3-64

助跑地带——将图片转换为 SmartArt 图形

Word 2016 提供了将图片转换为 SmartArt 图形的功能，用户可根据需要将插入到文档中的图片转换为不同形状的 SmartArt 图形。

原始文件： 下载资源 \ 实例文件 \ 第 3 章 \ 原始文件 \ 蔬菜的营养 2.docx
最终文件： 下载资源 \ 实例文件 \ 第 3 章 \ 最终文件 \ 蔬菜的营养 2.docx

（1）选择要编辑的图片。打开原始文件，单击选中要编辑的图片，如图3-65所示。

（2）选择SmartArt图形样式。❶单击"图片工具-格式"选项卡下"图片样式"组中的"图片版式"按钮，❷在展开的库中选择"连续图片列表"样式，如图3-66所示。

图 3-65

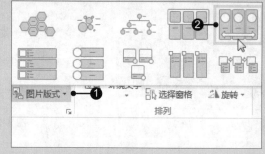

图 3-66

（3）在图形中输入文字并调整图片大小。单击图形中的"文本"字样，输入"白菜"，然后选中图形中的图片，将鼠标指针指向图片右下角的白色控点，当鼠标指针变成双向箭头形状时，向外拖动鼠标，将图片调整到合适大小，再将其移动到适当位置，如图3-67所示。

（4）显示图片转换为SmartArt图形的效果。经过以上操作，就完成了将图片转换为SmartArt图形的操作，使用相同的方法将另一张图片也转换为SmartArt图形，如图3-68所示。

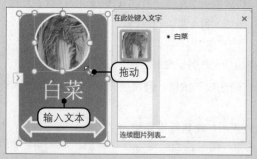

图 3-67

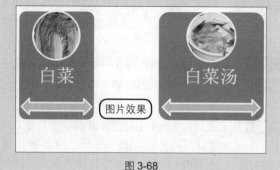

图 3-68

3.3 用自选图形为文档说话

Word 2016 中的自选图形包括线条、矩形、基本形状、箭头总汇、公式形状、流程图、星与旗帜、标注八种类型，不同类型的自选图形组合可以制作出不同效果的图形。

3.3.1 插入自选图形

插入自选图形也就是绘制自选图形的过程，在选择了图形的样式后，根据需要绘制出适当大小的图形。

原始文件: 无
最终文件: 下载资源 \ 实例文件 \ 第 3 章 \ 最终文件 \ 立方体 .docx

步骤01 选择要插入的图形形状。新建一个空白文档，❶切换到"插入"选项卡，❷单击"插图"组中"形状"按钮，❸在展开的下拉列表中单击"基本形状"组中的"立方体"样式，如图3-69所示。

步骤02 绘制图形。选择了要绘制的图形样式后，鼠标指针变成十字形状，在需要绘制图形的起始位置处拖动鼠标，绘制需要的形状，如图3-70所示。

步骤03 显示插入自选图形的效果。将图形绘制完毕后，释放鼠标，就完成了自选图形的插入操作，效果如图3-71所示。

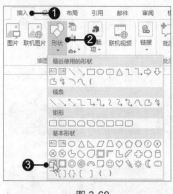

图 3-69

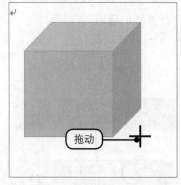

图 3-70

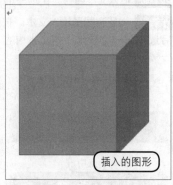

图 3-71

3.3.2 更改图形形状

在文档中绘制了图形形状后，在后面的编辑过程中需要将该图形更换为另一种形状时，可直接将绘制好的图形进行更换。

原始文件: 下载资源 \ 实例文件 \ 第 3 章 \ 原始文件 \ 立方体 .docx
最终文件: 下载资源 \ 实例文件 \ 第 3 章 \ 最终文件 \ 立方体 1.docx

步骤01 打开"编辑形状"列表。打开原始文件，❶单击选中要编辑形状的图形，切换到"绘图工具-格式"选项卡，❷单击"插入形状"组中的"编辑形状"按钮，如图3-72所示。

步骤02 选择要更改的形状。展开"编辑形状"下拉列表后，❶将鼠标指针指向"更改形状"选项，❷在右侧展开的子列表中单击"基本形状"组中的"圆柱体"样式，如图3-73所示。

步骤03 显示更换图形的效果。经过以上操作，就完成了将图形更改为其他形状的操作，如图3-74所示。

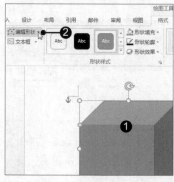

图 3-72

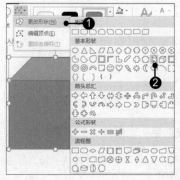

图 3-73

图 3-74

3.3.3　在图形中添加与设置文本格式

　　使用自选图形时，经常会在图形中添加一些文字。在 Word 2016 中，程序将插入的自选图形默认为文本框，需要在其中添加文字时直接输入即可，添加后可根据文档需要设置文本格式。

原始文件： 下载资源 \ 实例文件 \ 第 3 章 \ 原始文件 \ 考核流程图 .docx
最终文件： 下载资源 \ 实例文件 \ 第 3 章 \ 最终文件 \ 考核流程图 .docx

步骤01 选中要编辑的图形。打开原始文件，单击选中要插入文字的自选图形，如图3-75所示。

步骤02 输入文本内容。在选中的图形中直接输入需要的文本，如图3-76所示。

步骤03 为所有图形输入文本。按照同样方法，❶为文档中所有的自选图形添加需要的文本内容，❷然后选中第一个图形中的文本内容，如图3-77所示。

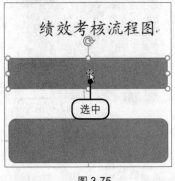
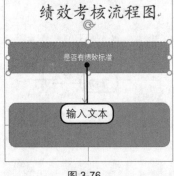
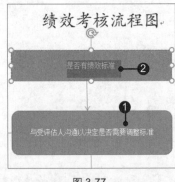

图 3-75　　　　　　　　　　　　　图 3-76　　　　　　　　　　　　　图 3-77

步骤04 为文字应用快速样式。❶单击"绘图工具-格式"选项卡下"艺术字样式"组中的"快速样式"按钮，❷在展开的库中选择"填充-蓝色，着色1，轮廓-背景1，清晰阴影-着色1"样式，如图3-78所示。

步骤05 设置文本的字体与字号。❶切换到"开始"选项卡，❷将文本的字体设置为"华文楷体"，❸字号设置为"小二"，如图3-79所示。

步骤06 显示设置文本样式的效果。经过以上操作，就完成了文本的设置操作，按照同样的方法，将其余文本框中的文本也应用适当的设置，如图3-80所示。当文本超过图形边界时，调整图形宽度以适应文字。

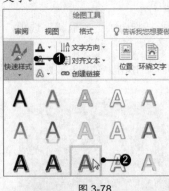
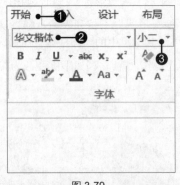

图 3-78　　　　　　　　　　　　　图 3-79　　　　　　　　　　　　　图 3-80

知识点拨 　更改图形中文本的填充颜色、轮廓线、效果等参数

　　为图形中的文本选择了应用的样式后，可通过"艺术字样式"组中的"文本填充""文本轮廓"及"文本效果"按钮更改文本的效果。

3.3.4　设置形状样式

为文档插入形状图形后，程序会为其应用默认的蓝色填充效果，为了使图形更加美观，在后期制作过程中，可以对其填充颜色、轮廓、棱台、阴影等效果。

原始文件： 下载资源 \ 实例文件 \ 第 3 章 \ 原始文件 \ 考核流程图 1.docx
最终文件： 下载资源 \ 实例文件 \ 第 3 章 \ 最终文件 \ 考核流程图 1.docx

步骤01 打开"设置形状格式"任务窗格。打开原始文件，❶选中要编辑的自选图形，❷单击"绘图工具-格式"选项卡下"形状样式"组的对话框启动器，如图3-81所示。

步骤02 选择预设渐变样式。打开"设置形状格式"任务窗格，❶单击 "渐变填充"单选按钮，❷然后单击"预设渐变"按钮，❸在展开的库中选择"径向渐变-个性色3"样式，如图3-82所示。

步骤03 选择方向样式。❶单击"方向"按钮，❷在展开的库中选择"从中心"选项，如图3-83所示。

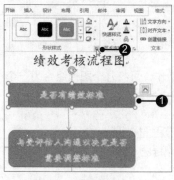

图 3-81

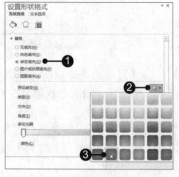

图 3-82

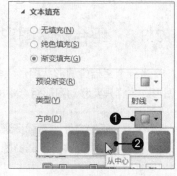

图 3-83

步骤04 取消图形的轮廓线。单击"关闭"按钮返回文档中，❶单击"形状样式"组中的"形状轮廓"按钮，❷在展开的下拉列表中单击"无轮廓"选项，如图3-84所示。

步骤05 为图形添加阴影。❶单击"形状样式"组中的"形状效果"按钮，❷在展开的下拉列表中将鼠标指针指向"阴影"选项，❸在右侧展开的子列表中单击"外部"组的"居中偏移"样式，如图3-85所示。

步骤06 为图形设置棱台效果。❶再次单击"形状效果"按钮，❷在展开的下拉列表中单击"棱台>棱纹"选项，如图3-86所示，按照类似的操作，为文档中第二与第三个形状图形设置形状样式。

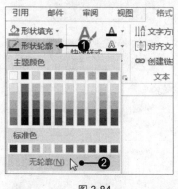

图 3-84

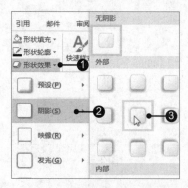

图 3-85

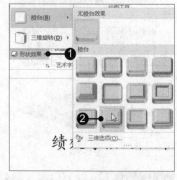

图 3-86

步骤07 打开"形状样式"列表。❶选中文档中第四个形状图标，❷然后单击"形状样式"组中的快翻按钮，如图3-87所示。

步骤08 选择要应用的样式。在展开的库中选择"强烈效果-灰色-50%,强调颜色3"样式,如图3-88所示。

步骤09 显示应用形状样式的效果。按照类似的操作,为文档中另外两个形状也应用Word中预设的形状样式,如图3-89所示。

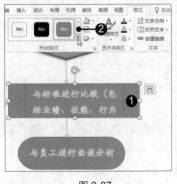
图 3-87

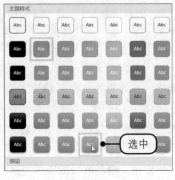
图 3-88

图 3-89

3.3.5 组合形状图形

当一个文档中的形状图形较多时,为了方便图形的移动、管理等操作,可将几个图形组合为一个图形。这样只要移动图形组合中的任意一个形状,所有形状都会进行相应的移动。

原始文件: 下载资源\实例文件\第3章\原始文件\考核流程图2.docx
最终文件: 下载资源\实例文件\第3章\最终文件\考核流程图2.docx

步骤01 选中要组合的图形。打开原始文件,按住【Ctrl】键不放,将鼠标指针指向要选中的图形,当鼠标指针上方出现十字、下方出现矩形时,单击鼠标,选中该形状,按照类似方法,选中所有要组合在一起的形状图形,如图3-90所示。

步骤02 组合形状图形。选中要组合的形状图形后,❶单击"绘图工具-格式"选项卡下"排列"组中的"组合"按钮,❷在展开的下拉列表中单击"组合"选项,如图3-91所示。

步骤03 显示组合效果。经过以上操作,就完成了组合形状图形的操作,单击其中任意一个形状,就可以选中该组合,如图3-92所示。

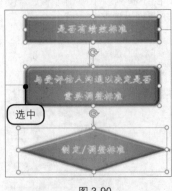
图 3-90

图 3-91

图 3-92

知识点拨 取消形状图形的组合

将几个形状图形组合在一起后,需要取消组合时,右击该组合,在弹出的快捷菜单中单击"组合 > 取消组合"命令即可。

3.4 使用SmartArt图形

SmartArt 图形是信息和观点的视觉表现形式，Word 2016 中预设了很多种 SmartArt 图表类型，使用程序中预设的 SmartArt 图形，可方便、快捷地制作出专业的流程、循环、关系等图形。

3.4.1 认识SmartArt图形

Word 2016 中预设了列表、流程、循环、层次结构、关系、矩阵、棱锥图、图片八种类型的图形，每种类型都有各自的作用。

- 列表：用于显示非有序信息块或者分组的多个信息块或列表的内容，包括36种样式。
- 流程：用于显示组成一个总工作的几个流程的行进，或一个步骤中的几个阶段，包括44种样式。
- 循环：用于以循环流程表示阶段、任务或事件的过程，也可用于显示循环行径与中心点的关系，包括16种样式。
- 层次结构：用于显示组织中各层的关系或上下级关系。该类型中包括13种布局样式。
- 关系：用于比较或显示若干个观点之间的关系，有对立关系、延伸关系或促进关系等，包括37种样式。
- 矩阵：用于显示部分与整体的关系，包括4种样式。
- 棱锥图：用于显示比例关系、互连关系或层次关系，按照从高到低或从低到高的顺序进行排列，包括4种样式。
- 图片：包含一些可以插入图片的SmartArt图形，包括31种样式。

3.4.2 插入SmartArt图形

在文档中插入 SmartArt 图形时，选择了图形的类别与布局后，Word 就会自动插入相应的图形，下面介绍具体的操作步骤。

原始文件：下载资源\实例文件\第 3 章\原始文件\部门工作分类.docx
最终文件：下载资源\实例文件\第 3 章\最终文件\部门工作分类.docx

步骤01 打开"选择SmartArt图形"对话框。打开原始文件，❶切换到"插入"选项卡，❷单击"插图"组中的"SmartArt"按钮，如图3-93所示。

步骤02 选择要插入的图形。弹出"选择SmartArt图形"对话框，❶单击"列表"选项，❷然后选择"垂直图片列表"样式，如图3-94所示，

图 3-93

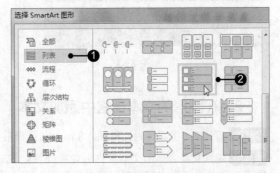

图 3-94

步骤03 显示插入SmartArt图形的效果。单击"确定"按钮后，就完成了为文档插入SmartArt图形的操作，如图3-95所示。

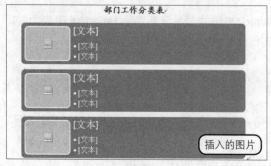

图 3-95

3.4.3 为SmartArt图形添加文本

SmartArt 图形是形状与文本框的结合，所以图形中一定会有文本，下面来介绍两种在 SmartArt 图形中添加文本的操作方法。

原始文件：下载资源 \ 实例文件 \ 第 3 章 \ 原始文件 \ 部门工作分类 1.docx
最终文件：下载资源 \ 实例文件 \ 第 3 章 \ 最终文件 \ 部门工作分类 1.docx

1. 直接在图形中添加文本

步骤01 定位添加文本的位置。为文档插入SmartArt图形后，在图形中可以看到"文本"字样，单击鼠标将光标定位在要添加文本的位置，如图3-96所示。

步骤02 输入文本。确定了文本添加的位置后，直接输入需要的文本，按照同样方法添加其余文本，如图3-97所示。

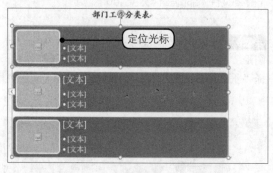

图 3-96

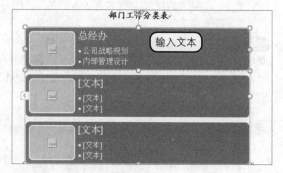

图 3-97

2. 在图形的文本窗格中添加文本

步骤01 打开文本窗格。为文档插入SmartArt图形后，单击图形左侧的展开按钮，如图3-98所示。

步骤02 输入文本。弹出文本窗格后，将光标定位在要添加文本的位置，然后输入文本即可，如图3-99所示。需要关闭文本窗格时，单击窗格右上角的"关闭"按钮。

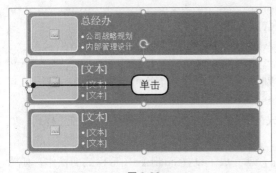

图 3-98

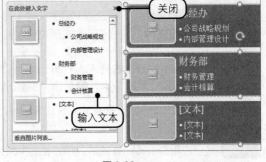

图 3-99

3.4.4 更改SmartArt图形布局

将 SmartArt 图形插入到文档中并输入文本后，如果需要更改 SmartArt 图形的布局，可按以下步骤完成操作。

原始文件： 下载资源\实例文件\第 3 章\原始文件\记叙文写作要素 .docx
最终文件： 下载资源\实例文件\第 3 章\最终文件\记叙文写作要素 .docx

打开其他布局列表。打开原始文件，❶选中要更换布局的SmartArt图形，❷切换到"SmartArt工具-设计"选项卡，❸单击"版式"组中的快翻按钮，如图3-100所示。

步骤02 选择要更换的布局。弹出其他布局列表后，单击"射线循环"样式，如图3-101所示。

步骤03 显示更换图形布局的效果。经过以上操作，就完成了更换SmartArt图形布局的操作，效果如图3-102所示。

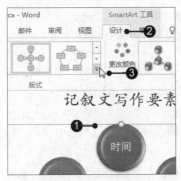

图 3-100

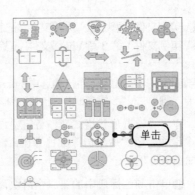

图 3-101

图 3-102

3.4.5 设置SmartArt图形样式

为文档插入 SmartArt 图形后，图形的整体样式、图形中的形状、文本等样式都是可以进行重新设置的。通过 SmartArt 图形样式的设置，可以让图形更加漂亮、更加吸引人。

1. 设置SmartArt图形整体样式

设置 SmartArt 图形的整体样式时，可直接使用程序中预设的样式，Word 2016 为每种布局的图形都预设了多种样式供用户选择。

原始文件: 下载资源\实例文件\第3章\原始文件\部门工作分类 2.docx
最终文件: 下载资源\实例文件\第3章\最终文件\部门工作分类 2.docx

步骤01 打开SmartArt样式列表。打开原始文件，❶选中要设置样式的SmartArt图形，❷切换到"SmartArt工具-设计"选项卡，❸单击"SmartArt样式"组中的快翻按钮，如图3-103所示。

步骤02 选择要使用的SmartArt样式。弹出SmartArt样式列表后，单击"三维"组中的"优雅"样式，如图3-104所示。

步骤03 显示应用SmartArt样式的效果。经过以上操作，就完成了设置SmartArt图形样式的操作，如图3-105所示。

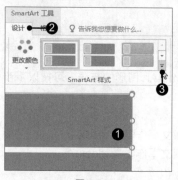
图 3-103

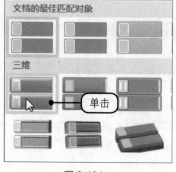
图 3-104

图 3-105

2. 设置SmartArt图形的形状样式

为了让 SmartArt 图形中每个形状都有所区别，可以根据形状的内容分别对形状的样式进行设置，例如重要的内容使用深色进行填充，而不重要的内容则使用较浅的颜色进行填充。另外，也可以选择程序中预设的样式对形状进行填充。

原始文件: 下载资源\实例文件\第3章\原始文件\记叙文写作要素 1.docx
最终文件: 下载资源\实例文件\第3章\最终文件\记叙文写作要素 1.docx

步骤01 打开"设置形状格式"任务窗格。打开原始文件，❶选中SmartArt图形中要设置格式的形状，切换到"SmartArt工具-格式"选项卡，❷单击"形状样式"组的对话框启动器，如图3-106所示。

步骤02 设置渐变色的第一个颜色。弹出"设置形状格式"任务窗格，❶在"填充"选项中单击"渐变光圈"区域内颜色标尺中的第一个滑块，❷然后单击"颜色"按钮，❸在展开的颜色列表中单击"标准色"区域内的"黄色"选项，如图3-107所示。

步骤03 设置渐变色的第二个颜色。❶单击颜色标尺中的第二个滑块，❷然后单击"颜色"按钮，❸在展开的颜色列表中单击"其他颜色"选项，如图3-108所示。

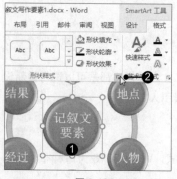
图 3-106

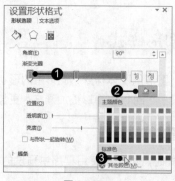
图 3-107

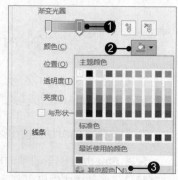
图 3-108

步骤04 选择要使用的渐变色。弹出"颜色"对话框，❶切换到"自定义"选项卡，将颜色的RGB值设置为红色255、绿色0、蓝色102，❸然后单击"确定"按钮，如图3-109所示。

步骤05 移动渐变色中第二个滑块的位置。返回"设置形状格式"任务窗格，❶将"渐变光圈"的第三个渐变色设置为标准黄色，❷然后向左拖动颜色标尺中第二个滑块，至标尺的中央位置后释放鼠标，如图3-110所示。

步骤06 设置渐变色的填充方向。❶单击"方向"按钮右侧的下三角按钮，❷在展开的下拉列表中单击"线性对角-右上到左下"图标，如图3-111所示。

图 3-109

图 3-110

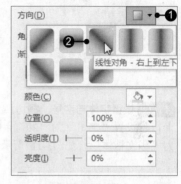
图 3-111

步骤07 打开形状样式列表。单击"关闭"按钮后，回到文档中，就可以看到设置后的效果，❶单击要设置的另一个形状图形，❷然后单击"形状样式"组的快翻按钮，如图3-112所示。

步骤08 选择要使用的形状样式。弹出形状样式列表后，单击"强烈效果-金色，强调颜色4"样式，如图3-113所示。

步骤09 显示设置形状样式的效果。按照同样方法，将图形中其余的形状样式也进行相应的设置，完成形状图形样式的设置，如图3-114所示。

图 3-112

图 3-113

图 3-114

3. 设置SmartArt图形中的文本样式

设置了 SmartArt 图形中形状的样式后，形状虽然变得突出，文本相比之下却不显眼了，所以为了突出图形中的文本，文本样式也需要进行设置。

原始文件：下载资源\实例文件\第 3 章\原始文件\记叙文写作要求 2.docx
最终文件：下载资源\实例文件\第 3 章\最终文件\记叙文写作要求 2.docx

步骤01 打开艺术字样式列表。打开原始文件，❶选中SmartArt图形中要设置文本样式的形状，❷切换到"SmartArt工具-格式"选项卡，❸单击"艺术字样式"组的快翻按钮，如图3-115所示。

步骤02 选择要使用的艺术字样式。弹出艺术字样式库后，单击"填充-灰色-50%，着色3，锋利棱台"选项，如图3-116所示。

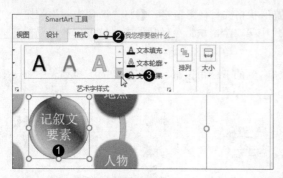

图 3-115

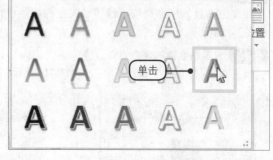

图 3-116

步骤03 设置字体与字号。❶切换至"开始"选项卡，❷设置"字号"为"20"，❸设置"字体"为"华文楷体"，如图3-117所示。

步骤04 显示设置文本样式的效果。按照类似方法，将图形中其余的文本也进行相应的设置，最终效果如图3-118所示。

图 3-117

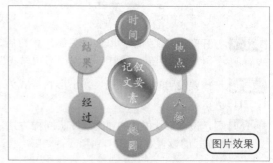

图 3-118

知识点拨 | 自定义设置SmartArt图形文本

设置 SmartArt 图形的文本效果时，通过"SmartArt 工具 - 格式"选项卡下"艺术字样式"组中的"文本填充""文本轮廓"及"文本效果"按钮，可对图形中的文本进行自定义设置，设置方法与自定义设置开头类似，本节不再多做介绍。

3.4.6 在SmartArt图形中添加形状

在文档中插入了 SmartArt 图形后，每个图形中都有默认的形状，如果用户需要更多的形状时，可以自定义添加。

原始文件： 下载资源 \ 实例文件 \ 第3章 \ 原始文件 \ 管理 .docx
最终文件： 下载资源 \ 实例文件 \ 第3章 \ 最终文件 \ 管理 .docx

步骤01 确定添加形状的位置。打开原始文件，单击选中SmartArt图形中要添加的形状前面的形状图形，如图3-119所示。

步骤02 添加形状图形。切换到"SmartArt工具-设计"选项卡，❶单击"创建图形"组中的"添加形状"按钮，❷在展开的下拉列表中单击"在后面添加形状"选项，如图3-120所示。

步骤03 对新添加的形状进行设置。添加了新的形状图形后，通过"文本窗格"输入文本，然后结合前面介绍的知识对SmartArt形状图形的样式进行设置，如图3-121所示。

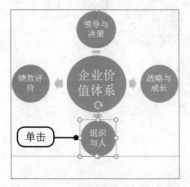

图 3-119

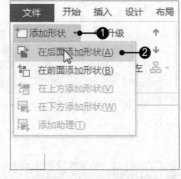

图 3-120

图 3-121

💡 助跑地带——利用对齐参考线调整 SmartArt 图形

　　Word 2016 新增了对齐参考线，主要包括页面、边距和段落参考三种，利用这些参考线可以更快地调整图片、图形在文档中的位置，下面介绍利用对齐参考线调整 SmartArt 图形的操作方法。

> **原始文件：** 下载资源\实例文件\第3章\原始文件\管理 1.docx
> **最终文件：** 下载资源\实例文件\第3章\最终文件\管理 1.docx

　　（1）选中要调整的SmartArt图形。打开原始文件，单击选中要调整的SmartArt图形，如图3-122所示。

　　（2）选择使用对齐参考线。切换至"SmartArt工具-格式"选项卡，❶单击"排列"组中的"对齐对象"按钮，❷在展开的下拉列表中单击"使用对齐参考线"选项，如图3-123所示。

　　（3）设置文字环绕方式。❶单击SmartArt图形右上角的"布局选项"按钮，❷在展开的库中选择文字环绕方式，例如选择"四周型"样式，如图3-124所示。

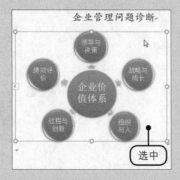

图 3-122

图 3-123

图 3-124

　　（4）选中SmartArt图形。选中SmartArt图形，拖动时可看见左侧的参考线，如图3-125所示。

　　（5）将其置于中部。按住鼠标左键不放，然后向右侧拖动，直至文档界面显示居中参考线，如图3-126所示，然后释放鼠标，便可将其调整至文档中部。

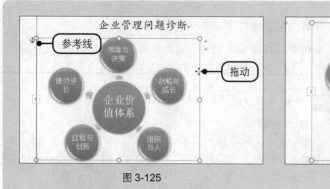

图 3-125

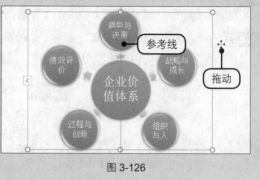

图 3-126

3.5　插入联机视频

Word 2016 提供了插入联机视频的功能，用户既可以选择利用 Bing 搜索引擎来搜索并插入视频，也可以通过粘贴视频嵌入代码来实现视频的插入。

3.5.1　插入必应搜索的Web视频

Word 2016 内置的 Bing 搜索引擎不仅可以实现图片的插入，还可以实现视频的插入，其操作方法基本相同。

原始文件： 下载资源\实例文件\第 3 章\原始文件\高尔夫 .docx
最终文件： 下载资源\实例文件\第 3 章\最终文件\高尔夫 4.docx

步骤01 选择插入联机视频。打开原始文件，❶切换至"插入"选项卡，❷单击"媒体"组中的"联机视频"按钮，如图3-127所示。

步骤02 输入视频关键字。弹出"插入视频"对话框，❶在"必应视频搜索"右侧的文本框中输入关键字，❷然后单击"搜索"按钮，如图3-128所示。

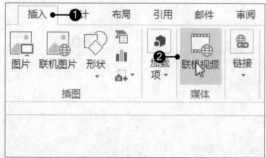

图 3-127

图 3-128

步骤03 插入指定的视频文件。此时对话框中显示视频文件的搜索结果，❶选择要插入的视频，❷然后单击"插入"按钮，如图3-129所示。

步骤04 查看插入的视频。返回文档界面，此时可看见插入的视频，单击"播放"图标即可播放该视频，如图3-130所示。

图 3-129

插入的视频

图 3-130

3.5.2 粘贴嵌入代码获取视频

　　Word 2016 提供了粘贴嵌入代码获取视频的功能，通过在文档中粘贴网页视频的 HTML 嵌入式代码，便可将对应的视频插入到文档中实现播放。下面以土豆网的视频为例，介绍如何通过粘贴嵌入式代码来实现视频的插入。

原始文件：下载资源\实例文件\第 3 章\原始文件\高尔夫 .docx
最终文件：下载资源\实例文件\第 3 章\最终文件\高尔夫 5.docx

步骤01 单击向下箭头按钮。打开要插入视频所对应的网站，在视频播放界面的下方单击向下箭头按钮，如图3-131所示。

步骤02 选择复制HTML代码。接着在页面中单击复制HTML代码，这里的HTML代码就是指当前视频的嵌入代码，如图3-132所示。

步骤03 选择允许访问。弹出对话框，询问用户是否允许网页访问剪贴板，单击"允许访问"按钮，如图3-133所示。

图 3-131

图 3-132

图 3-133

步骤04 复制成功。返回网页，此时可看到"已经复制到你的剪贴板"的提示信息，表示代码已经被复制，如图3-134示，即成功复制当前视频的嵌入代码。

步骤05 选择插入联机视频。打开原始文件，❶切换至"插入"选项卡，❷在"媒体"组中单击"联机视频"按钮，如图3-135所示。

图 3-134

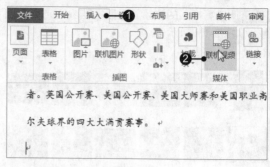

图 3-135

步骤06 粘贴视频嵌入代码。弹出"插入视频"对话框，❶在"来自视频嵌入代码"右侧的文本框中粘贴步骤02～03中复制的代码，❷然后单击"插入"按钮，如图3-136所示。

步骤07 查看插入的视频。返回文档，此时可看见插入的视频，单击"播放"图标便可播放，如图3-137所示。

图 3-136

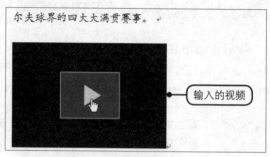

图 3-137

 制作活动宣传单

本章对图片、自选图形、SmartArt 图形的应用进行了介绍，通过本章的学习，用户可以将图片或图形与文字结合，一起表达文档内容，使文档更加生动、活泼。下面结合本章所述知识点，来对一个活动宣传单的文档制作进行介绍。

原始文件：下载资源 \ 实例文件 \ 第 3 章 \ 原始文件 \ 活动宣传单 .docx
最终文件：下载资源 \ 实例文件 \ 第 3 章 \ 最终文件 \ 活动宣传单 .docx

步骤01 单击SmartArt选项。打开原始文件，❶切换至"插入"选项卡，❷单击"插图"组中的"SmartArt"选项，如图3-138所示。

步骤02 选择垂直重点列表样式。弹出"选择SmartArt图形"对话框，在界面中选择合适的图形样式，例如选择"垂直重点列表"样式，如图3-139所示。

图 3-138

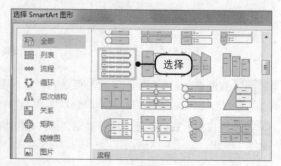

图 3-139

步骤03 查看插入的图形。此时可看见插入的SmartArt图形，如图3-140所示。

步骤04 调整SmartArt图形的大小。选中SmartArt图形，❶切换至"SmartArt工具-格式"选项卡，❷单击"大小"下方的下三角按钮，❸设置高度为"13.18厘米"，然后按【Enter】键，如图3-141所示。

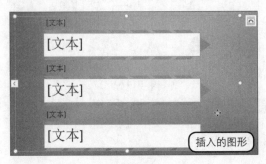

图 3-140

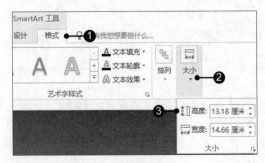

图 3-141

步骤05 选择设置指定图形的形状样式。利用【Ctrl】键选中SmartArt图形中的背景图形，❶切换至"SmartArt工具-格式"选项卡，❷单击"形状样式"组的快翻按钮，如图3-142所示。

步骤06 选择形状样式。在展开的库中选择合适的形状样式，例如选择"强烈效果-金色，强调颜色4"样式，如图3-143所示。

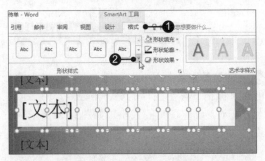

图 3-142

图 3-143

步骤07 为其他背景图形设置形状样式。此时可看见设置形状样式后的图形，使用相同的方法为其他背景图形设置形状样式，如图3-144所示。

步骤08 在图形中输入文本。将光标定位在SmartArt图形中的文本框中，然后依次输入对应的文本，如图3-145所示。

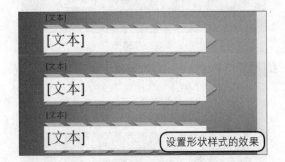

图 3-144

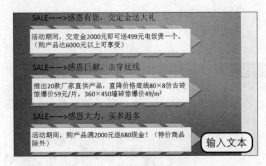

图 3-145

步骤09 为指定文本添加艺术字样式。❶选择最顶部文本框中的文本，❷切换至"SmartArt工具-格式"选项卡，❸单击"艺术字样式"组的快翻按钮，如图3-146所示。

步骤10 选择合适的艺术字样式。在展开的库中选择合适的艺术字样式，例如选择"渐变填充-金色，着色4，轮廓-着色4"样式，如图3-147所示。

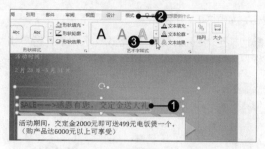

图 3-146

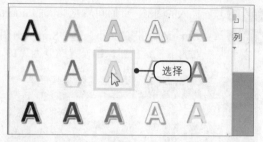

图 3-147

步骤11 为其他标题文本应用艺术字样式。此时可看见应用艺术字样式后的文本，使用相同的方法为其他标题文本应用相同的艺术字样式，如图3-148所示。

步骤12 选择插入图片。❶切换至"插入"选项卡下，❷单击"插图"组中的"图片"按钮，如图3-149所示。

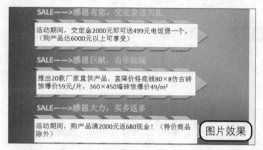

图 3-148

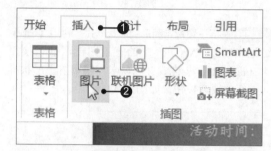

图 3-149

步骤13 选择要插入的图片。弹出"插入图片"对话框，❶在地址栏中选择图片的保存位置，❷选中要插入的图片，如图3-150所示，然后单击"插入"按钮。

步骤14 调整图片的大小。当插入的图片过大时，可将鼠标指针移至图片的右下角控点，然后向左上方拖动，调整图片的大小，如图3-151所示。

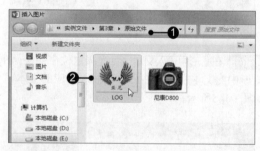

图 3-150

图 3-151

步骤15 调整图片的布局。选中图片，❶单击右上角的"布局选项"按钮，❷在展开的库中选择合适的布局样式，例如选择"四周型"样式，如图3-152所示。

步骤16 查看设置后的最终效果。此时可看见设置后的活动宣传单效果，如图3-153所示。

图 3-152

图 3-153

第4章 制作更专业的文档表格

表格可将文档中的内容分门别类地进行划分，让文本内容更加清晰明了。用户可以对表格中的单元格进行合并、拆分以及美化表格等操作，遇到一些数据内容时，还可以在表格中进行运算。

4.1 在文档中插入表格

在 Word 中插入表格时，经常使用的方法有三种，分别是使用虚拟表格快速插入 10 列 8 行以内的表格、使用"插入表格"对话框插入更多行列的表格和手动绘制表格，每种方法都有自己的优点，用户可以根据需要选择适合的方法。

4.1.1 快速插入10列8行以内的表格

快速插入 10 列 8 行以内的表格就是使用虚拟表格快速完成表格的插入操作，但是所插入表格的单元格数量有限。

步骤01 选择插入表格的行与列。新建一个空白文档，❶切换到"插入"选项卡，❷单击"表格"组中的"表格"按钮，❸在展开的下拉列表中移动鼠标，经过虚拟表格区域要插入的表格的行列处，然后单击，如图4-1所示。

步骤02 显示插入的表格。经过以上操作，就完成了在文档中插入表格的操作，如图4-2所示。

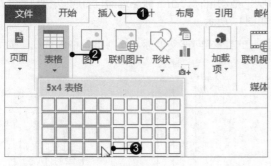

图 4-1

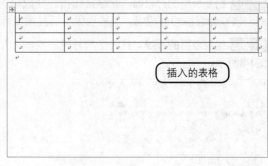

图 4-2

4.1.2 插入10列8行以上的表格

当用户需要插入更多行列的表格时，就需要使用"插入表格"对话框来完成操作，在该对话框中，用户可以根据需要随意设置表格的行列数。

步骤01 打开"插入表格"对话框。新建一个空白文档，❶切换到"插入"选项卡，❷单击"表格"组中的"表格"按钮，❸在展开的下拉列表中单击"插入表格"选项，如图4-3所示。

步骤02 设置所插入表格的行列数。弹出"插入表格"对话框，❶在"列数"数值框中输入"10"，❷在"行数"数值框中输入"25"，如图4-4所示，然后单击"确定"按钮。

步骤03 显示插入的表格。经过以上操作，返回到文档中，就可以看到所插入的表格，如图4-5所示。

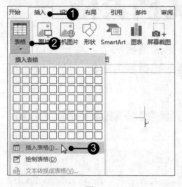

图 4-3

图 4-4

图 4-5

知识点拨 创建根据内容调整单元格大小的表格

　　打开"插入表格"对话框，输入表格的行列数后，单击选中"自动调整操作"区域内的"根据内容调整表格"单选按钮，然后单击"确定"按钮，就可以创建出根据内容自动调整单元格大小的表格。

4.1.3 手动绘制表格

　　手动绘制表格可以很方便地绘制出同行不同列的表格，还可以根据需要设置表格中每行单元格的高度、每列单元格的宽度。

步骤01 执行"绘制表格"命令。新建一个空白文档，❶切换到"插入"选项卡，❷单击"表格"组中的"表格"按钮，❸在展开的下拉列表中单击"绘制表格"选项，如图4-6所示。

步骤02 绘制表格的外轮廓。此时鼠标指针变成铅笔形状，拖动鼠标，在鼠标经过的位置可以看到虚线框，该框为表格的外轮廓，至适当大小后释放鼠标，如图4-7所示。

步骤03 绘制表格的行线。将表格的外轮廓绘制完毕后，在框内横向拖动鼠标，绘制出表格的行线，如图4-8所示。

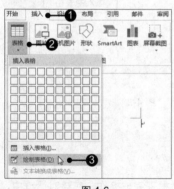

图 4-6

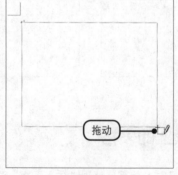

图 4-7

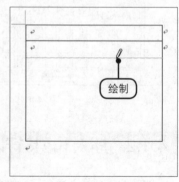

图 4-8

步骤04 绘制表格的列线。将表格的所有行线都绘制完毕后，在表格中纵向拖动鼠标，绘制出表格的列线，如图4-9所示。

步骤05 显示绘制的表格。将表格的所有列线绘制完毕后，就完成了绘制表格的操作，如图4-10所示。

步骤06 取消绘制表格状态。表格绘制完毕后，切换到"表格工具-布局"选项卡，单击"绘图"组中的"绘制表格"按钮，取消该按钮的选中状态，如图4-11所示，使文档恢复正常编辑状态。

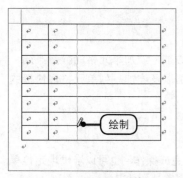
图 4-9

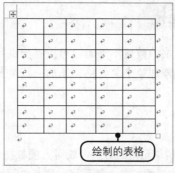
绘制的表格

图 4-10

单击

图 4-11

💡 助跑地带——将文本转换为表格

当用户已经使用文本记录下需要的内容，却需要使用表格来表现时，可以直接将文本内容转换为表格。在转换的过程中，只要设置好文字分隔位置，就可以很方便地进行转换。

原始文件: 下载资源 \ 实例文件 \ 第 4 章 \ 原始文件 \ 耗材使用统计表 .docx
最终文件: 下载资源 \ 实例文件 \ 第 4 章 \ 最终文件 \ 耗材使用统计表 .docx

（1）执行"文本转换为表格"命令。打开原始文件，❶选中文档中的正文部分，❷切换到"插入"选项卡，❸单击"表格"组中的"表格"按钮，❹在展开的下拉列表中单击"文本转换为表格"选项，如图4-12所示。

（2）将文本转换为表格。弹出"将文字转换成表格"对话框，由于文档中的文本已用空格进行了分隔，❶所以对话框中自动将"列数"设置为"5"，❷"文字分隔位置"选择为"空格"，如图4-13所示，然后单击"确定"按钮。

（3）显示文本转换为表格的效果。经过以上操作，就完成了将文本转换为表格的操作，效果如图4-14所示。

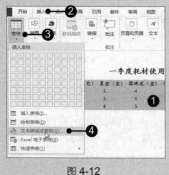
图 4-12

图 4-13

插入的表格

图 4-14

知识点拨 添加文字分隔位置

将文本转换为表格前，文本中必须要有文字分隔位置，如果文档中没有，用户在转换前可以手动进行添加，使用段落标记、逗号、空格、制表符都可以进行分隔。

4.2 编辑表格

为表格添加文本内容时，很可能会需要对表格进行重新组合或划分，也就是需要对表格进行编辑。经常使用到的编辑操作包括合并拆分单元格、调整表格或单元格大小、设置表格中文字的对齐方式等。

在编辑表格的过程中发现单元格的数量不够时，可以直接进行添加，添加单元格的数量不同，使用的方法也不同。下面分别介绍添加单个单元格、添加一行单元格以及添加一列单元格最快捷的操作。

1. 添加单个单元格

添加单个单元格时可以使用绘制单元格的方法，既可方便快捷地完成操作，也可以准确地定位单元格的添加位置，避免了使用其他方法添加单个单元格时原有单元格会移动的情况。

原始文件：下载资源 \ 实例文件 \ 第 4 章 \ 原始文件 \ 岗位说明书 .docx
最终文件：下载资源 \ 实例文件 \ 第 4 章 \ 最终文件 \ 岗位说明书 .docx

步骤01 执行绘制表格命令。打开原始文件，❶切换到"表格工具-布局"选项卡，❷单击"绘图"组中的"绘制表格"按钮，如图4-15所示。

步骤02 在需要添加单元格的位置绘制表格。此时鼠标指针变成铅笔形状，在要添加单元格的位置拖动鼠标绘制出需要的单元格，如图4-16所示。

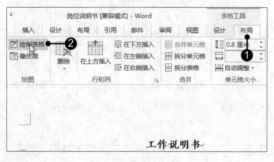

图 4-15

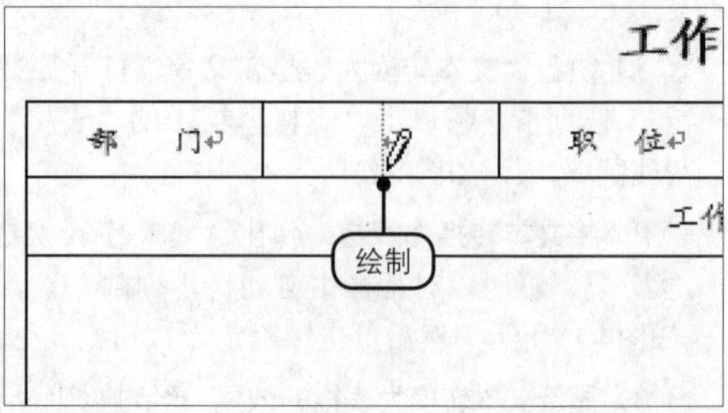

图 4-16

步骤03 显示添加的单个单元格。经过以上操作，就完成了在表格中添加单个单元格的操作，如图4-17所示，添加完毕后，再次单击"绘图"组中的"绘制表格"按钮，取消绘制表格状态。用户可以按照同样的操作方法，在表格的其他位置添加单元格。

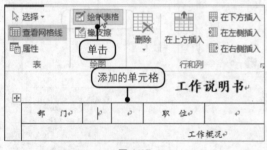

图 4-17

> **知识点拨** **擦除绘制的表格**
>
> 将单元格的边线绘制完毕后，可以使用"表格工具-布局"选项卡下"绘图边框"组中的"橡皮擦"按钮将绘制的行线或列线擦除。单击"橡皮擦"按钮，在要擦除的行线或列线上拖动鼠标，即可完成擦除操作。

2. 添加一行单元格

添加整行的单元格时，最快捷的方法是利用光标与【Enter】键组合完成添加单元格的操作，其操作方法如下。

原始文件：下载资源 \ 实例文件 \ 第 4 章 \ 原始文件 \ 岗位说明书 .docx
最终文件：下载资源 \ 实例文件 \ 第 4 章 \ 最终文件 \ 岗位说明书 1.docx

步骤01 定位光标的位置。打开原始文件，将光标定位在要插入行的单元格上方、行单元格的末尾段落标记的位置处，如图4-18所示。

步骤02 添加整行单元格。按【Enter】键，即可在该行单元格的下方插入一行单元格，如图4-19所示。

图 4-18   图 4-19

3. 添加一列单元格

为表格添加一列单元格时，比较快捷的方法是通过"表格工具 - 布局"选项卡下"行和列"组中的添加单元格按钮完成操作。

 原始文件： 下载资源\实例文件\第 4 章\原始文件\职务表 .docx
最终文件： 下载资源\实例文件\第 4 章\最终文件\职务表 .docx

步骤01 定位光标的位置。打开原始文件，将光标定位在要插入的列单元格相邻的单元格中，如图4-20所示。

步骤02 插入整列单元格。❶切换到"表格工具-布局"选项卡，❷单击"行和列"组中的"在右侧插入"按钮，如图4-21所示。

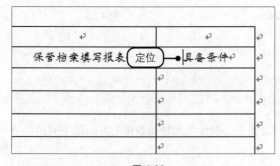

图 4-20

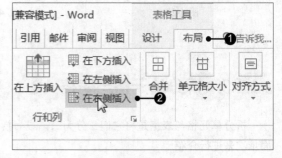

图 4-21

步骤03 显示插入的整列单元格。经过以上操作，就可以在光标所在单元格的右侧添加一列单元格，如图4-22所示。

图 4-22

> **知识点拨** ┃ **删除单元格**
>
> 选中目标单元格后，单击"表格工具 - 布局"选项卡下"行和列"组中的"删除"按钮，在展开的下拉列表中单击要删除的选项即可。

4.2.2 合并单元格

合并单元格是将表格中若干个单元格合成一个单元格,在合并单元格前,只保留一个单元格中有文本,这样才不会使文本内容丢失。

原始文件: 下载资源\实例文件\第4章\原始文件\培训报表.docx
最终文件: 下载资源\实例文件\第4章\最终文件\培训报表.docx

步骤01 选中要合并的单元格。打开原始文件,拖动鼠标选中要合并的单元格,如图4-23所示。

步骤02 执行合并单元格命令。❶切换到"表格工具-布局"选项卡,❷单击"合并"组中的"合并单元格"按钮,如图4-24所示。

步骤03 显示合并单元格的效果。经过以上操作,就完成了合并单元格的操作,按照同样方法,将表格中所有需要合并的单元格进行合并,如图4-25所示。

图 4-23

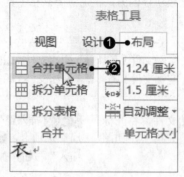
图 4-24

图 4-25

4.2.3 拆分单元格与表格

拆分单元格与表格是将它们一分为二,或者拆分为更多。拆分单元格与表格的方法是不同的,下面依次来进行介绍。

1. 拆分单元格

拆分单元格时,用户可以根据需要对单元格的数量进行设置,将一个单元格拆分为多列多行。

原始文件: 下载资源\实例文件\第4章\原始文件\工程日程表.docx
最终文件: 下载资源\实例文件\第4章\最终文件\工程日程表.docx

步骤01 选中要拆分的单元格。打开原始文件,将光标定位在要拆分的单元格内,如图4-26所示。

步骤02 执行拆分单元格命令。❶切换到"表格工具-布局"选项卡,❷单击"合并"组中的"拆分单元格"按钮,如图4-27所示。

步骤03 设置单元格的拆分数量。弹出"拆分单元格"对话框,❶在"列数"数值框中输入"3",❷在"行数"数值框中输入"2",❸最后单击"确定"按钮,如图4-28所示。

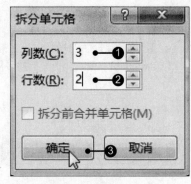

图 4-26   图 4-27   图 4-28

步骤04 显示拆分单元格的效果。经过以上操作，返回文档中就可以看到单元格拆分后的效果，如图4-29所示。

步骤05 对拆分后的单元格进行编辑。参照4.2.2小节的操作，将需要的单元格进行合并，然后在拆分后的单元格中输入文本内容，如图4-30所示。

图 4-29   图 4-30

> **知识点拨** **在单元格中输入文本**
>
> 在单元格中输入文本的方法与在文档中输入的方法类似，只需定位在相应的单元格内直接输入即可，本节就不再多做介绍。

2. 拆分表格

拆分表格是将一个表格从某一部分开始拆分为两个表格，具体操作步骤如下。

原始文件： 下载资源 \ 实例文件 \ 第 4 章 \ 原始文件 \ 培训报表 1.docx
最终文件： 下载资源 \ 实例文件 \ 第 4 章 \ 最终文件 \ 培训报表 1.docx

步骤01 执行拆分表格命令。打开原始文件，❶将光标定位在拆分后的表格的起始行中，❷切换到"表格工具-布局"选项卡，❸单击"合并"组中的"拆分表格"按钮，如图4-31所示。

步骤02 显示拆分表格的效果。经过以上操作，就完成了将一个表格拆分为两个表格的操作，如图4-32所示。

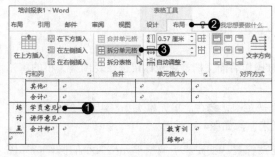

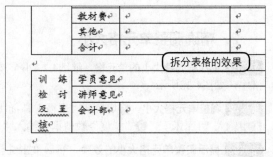

图 4-31   图 4-32

4.2.4 调整单元格大小

　　在创建表格时，Word 会根据表格的行列数对每个单元格的行高、列宽进行设置，但是在实际的
操作过程中，不同内容对单元格大小的要求都是不同的，当单元格中的内容过多或过少时，用户可以
对单元格大小进行调整。

原始文件：下载资源\实例文件\第 4 章\原始文件\职务表 1.docx
最终文件：下载资源\实例文件\第 4 章\最终文件\职务表 1.docx

1．手动调整单元格大小

步骤01 调整单元格列宽。打开原始文件，将鼠标指针指向要调整大小的单元格的列线，当鼠标指针变
成左右对称箭头时，向左拖动鼠标，将表格调整到合适宽度后，释放鼠标，如图4-33所示。

步骤02 调整单元格行高。将鼠标指针指向要调整大小的单元格下方的行线处，当鼠标指针变成上下对
称箭头时，向下拖动鼠标，将表格调整到合适高度后，释放鼠标，如图4-34所示。

步骤03 显示调整单元格大小后的效果。经过以上操作，就完成了手动调整单元格大小的操作，效果如
图4-35所示。

图 4-33

图 4-34

图 4-35

2．精确调整单元格大小

步骤01 选择要调整大小的单元格。继续4.2.4小节按照1操作后的文档，将光标定位在要调整大小的单元
格中，如图4-36所示。

步骤02 调整单元格大小。❶切换到"表格工具-布局"选项卡，❷在"单元格大小"组的"高度"数值
框中输入"1厘米"，❸"宽度"数值框中输入"3厘米"，如图4-37所示。

步骤03 显示调整单元格大小的效果。然后单击文档任意位置，就完成了调整单元格大小的操作，如图
4-38所示。

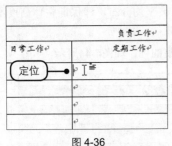

图 4-36

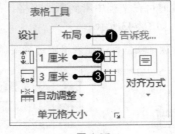

图 4-37

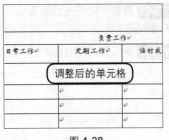

图 4-38

3. 根据内容自动调整单元格大小

步骤01 执行"根据内容自动调整表格"命令。继续4.2.4小节按照2操作后的文档，❶将光标定位在要调整大小的表格中，❷切换到"表格工具-布局"选项卡，❸单击"单元格大小"组中的"自动调整"按钮，❹在展开的下拉列表中单击"根据内容自动调整表格"选项，如图4-39所示。

步骤02 显示调整单元格大小的效果。经过以上操作，表格中的所有单元格的列宽都会根据内容自动进行调整，如图4-40所示。

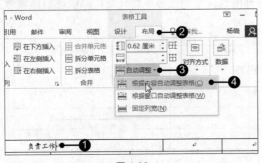

图 4-39

图 4-40

4.2.5 平均分布表格行列

在 Word 2016 中，平均分布表格行列是指平分指定表格行的高度 / 列的宽度，使这些表格行的高度 / 列的宽度都相同。用户可以根据实际需要，在表格总尺寸不改变的情况下，平均分布表格中指定行或列的尺寸，使表格外观更加整齐、统一。

原始文件：下载资源 \ 实例文件 \ 第 4 章 \ 原始文件 \ 培训报表 2.docx
最终文件：下载资源 \ 实例文件 \ 第 4 章 \ 最终文件 \ 培训报表 2.docx

步骤01 选择要调整的表格行。打开原始文件，拖动鼠标选择要调整的表格行，如图4-41所示。

步骤02 单击"分布行"按钮。❶切换至"表格工具-布局"选项卡，❷单击"单元格大小"组中的"分布行"按钮，如图4-42所示。

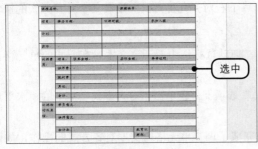

图 4-41

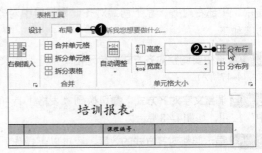

图 4-42

步骤03 查看平均分布后的表格行。此时可在文档中看到所选表格行已被平均分布，即保证整体高度不变的情况下确保每行的高度均相同，如图4-43所示。

步骤04 选择要调整的表格列。接着继续拖动鼠标，在表格中选择要调整的列，如图4-44所示。

图 4-43

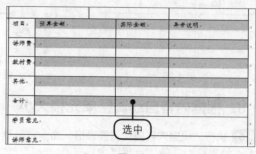

图 4-44

步骤05 单击"分布列"按钮。❶切换至"表格工具-布局"选项卡，❷单击"单元格大小"组中的"分布列"按钮，如图4-45所示。

步骤06 查看平均分布后的表格列。此时可在文档中看到所选表格列已被平均分布，即保证整体宽度不变的情况下确保每列的宽度均相同，如图4-46所示。

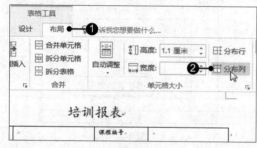

图 4-45

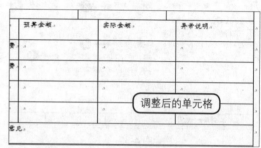

图 4-46

4.2.6 设置表格内文字的对齐方式与方向

为表格内文字应用适当的对齐方式与方向，可以使表格更看起来更加整齐，下面分别来介绍一下对齐方式与文字方向的设置。

原始文件：下载资源 \ 实例文件 \ 第 4 章 \ 原始文件 \ 培训报表 2.docx
最终文件：下载资源 \ 实例文件 \ 第 4 章 \ 最终文件 \ 培训报表 3.docx

1. 设置表格内文字的对齐方式

文本在表格中的对齐方式包括靠上两端对齐、居中两端对齐、靠上右对齐、中部两端对齐、水平居中、中部右对齐、靠下两端对齐、靠下居中对齐、靠下右对齐九种方式，设置文本对齐方式的操作步骤如下。

步骤01 选中要调整对齐方式的单元格。打开原始文件，拖动鼠标选中要调整文本对齐方式的单元格，如图4-47所示。

步骤02 调整文字对齐方式。❶切换到"表格工具-布局"选项卡，❷单击"对齐方式"组中的"水平居中"按钮，如图4-48所示。

步骤03 显示调整对齐方式的效果。经过以上操作，就完成了调整单元格内文本对齐方式的操作，如图4-49所示。

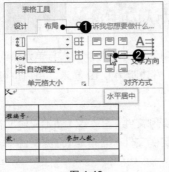

调整对齐方式的效果

| 图 4-47 | 图 4-48 | 图 4-49 |

2. 设置表格内的文字方向

表格内的文字方向包括横向和纵向两种方式，默认情况下使用的都是横向的对齐方式，纵向的对齐方式经常应用在较高的单元格中。

步骤01 选中调整对齐方式的单元格。打开目标文档后，拖动鼠标选中要调整文本方向的单元格，如图4-50所示。

步骤02 调整文字方向。❶切换到"表格工具-布局"选项卡，❷单击"对齐方式"组中的"文字方向"按钮，文字方向就会由横向更改为纵向，如图4-51所示。

步骤03 显示调整文字方向后的效果。经过以上操作，就完成了调整单元格内文字方向的操作，如图4-52所示。

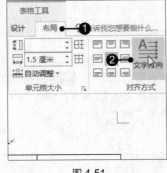

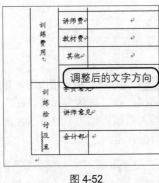

调整后的文字方向

| 图 4-50 | 图 4-51 | 图 4-52 |

步骤04 选中字体。调整后的单元格中"呈核"的"核"字没有显示出来，❶选中文档后切换至"开始"选项下，❷单击"段落"组的对话框启动器，如图4-53所示。

步骤05 调整字符间距。弹出"段落"对话框，在"缩进"选项组中调整字符。❶"左侧"设置为"0.1厘米"，❷右侧设置为"0.1厘米"，如图4-54所示。

步骤06 调整间距后的效果。单击"确定"按钮后，字符间距得到调整，效果如图4-55所示。

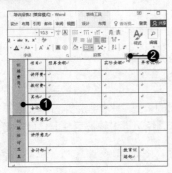

调整后的字符间距

| 图 4-53 | 图 4-54 | 图 4-55 |

4.2.7 更改单元格的默认边距

为文档插入表格后，在单元格内输入文本时，文本与单元格间的距离就是单元格的边距，默认情况下单元格上、下的边距为 0，左、右边距为 0.19 厘米，用户也可以自定义单元格的默认边距。

原始文件： 下载资源\实例文件\第 4 章\原始文件\培训报表 2.docx
最终文件： 下载资源\实例文件\第 4 章\最终文件\培训报表 4.docx

步骤01 打开"表格属性"对话框。打开原始文件，❶切换到"表格工具-布局"选项卡，❷单击"单元格大小"组的对话框启动器，如图4-56所示。

步骤02 打开"表格选项"对话框。弹出"表格属性"对话框，单击"表格"选项卡右下角的"选项"按钮，如图4-57所示。

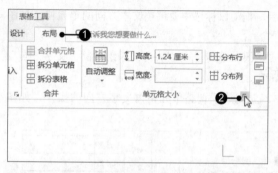

图 4-56

图 4-57

步骤03 更改默认单元格边距。弹出"表格选项"对话框，在"默认单元格边距"选项组的数值框中输入数值，如图4-58所示，最后单击"确定"按钮保存退出。

步骤04 更改默认边距后的效果。返回"表格属性"对话框，单击"确定"按钮即完成操作，如图4-59所示。

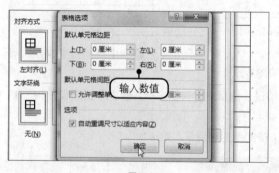

图 4-58

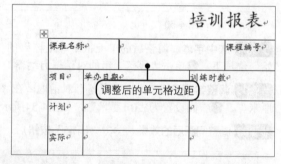

图 4-59

知识点拨 通过快捷菜单编辑表格

在编辑表格时，选中要编辑的单元格或表格后，右击鼠标，在弹出的快捷菜单中包括拆分单元格、合并单元格、文字方向、单元格对齐方式、自动调整、表格属性等命令，所以通过快捷菜单同样可以完成编辑表格的操作。

助跑地带——快速在表格中插入行

　　Word 2016 为表格新增了"插入行"和"插入列"按钮，这些按钮默认情况下不会显示，只有将鼠标指针移至表格的边线交接处才会显示，利用这些按钮可以快速在表格中插入行或列，下面介绍具体的操作方法。

> **原始文件**：下载资源＼实例文件＼第 4 章＼原始文件＼培训报表 2.docx
> **最终文件**：下载资源＼实例文件＼第 4 章＼最终文件＼培训报表 5.docx

（1）在指定位置处插入行。打开原始文件，将鼠标指针指向含有"实际"单元格的外部左上角，然后单击"插入行"按钮，如图4-60所示。

（2）查看插入的行。此时可在表格中看到插入的行，如图4-61所示。

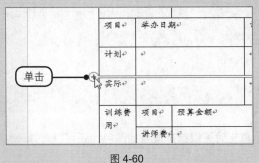

图 4-60　　　　　　　　　　　　　　　　　图 4-61

4.3　美化表格

　　美化表格时，可以分别对表格的文本、底纹、边框进行设置，表格中文本的设置与文档中文本的设置相同，本节不再多做介绍，下面重点对表格底纹、边框的设置方法及使用预设表格样式的操作进行介绍。

4.3.1　使用预设表格样式

　　Word 2016 预设了很多表格的样式，在美化表格的过程中，可以直接应用预设的表格样式，快速完成操作。

> **原始文件**：下载资源＼实例文件＼第 4 章＼原始文件＼分析表 .docx
> **最终文件**：下载资源＼实例文件＼第 4 章＼最终文件＼分析表 .docx

步骤01 打开"表格样式"列表。打开原始文件，❶切换到"表格工具-设计"选项卡，❷单击"表格样式"组的快翻按钮，如图4-62所示。

步骤02 选择要使用的表格样式。弹出表格样式库，单击"网格表1 浅色-着色1"样式，如图4-63所示。

步骤03 显示应用表格样式的效果。经过以上操作，就完成了为表格应用预设表格样式的操作，效果如图4-64所示。

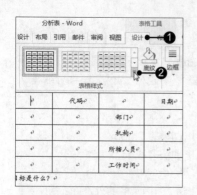

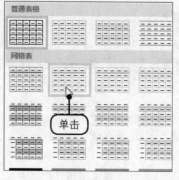
单击

应用的表格样式

图 4-62   图 4-63   图 4-64

4.3.2 设置表格底纹

设置表格的底纹主要是对表格的背景进行填充，填充时可以选择适当的颜色，还可以选择一些图案进行填充。

原始文件：下载资源\实例文件\第 4 章\原始文件\培训报表 3.docx
最终文件：下载资源\实例文件\第 4 章\最终文件\培训报表 6.docx

步骤01 打开"边框和底纹"对话框。打开原始文件，将光标定位在表格中任意位置，❶切换到"表格工具-设计"选项卡，❷单击"边框"组中"边框"的下三角按钮，❸在展开的下拉列表中单击"边框和底纹"选项，如图4-65所示。

步骤02 打开"颜色"对话框。弹出"边框和底纹"对话框，❶切换到"底纹"选项卡，❷单击"填充"右侧的下三角按钮，❸在展开的列表中单击"其他颜色"选项，如图4-66所示。

步骤03 设置表格的填充颜色。弹出"颜色"对话框，❶切换到"自定义"选项卡，将颜色的RGB值依次设置为"204，255，255"，❷最后单击"确定"按钮，如图4-67所示。

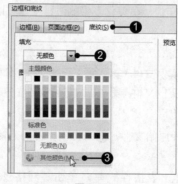

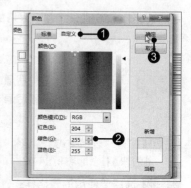

图 4-65   图 4-66   图 4-67

步骤04 选择图案样式。返回"边框和底纹"对话框，❶单击"样式"右侧的下三角按钮，❷在展开的列表中单击"25%"选项，如图4-68所示。

步骤05 设置图案颜色。在"颜色"选项中选择黄色，在右侧可以预览效果，如图4-69所示，最后单击"确定"按钮。

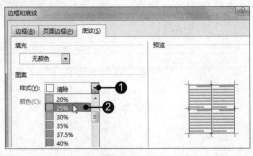

图 4-68

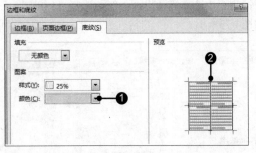

图 4-69

步骤06 显示设置表格底纹的效果。经过以上操作，就完成了设置表格底纹的操作，返回文档中即可看到设置后的效果，如图4-70所示。

图 4-70

4.3.3 设置表格边框样式

Word 2016 提供了设置表格边框样式的功能，用户既可以直接使用预设的边框样式，又可以自定义边框样式，还可以添加斜框线。

原始文件： 下载资源 \ 实例文件 \ 第 4 章 \ 原始文件 \ 员工考评记录汇总表 .docx
最终文件： 下载资源 \ 实例文件 \ 第 4 章 \ 最终文件 \ 员工考评记录汇总表 .docx

1. 使用主题边框

主题边框是指 Word 2016 预设的边框样式，用户可以直接选择喜欢的样式，然后利用边框刷将其应用到表格中，非常方便。

步骤01 单击"边框样式"按钮。打开原始文件，❶单击表格中的任意单元格，❷切换至"表格工具-设计"选项卡，单击"边框"组中"边框样式"的下三角按钮，如图4-71所示。

步骤02 选择边框样式。在展开的库中选择合适的边框样式，例如选择"单实线，1 1/2 pt，着色2"样式，如图4-72所示。

图 4-71

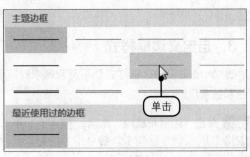

图 4-72

步骤03 调整边框的笔画粗细。❶单击"边框"组中"笔画粗细"右侧的下三角按钮，❷在展开的下拉列表中选择笔画粗细，例如选择"1.0磅"，如图4-73所示。

步骤04 为表格应用边框样式。当鼠标指针呈刷子形状时，将鼠标指针移至表格中，然后拖动鼠标为表格应用边框样式，如图4-74所示，完成表格内部边框的修改。

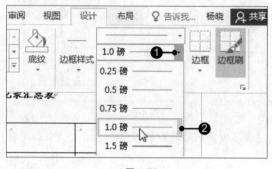

图 4-73

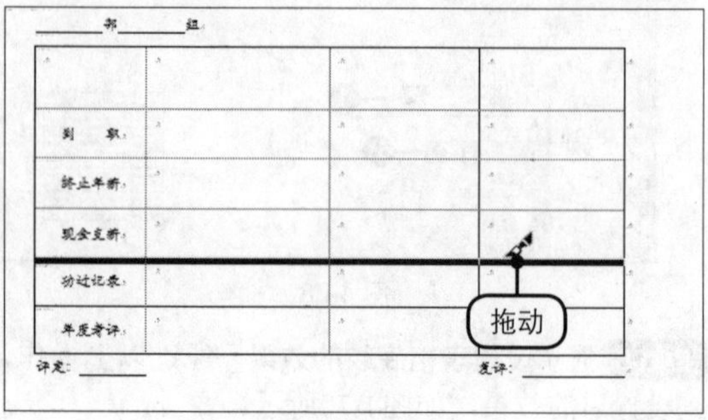

图 4-74

2．添加斜划线

在 Word 中制作表格时，用户可能需要在左上角中输入类似于行标题、列标题之类的文本，而为了在一个单元格中将这两种标题文本区分开，则可以通过添加斜划线来实现。

步骤01 单击"绘制表格"按钮。打开上一小节操作后的"员工考评记录汇总表.docx"，单击表格中的任意单元格，切换至"表格工具-布局"选项卡，单击"绘图"组中的"绘制表格"按钮，如图4-75所示。

步骤02 绘制斜划线。当鼠标指针呈铅笔状时，在表格最左上角的单元格中绘制斜划线，如图4-76所示。

步骤03 输入表头文本。完成斜划线的绘制后，用户在该单元格中输入行标题和列标题文本，同时按【Alt+Enter】组合键强制换行，如图4-77所示。

图 4-75

图 4-76

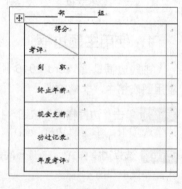

图 4-77

3．自定义边框样式

当 Word 预设的边框样式都不符合需求时，用户可以选择自定义边框样式，包括选择边框的样式、颜色和线条粗细。

步骤01 单击"边框和底纹"选项。打开上一小节操作后的"员工考评记录汇总表.docx"，❶切换至"表格工具-设计"选项卡，❷单击"边框"组中"边框"的下三角按钮，在展开的列表中单击"边框和底纹"选项，如图4-78所示。

步骤02 设置外边框样式。弹出"边框和底纹"对话框，❶在"设置"里选择"自定义"选项，❷然后选择边框样式，❸设置边框颜色为"绿色"，❹宽度为"3.0磅"，然后在"预览"选项组中单击❺"上边框"❻"下边框"❼"左边框"和❽"右边框"四个按钮，如图4-79所示。

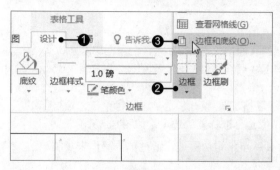

图 4-78

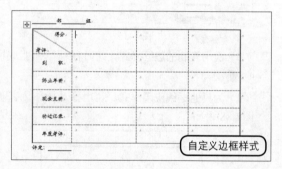

图 4-79

步骤03 设置内边框样式。❶继续在"样式"列表框中选择边框样式，❷设置边框颜色为"绿色"，❸宽度为"0.75磅"，然后在"预览"选项组中单击❹"内部横框线"和❺"内部竖框线"对应的按钮，如图4-80所示。

步骤04 查看应用自定义边框样式后的表格。单击"确定"按钮返回文档窗口后，此时可看到应用自定义边框样式后的表格，左上角单元格中的斜划线未应用自定义的边框样式，如图4-81所示。

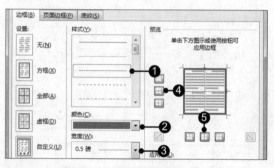

图 4-80

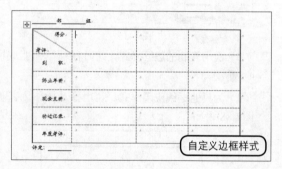

图 4-81

步骤05 设置边框样式。❶切换至"表格工具-设计"选项卡，❷单击"边框"组中的"笔样式"右侧的下三角按钮，❸在展开的下拉列表中选择合适的边框样式，如图4-82所示。

步骤06 设置线条粗细和颜色。❶接着在下方设置线条为"0.75磅"，❷单击"笔颜色"右侧的下三角按钮，❸在展开的下拉列表中选择"绿色"，如图4-83所示。

步骤07 绘制斜划线。按照4.3.3节2小点介绍的方法为表格左上角的单元格绘制斜划线即可，绘制后可看到调整后的表格显示效果，如图4-84所示。

图 4-82

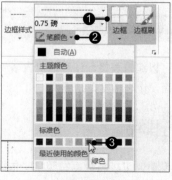

图 4-83

图 4-84

助跑地带——边框取样器的使用

Word 2016 新增了边框取样器的功能，利用该功能可以复制指定的边框样式，然后再将其应用于表格中的其他位置。

原始文件： 下载资源 \ 实例文件 \ 第 4 章 \ 原始文件 \ 员工考评记录汇总表 1.docx
最终文件： 下载资源 \ 实例文件 \ 第 4 章 \ 最终文件 \ 员工考评记录汇总表 1.docx

（1）选择边框取样器。打开原始文件，❶切换至"表格工具-设计"选项卡，❷单击"边框"组的"边框样式"按钮，❸在展开的下拉列表中单击"边框取样器"选项，如图4-85所示。

（2）复制边框样式。当鼠标指针呈吸管状时，将其移至指定边框处，通过单击操作来复制该边框样式，如图4-86所示。

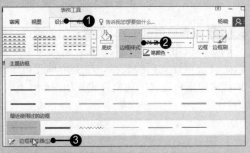

图 4-85

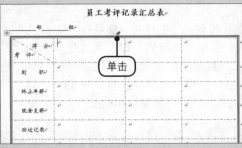

图 4-86

（3）应用复制的边框样式。此时鼠标指针变成刷子形状，拖动鼠标，选择要应用的边框，如图4-87所示。

（4）为其他框线应用样式。利用拖动操作为其他框线应用边框样式，应用边框样式后的表格如图4-88所示。

图 4-87

图 4-88

4.4 表格的高级应用

应用 Word 中的表格功能不但可以编辑表格，还可以对表格中的数据进行排序、运算等操作，使表格的数据处理功能应用到更多方面，让表格发挥出更大作用。

4.4.1 对表格数据进行排序

当表格中的内容过多、过于混乱时，可以将数据按照某些依据来重新进行排序。在进行排序时，可以对排序的关键字、排序的类型进行设置。

原始文件：下载资源 \ 实例文件 \ 第 4 章 \ 原始文件 \ 培训报名表 .docx
最终文件：下载资源 \ 实例文件 \ 第 4 章 \ 最终文件 \ 培训报名表 .docx

步骤01 **选择排序范围**。打开原始文件，拖动鼠标选中表格中要排序的内容，如图4-89所示。

步骤02 **执行排序操作**。❶切换到“表格工具-布局”选项卡，❷单击“数据”组中的“排序”按钮，如图4-90所示。

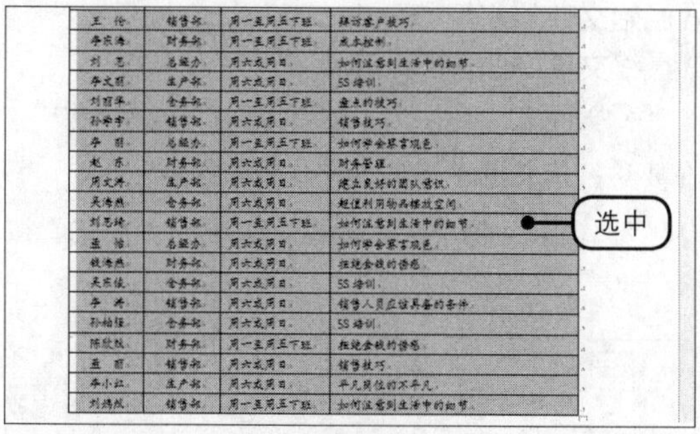

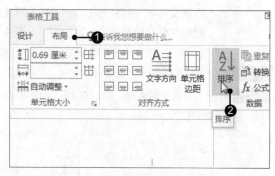

图 4-89

图 4-90

步骤03 **设置排序主要关键字**。弹出“排序”对话框，❶单击“主要关键字”选项框右侧的下三角按钮，❷在展开的下拉列表中单击“列2”选项，如图4-91所示。

步骤04 **设置次要关键字并确定设置**。参照步骤03的操作，将“次要关键字”设置为“列1”，如图4-92所示。

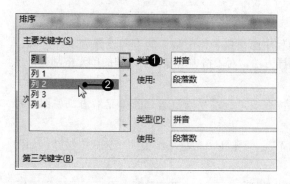

图 4-91

图 4-92

步骤05 **显示排序效果**。单击“确定”按钮返回文档中，即可看到排序后的效果，如图4-93所示。

姓名	部门	期望培训时间	培训课程
陈欣然	财务部	周一至周五下班	拒绝金钱的诱惑
李东海	财务部	周一至周五下班	成本控制
钱海燕	财务部	周六或周日	拒绝金钱的诱惑
赵　东	财务部	周六或周日	财务管理
刘丽华	仓务部	周一至周五下班	盘点的技巧
孙柏强	仓务部	周六或周日	5S 培训
吴东俊	仓务部	周六或周日	5S 培训
吴海燕	仓务部	周六或周日	超值利用物品摆放空间
李文丽	生产部	周六或周日	5S 培训
李小红	生产部	周六或周日	平凡岗位的不平凡
周文涛	生产部	周六或周日	建立良
李　涛	销售部	周六或周日	销售人

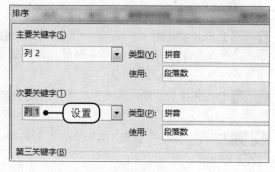

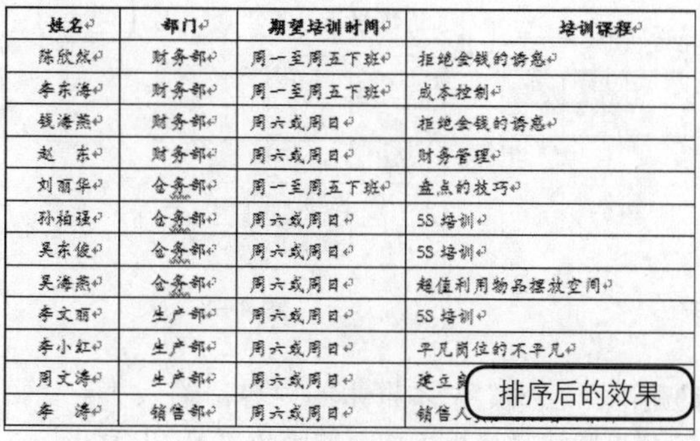

图 4-93

知识点拨 **设置排序方向**

Word 中有两种排序的方向——“升序”与“降序”，设置排序方向时，打开“排序”对话框，在“类型”下拉列表框右侧可以看到排序方向的选项，单击相应单选按钮即可完成设置。

4.4.2 在表格中进行运算

当表格中的数据内容较多且需要对数据进行计算时，可直接在表格中进行运算。在 Word 的表格中可以进行 ABS、AND、AVERAGE、COUNT、DEFINED、FALSE、IF、INT、MAX、MIN、MOD、NOT、OR、PRODUCT、ROUND、SIGN、SUM、TRUE 十八种类型函数的运算，本小节以求和与求平均值的运算为例，来介绍一下在表格中进行运算的操作。

原始文件：下载资源 \ 实例文件 \ 第 4 章 \ 原始文件 \ 销售报表 .docx
最终文件：下载资源 \ 实例文件 \ 第 4 章 \ 最终文件 \ 销售报表 .docx

步骤01 **定位光标的位置**。打开原始文件，将光标定位在要进行运算的单元格内，如图4-94所示。

步骤02 **打开"公式"对话框**。❶切换到"表格工具-布局"选项卡，❷单击"数据"组中的"公式"按钮，如图4-95所示。

日期	NOK	PHO	山月	OPO	MOT	合计
3月1日	7	5	12	3	4	
3月2日	5	8	14	6	9	
3月3日	11	7	5	3	9	
3月4日	8	4	7	3	4	
3月5日	6	5	8	3	4	
3月6日	7	5	4	2	1	
3月7日	0	6	4	7	5	
平均						

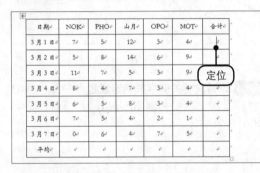

图 4-94

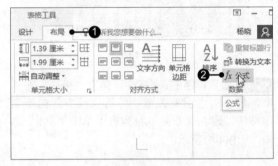

图 4-95

步骤03 **执行公式运算**。弹出"公式"对话框，❶程序已根据表格中数据的方向设置为求和公式，❷直接单击"确定"按钮，如图4-96所示，按照同样方法，对表格中所有需要求和的单元格都进行求和运算。

步骤04 **定位光标的位置**。返回文档中，将光标定位在要进行求平均值运算的单元格内，如图4-97所示。

步骤05 **打开"公式"对话框**。单击"表格工具-布局"选项卡下"数据"组中的"公式"按钮，如图4-98所示。

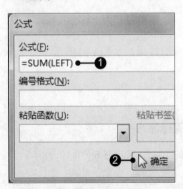

图 4-96

日期	NOK	PHO	山月	OPO	MOT	合计
3月1日	7	5	12	3	4	31
3月2日	5	8	14	6	9	31
3月3日	11	7	5	3	9	35
3月4日	8	4	7	3	4	26
3月5日	6	5	8	3	4	26
3月6日	7	5	4	2	1	19
3月7日	0	6	4	7	5	22
平均						

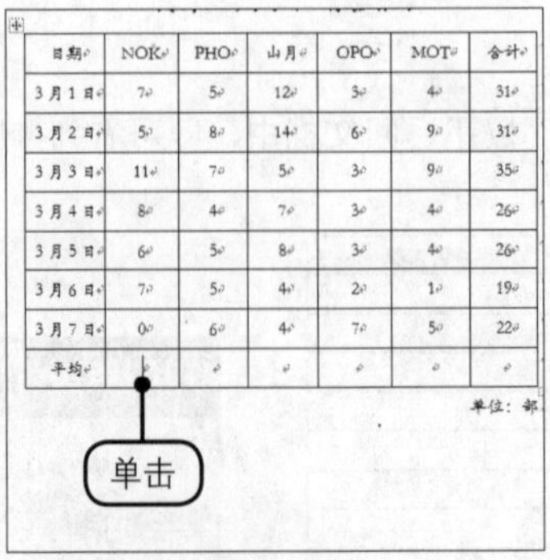

图 4-97

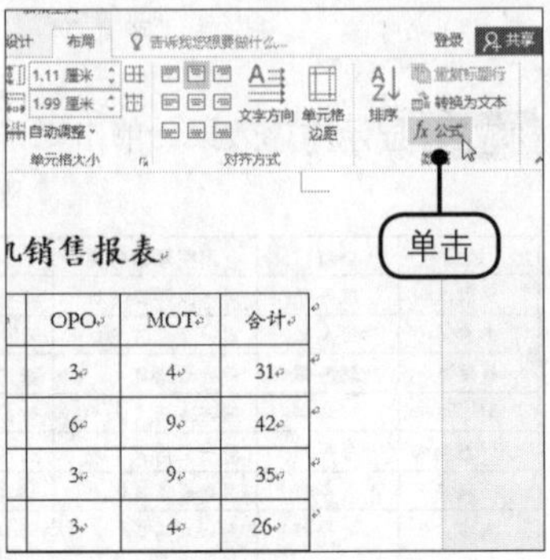

图 4-98

步骤06 **选择要使用的函数**。弹出"公式"对话框，❶删除"公式"文本框中的内容，输入"＝"，❷单击"粘贴函数"框右侧的下三角按钮，❸在展开的列表中选择计算平均数的函数"AVERAGE"，如图4-99所示。

步骤07 输入数据引用方向。选择了要使用的函数后，❶在"公式"文本框的括号内输入数据的引用方向"ABOVE"，❷然后单击"确定"按钮，如图4-100所示。

步骤08 显示运算效果。经过以上操作，就完成了对文档进行运算的操作，按照同样的方法，对其余需要运算的单元格也进行运算，如图4-101所示。

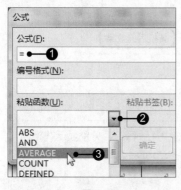

图 4-99

图 4-100

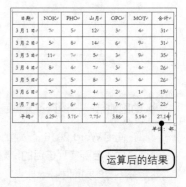

图 4-101

 知识点拨 **设置数据引用的方向**

在"公式"对话框中设置数据的引用方向时，有四个方向可供使用，分别是 ABOVE（引用上方）、BELOW（引用下方）、LEFT（引用左侧）和 RIGHT（引用右侧），直接在函数公式的括号内输入方向即可。

4.4.3 将表格转换为文本

Word 2016 提供了将表格转换为普通文本的功能，只要文档中的表格中含有文本内容，就可以将其转换为普通文本。

原始文件： 下载资源\实例文件\第 4 章\原始文件\销售报表 1.docx
最终文件： 下载资源\实例文件\第 4 章\最终文件\销售报表 1.docx

步骤01 选择"转换为文本"。打开原始文件，❶切换至"表格工具-布局"选项卡，❷单击"数据"组中的"转换为文本"按钮，如图4-102所示。

步骤02 选择文字分隔符类型。弹出"表格转换为文本"对话框，❶这里要选择文字分隔符的类型，单击"制表符"，❷然后单击"确定"按钮，如图4-103所示。

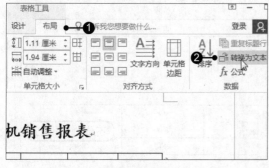

图 4-102

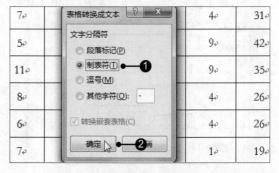

图 4-103

步骤03 查看转换为文本后的显示效果。此时可看到表格的边框消失了，选中任意文本，功能区将不会出现"表格工具"选项卡。如图4-104所示。

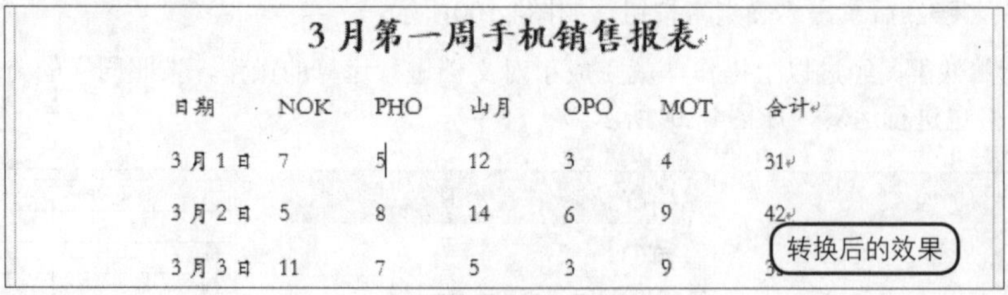

3月第一周手机销售报表

日期	NOK	PHO	山月	OPO	MOT	合计
3月1日	7	5	12	3	4	31
3月2日	5	8	14	6	9	42
3月3日	11	7	5	3	9	

转换后的效果

图 4-104

 助跑地带——设置不允许跨页断行

在使用 Word 2016 插入和编辑表格时，有时会根据排版需要使表格中某一行内容分别显示在相邻的两页中，若要实现该目的，则需要设置不允许跨页断行的功能，否则 Word 会自动将该行内容全部显示在下方的页面中。

原始文件: 下载资源\实例文件\第4章\原始文件\优秀员工及优秀主管排名表.docx
最终文件: 下载资源\实例文件\第4章\最终文件\优秀员工及优秀主管排名表.docx

（1）**选择边框取样器。** 打开原始文件，在页面交界处看到一行的内容分别显示在两页中，即默认允许跨页断行，将光标定位在"李建"后，如图4-105所示。

（2）**单击"属性"按钮。** ❶切换至"表格工具-布局"选项卡，❷单击"表"组的"属性"按钮，如图4-106所示。

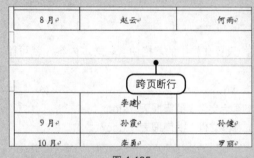

图 4-105

图 4-106

（3）**不允许跨页断行。** 弹出"表格属性"对话框，在"行"选项卡中取消勾选"允许跨页断行"复选框，如图4-107所示。

（4）**查看不允许跨页断行后的显示效果。** 单击"确定"按钮后返回文档，此时可看见页尾处最后一行的内容全部显示在下一页中，如图4-108所示，即不允许跨页断行。

图 4-107

图 4-108

制作个人简历

个人简历是每个人找工作的必备材料，递交一份内容简洁、条理清晰的简历，是获得工作的重要条件之一，通过本章的学习后，可以掌握表格的使用方法，下面就来使用表格制作出一份个人简历的框架。

原始文件：无
最终文件：下载资源 \ 实例文件 \ 第 4 章 \ 最终文件 \ 个人简历 .docx

步骤01 选中目标单元格。新建一个空白文档，通过"插入"选项卡下"表格"组中的"表格"按钮，插入一个4列40行的表格，然后拖动鼠标选中表格内第一行中的所有单元格，如图4-109所示。

步骤02 合并单元格。选中目标单元格后，❶切换到"表格工具-布局"选项卡，❷单击"合并"组中的"合并单元格"按钮，如图4-110所示。

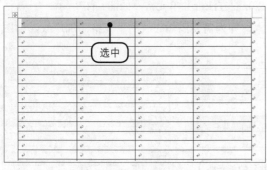

图 4-109

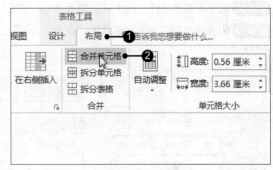

图 4-110

步骤03 设置标题格式。合并单元格后，❶在其中输入"个人简历"文本，然后选中该文本，❷在显示出的"浮动工具栏"中，将"字体"设置为"隶书"，❸"字号"为"二号"，❹段落对齐方式为"居中"，如图4-111所示。

步骤04 设置第二行单元格。合并表格中第二行的单元格，然后在其中输入"基本信息"文本，如图4-112所示。

图 4-111

图 4-112

步骤05 打开"边框和底纹"对话框。将光标定位在"基本信息"单元格内，❶切换到"表格工具-设计"选项卡，❷单击"边框"组中的"边框"按钮，❸在展开的下拉列表中单击"边框和底纹"选项，如图4-113所示。

步骤06 设置底纹颜色。弹出"边框和底纹"对话框，❶切换到"底纹"选项卡，❷单击"填充"右侧的下三角按钮，❸在弹出的颜色列表中单击"白色，背景1，深色25%"，如图4-114所示。

步骤07 设置底纹的应用范围。设置了单元格填充的颜色后，❶在"应用于"选项中选择"单元格"选项，❷最后单击"确定"按钮，如图4-115所示。

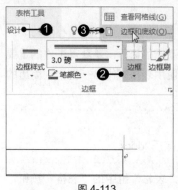

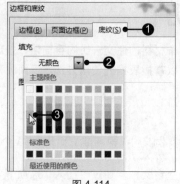

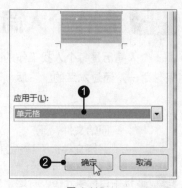

| 图 4-113 | 图 4-114 | 图 4-115 |

步骤08 为表格添加文本。返回文档中，在表格内输入需要的文本，在添加文本的过程中，为需要设置底纹的单元格添加灰色的底纹，如图4-116所示。

步骤09 选中表格并合并。选中目标单元格后，依照步骤02的方法合并单元格，如图4-117所示。

步骤10 为表格添加文本及底纹颜色。在表格中输入文本，并为需要添加底纹的单元格添加底纹，如图4-118所示。

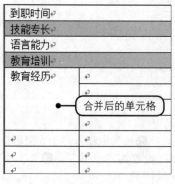

| 图 4-116 | 图 4-117 | 图 4-118 |

步骤11 完成表格编辑。参照步骤08～10的操作，添加剩余内容，如图4-119所示。

步骤12 显示制作的简历效果。表格编辑完毕后，将各单元格调整到合适大小，如图4-120所示，最后将文档保存，就完成了个人简历的制作。

| 图 4-119 | 图 4-120 |

知识点拨 根据个人需要制作简历

　　本例中所制作的简历只是一个模板，每个人的简历都会有所区别，用户在填写详细信息时，可根据个人需要对简历内容进行更改。

第5章 页面布局的设置与打印

页面布局包括文档的页边距、纸张的方向、页面背景等内容。设置文档的页面布局主要是为了在打印文档时，让纸张与文档正文之间更加和谐，同时也是为了规范文档。一般情况下，同一类文档对页面布局的要求都是相同的，完成文档的页面布局设置后，便可用打印机将其打印到纸张上。

5.1 文档的页面设置

页面设置反映的是页面给人的印象，包括页边距、纸张方向、大小、文本的分栏情况等内容，下面依次对以上内容的设置进行介绍。

5.1.1 设置文档页边距

页边距是指正文距离页面边缘的距离。设置页边距时，主要通过预设边距以及自定义页边距两种方式完成。

1. 使用预设边距

Word 2016 中预设了普通、窄、适中、宽、镜像五种页边距样式，用户可直接应用。

原始文件：下载资源\实例文件\第 5 章\原始文件\关于新工作系统的试用 .docx
最终文件：下载资源\实例文件\第 5 章\最终文件\关于新工作系统的试用 .docx

步骤01 选择页边距样式。打开原始文件，❶切换到"布局"选项卡，❷单击"页面设置"组中的"页边距"按钮，❸在展开的下拉列表中选择预设的样式，例如选择"窄"样式，如图5-1所示。

步骤02 显示调整页边距的效果。经过以上操作，就完成了更改文档页边距的操作，效果如图5-2所示。

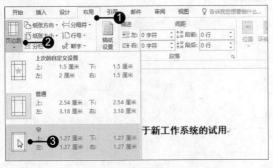

图 5-1

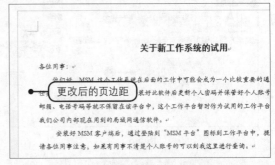

图 5-2

2. 自定义设置页边距

自定义设置页边距时，可以分别设置页面的上、下、左、右四个边的距离，还可对装订线的距离进行设置。

步骤01 打开"页面设置"对话框。打开原始文件，❶切换到"布局"选项卡，❷单击"页面设置"组的对话框启动器，如图5-3所示。

步骤02 设置页边距。弹出"页面设置"对话框，❶切换至"页边距"选项卡，在"上""下""左""右"数值框中分别输入相应数值，❷然后在"装订线"数值框中也输入数值，❸最后单击"确定"按钮，就完成了自定义设置页边距的操作，如图5-4所示。

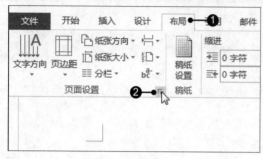

图 5-3

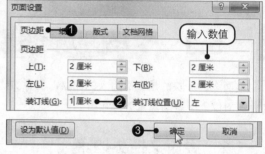

图 5-4

5.1.2 设置文档纸张信息

纸张信息包括纸张的大小、方向,设置以上内容时,可直接在"布局"选项卡的"页面设置"组中完成。

步骤01 设置纸张方向。打开原始文件，❶切换到"布局"选项卡，❷单击"页面设置"组中的"纸张方向"按钮，❸在展开的下拉列表中单击"横向"选项，如图5-5所示。

步骤02 选择纸张大小。❶单击"页面设置"组中的"纸张大小"按钮，❷在展开的下拉列表中单击要使用的纸张选项，如图5-6所示，就完成了设置文档纸张的操作。

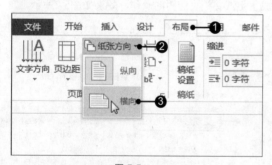

图 5-5

图 5-6

5.1.3 创建分栏效果

分栏是将一个页面分为几个竖栏，Word 程序中预设了一栏、两栏、三栏、偏左、偏右五个样式,打开"分栏"下拉列表后,直接单击相应选项即可应用这些样式。也可以进行自定义分栏设置,手动对每个栏的距离进行设置,并且可以选择是否显示分隔线。

步骤01 打开"分栏"对话框。打开原始文件，❶将光标定位在正文中第一段的第一个字符前，❷切换到"布局"选项卡，❸单击"页面设置"组中的"分栏"按钮，❹在展开的下拉列表中单击"更多分栏"选项，如图5-7所示。

步骤02 设置栏数、栏间距与分隔线。弹出"分栏"对话框，❶将"栏数"数值框内的数值调整为"3"，❷勾选"分隔线"复选框，如图5-8所示。

步骤03 设置分栏位置。❶在"应用于"选项栏中选择"插入点之后"，❷最后单击"确定"，如图5-9所示。

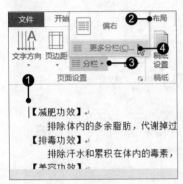
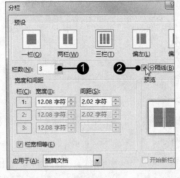
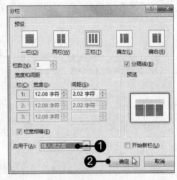

图 5-7　　　　　　　　　　　　　图 5-8　　　　　　　　　　　　　图 5-9

步骤04 显示分栏效果。经过以上操作，就完成了分栏的设置，返回文档中，调整文本位置即可看到设置后的效果，如图5-10所示。

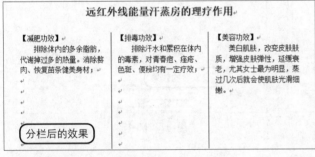

图 5-10

知识点拨　取消分栏

　　取消分栏时，单击"分栏"按钮，在展开的下拉列表中单击"一栏"选项即可。

知识点拨　分别设置每个栏的宽度

　　对文档进行分栏时，如果需要为每个栏都设置不同的宽度，可打开"分栏"对话框，取消勾选"栏宽相等"复选框，然后在"宽度和间距"区域内每个栏的数值框中设置"宽度"与"间距"即可。

💡 助跑地带——实现文档纸张的纵横混排

　　很多办公文档都有首页与正文页面方向不一致的情况，需要设置纸张横向与纵向混排的效果，下面介绍具体的操作方法。

（1）定位纸张开始应用纵向设置的位置。打开原始文件，将光标定位在第二页的页首，如图5-11所示。

（2）打开"页面设置"对话框。❶切换到"布局"选项卡，❷单击"页面设置"组的对话框启动器，如图5-12所示。

（3）选择纸张方向。弹出"页面设置"对话框，单击"页边距"选项卡中"纸张方向"区域内的"纵向"选项，如图5-13所示。

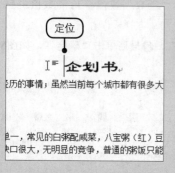

图 5-11

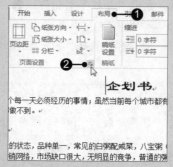

图 5-12

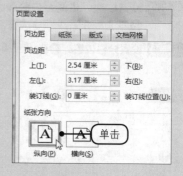

图 5-13

（4）设置应用范围。设置了纸张的方向后，❶在"应用于"选项栏中选择"插入点之后"，❷最后单击"确定"按钮，如图5-14所示。

（5）显示纸张横向纵向兼容的效果。经过以上操作，本例所使用的文档中除了第一页的纸张方向为横向外，其余页面的纸张都是纵向效果，返回文档中即可看到设置后的效果，如图5-15所示。用户还可以按照同样的方法，将其余页面根据需要设置为横向效果。

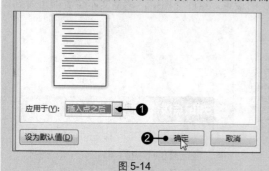

图 5-14

图 5-15

5.2 为文档添加页眉与页脚

页眉与页脚是正文之外的内容，通常情况下页眉用于突显文档主要内容，而页脚则显示文档的页码。页眉位于页面最上方，页脚位于页面最下方。本节将对页眉与页脚的添加、编辑进行详细的介绍。

5.2.1 插入页眉和页脚

Word 2016 中预设了空白、边线型、传统型、网络和镶边等多种页眉和页脚样式，由于插入页眉和页脚的操作方法相同，下面以插入页眉为例进行具体介绍。

原始文件： 下载资源 \ 实例文件 \ 第 5 章 \ 原始文件 \ 关于新工作系统的试用 .docx
最终文件： 下载资源 \ 实例文件 \ 第 5 章 \ 最终文件 \ 关于新工作系统的试用 3.docx

步骤01 选择页眉样式。打开原始文件，切换到"插入"选项卡，❶单击"页眉和页脚"组中的"页眉"按钮，❷在展开的下拉列表中单击要使用的页眉样式"镶边"图标，如图5-16所示。

步骤02 显示插入的页眉效果。此时就完成了为文档插入页眉的操作，效果如图5-17所示。

步骤03 插入页脚。按照步骤01~02介绍的方法在文档中插入"镶边"型的页脚，如图5-18所示。

图 5-16

图 5-17

图 5-18

 知识点拨 | **不使用页眉样式**

在编辑页眉时，如果用户不使用程序中预设的页眉样式，可以打开"页眉"下拉列表后，直接单击"编辑页眉"选项即可。

5.2.2 编辑页眉和页脚内容

为文档插入页眉或页脚后，可根据需要对其进行编辑，在页眉中可以输入文本、图片、日期等内容，在页脚中则可以添加页数、作者等信息。

原始文件： 下载资源 \ 实例文件 \ 第 5 章 \ 原始文件 \ 关于新工作系统的试用 1.docx
最终文件： 下载资源 \ 实例文件 \ 第 5 章 \ 最终文件 \ 关于新工作系统的试用 4.docx

1. 为页眉添加标题与日期

选择了相应类型的页眉后，系统就会将需要添加的内容固定好，用户只要选中相应的版块直接输入或选择对应的内容就可以了，需要为特定的页眉样式插入图片时，则需要重新对图片的格式进行设置。

步骤01 选中目标版块。打开原始文件，双击页眉区域，将文档切换到页眉编辑状态，然后单击页眉中的"文档标题"文本框，如图5-19所示。

步骤02 输入页眉内容并插入日期。❶直接输入页眉内容，❷然后单击"日期"下拉列表框右侧的下三角按钮，❸在展开的下拉列表中单击"今日"按钮，如图5-20所示，就完成了在页眉中添加标题与日期的操作。

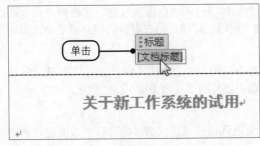

图 5-19

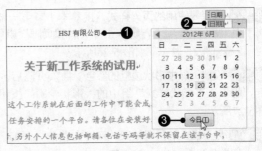

图 5-20

步骤03 定位光标位置并打开"插入图片"对话框。❶单击页眉中页眉样式外的位置，将光标定位在页眉中，❷单击"插图"组中的"图片"按钮，如图5-21所示。

步骤04 选择要插入的图片。弹出"插入图片"对话框，❶进入目标路径后，❷单击要插入的图片，如图5-22所示，然后单击"插入"按钮。

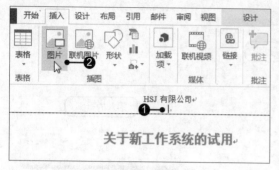

图 5-21

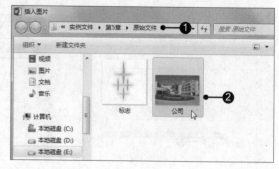

图 5-22

步骤05 设置图片的排列方式。将图片插入到文档中后，❶切换到"图片工具-格式"选项卡，❷单击"排列"组中的"环绕文字"按钮，❸在展开的下拉列表中单击"浮于文字上方"选项，如图5-23所示。

步骤06 缩小图片。设置了图片的排列方式后，将鼠标指针指向图片右下角的控点，当鼠标指针变成斜向双箭头形状时，向内拖动鼠标，缩小图片，如图5-24所示。

步骤07 移动图片位置完成页眉的添加。将图片缩小到与页眉中的样式同一宽度后，释放鼠标，将图片移动到页眉中"HSJ有限公司"字样左侧位置，然后双击文档中的任意位置，切换到页面编辑状态，就完成了页眉的设置，如图5-25所示。

图 5-23

图 5-24

图 5-25

2. 在页脚中插入页码

在多数情况下，页脚中都会插入页码，用来显示当前页面在整个文档中的位置，Word 2016 中同样预设了一些页码的样式，用户只需进行选择即可。

步骤01 选择要使用的页码样式。接着本小节第一部分的操作，进入页脚编辑状态，切换到"页眉和页脚工具-设计"选项卡，❶单击"页眉和页脚"组中的"页码"按钮，❷在展开的列表中单击"页面底端>堆叠纸张2"样式，如图5-26所示。

步骤02 设置页码中形状边框的颜色。插入页码后，❶选中页码图形，❷切换到"绘图工具-格式"选项卡，❸单击"形状样式"组中的"形状轮廓"按钮，❹在展开的下拉列表中单击"黑色，文字1"，如图5-27所示。

步骤03 显示插入的页码效果。双击文档的页面部分，切换到页面编辑状态，即可看到添加页码后的效果，如图5-28所示。

图 5-26

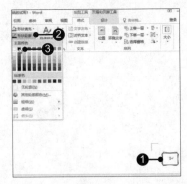

图 5-27

图 5-28

5.2.3　制作与首页不同的页眉

　　篇幅较长的文档一般都会有一个封面，为了区分封面与正文，它们的页眉内容会有所不同，下面就来为文档制作首页不同的页眉。

原始文件：下载资源 \ 实例文件 \ 第 5 章 \ 原始文件 \ 企划书 .docx
最终文件：下载资源 \ 实例文件 \ 第 5 章 \ 最终文件 \ 企划书 1.docx

步骤01 进入页眉编辑状态。打开原始文件，切换到"插入"选项卡，❶单击"页眉和页脚"组中的"页眉"按钮，❷在展开的下拉列表中单击"编辑页眉"选项，如图5-29所示。

步骤02 编辑页眉并设置首页不同。进入页眉编辑状态后，❶在第二页的页眉中输入文本内容，❷然后切换到"页眉和页脚工具-设计"选项卡，❸勾选"选项"组中的"首页不同"复选框，如图5-30所示。

步骤03 选择首页的页眉样式。此时首页的页眉会自动变为空白效果，将光标定位在首页的页眉中，❶单击"页眉和页脚"选项卡下的"页眉"按钮，❷在展开的下拉列表中单击"边线型"样式，如图5-31所示。

图 5-29

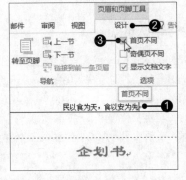

图 5-30

图 5-31

步骤04 单击"联机图片"按钮。选择了页眉样式后，❶输入需要的文本，❷然后将光标定位在页眉中左侧的横线上，❸单击"插图"组中的"联机图片"按钮，如图5-32所示。

步骤05 输入关键字。弹出"插入图片"对话框，❶在右侧输入搜索的关键字，❷然后单击"搜索"按钮，如图5-33所示。

步骤06 为页眉插入剪贴画。程序将剪贴画搜索出来并显示在对话框中，❶选择要使用的剪贴画，❷单击"插入"按钮，如图5-34所示。

图 5-32   图 5-33   图 5-34

步骤07 调整剪贴画大小。将图片插入文档后，将鼠标指针指向图片右下角的控点，然后向内拖动鼠标，将剪贴画调整到合适大小，如图5-35所示。

步骤08 清除页眉下方的横线。❶将光标定位在页眉下方、横线上方，❷切换至"开始"选项卡，❸单击"字体"组中的"清除格式"按钮，如图5-36所示，将页眉下方的横线清除。

步骤09 显示首页不同的页眉效果。经过以上操作，就完成了在文档中制作首页不同的页眉效果，如图5-37所示。

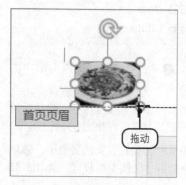

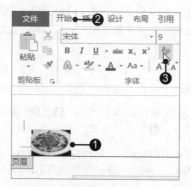

图 5-35   图 5-36   图 5-37

 助跑地带——从文档第 N 页开始插入页码

　　有些篇幅较长的文档需要为正文插入页码，而这些文档的前面都会有封面、目录等不需要添加页码的页面，所以要从文档中的某一页开始插入时，就要用到分隔符的应用知识。

原始文件： 下载资源 \ 实例文件 \ 第 5 章 \ 原始文件 \ 企划书 1.docx
最终文件： 下载资源 \ 实例文件 \ 第 5 章 \ 最终文件 \ 企划书 2.docx

（1）插入分节符。打开原始文件，将光标定位在文档第1页的页尾，❶切换到"布局"选项卡，❷单击"页面设置"组中的"分隔符"按钮，❸在展开的下拉列表中单击"分节符"区域内的"下一页"选项，如图5-38所示。

（2）选择要插入的页码样式。❶切换到"插入"选项卡，❷单击"页眉和页脚"组中的"页码"按钮，❸在展开的下拉列表中单击"页面底端>普通数字2"，如图5-39所示。

（3）取消链接到前一条页眉。❶将光标定位在第2页的页码处，❷切换到"页眉和页脚工具-设计"选项卡，❸单击"导航"组中的"链接到前一条页眉"按钮，如图5-40所示。

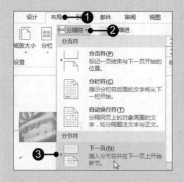

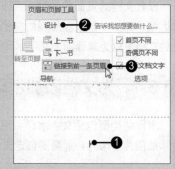

图 5-38　　　　　　　　　　图 5-39　　　　　　　　　　图 5-40

（4）打开"页码格式"对话框。❶单击"页眉和页脚"组中的"页码"按钮，❷在展开的下拉列表中单击"设置页码格式"选项，如图5-41所示。

（5）设置页码编号。弹出"页码格式"对话框，❶单击选中"页码编号"区域中的"起始页码"单选按钮，❷设置页码为"1"，❸最后单击"确定"按钮，如图5-42所示。

（6）取消第3页的链接到前一条页眉。❶返回文档中，将光标定位在文档中第3页的页码处，❷单击"导航"组中的"链接到前一条页眉"按钮，如图5-43所示。

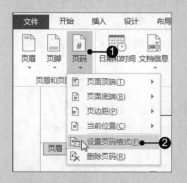

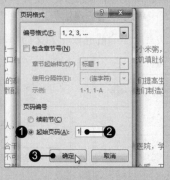

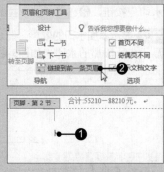

图 5-41　　　　　　　　　　图 5-42　　　　　　　　　　图 5-43

（7）重新选择页码样式。❶再次单击"页眉和页脚"组中的"页码"按钮，❷在展开的下拉列表中单击"页面底端>普通数字2"，如图5-44所示。

（8）完成从第2页开始插入页码的操作。经过以上操作，文档中的第3页页码就会显示为"2"，如图5-45所示，后面的文档页码以此类推，最后关闭页眉与页脚，删除第1页的页码即可。

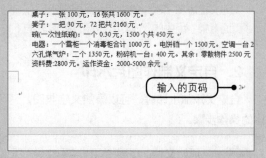

图 5-44　　　　　　　　　　　　　　　图 5-45

5.3 设置文档的页面背景

设置文档的页面背景时，可以根据需要设置水印背景、使用颜色或图片填充背景，或者为文档添加边框。例如一些注重外观的文档，可以使用颜色或图案填充背景以及为文档添加边框，而一些机要性的文档可以为其添加上文字水印，以提示阅读者。

5.3.1 为文档添加水印

水印的类型包括文字水印和图片水印两种。添加文字水印时，可以使用程序中预设的水印效果，而添加图片水印时，则需要自定义添加。

1. 使用程序预设的文字水印

Word 2016 中预设了机密、紧急、免责声明三种类型的文字水印，用户可根据文件的类型为文档添加需要的水印。

> **原始文件**：下载资源\实例文件\第5章\原始文件\企划书2.docx
> **最终文件**：下载资源\实例文件\第5章\最终文件\企划书3.docx

步骤01 选择要添加的水印样式。打开原始文件，切换到"设计"选项卡，❶单击"页面背景"组中的"水印"按钮，❷在展开的下拉列表中单击"免责声明"组中的"草稿1"样式，如图5-46所示。

步骤02 显示添加水印的效果。经过以上操作，就完成了为文档添加水印的操作，文档的每个偶数页都会显示出所添加的水印，如图5-47所示。

图 5-46

图 5-47

知识点拨 ｜ **删除文档水印**

为文档添加了水印效果后，需要将水印删除时，打开目标文档，切换到"页面布局"选项卡，单击"页面背景"组中的"水印"按钮，在展开的下拉列表中单击"删除水印"选项即可。

2. 自定义制作图片水印

自定义添加水印时，可以添加文字与图片两种类型的水印，下面以添加图片水印为例，来介绍具体的操作步骤。

> **原始文件**：下载资源\实例文件\第5章\原始文件\面谈表.docx、标志.bmp
> **最终文件**：下载资源\实例文件\第5章\最终文件\面谈表.docx

步骤01 打开"水印"对话框。打开原始文件,切换到"设计"选项卡,❶单击"页面背景"组中的"水印"按钮,❷在展开的下拉列表中单击"自定义水印"选项,如图5-48所示。

步骤02 打开"插入图片"对话框。弹出"水印"对话框,❶单击"图片水印"单选按钮,❷然后单击"选择图片"按钮,如图5-49所示。

步骤03 选择要使用的图片。弹出"插入图片"对话框,单击"来自文件"右侧的"浏览"按钮,如图5-50所示。

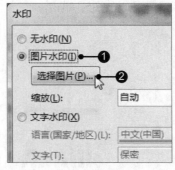

图 5-48   图 5-49   图 5-50

步骤04 选择要使用的图片。弹出"插入图片"对话框,❶进入目标文件所在路径,❷单击目标文件,然后单击"插入"按钮,如图5-51所示。

步骤05 设置水印效果。返回"水印"对话框,❶选择"缩放"为"100%",❷最后单击"确定"按钮,如图5-52所示。

步骤06 显示添加的图片水印效果。经过以上操作,就完成了为文档添加图片水印的操作,在文档的中央即可看到设置后的效果,如图5-53所示。

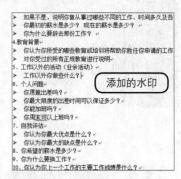

图 5-51   图 5-52   图 5-53

知识点拨 预览水印设置效果

在"水印"对话框中将水印设置完毕后,需要预览时,单击"应用"按钮,在文档中即可看到设置后的效果,如果用户对效果不满意,可直接在对话框中进行更改,满意则单击"确定"按钮完成设置。

5.3.2 设置页面背景

填充文档背景时,有使用颜色填充、使用图案填充、使用纹理填充、使用图片填充四种方法,本小节以使用颜色填充为例来介绍具体的操作步骤。

原始文件: 下载资源\实例文件\第5章\原始文件\远红外线能量汗蒸房的理疗作用 .docx
最终文件: 下载资源\实例文件\第5章\最终文件\远红外线能量汗蒸房的理疗作用 1.docx

步骤01 打开"填充效果"对话框。打开原始文件，❶切换到"设计"选项卡，❷单击"页面背景"组中的"页面颜色"按钮，❸在展开的下拉列表中单击"填充效果"选项，如图5-54所示。

步骤02 设置渐变颜色。弹出"填充效果"对话框，❶单击"颜色"区域内的"双色"单选按钮，❷然后单击"颜色2"右侧的下三角按钮，❸在展开的下拉列表中单击"标准色"组中的"深蓝"颜色，如图5-55所示。

步骤03 选择底纹样式。❶单击"底纹样式"区域内的"中心辐射"单选按钮，❷然后在"变形"组中选择辐射样式，❸选中后单击"确定"按钮，如图5-56所示。

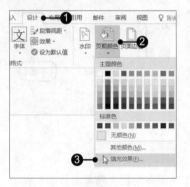

图 5-54

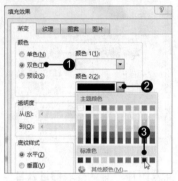

图 5-55

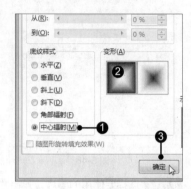

图 5-56

步骤04 显示渐变填充文档背景的效果。经过以上操作，就完成了使用渐变色填充文档背景的操作，为文档增添了一分神秘色彩，如图5-57所示。

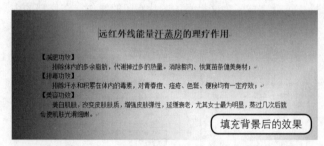

图 5-57

知识点拨 **取消背景填充**

为文档填充了背景后，需要取消时，单击"页面布局"选项卡下"页面背景"组的"页面颜色"按钮，在展开的下拉列表中单击"无颜色"选项，即可完成操作。

5.3.3 添加页面边框

页面边框是围绕在页面四周的边框，可起到美化文档的作用。添加时，可选择添加一些普通的实线、虚线等类型的边框，也可以选择一些花样较多的艺术型边框样式，本小节以为文档添加艺术边框为例，来介绍一下具体操作。

原始文件： 下载资源\实例文件\第 5 章\原始文件\远红外线能量汗蒸房的理疗作用 .docx
最终文件： 下载资源\实例文件\第 5 章\最终文件\远红外线能量汗蒸房的理疗作用 2.docx

步骤01 打开"边框和底纹"对话框。打开原始文件，❶切换到"设计"选项卡，❷单击"页面背景"组中的"页面边框"按钮，如图5-58所示。

步骤02 选择边框样式。弹出"边框和底纹"对话框，❶单击"页面边框"选项卡中"艺术型"右侧的下三角按钮，展开下拉列表后，向下滚动鼠标，查看边框样式，❷最后单击要使用的边框样式，如图5-59所示。

步骤03 设置边框颜色。选择了边框样式后，❶单击"颜色"右侧的下三角按钮，❷在展开的下拉列表中单击"蓝色，个性色1，深色25%"，如图5-60所示。

图 5-58

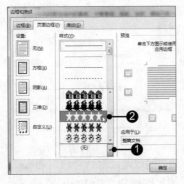

图 5-59

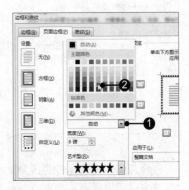

图 5-60

步骤04 设置边框宽度。❶单击"宽度"数值框右侧的上调按钮，将边框宽度设置为"10磅"，❷最后单击"确定"按钮，如图5-61所示。

步骤05 显示添加边框的效果。经过以上操作，就完成了为文档添加艺术边框的操作，如图5-62所示。

图 5-61

图 5-62

知识点拨 使用普通边框

　　打开"边框和底纹"对话框后，在"页面边框"选项卡中的"样式"列表框中就可以选择要使用的普通边框，然后对边框宽度、颜色进行设置即可。

☀ 助跑地带——将页面边框更改为文本边框

　　为文档添加页面边框后，边框会围绕在文本的页边距之外，如果用户需要让边框围绕在文本之外、页边距之内，可以通过更改边框选项来实现。

原始文件： 下载资源\实例文件\第5章\原始文件\远红外线能量汗蒸房的理疗作用 1.docx
最终文件： 下载资源\实例文件\第5章\最终文件\远红外线能量汗蒸房的理疗作用 3.docx

（1）打开"边框和底纹"列表。打开原始文件，❶切换到"设计"选项卡，❷单击"页面背景"组中的"页面边框"按钮，如图5-63所示。

（2）打开"边框和底纹选项"对话框。弹出"边框和底纹"对话框，单击"页面边框"选项卡右下角的"选项"按钮，如图5-64所示。

（3）设置边框的测量基准。弹出"边框和底纹选项"对话框，在"测量基准"中选择"文字"，如图5-65所示，单击"确定"按钮，完成设置。

图 5-63　　　　　　　　　　　图 5-64　　　　　　　　　　　图 5-65

（4）显示将页面边框更改为文本边框的效果。返回"边框和底纹"对话框，单击"确定"按钮，就完成了将页面边框更改为文本边框的操作，如图5-66所示。

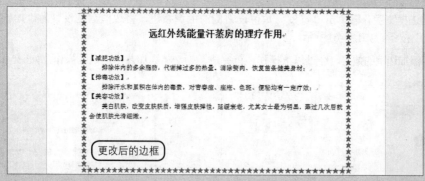

图 5-66

知识点拨　进一步设置边框与文本的边距

　　将页面边框更改为文本边框后，如果用户觉得边框与文本之间的距离不合适，可重新打开"边框和底纹选项"对话框，在"边距"区域内对"上""下""左""右"的边距进行设置，设置完毕后单击"确定"按钮即可。

5.4　打印文档

　　打印文档是指将文档中的内容打印在纸张上，当用户完成文档的页面布局设置后，便可以将其打印到纸张上。在打印时，用户可以通过设置打印范围、打印方式等来打印符合自己要求的文档。

5.4.1　设置打印范围

　　打印文档时，有时需要选择打印所有的页面，有时需要打印其中的部分页面，此时可以通过设置打印范围来实现。由于 Word 默认选择打印所有页面，因此打印所有页面的用户无需手动设置，而打印部分页面的用户则需要按照下面的操作方法进行设置。

原始文件：下载资源＼实例文件＼第 5 章＼原始文件＼企划书 2.docx
最终文件：无

步骤01 单击"打印"命令。打开原始文件，❶单击左上角的"文件"按钮，❷在弹出的"文件"菜单中单击"打印"命令，如图5-67所示。

步骤02 设置自定义打印范围。❶在"设置"下方选择"自定义打印范围"，❷然后在"页数"右侧输入打印的范围，例如输入"2-4"，即只打印2、3、4页，❸单击"打印"按钮便可开始打印，如图5-68所示。

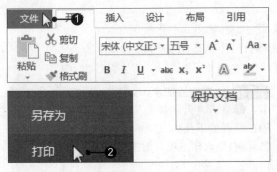

图 5-67

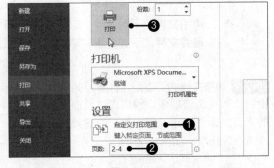

图 5-68

5.4.2 设置手动双面打印奇数页

在使用 Word 2016 的打印功能时，用户可以选择设置仅打印文档的奇数页或者偶数页，并且为了节约纸张，用户可以选择手动双面打印，不过在手动双面打印时，用户需要守在打印机附近手动添加纸张。

原始文件：下载资源\实例文件\第5章\原始文件\企划书.docx
最终文件：无

步骤01 选择手动双面打印。打开原始文件，单击"文件"按钮，❶在弹出的"文件"菜单中单击"打印"命令，❷接着单击"单面打印"右侧的下三角按钮，❸在展开的下拉列表中选择"手动双面打印"选项，如图5-69所示。

步骤02 设置仅打印奇数页。❶单击"打印所有页"右侧的下三角按钮，❷在展开的下拉列表中勾选"仅打印奇数页"选项，如图5-70所示。

步骤03 开始打印文档。设置完毕后单击"打印"按钮便可开始打印，如图5-71所示。

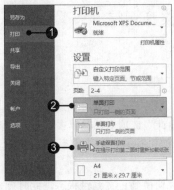

图 5-69

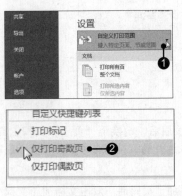

图 5-70

图 5-71

本章中对文档的页面布局设置和打印设置进行了介绍，通过本章的学习，用户可以根据文档的类型对文档的页面进行适当的设置，例如办公文档以简约风格设置，而抒情类的散文等文档则以华丽风格设置，完成页面布局后便可将其打印在纸张上。下面就以设置并打印生产规范文书为例来进行演练。

原始文件：下载资源 \ 实例文件 \ 第 5 章 \ 原始文件 \ 车间生产规范 .docx
最终文件：下载资源 \ 实例文件 \ 第 5 章 \ 最终文件 \ 车间生产规范 .docx

步骤01 调整文档的页边距。打开原始文件，❶切换到"布局"选项卡，❷单击"页面设置"组中的"页边距"按钮，❸在展开的下拉列表中单击"适中"选项，如图5-72所示。

步骤02 为文档添加水印。切换至"设计"选项卡，❶单击"页面背景"组中的"水印"按钮，❷在展开的下拉列表中单击"机密"组中的"严禁复制1"水印选项，如图5-73所示。

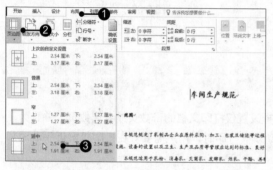

图 5-72

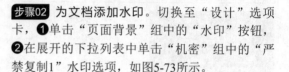

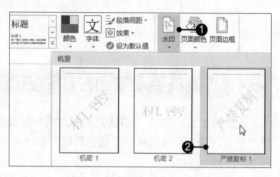

图 5-73

步骤03 编辑页眉。切换到"插入"选项卡，❶单击"页眉和页脚"组中的"页眉"按钮，❷在展开的下拉列表中单击"编辑页眉"选项，如图5-74所示。

步骤04 输入页眉文本。进入页眉编辑状态后，将光标定位在页眉中，直接输入需要的文本，如图5-75所示。

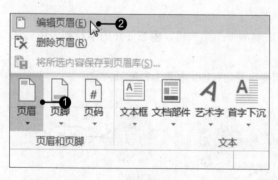

图 5-74

图 5-75

步骤05 插入页码。为文档添加了页眉后，切换至"页眉和页脚工具-设计"选项卡，❶单击"页眉和页脚"组中的"页码"按钮，❷在展开的下拉列表中单击"页面底端>加粗显示的数字1"样式，如图5-76所示。

步骤06 显示插的页眉和页码。添加了页码后，双击文档的正文部分，切换到正文编辑状态，此时便可看到添加的页眉和页码，如图5-77所示。

图 5-76

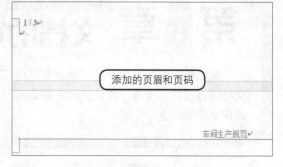

图 5-77

步骤07 单击"文件"按钮。在文档页面的左上角单击"文件"按钮,如图5-78所示。

步骤08 单击"打印"命令。在弹出的"文件"菜单中单击"打印"命令,如图5-79所示。

图 5-78

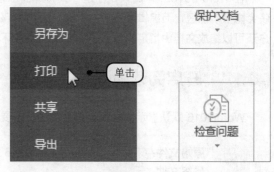

图 5-79

步骤09 选择手动双面打印。❶单击右侧选项面板中"单面打印"右侧的下三角按钮,❷在展开的下拉列表中单击"手动双面打印"选项,如图5-80所示。

步骤10 设置打印份数并打印。❶接着在上方设置打印份数,例如设置打印3份,❷然后单击"打印"按钮开始打印,如图5-81所示。

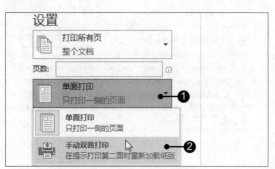

图 5-80

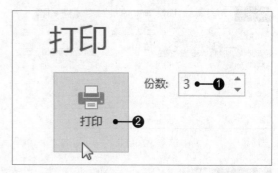

图 5-81

第6章 文档的审阅与保护

将文档制作完毕后，为了确保文档的正确，以及确保得到最终需要的效果，可以对文档进行校对、检查，或让其他人再审阅一次。本章就来对文档的转换、校对、审阅以及保护等操作进行介绍。

6.1 使用"阅读视图"浏览文档

在 Word 2016 中，阅读视图是一种特殊的查看模式，它是专为阅读而设计的。阅读视图下的文档将会隐藏功能区，而编辑区将会占据窗口大约 90% 的区域，从而便于用户阅读。开启阅读视图后，用户还可以缩放文档中指定的对象、调整视图阅读环境。

6.1.1 开启阅读视图

Word 2016 默认显示的视图为页面视图，若要开启阅读视图，可利用功能区来实现。

原始文件： 下载资源 \ 实例文件 \ 第 6 章 \ 原始文件 \ 企划书 .docx
最终文件： 无

步骤01 **选择阅读视图。** 打开原始文件，❶切换至"视图"选项卡，❷单击"视图"组中的"阅读视图"按钮，如图6-1所示。

步骤02 **成功启用阅读视图。** 成功启用阅读视图后，功能区将不会显示在文档窗口中，并且在文档的左右两侧显示了翻页图标，如图6-2所示。

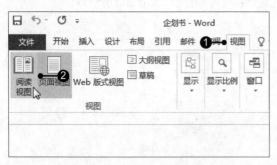

图 6-1

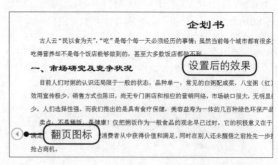

图 6-2

知识点拨 利用视图按钮启用阅读视图

用户还可以利用窗口右下角的视图按钮启用阅读视图，"阅读视图"按钮对应的图标是一个类似翻开的书籍，单击该图标便可快速启动阅读视图模式。

6.1.2 缩放对象以大图查看

当文档中含有图片时，用户可以在阅读视图下单独预览该图片，预览时用户可以手动缩放当前显示的图片。

原始文件：下载资源 \ 实例文件 \ 第 6 章 \ 原始文件 \ 企划书 .docx
最终文件：无

步骤01 **选择阅读视图**。打开原始文件，开启阅读视图模式，然后双击文档中要查看的图片缩略图，如图6-3所示。

步骤02 **预览指定的图片**。此时在文档窗口中可预览指定图片的效果，如图6-4所示，若要放大该图片，则单击右上角的"放大"图标，放大后右上角的图标变成"缩小"图标。

图 6-3   图 6-4

6.1.3　设置视图阅读环境

　　阅读视图模式为用户提供了自定义阅读环境的功能，用户可以在阅读视图模式下调整显示的列宽、页面背景颜色以及布局模式，以获得更好的阅读体验。

原始文件：下载资源 \ 实例文件 \ 第 6 章 \ 原始文件 \ 企划书 .docx
最终文件：无

步骤01 **设置窄样式列宽**。打开原始文件，开启阅读视图，❶单击左上角的"视图"选项，❷在展开的下拉列表中单击"列宽>窄"选项，如图6-5所示。

步骤02 **设置页面背景为褐色**。❶再次单击"视图"选项，❷在展开的下拉列表中单击"页面颜色>褐色"选项，如图6-6所示。

图 6-5

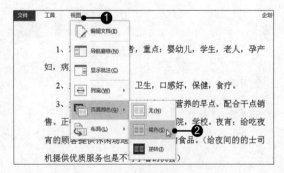

图 6-6

步骤03 **选择列布局**。❶单击"视图"选项，❷在展开的下拉列表中单击"布局>列布局"选项，如图6-7所示。

步骤04 **查看设置后的阅读视图环境**。设置完毕后，用户便可在文档窗口中看见列宽为窄样式、页面背景为褐色的阅读视图环境，如图6-8所示。

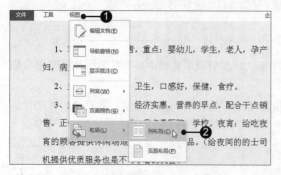

图 6-7

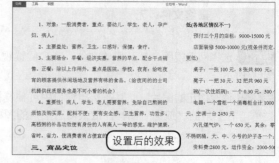

图 6-8

知识点拨 布局为页面布局时无法更改列宽和页面背景颜色

设置阅读视图环境时，只有当前文档的布局为列布局时，用户才可以更改列宽和页面背景颜色，如果当前文档的布局为页面布局，则无法更改列宽和背景颜色，列宽保持默认样式，页面背景为白色。

🔆 助跑地带——隐藏阅读工具栏实现全屏浏览

在阅读视图模式下，位于顶部的阅读工具栏包括"文件"按钮、"编辑"按钮、"视图"按钮及标题栏，用户在阅读时可选择隐藏该工具栏，隐藏后 Word 自动切换至全屏模式。

原始文件： 下载资源 \ 实例文件 \ 第 6 章 \ 原始文件 \ 企划书 .docx
最终文件： 无

（1）**单击"自动隐藏功能区"按钮。** 打开原始文件，❶单击右上角的"功能区显示选项"按钮，❷在展开的下拉列表中单击"自动隐藏功能区"选项，如图6-9所示。

（2）**隐藏后的显示效果。** 此时可在文档窗口中看到"文件"按钮、"编辑"按钮、"视图"按钮及标题栏均被隐藏，同时文档窗口自动全屏覆盖，如图6-10所示，即成功隐藏阅读工具栏。

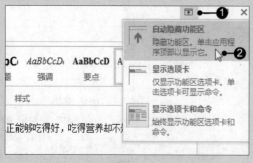

图 6-9

图 6-10

知识点拨 退出阅读视图模式

当用户需要编辑处于阅读视图下的文档内容时，则需要退出阅读视图模式（阅读视图模式不提供编辑文档内容的功能），在 Word 文档窗口右下角单击"页面视图"按钮或者"Web 版式视图"按钮即可。

6.2 审阅时文档的语言转换

转换文本内容是指将中文和其他语言进行转换，或者是将中文当中的简体字和繁体字互相进行转换。下面来介绍一下简繁转换与英汉互译的操作。

6.2.1 简繁转换

阅读或制作简体汉字或繁体汉字通用的文档时，可以使用 Word 程序中的简繁转换功能，而遇到一些称谓不同的词组时，可自定义进行简繁转换。

1. 简单的简繁转换

简单的简繁转换是指单纯的转换操作。选中目标文本后，单击相应的"简转繁"或"繁转简"按钮，即可完成操作。

 原始文件：下载资源\实例文件\第 6 章\原始文件\企划书 .docx
最终文件：下载资源\实例文件\第 6 章\最终文件\企划书 .docx

步骤01 选中目标文本。打开原始文件，拖动鼠标选中要转换的文本内容，如图6-11所示。

步骤02 执行转换操作。❶切换到"审阅"选项卡，❷单击"中文简繁转换"组中的"简转繁"按钮，如图6-12所示。

步骤03 显示转换效果。经过以上操作，所选中的文本就由简体字转换为了繁体字，如图6-13所示。

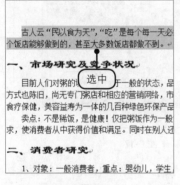

图 6-11

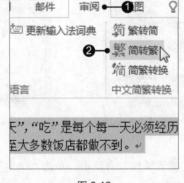

图 6-12

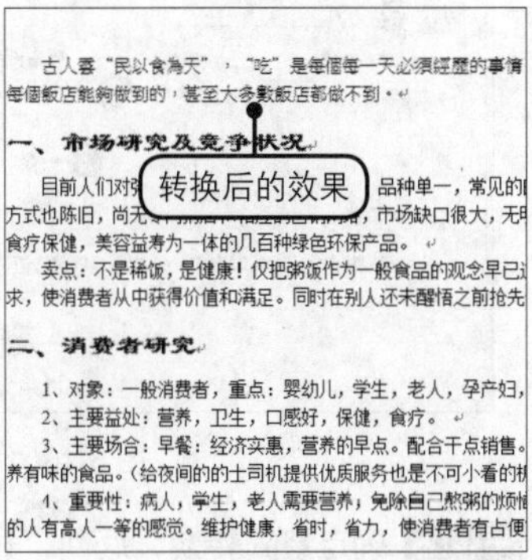

图 6-13

知识点拨 **将繁体字转换为简体字**

需要将繁体字转换为简体字时，选中目标文本后，切换到"审阅"选项卡，单击"繁转简"按钮即可。

2. 自定义转换

自定义进行简繁转换时，可对文档中某一个词组专门进行转换，转换时可自定义设置转换后的内容，这样就可以防止由于地域不同、称呼不同造成的翻译过来后产生的歧义。

 原始文件：下载资源\实例文件\第 6 章\原始文件\服务承诺书 .docx
最终文件：下载资源\实例文件\第 6 章\最终文件\服务承诺书 .docx

步骤01 选中目标文本。打开原始文件，❶切换到"审阅"选项卡，❷单击"中文简繁转换"组中的"简繁转换"按钮，如图6-14所示。

步骤02 选择转换方向并打开"简体繁体自定义词典"对话框。弹出"中文简繁转换"对话框，❶单击"转换方向"区域内的"繁体中文转换为简体中文"单选按钮，❷然后单击"自定义词典"按钮，如图6-15所示。

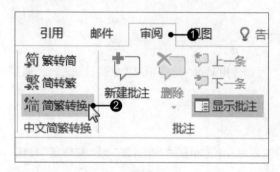

图 6-14

图 6-15

步骤03 修改词组转换。弹出"简体繁体自定义词典"对话框，❶在"编辑"区域内的"添加或修改"文本框中输入要修改的内容，❷然后在"转换为"文本框中输入修改的内容，❸最后单击"修改"按钮，如图6-16所示。

步骤04 完成词组转换的修改。程序将词组转换后的内容修改完毕后，弹出"自定义词典"对话框，提示用户此词汇已被添加到自定义词典，单击"确定"按钮，如图6-17所示，按照类似方法修改其他词组，最后单击"关闭"按钮，关闭"简体繁体自定义词典"对话框。

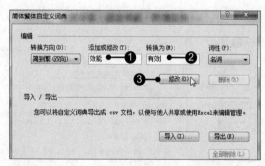

图 6-16

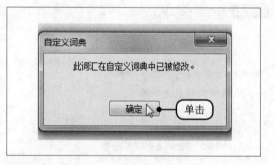

图 6-17

步骤05 确定繁简转换。返回"中文简繁转换"对话框，单击"确定"按钮，如图6-18所示，执行转换操作。

步骤06 完成简繁转换。经过以上操作，就完成了自定义进行繁简转换的操作，对于自定义设置的转换词组，程序也进行了相应的转换，如图6-19所示。

图 6-18

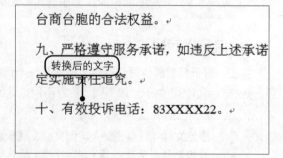

图 6-19

6.2.2 将汉语内容翻译为英文

Word 2016 提供了阿拉伯语、保加利亚语、波兰语、朝鲜语、丹麦语、德语、俄语、法语、英语等二十多个语种，用户可根据需要选择翻译的语言。本小节就以英文为例，来介绍一下翻译的操作方法。

1. 在线翻译文档

在线翻译文档时，将会连接到 Web 对所选择的内容进行编辑，该方法的优点是翻译出的内容格式不会改变，缺点是受网络的限制，如果用户没有连接到宽带，则无法使用该方法。

 原始文件： 下载资源 \ 实例文件 \ 第 6 章 \ 原始文件 \ 面谈表 .docx
最终文件： 无

步骤01 打开"翻译语言选项"对话框。打开原始文件，❶切换到"审阅"选项卡，❷单击"语言"组中的"翻译"按钮，❸在弹出的下拉列表中单击"选择翻译语言"选项，如图6-20所示。

步骤02 设置翻译的语言。弹出"翻译语言选项"对话框，❶在"选择翻译语言"区域内单击"翻译为"右侧的下三角按钮，❷在展开的列表中单击"英语（美国）"，如图6-21所示，最后单击"确定"按钮。

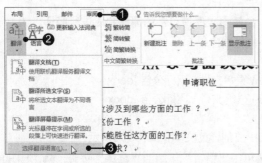

图 6-20

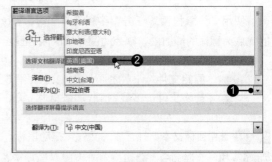

图 6-21

知识点拨 **查看当前程序所使用的翻译语言**

打开"翻译"下拉列表后，在"翻译文档"命令后面可以看到程序当前所使用的翻译语言，如果当前的翻译语言刚好是用户需要翻译的语言，可直接执行翻译操作。

步骤03 执行翻译命令。选择了翻译的语言后，返回文档中，❶单击"语言"组中的"翻译"按钮，❷在展开的下拉列表中单击"翻译文档"选项，如图6-22所示。

步骤04 发送翻译文档。执行翻译命令后，弹出"翻译整个文档"对话框，询问用户"文本将通过Internet以安全格式发送给Microsoft或第三方翻译服务提供商，要继续吗？"，单击"是"按钮，如图6-23所示。

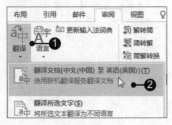

图 6-22

图 6-23

步骤05 查看翻译内容。发送了要翻译的文档后，系统会弹出IE浏览器，并对所发送的文档进行翻译，等待几秒翻译完毕后，在浏览器窗口中就会显示出原文档经过翻译后的文本，如图6-24所示。

图 6-24

2. 使用"信息检索"任务窗格翻译文档

使用"信息检索"任务窗格翻译文档时，Word 会使用程序中自带的翻译功能进行翻译，该方法的优点为翻译的即时性，缺点为翻译出的内容显示不出格式效果。

原始文件： 下载资源 \ 实例文件 \ 第 6 章 \ 原始文件 \ 招标公告 .docx
最终文件： 下载资源 \ 实例文件 \ 第 6 章 \ 最终文件 \ 招标公告 .docx

步骤01 选中目标文本。打开原始文件，拖动鼠标，选中要翻译的文本，如图6-25所示。

步骤02 执行翻译命令。❶切换到"审阅"选项卡，❷单击"语言"组中的"翻译"按钮，❸在展开的下拉列表中单击"翻译所选文字"选项，如图6-26所示。

步骤03 选择翻译语言。弹出"信息检索"任务窗格，并且程序会将所选择的文本翻译为默认的语言，在"翻译为"选项中选择"英语（美国）"选项，如图6-27所示。

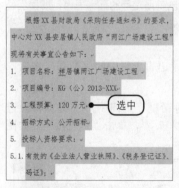

图 6-25

图 6-26

图 6-27

步骤04 定位英语的插入位置。将英语翻译完毕后，将光标定位在要插入翻译好的英文的位置，如图6-28所示。

步骤05 插入翻译的英文。将文档翻译完毕后，单击"信息检索"任务窗格中的"插入"按钮，如图6-29所示。

步骤06 显示插入的英文效果。经过以上操作，就完成了翻译文档文本并将其插入到文档中的操作，效果如图6-30所示。

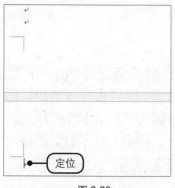

图 6-28   图 6-29   图 6-30

知识点拨 打开"信息检索"的快捷方式

选中要翻译的文本后，按【Alt】键不放，将鼠标指针指向选中的文本后单击，即可打开"信息检索"对话框。

6.3 对文档中的内容进行校对

文档编写完毕后，需要仔细检查一遍，尽可能地避免错误的存在，用户可以使用程序中自带的校对功能，使检查在很大程度上省时又能确保精准。

6.3.1 校对文档的拼写和语法

在编写文档的过程中，很容易忽略语法的正确性，并且检查语法也是一件非常浪费精力的事情，如果用户必须要检查文档的语法，可使用程序的校对功能进行检查。

原始文件： 下载资源＼实例文件＼第6章＼原始文件＼企划书1.docx
最终文件： 无

步骤01 定位光标的位置。打开原始文件，将光标定位在要检查拼写和语法的起始位置，如图6-31所示。

步骤02 打开"语法"任务窗格。❶切换到"审阅"选项卡，❷单击"校对"组中的"拼写和语法"按钮，如图6-32所示。

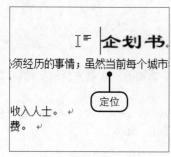

图 6-31   图 6-32

步骤03 显示搜索到的错误内容。弹出"语法"任务窗格，可看到在"输入错误或特殊用法"文本框中显示出Word程序搜索到的第一处错误语句，并且系统将自认为错误的部分突出显示出来，如图6-33所示。

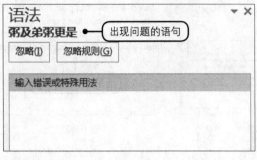

图 6-33

步骤05 忽略错误内容。❶修改完毕后在"语法"任务窗格中单击"恢复"按钮，❷如果程序搜索到的有错误的内容是用户故意设置的格式，可直接单击"忽略"按钮，如图6-35所示，程序将跳过该处错误而对下一处错误进行追踪。

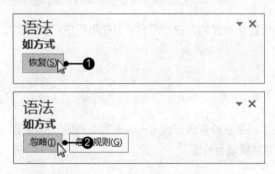

图 6-35

步骤04 更改错误内容。查找出错误内容后，文档界面自动选中错误内容所在的文本，手动修改错误的内容，如图6-34所示。

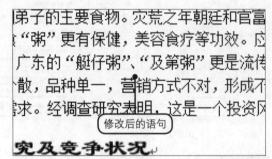

图 6-34

步骤06 完成拼写和语法的检查。按照类似的操作，对文档中的其余错误进行更改，全部更改完毕后弹出Microsoft Word 对话框，提示用户拼写和语法检查已完成，单击"确定"按钮，完成检查操作，如图6-36所示。

图 6-36

知识点拨 **不同标注底纹代表不同的意义**

在 Word 中进行语法检查时，会发现即使文本内容没有出现错误，还是会提示出现错误，这是因为在 Word 词库中没有录入该字词，手动在词库中添加字词后就不会再出现同类型的问题。同时在提示文本出现错误时，通常是以标注底纹来实现的，而不同颜色的底纹代表着不同的意思：红色底纹表示拼写错误，绿色底纹表示语法错误，蓝色底纹表示格式不一致。

6.3.2 对文档字数进行统计

有些公文会对字数进行限制，用户可使用 Word 中的"字数统计"功能随时查看文档的字数，做到即时防控。

原始文件：下载资源 \ 实例文件 \ 第 6 章 \ 原始文件 \ 招标公告 .docx
最终文件：无

步骤01 打开"字数统计"对话框。打开原始文件，❶切换到"审阅"选项卡，❷单击"校对"组中的"字数统计"按钮，如图6-37所示。

步骤02 查看字数统计。弹出"字数统计"对话框，在其中即可看到当前文档的页数、字数、字符数、段落数等内容，如图6-38所示，需要关闭时，直接单击"关闭"按钮即可。

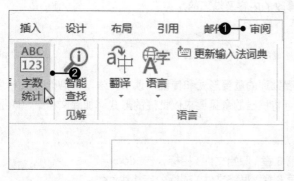

图 6-37

图 6-38

☀ 助跑地带——设置拼写和语法错误的检查方式

Word 2016 中，拼写和语法错误的检查方式可根据需要进行设置。

（1）打开"Word 选项"对话框。新建一个空白文档，单击"文件"按钮，在弹出的"文件"菜单中单击"选项"命令，如图6-39所示。

（2）打开"校对"选项标签。弹出"Word 选项"对话框，单击对话框左侧的"校对"选项，如图6-40所示。

（3）设置"在Word中更正拼写和语法时"选项。对话框中显示出相关内容后，在"在Word中更正拼写和语法时"区域内勾选要应用的选项前的复选框，如图6-41所示。

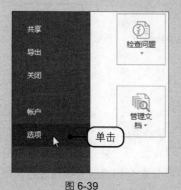

图 6-39

图 6-40

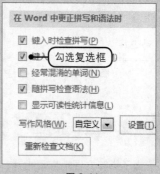

图 6-41

（4）设置例外项。勾选"例外项"区域内要设置的选项前的复选框，最后单击"确定"按钮，如图6-42所示，就完成了设置检查拼写和语法的操作。

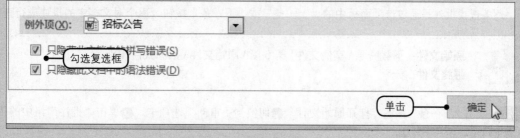

图 6-42

6.4　批注与修订文档

在阅读文档时，可以使用修订或批注功能对需要修改的内容或是需要向作者提的意见进行标记，这样作者在拿到文档后一眼就可以看到用户所修改的内容及提出的意见。

6.4.1　为文档插入批注

在真实的书本中"批注"是我国文学鉴赏和批评的重要形式和传统的读书方法，在电子文档中也沿用了批注的这种特性，在阅读电子文档时，可将提出的意见要求以批注的形式添加到文档中，既不会影响文档的内容，作者又可以一目了然地看到。

原始文件：下载资源＼实例文件＼第6章＼原始文件＼招标公告 .docx
最终文件：下载资源＼实例文件＼第6章＼最终文件＼招标公告 1.docx

步骤01 执行插入批注命令。打开原始文件，❶拖动鼠标选中要添加批注的文本，❷然后切换到"审阅"选项卡，❸单击"批注"组中的"新建批注"按钮，如图6-43所示。

步骤02 编写批注内容。经过以上操作，所选中的文本即可插入一个空白的批注，将光标定位在该批注中，然后输入批注的内容，如图6-44所示，即可完成插入批注的操作，按照同样方法为文档的其他文本添加批注。

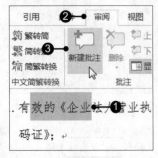

图 6-43

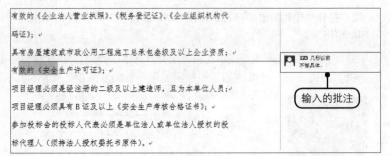

图 6-44

6.4.2　查找批注

为了能够方便地查看批注，可通过不同的方法来查找批注，下面分别介绍逐条查找批注与在审阅窗格中查找批注的操作。

1. 逐条查找批注

逐条查找批注是通过选项面板中的"上一条"或"下一条"按钮，逐个对文档中的批注进行查找。

原始文件：下载资源＼实例文件＼第6章＼原始文件＼招标公告 1.docx
最终文件：无

步骤01 单击"下一条"按钮。打开原始文件，❶切换到"审阅"选项卡，❷单击"批注"组中的"下一条"按钮，如图6-45所示。

步骤02 显示查找到的批注。第一次单击"下一条"按钮时，程序会选中文档中的第一个批注，要继续查看时，可再次单击"下一条"按钮，直到选中了要查看的批注，如图6-46所示，需要查看文档中当前位置前面的批注时，可单击"上一条"按钮进行查找。

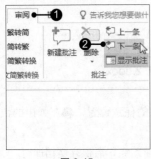

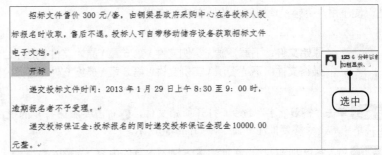

图 6-45　　　　　　　　　　　　　　　　　　　　图 6-46

2．在审阅窗格中查看批注

审阅窗格中可以显示出文档中全部的批注或修订内容，也可以说是文档的批注和修订的汇总，在审阅窗格中单击相应批注即可查看。

原始文件：下载资源\实例文件\第6章\原始文件\招标公告1.docx
最终文件：无

步骤01 打开审阅窗格。打开原始文件，❶切换到"审阅"选项卡，❷单击"修订"组中"审阅窗格"的下三角按钮，❸在展开的下拉列表中单击"垂直审阅窗格"选项，如图6-47所示。

步骤02 选择要查看的批注。在文档窗口左侧显示出审阅窗格后，单击要查看的批注，如图6-48所示。

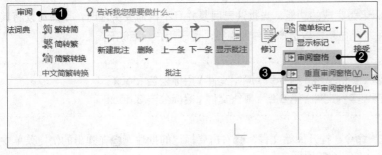

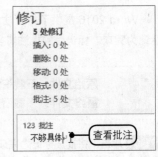

图 6-47　　　　　　　　　　　　　　　　　　　图 6-48

步骤03 显示查找到的批注。选择了要查看的批注后，文档中相应的批注就会处于选中状态，如图6-49所示。

图 6-49

6.4.3 答复批注

Word 2016 拥有答复批注的功能，该功能可以让制作文档的用户回复他人对文档中指定内容的批注，便于用户更轻松地跟踪文档的审核与修改。

原始文件： 下载资源 \ 实例文件 \ 第 6 章 \ 原始文件 \ 招标公告 1.docx
最终文件： 下载资源 \ 实例文件 \ 第 6 章 \ 最终文件 \ 招标公告 2.docx

步骤01 单击"答复批注"命令。打开原始文件，❶右击要添加答复的批注的任意位置，❷在弹出的快捷菜单中单击"答复批注"命令，如图6-50所示。

步骤02 输入答复内容。接着在批注下方输入答复的内容，如图6-51所示，输入完毕后保存文档即可。

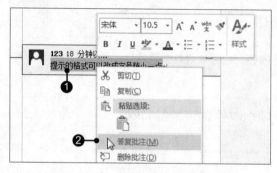

图 6-50

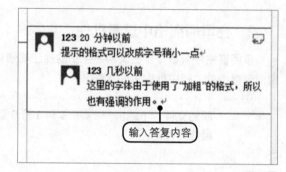

图 6-51

6.4.4 将批注标记为完成

Word 2016 提供了将批注标记为完成的功能，当批注已回复并且不再需要关注时，用户可以将其标记为完成。标记后的批注将呈灰色显示，以远离用户的视线，便于用户日后访问。

原始文件： 下载资源 \ 实例文件 \ 第 6 章 \ 原始文件 \ 招标公告 .docx
最终文件： 下载资源 \ 实例文件 \ 第 6 章 \ 最终文件 \ 招标公告 3.docx

步骤01 单击"将批注标记为完成"命令。打开原始文件，❶右击要标记的批注，❷在弹出的快捷菜单中单击"将批注标记为完成"命令，如图6-52所示。

步骤02 查看标记后的批注。标记后可看见批注并未被删除，呈灰色显示，如图6-53所示。

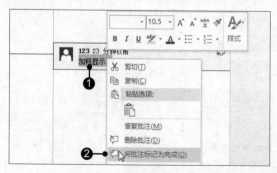

图 6-52

图 6-53

6.4.5 修订文档内容

在 Word 中修订是指显示文档中所做的删除、插入或编辑等更改内容的标记。

1. 设置修订选项与修订文档

在更改文档的过程中，如果进入修订状态，修改的过程就会显示在文档中。在修订文档前，可根据需要对插入的内容、删除的内容以及修订行等内容的显示方式进行适当的设置，然后再对文档进行修订。

原始文件: 下载资源 \ 实例文件 \ 第 6 章 \ 原始文件 \ 企划书 1.docx
最终文件: 下载资源 \ 实例文件 \ 第 6 章 \ 最终文件 \ 企划书 2.docx

步骤01 单击"修订"组的对话框启动器。打开原始文件，❶切换至"审阅"选项卡，❷单击"修订"组右下角的对话框启动器，如图6-54所示。

步骤02 单击"高级选项"按钮。弹出"修订选项"对话框，单击"高级选项"按钮，如图6-55所示。

步骤03 设置插入内容的标记属性。弹出"高级修订选项"对话框，❶单击"插入内容"右侧的下三角按钮，❷在展开的下拉列表中选择插入内容的标记属性，例如选择"仅颜色"，如图6-56所示。

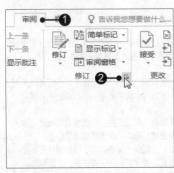
图 6-54

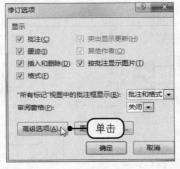
图 6-55

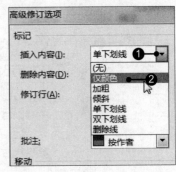
图 6-56

步骤04 设置插入内容的颜色与删除内容的颜色。❶按照同样方法将"插入内容"的"颜色"设置为"红色"，❷将"删除内容"的"颜色"设置为"青绿"，如图6-57所示，最后单击"确定"按钮。

步骤05 执行修订命令。返回文档中，❶单击"修订"组内的"修订"下三角按钮，❷在展开的下拉列表中单击"修订"选项，如图6-58所示。

图 6-57

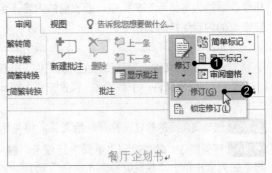
图 6-58

步骤06 对文档进行修订。执行了修订命令后，对文档中的内容进行更改时，文档中就会留下修订的标志，如图6-59所示。

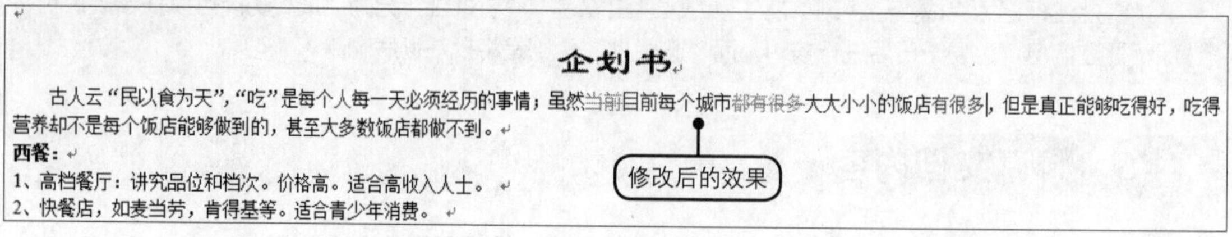

企划书
古人云“民以食为天”，“吃”是每个人每一天必须经历的事情；虽然当前目前每个城市都有很多大大小小的饭店有很多，但是真正能够吃得好，吃得营养却不是每个饭店能够做到的，甚至大多数饭店都做不到。
西餐：
1、高档餐厅：讲究品位和档次。价格高。适合高收入人士。
2、快餐店，如麦当劳，肯得基等。适合青少年消费。
修改后的效果

图 6-59

2. 使用“简单标记”的修订模式

添加批注和修订的文档由于批注框、插入内容和删除内容的颜色不同而显得色彩繁杂，从而使得整个界面显得相当凌乱，Word 2016 提供了简单标记的功能，使用该功能会显示接受修订后的文档，只是在文档左侧显示修订行的标记线，用此来标记该行有修订或批注。

原始文件：下载资源\实例文件\第 6 章\原始文件\企划书 2.docx
最终文件：下载资源\实例文件\第 6 章\最终文件\企划书 3.docx

步骤01 设置标记类型为“简单标记”。打开原始文件，❶切换至“审阅”选项卡，❷单击“修订”组中“所有标记”右侧的下三角按钮，❸在展开的下拉列表中单击“简单标记”选项，如图6-60所示。

审阅
视图
告诉我您想要做什么...
上一条
下一条
显示批注
修订
所有标记
简单标记
所有标记
无标记
原始状态
接受
更改

图 6-60

步骤02 查看简单标记后的文档。此时可看到简单标记后的文档，在左侧边缘显示了红色的修订线，如图6-61所示。

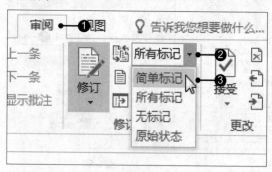

古人云“民以食为天”，“吃”是每个人每一天必须经历
个饭店能够做到的，甚至大多数饭店都做不到。
西餐：
1、高档餐厅：讲究品位和档次。价格高。适合高收入人士
2、快餐店，如麦当劳，肯得基等。适合青少年消费。
中餐：
1、酒店：注重服务与菜品卫生，以规模经营取胜。
注重菜的味道，以特色招牌菜取胜。
连锁快餐店：全国统一连锁，以连锁规模经营取胜。
4、大排档：注重价格便宜，以价廉物美，随意取胜。
如果在激烈竞争的市场中寻得立足之地？“卖”点很重
简单标记

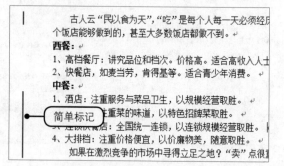

图 6-61

3. 接受与拒绝修订

查看了修订内容后，用户可根据文档的内容决定是接受还是拒绝修订。接受修订内容后，程序会将修改后的内容显示在文档中，修改前的内容不会再显示出来；而拒绝修订是指将修改后的内容删除，被修改的内容保持原样不变。

原始文件：下载资源\实例文件\第 6 章\原始文件\企划书 3.docx
最终文件：下载资源\实例文件\第 6 章\最终文件\企划书 4.docx

步骤01 选择要接受的修订。打开原始文件，将光标定位在要接受的修订处，如图6-62所示。

步骤02 接受修订。❶切换到“审阅”选项卡，❷单击“更改”组中“接受”的下三角按钮，❸在展开的下拉列表中单击“接受并移到下一条”选项，如图6-63所示。

图 6-62   图 6-63

步骤03 显示接受修订的效果。经过以上操作，文档中该处的修订位置就会将修改后的内容以正常效果显示，程序自动选中下一处修订文本，如图6-64所示，按照同样方法对文档中其余需要接受的修订进行接受操作。

步骤04 查找要拒绝的修订。单击"更改"组中的"上一条"或"下一条"按钮，直到选中要拒绝的修订，如图6-65所示。

步骤05 拒绝修订。❶单击"更改"组中"拒绝"右侧的下三角按钮，❷在展开的下拉列表中单击"拒绝更改"选项，如图6-66所示，即可将添加的内容删除。

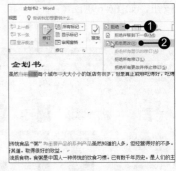

图 6-64   图 6-65   图 6-66

知识点拨 | 一次性接受所有修订

　　阅读了修订内容后，如果用户决定接受文档中的所有修订，可单击"审阅"选项卡下"更改"组中的"接受"按钮，在展开的下拉列表中单击"接受对文档的所有修订"，即可一次性接受所有修订内容。

6.5 文档的比较和合并

　　在日常的办公中，同一份文档可能会经过不同人之手进行编辑和修改，Office 提供了比较和合并功能，方便用户对不同的文档进行查看，并进行两个版本的合并。

6.5.1 文档的比较

　　当文档包含的内容过多、而相当一部分内容又被修改过时，可以使用"比较"功能，在众多的内容中发现被修改的部分。

原始文件： 下载资源\实例文件\第6章\原始文件\车间生产规范3.docx、车间生产规范4.docx
最终文件： 无

步骤01 单击"比较"按钮。启动Word 2016，切换至"审阅"选项卡，单击"比较"组中的"比较"按钮，在弹出的下拉列表中单击"比较"选项，如图6-67所示。

步骤02 单击"浏览"按钮。弹出"比较文档"对话框，单击"原文档"选项组右侧的"浏览"按钮，如图6-68所示。

图 6-67

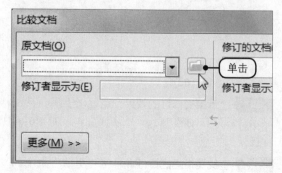

图 6-68

步骤03 选择原文档。弹出"打开"对话框，在文件夹中查找目标文件，选中文件，单击"打开"按钮，如图6-69所示。

步骤04 单击"比较"按钮。返回"比较文档"对话框，在"原文档"选项组中出现选中文件，按照同样的方法，在"修订的文档"选项中选择目标文件，单击"确定"按钮，如图6-70所示。

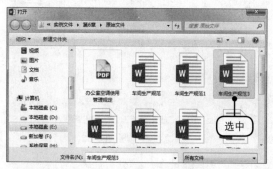

图 6-69

图 6-70

步骤05 显示比较效果。此时可以看到在编辑区出现了比较文档后的效果，如图6-71所示。

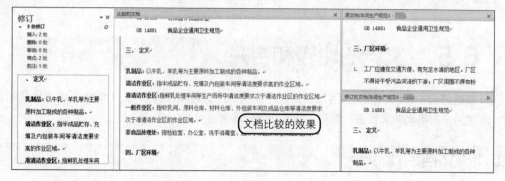

图 6-71

6.5.2 文档的合并

　　文档在经过修改编辑后，为了综合各版本的编辑效果，可以使用"合并"功能，将不同的版本进行合并，避免重新对文档进行修改编辑。

原始文件: 下载资源\实例文件\第6章\原始文件\车间生产规范3.docx、车间生产规范4.docx
最终文件: 下载资源\实例文件\第6章\最终文件\车间生产规范1.docx

步骤01 单击"合并"选项。启动Word 2016,切换至"审阅"选项卡下,单击"比较"组中的"比较"按钮,在弹出的下拉列表中单击"合并"选项,如图6-72所示。

步骤02 单击"浏览"按钮。弹出"合并文档"对话框,单击"原文档"文本框后面的"浏览"按钮,如图6-73所示。

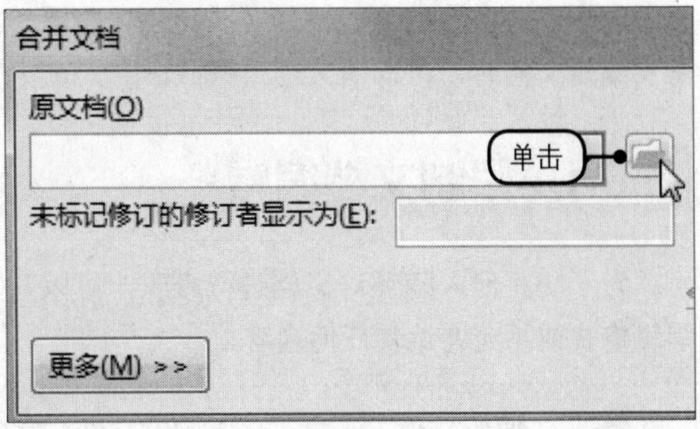

图 6-72

图 6-73

步骤03 打开目标文件。弹出"打开"对话框,在文件夹中寻找目标文件,选中文档,单击"打开"按钮,如图6-74所示。

步骤04 单击"确定"按钮。返回"合并文档"对话框,在"原文档"组中显示选中的文档,按照同样的方法选择"修订的文档"选项组中的文档,单击"确定"按钮,如图6-75所示。

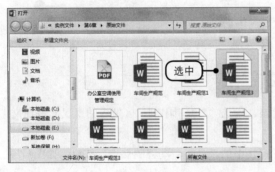

图 6-74

图 6-75

步骤05 展示合并的结果。此时在编辑区可以看到合并文档的结果,如图6-76所示。

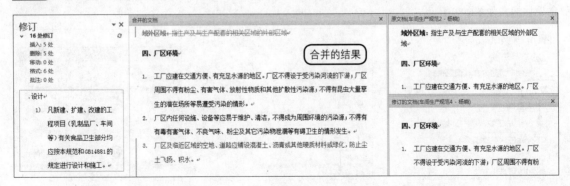

图 6-76

知识点拨 更改合并后的文档

　　合并后的文档会将添加或者删除的内容完整地呈现出来，这时用户可以根据实际需要，通过"审阅"选项卡下"更改"组中的"接受"或"拒绝"按钮来调整合并后的内容。

6.6　保护文档

　　对于一些重要的文档，为了防止别人查看，或杜绝别人进行修改，可以对文档进行保护，当用户需要编辑文档时，可取消文档的保护。

6.6.1　限制文档编辑

　　为了防止他人随便对文档进行修改，可以对文档进行限制编辑的操作，用户可根据需要设置限制编辑格式或不允许编辑任何内容。

原始文件：下载资源\实例文件\第 6 章\原始文件\车间生产规范 .docx
最终文件：下载资源\实例文件\第 6 章\最终文件\车间生产规范 .docx

步骤01 打开"限制编辑"任务窗格。打开原始文件，❶切换到"审阅"选项卡，❷单击"保护"组中的"限制编辑"按钮，如图6-77所示。

图 6-77

步骤02 选择编辑限制选项。弹出"限制编辑"任务窗格，勾选"2.编辑限制"区域内的"仅允许在文档中进行此类型的编辑"复选框，如图6-78所示。

步骤03 启动强制保护。设置了编辑限制后，单击任务窗格中的"是，启动强制保护"按钮，如图6-79所示。

步骤04 设置保护密码。弹出"启动强制保护"对话框，❶在"密码"区域内的"新密码"文本框中输入要设置的密码123456，❷然后在"确认新密码"文本框中再次输入密码进行确认，❸最后单击"确定"按钮，如图6-80所示。

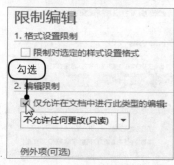

图 6-78

图 6-79

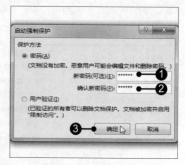

图 6-80

步骤05 显示限制编辑的效果。启动强制保护并设置了密码后，只要试图改变文档中的任意一处文本，就会弹出"限制编辑"任务窗格，提示文档受保护，以防止误编辑，如图6-81所示。

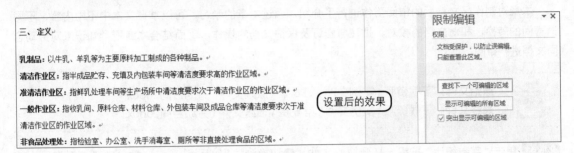

图 6-81

6.6.2 取消文档保护

限制了文档的编辑后，当用户需要对文档编辑时，可取消文档的保护。

步骤01 执行停止保护命令。打开原始文件，在文档中执行任何操作都会弹出"限制编辑"任务窗格，单击"停止保护"按钮，如图6-82所示。

步骤02 输入保护密码。弹出"取消保护文档"对话框，❶在"密码"文本框中输入限制文档编辑时设置的密码123456，❷然后单击"确定"按钮，如图6-83所示，即可取消限制编辑的操作。

步骤03 显示取消保护的效果。取消了限制编辑的操作后，"限制编辑"任务窗格就会恢复为未设置限制时的内容，如图6-84所示，并且文档也可以进行编辑了。

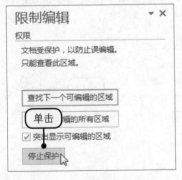

图 6-82

图 6-83

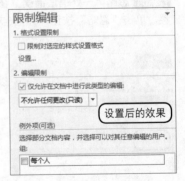

图 6-84

知识点拨 限制格式编辑

　　用户也可以只对文档的格式编辑进行限制，打开"限制编辑"任务窗格后，勾选"格式设置限制"区域内的"限制对选定的样式设置格式"复选框，然后单击"设置"链接，打开"设置"对话框，对限制的格式进行设置后，启用强制保护即可。

审阅劳动合同文档

本章对制作好文档后的审阅工作进行了介绍，通过本章的学习，可以掌握文本中不同内容、不同语言间的转换，和对文档的校对、批注与修订及保护文档的操作，下面结合本章所学知识来对劳动合同文档进行审阅。

原始文件： 下载资源\实例文件\第 6 章\原始文件\劳动合同 .docx
最终文件： 下载资源\实例文件\第 6 章\最终文件\劳动合同 .docx

步骤01 单击"字数统计"按钮。打开原始文件，❶切换到"审阅"选项卡，❷单击"校对"组中的"字数统计"按钮，如图6-85所示。

步骤02 查看字数统计。弹出"字数统计"对话框，查看完字数信息后，单击"关闭"按钮，如图6-86所示。

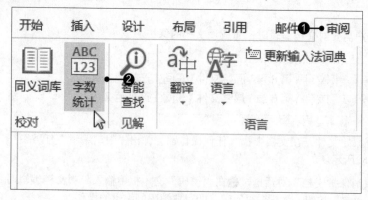

图 6-85　　　　　　　　　　　　　　图 6-86

步骤03 单击"拼写和语法"按钮。接着单击"校对"组中的"拼写和语法"按钮，如图6-87所示。

步骤04 忽略第一处语法错误。在文档右侧弹出"语法"任务窗格，界面中显示了出现语法错误的内容，单击"忽略"按钮，如图6-88所示，忽略此处的语法错误。

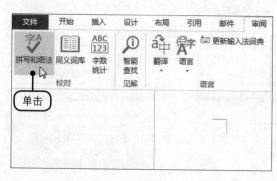 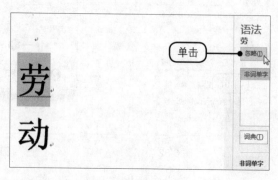

图 6-87　　　　　　　　　　　　　　图 6-88

步骤05 查看第二处的语法错误。Word自动显示第二处语法错误，同时在文档中自动选中含有语法错误的文本，如图6-89所示。

步骤06 修改语法错误的文本。在文档中修改语法错误的文本，然后单击"恢复"按钮，如图6-90所示。

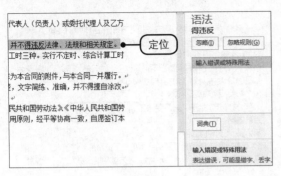

图 6-89

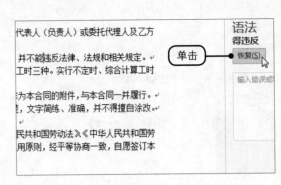

图 6-90

步骤07 完成拼写和语法检查。弹出对话框,提示用户拼写和语法检查完成,单击"确定"按钮,如图6-91所示。

步骤08 在指定位置处新建批注。❶在文档中选择要添加批注的文本,❷单击"批注"组中的"新建批注"按钮,如图6-92所示。

图 6-91

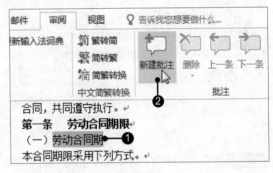

图 6-92

步骤09 输入批注内容。此时在右侧显示批注框,将光标定位在批注框中,输入批注内容,如图6-93所示。

步骤10 为其他文本添加批注内容。使用相同的方法为文档中的其他指定文本添加批注内容,如图6-94所示。

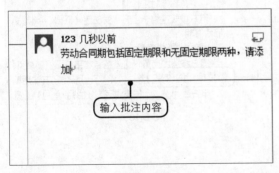

图 6-93

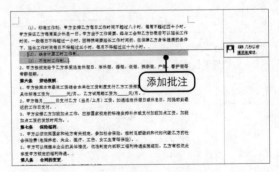

图 6-94

步骤11 启用修订功能。❶单击"修订"组中的"修订"下三角按钮,❷在展开的下拉列表中单击"修订"选项,如图6-95所示。

步骤12 修订文本。将光标定位到要添加文本的位置,然后输入文本,输入的文本呈红色显示;选中要删除的文本,然后按【BackSpace】键,删除所选的文本,删除的文本呈青绿色,如图6-96所示。

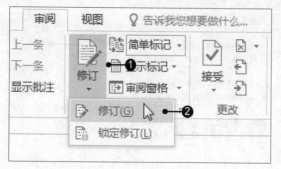

图 6-95

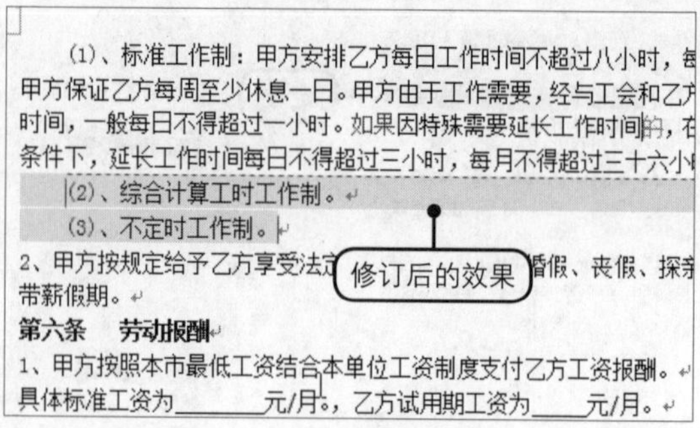

图 6-96

步骤13 修改文本段落属性。将光标定位在要调整段落属性的文本段落任意位置，然后设置其段落属性为首行缩进2个字符，如图6-97所示。

步骤14 选择使用简单标记。❶单击"修订"组中"显示以供审阅"右侧的下三角按钮，❷在展开的下拉列表中单击"简单标记"选项，如图6-98所示。

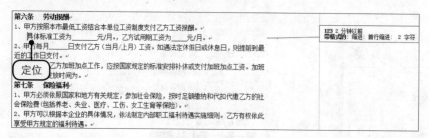

图 6-97

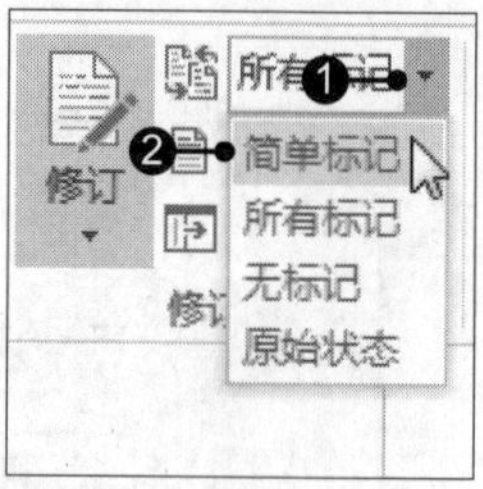

图 6-98

步骤15 查看简单标记下的批注内容。此时可在文档中看见简单标记下的批注内容，不显示批注框线，只显示批注人用户名和批注内容，如图6-99所示。

步骤16 查看简单标记下的修订内容。简单标记下的修订内容自动显示为接收修订后的状态，并且在左侧边缘显示红色的修订线，如图6-100所示。

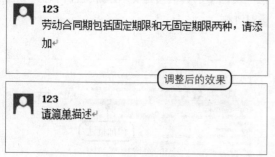

图 6-99

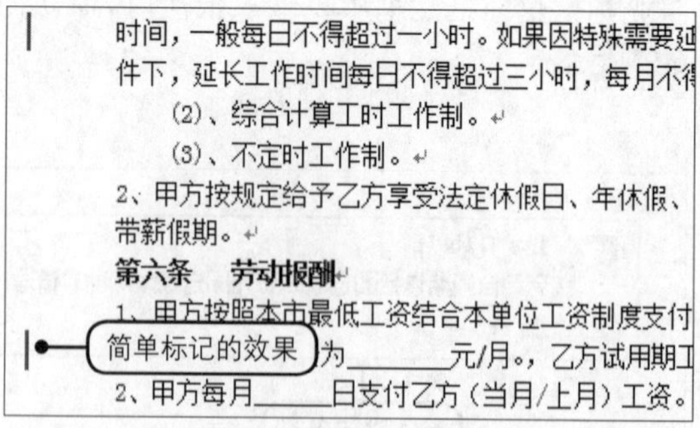

图 6-100

第7章 实现Word 2016高效办公

高效办公是指办公的效率很高，可以达到事半功倍的作用。Word 2016 提供了多级列表、样式等功能，能够有效帮助用户实现高效办公的目的。本章就对这些能够提高工作效率的功能进行介绍，让用户在有限的时间内做更多的事情。

7.1 多级列表的应用

多级列表应用于正文级别较多的文档中，例如文档的内容除了二级外，还有三级、四级。应用了多级列表后，不同级别的内容会以不同的形式显示出来，以便对其加以区分。使用多级列表时，既可以应用预设的编号样式，又可以自定义多级编号样式。

在日常的办公过程中，如果文档内容不多，可以将标题格式化为标题样式，操作起来并不会显得繁琐。但是如果文档有几十页甚至上百页，再进行手工编号则会增加工作量，占用大量的时间。通过定义多级列表可以实现章节标题的自动编号，减少不必要的工作量，提高工作效率。

7.1.1 应用多级列表并更改级别

为文档中指定内容应用多级列表的方法比较简单，只需在选中指定文本段落后再选择多级列表样式即可。若要调整级别，则需要利用"更改列表级别"选项来实现。

原始文件：下载资源＼实例文件＼第 7 章＼原始文件＼招标公告 .docx
最终文件：下载资源＼实例文件＼第 7 章＼最终文件＼招标公告 .docx

步骤01 选择要添加多级列表的文本段落。打开原始文件，在文档中选择要添加多级列表的文本段落，如图7-1所示。

步骤02 选择多级列表样式。切换至"开始"选项卡，❶单击"段落"组中"多级列表"右侧的下三角按钮，❷在展开的库中选择多级列表样式，例如选择"列表库"中的第二种样式，如图7-2所示。

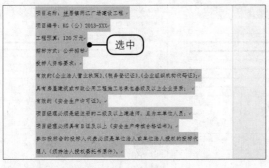

图 7-1

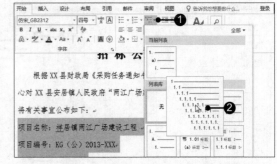

图 7-2

步骤03 查看添加多级列表后的显示效果。此时可在文档中看见添加所选多级列表样式后的显示效果，如果需要调整指定段落的列表级别，则首先拖动鼠标选中这些文本段落，如图7-3所示。

步骤04 更改列表级别。单击"段落"组中"多级列表"右侧的下三角按钮，❶在展开的下拉列表中单击"更改列表级别"选项，❷在右侧展开的列表中选择列表级别，例如选择"2级"，如图7-4所示。

步骤05 查看调整列表级别后的显示效果。此时可看到所选文本段落的列表级别由1级变成了2级，如图7-5所示。

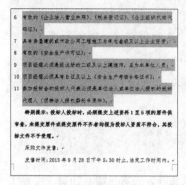

图 7-3

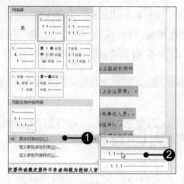

图 7-4

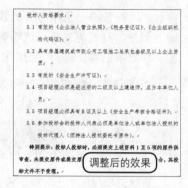

图 7-5

7.1.2 定义新的多级列表

如果程序中预设的列表样式不符合用户的需要，用户可自己动手定义多级列表，定义后的列表将直接应用到所选择的文档中。

原始文件： 下载资源 \ 实例文件 \ 第 7 章 \ 原始文件 \ 资料报送部门列表 .docx
最终文件： 下载资源 \ 实例文件 \ 第 7 章 \ 最终文件 \ 资料报送部门列表 .docx

步骤01 单击"定义新的多级列表"选项。打开原始文件，选中要添加多级列表的文本，❶单击"开始"选项卡"段落"组中的"多级列表"下三角按钮，❷在展开的下拉列表中单击"定义新的多级列表"选项，如图7-6所示。

步骤02 设置第一级编号格式。弹出"定义新多级列表"对话框，❶"单击要修改的级别"列表框中默认选中"1"，❷在"输入编号的格式"文本框中输入要设置编号的格式，例如输入"总部"，如图7-7所示。

步骤03 打开"符号"对话框。❶单击"单击要修改的级别"列表框中的"2"选项，❷然后单击"此级别的编号样式"框右侧的下三角按钮，❸在展开的列表中单击"新建项目符号"选项，如图7-8所示。

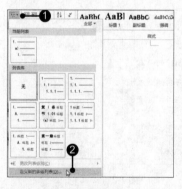

图 7-6

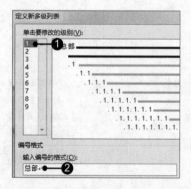

图 7-7

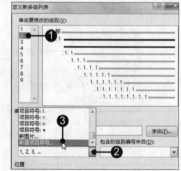

图 7-8

步骤04 选择要使用的编号样式。弹出"符号"对话框，❶在"字体"下拉列表中单击"Windings 2"选项，❷然后单击要使用的编号样式，如图7-9所示，选中之后单击"确定"按钮。

步骤05 **设置三级列表样式**。返回“定义新多级列表”对话框，❶单击“单击要修改的级别”列表框中的“3”，❷然后将其编号格式设置为菱形符号，如图7-10所示，最后单击“确定”按钮。

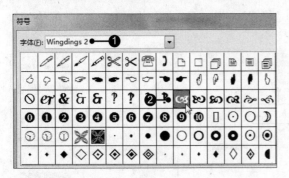

图 7-9

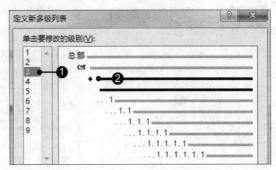

图 7-10

步骤06 **降低编号级别**。返回文档中后，程序自动为选中的文本应用新设置的多级列表样式，❶将光标定位在要降为二级列表的段落内，❷单击“开始”选项卡下“段落”组中的“增加缩进量”按钮，如图7-11所示，然后将光标定位在需要设置为三级列表的段落内，连续两次单击“段落”组中的“增加缩进量”按钮。

步骤07 **显示定义新多级列表的效果**。经过以上操作，就完成了为文档设置并应用新多级列表的操作，按照同样的方法，为文档中的其余文本设置好级别，如图7-12所示。

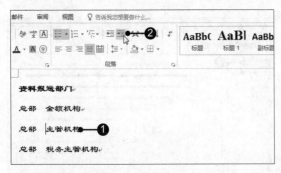

图 7-11

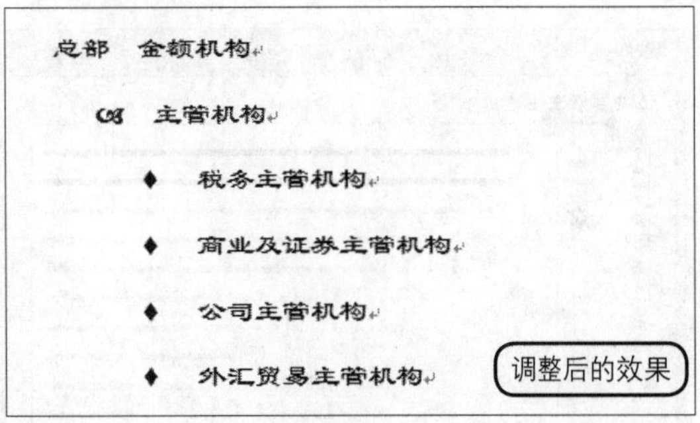

图 7-12

知识点拨 **自定义设置符号的颜色、大小等格式**

自定义设置多级列表时，选择了符号做为编号后，可单击“字体”按钮，在打开的“字体”对话框中可对编号的颜色、大小等格式进行设置。

7.1.3 定义新的列表样式

当用户觉得程序中预设的多级列表样式太少、不能满足自己的需求时，可自己动手建立新的多级列表样式。新建立的多级列表样式将会显示在当前文档的“多级列表”中的“列表样式”组内，与应用预设的多级列表样式方法相同。

原始文件：下载资源\实例文件\第 7 章\原始文件\招标公告 .docx
最终文件：下载资源\实例文件\第 7 章\最终文件\招标公告 1.docx

步骤01 **单击“定义新的列表样式”选项**。打开原始文件，❶单击“开始”选项卡“段落”组中的“多级列表”下三角按钮，❷在展开的下拉列表中单击“定义新的列表样式”选项，如图7-13所示。

步骤02 为新定义的列表样式设置名称。弹出"定义新列表样式"对话框，在"名称"文本框中输入"自定义新的列表样式"，如图7-14所示。

步骤03 单击"编号"选项。❶单击对话框左下角的"格式"按钮，❷在展开的列表中单击"编号"选项，如图7-15所示。

图 7-13

图 7-14

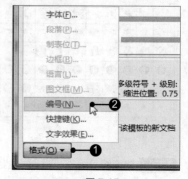

图 7-15

步骤04 设置一级列表样式。弹出"修改多级列表"对话框，❶在"单击要修改的级别"列表框中单击"1"，❷在"此级别的编号样式"下拉列表中单击"一.二.三.（简）……"样式，如图7-16所示。

步骤05 查看新定义的列表样式。❶接着在"单击要修改的级别"列表框中单击"2"，❷然后在"输入编号的格式"文本框中更改编号格式，如图7-17所示。

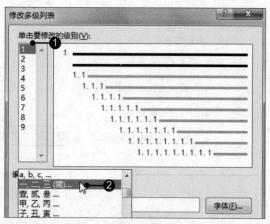

图 7-16

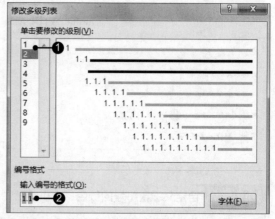

图 7-17

步骤06 应用新定义的列表样式。单击"确定"按钮返回文档窗口后，选择要应用新定义列表样式的文本段落，❶单击"多级列表"右侧的下三角按钮，❷在展开的库中选择新定义的列表样式，如图7-18所示。

步骤07 查看应用样式后的文档。此时可在文档窗口中看见应用样式后的显示效果，如图7-19所示。

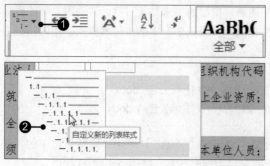

图 7-18

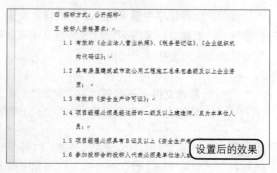

图 7-19

7.2 样式的设置

样式是多种格式的集合，一个样式中可能包括字体、大小、颜色、底纹、间距等格式。用户只需一键即可为文档应用样式，所以当文档中有多处内容需要应用同样的多种格式时，可直接将这些格式设置为样式，快速将其应用到文档中。

设置样式的主要目的是为了在对文档进行组织化后，方便对文档进行编辑管理，尤其是长文档。在长文档中设置样式后可以快速自动生成目录，当需要查看某部分章节时可以快速找到。利用标题样式可以实现自动插入目录、引用、题注，当文档增加和减少内容时可以自动更新，不必人工去逐个修改。举个例子，假如在文档中的某一章有 100 张图片，每张下面都有手工输入的题注，如果要在这些图片中临时插入一张，那么后续图片的题注都要手动进行修改，但如果使用样式，插入图片后后续题注就会自动更新，不需要再手动修改。

7.2.1 使用预设样式

Word 程序中预设了一些标题、正文、页眉等样式，当用户需要为文档设置标题的样式时，可以直接使用预设样式。

原始文件： 下载资源\实例文件\第 7 章\原始文件\车间生产规范 .docx
最终文件： 下载资源\实例文件\第 7 章\最终文件\车间生产规范 .docx

步骤01 为文本应用"标题1"样式。打开原始文件，❶选中要应用样式的文本，❷单击"样式"组的"标题1"样式，如图7-20所示，然后设置居中显示。

步骤02 显示应用标题样式的效果。经过以上操作，所选中的文本就应用了"标题1"的样式，在该文本的左侧可以看到应用样式时所出现的小黑点。将光标定位在另一处要应用样式的文本位置，如图7-21所示。

图 7-20

图 7-21

步骤03 应用"标题2"样式。单击"开始"选项卡下"样式"组中的快翻按钮，在展开的库中选择标题样式，例如选择"标题2"样式，如图7-22所示，然后设置左对齐。

步骤04 显示应用标题样式的效果。经过以上操作，就完成了为文本应用及更改样式的操作，如图7-23所示，按照类似方法为其他段落也应用适当的样式。

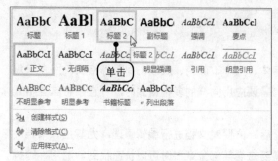

图 7-22

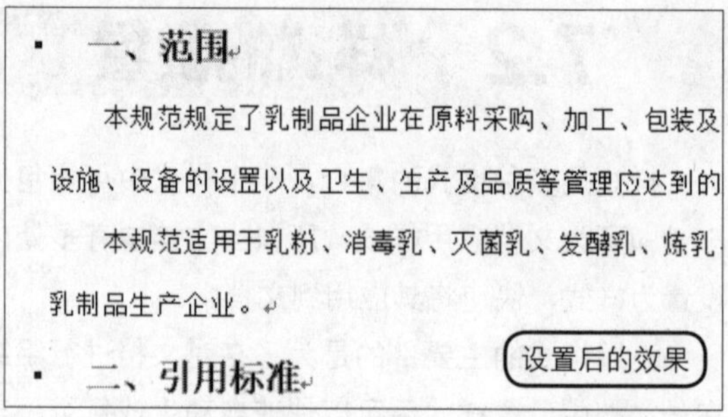

一、范围

　　本规范规定了乳制品企业在原料采购、加工、包装及设施、设备的设置以及卫生、生产及品质等管理应达到的

　　本规范适用于乳粉、消毒乳、灭菌乳、发酵乳、炼乳乳制品生产企业。

设置后的效果

二、引用标准

图 7-23

知识点拨　查看更多预设样式

　　Word 2016 中预设了标题、正文、无间隔、不明显强调、强调、引用等十多种样式效果，将光标定位在要应用样式的文本位置，单击"开始"选项卡下"样式"组的快翻按钮，在展开的库中即可看到全部的预设样式，单击相应图标即可完成样式的应用。

7.2.2　更改样式

　　当用户经常使用的样式是在预设样式的基础上进行简单编辑的效果时，可以直接更改预设的样式效果，这样在应用了样式后就不需要再次进行更改了。

　　原始文件： 下载资源 \ 实例文件 \ 第 7 章 \ 原始文件 \ 工作总结 .docx
　　最终文件： 下载资源 \ 实例文件 \ 第 7 章 \ 最终文件 \ 工作总结 .docx

步骤01 打开"样式"任务窗格。打开原始文件，单击"开始"选项卡"样式"组的对话框启动器，如图7-24所示。

步骤02 打开"修改样式"对话框。弹出"样式"任务窗格，将鼠标指针指向要修改的样式，❶然后单击该样式右侧的下三角按钮，❷在弹出的下拉列表中单击"修改"选项，如图7-25所示。

步骤03 输入样式名称并设置字体。弹出"修改样式"对话框，❶在"名称"文本框中输入修改后的样式名称，❷然后单击"格式"区域内"字体"框右侧的下三角按钮，❸在弹出的下拉列表中单击要使用的字体，如图7-26所示。

图 7-24

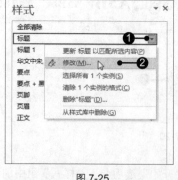

图 7-25

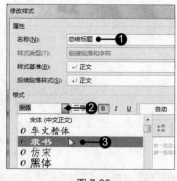

图 7-26

知识点拨　修改样式的更多格式

　　修改样式时，打开"修改样式"对话框后，在左下角可以看到一个"格式"按钮，单击该按钮，在弹出的下拉列表中选择相应选项后可打开相对应的对话框，在打开的对话框中即可进行更多格式的修改。

步骤04 设置段落对齐方式。设置了样式的字体后，单击段落对齐方式区域内的"居中对齐"按钮，如图7-27所示，最后单击"确定"按钮。

步骤05 显示更改样式后的效果。返回"样式"任务窗格，在其中就可以看到修改后的样式，标题名也进行了相应的变化，如图7-28所示。

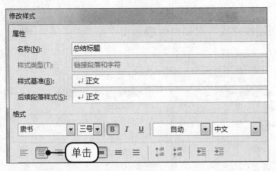

图 7-27

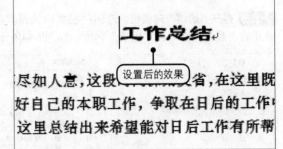

图 7-28

7.2.3 新建样式

对于用户需要而程序中又没有的样式，可以自己动手建立新的样式，新建的样式将会保存到当前文档的"样式"任务窗格中，直接单击新建的样式即可应用。

原始文件：下载资源\实例文件\第7章\原始文件\秘书职务说明.docx
最终文件：下载资源\实例文件\第7章\最终文件\秘书职务说明.docx

步骤01 定位要应用样式的文本位置。打开原始文件，将光标定位在要应用样式的文本位置，如图7-29所示。

步骤02 打开"根据格式设置创建新样式"对话框。打开"样式"任务窗格，单击"新建样式"按钮，如图7-30所示。

步骤03 输入样式名称并设置字形与字号。弹出"根据格式设置创建新样式"对话框，❶在"名称"文本框中输入样式名称，❷然后单击"格式"区域内的"加粗"按钮，❸最后将"字号"设置为"四号"，如图7-31所示。

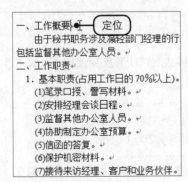

图 7-29

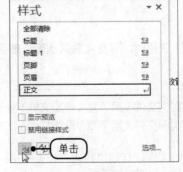

图 7-30

图 7-31

步骤04 打开"边框和底纹"对话框。设置了样式的字体效果后，❶单击"格式"按钮，❷在展开的下拉列表中单击"边框"选项，如图7-32所示。

步骤05 设置样式的底纹效果。弹出"边框和底纹"对话框，❶切换到"底纹"选项卡，❷单击"填充"框右侧的下三角按钮，❸在展开的下拉列表中单击"白色，背景1，深色15%"颜色，如图7-33所示，最后单击"确定"按钮。

步骤06 打开"段落"对话框。返回"根据格式设置创建新样式"对话框，❶单击"格式"按钮，❷在展开的下拉列表中单击"段落"选项，如图7-34所示。

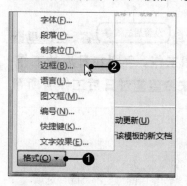

图 7-32

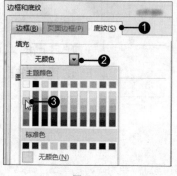

图 7-33

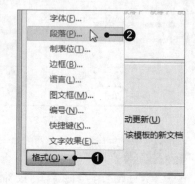

图 7-34

步骤07 设置段落间距。弹出"段落"对话框，❶在"缩进和间距"选项卡的"间距"区域内，单击"段前"数值框右侧的上调按钮，将数值设置为"0.5行"，❷按照同样的方法，将"段后"也设置为"0.5"行，如图7-35所示，最后依次单击各对话框中的"确定"按钮。

步骤08 显示新建的样式。返回文档中，在"样式"列表框中即可看到新建的样式，如图7-36所示。

步骤09 显示应用样式后的效果。创建样式后，光标所在的段落会自动应用所创建的样式，效果如图7-37所示。

图 7-35

图 7-36

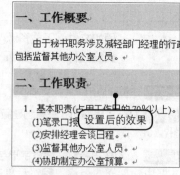

图 7-37

7.2.4 删除样式

对于新建的样式，如果不再需要使用时，可直接将其删除，删除样式后，所有应用该样式的文本将恢复为文档的默认效果。

原始文件：下载资源\实例文件\第7章\原始文件\秘书职务说明1.docx
最终文件：下载资源\实例文件\第7章\最终文件\秘书职务说明1.docx

步骤01 执行删除样式命令。打开原始文件，打开"样式"任务窗格，❶右击要删除的样式选项，❷在弹出的快捷菜单中单击"删除"命令，如图7-38所示。

步骤02 确认删除样式。弹出Microsoft Word 提示框，询问用户是否删除样式的所有实例，单击"是"按钮，如图7-39所示，即可将所选择的样式删除，同时文档中应用过该样式的文本也会恢复为原来的正文效果。

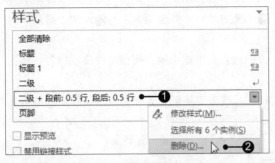

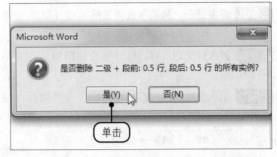

图 7-38   图 7-39

 助跑地带——标题的折叠与展开

当用户为文档中指定内容应用了不同级别的标题样式后，这些标题具有折叠和展开的功能，用户可以随意折叠或展开标题，以查看指定的内容。

原始文件：下载资源\实例文件\第 7 章\原始文件\车间生产规范 .docx
最终文件：无

（1）**折叠指定标题**。打开原始文件，将鼠标指针移至要折叠的标题左上角，单击三角图标，如图7-40所示。

（2）**显示折叠后的效果**。经过以上操作，指定标题就被折叠，折叠后标题下方的内容被隐藏，只显示了标题，如图7-41所示。

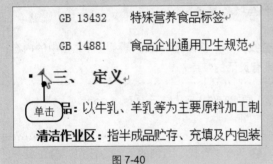

图 7-40   图 7-41

7.3　查找功能的使用

要在篇幅较长的文档中找出一个字符或一种格式，既浪费时间，又有可能出现遗漏的情况，此时使用"查找"功能可以很方便地完成操作。

7.3.1　使用"导航"任务窗格搜索文本

Word 2016 提供了"导航"任务窗格，通过该窗格可查看文档结构，也可以对文档中的某些文本内容进行搜索，搜索到需要的内容后，程序会自动对其进行突出显示。

原始文件： 下载资源 \ 实例文件 \ 第 7 章 \ 原始文件 \ 车间生产规范 1.docx
最终文件： 无

步骤01 设置显示"导航"任务窗格。打开原始文件，❶切换到"视图"选项卡下，❷勾选"显示"组中的"导航窗格"复选框，如图7-42所示。

步骤02 输入查找的内容。打开任务窗格后，在窗格上方的搜索文本框中输入要搜索的文本内容，如图7-43所示。

步骤03 显示查找到的内容。此时程序会自动执行搜索操作，搜索完毕后，程序会自动将搜索到的内容以突出显示的形式显示出来，如图7-44所示。

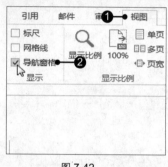
图 7-42

图 7-43

图 7-44

知识点拨 搜索部分内容

　　需要在文档中的某个段落或某个区域中搜索需要的内容时，打开"导航"任务窗格后，在文档中选中要搜索的区域，然后输入搜索内容即可。

7.3.2　在"查找和替换"对话框中查找文本

　　用户也可以通过"查找和替换"对话框来完成查找操作，使用这种方法既可以对文档中的内容一处一处地进行查找，也可以在固定的区域内查找，具有灵活的特点。

 原始文件： 下载资源 \ 实例文件 \ 第 7 章 \ 原始文件 \ 车间生产规范 1.docx
最终文件： 无

步骤01 打开"查找和替换"对话框。打开原始文件，❶单击"查找"右侧的下三角按钮，❷在展开的列表中单击"高级查找"选项，如图7-45所示。

步骤02 输入查找的内容并设置查找范围。弹出"查找和替换"对话框，❶在"查找内容"文本框中输入要查找的内容，❷然后单击"在以下项中查找"按钮，❸在弹出的下拉列表中单击"主文档"选项，如图7-46所示。

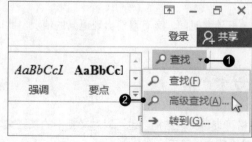
图 7-45

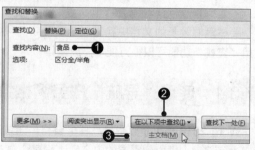
图 7-46

步骤03 显示查找到的内容。经过以上操作，程序会自动执行查找操作，查找完毕后，所有查找到的内容都会处于选中状态，如图7-47所示。

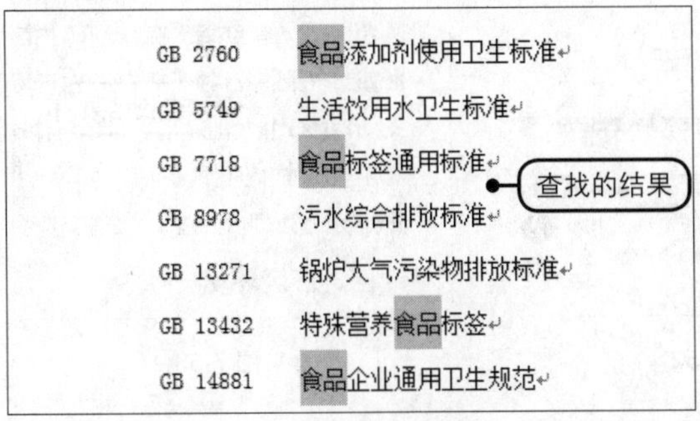

GB 2760 食品添加剂使用卫生标准
GB 5749 生活饮用水卫生标准
GB 7718 食品标签通用标准
查找的结果
GB 8978 污水综合排放标准
GB 13271 锅炉大气污染物排放标准
GB 13432 特殊营养食品标签
GB 14881 食品企业通用卫生规范

图 7-47

知识点拨 突出显示查找到的内容

使用“查找和替换”对话框将内容查找完毕后，单击“阅读突出显示”按钮，在弹出的下拉列表中单击“全部突出显示”选项，即可将查找到的内容全部突出显示出来。

7.3.3 查找文本中的某种格式

当用户要查找的内容不是文本而是某些格式时，也可使用“查找和替换”对话框实现。

原始文件： 下载资源 \ 实例文件 \ 第 7 章 \ 原始文件 \ 车间生产规范 1.docx

最终文件： 无

步骤01 在“查找和替换”对话框中显示更多内容。打开原始文件，切换至“开始”选项卡，单击“编辑”组中的“替换”按钮，打开“查找和替换”对话框，在“替换”选项卡下单击“更多”按钮，如图7-48所示。

步骤02 打开“查找字体”对话框。对话框中显示出更多内容后，❶单击“格式”按钮，❷在弹出的下拉列表中单击“字体”选项，如图7-49所示。

步骤03 设置要查找的字体。弹出“查找字体”对话框，❶在“字体”选项卡下单击“中文字体”框右侧的下三角按钮，❷在展开的下拉列表中单击“宋体”选项，如图7-50所示。

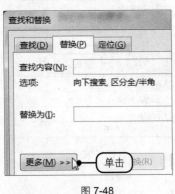

查找和替换
查找(D)
替换(P)
定位(G)
查找内容(N):
选项:
向下搜索, 区分全/半角
替换为(I):
更多(M) >>
单击

图 7-48

字体(F)...
段落(P)...
制表位(T)...
语言(L)...
图文框(M)...
样式(S)...
突出显示(H)
格式(O)
特殊格式(E)

图 7-49

查找字体
字体(N)
高级(V)
中文字体(T):
楷体
隶书
宋体
微软雅黑
新宋体
字体颜色(C):
无颜色
下划线线型(U):

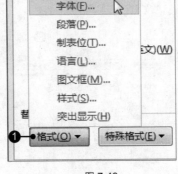

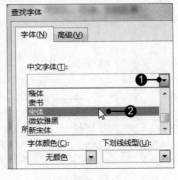

图 7-50

步骤04 设置字体字形。单击“字形”列表框内的“加粗”按钮，如图7-51所示，最后单击“确定”按钮。

步骤05 突出显示查找的内容。返回“查找和替换”对话框，❶在“查找”选项卡下单击“阅读突出显示”按钮，❷在展开的下拉列表中单击“全部突出显示”选项，如图7-52所示。

步骤06 显示查找到的格式。经过以上操作，文档中所有要查找的格式都会以黄色填充效果突出显示，如图7-53所示。将需要的内容查找出来后，就可以执行更改或删除等操作。

图 7-51

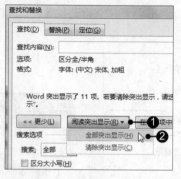

图 7-52

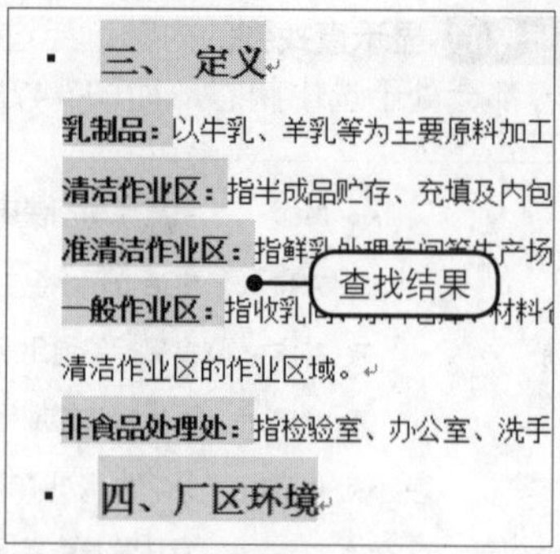

图 7-53

助跑地带——使用通配符查找文本

通配符可在查找文件时使用，代替一个或多个真正字符。当用户不知道真正字符或者要查找的内容中只限制部分内容，其他不限制的内容就可以使用通配符代替。常用的通配符包括"*"与"？"等，其中"*"表示多个任意字符，而"？"表示一个任意字符。

原始文件： 下载资源\实例文件\第7章\原始文件\畅销书目表.docx
最终文件： 无

（1）**使用通配符。** 打开原始文件，切换至"开始"选项卡，单击"编辑"选项组中的"替换"按钮，打开"查找和替换"对话框，在"查找"选项卡下显示出更多查找内容后，勾选"使用通配符"复选框，如图7-54所示。

（2）**设置查找内容。** ❶在"查找内容"文本框中输入要查找的内容"黑道风云*"，❷然后单击"在以下项中查找"按钮，❸在弹出的下拉列表中单击"当前所选内容"选项，如图7-55所示。

（3）**显示查找到的内容。** 经过以上操作，文档中所有包括"黑道风云"的多个任意字符的单词就会被查找出来，并处于选中状态，如图7-56所示。

图 7-54

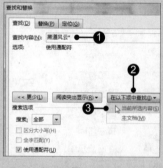

图 7-55

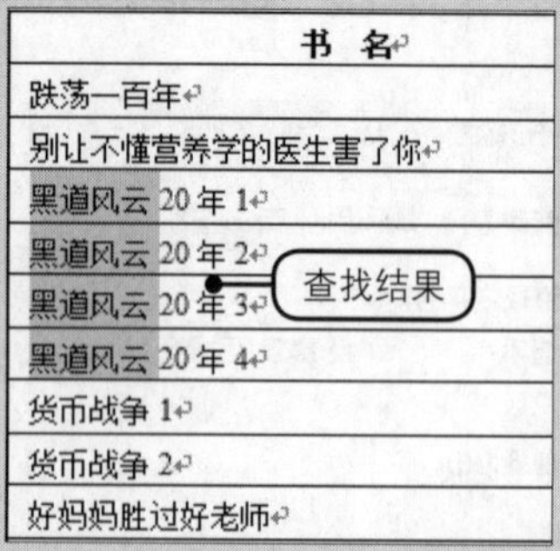

图 7-56

7.4 替换文档中的内容

替换功能用于将文档中的某些内容替换为其他内容，替换的内容包括文本、格式两种类型，可帮助用户提高工作效率。

7.4.1 替换普通文本

替换文本是替换功能最简单也是最常用的方法，执行替换操作时，需要通过"查找和替换"对话框来完成。

原始文件: 下载资源＼实例文件＼第 7 章＼原始文件＼车间生产规范 .docx
最终文件: 下载资源＼实例文件＼第 7 章＼最终文件＼车间生产规范 1.docx

步骤01 打开"查找和替换"对话框。打开原始文件，单击"开始"选项卡下"编辑"组中的"替换"选项，如图7-57所示。

步骤02 输入要查找和替换的文本。弹出"查找和替换"对话框，❶在"替换"选项卡的"查找内容"文本框中输入"设施"，❷在"替换为"文本框中输入"设施设备"，❸单击"查找下一处"按钮，如图7-58所示。

图 7-57

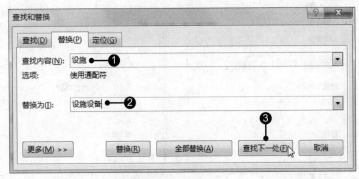

图 7-58

步骤03 替换文本。单击"查找下一处"按钮后，文档中第一处查找到的内容就会处于选中状态，需要向下查找时，再次单击"查找下一处"按钮，出现要替换的内容后，单击"替换"按钮，如图7-59所示。

步骤04 显示替换效果。经过以上操作，查找到的内容就被替换，如图7-60所示，还需要替换时，再次单击"查找下一处"按钮即可。

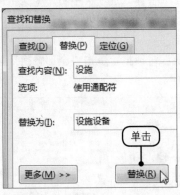

图 7-59

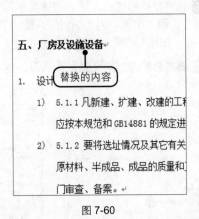

图 7-60

知识点拨 | 打开"查找和替换"对话框的快捷键

用户还可以用快捷键打开"查找和替换"对话框：按【Ctrl+H】组合键，对话框切换到"替换"选项卡；而按【Ctrl+G】组合键，对话框切换到"定位"选项卡。

7.4.2 替换文本格式

替换文本格式只对文本的字体、段落、边框、底纹等格式进行更改，所以在设置查找与替换内容时，可不必输入文字，而是直接设置要查找与替换的格式。

原始文件：下载资源\实例文件\第7章\原始文件\秘书职务说明1.docx
最终文件：下载资源\实例文件\第7章\最终文件\秘书职务说明2.docx

步骤01 在"查找和替换"对话框中显示出更多内容。打开原始文件，打开"查找和替换"对话框，在"替换"选项卡中单击"更多"按钮，如图7-61所示。

步骤02 打开"查找字体"对话框。将光标定位在"查找内容"文本框内，❶然后单击"格式"按钮，❷在弹出的下拉列表中单击"字体"选项，如图7-62所示。

步骤03 设置查找字体。弹出"查找字体"对话框，❶在"字体"选项卡中将"中文字体"设置为"宋体"，❷"字号"设置为"四号"，如图7-63所示，然后单击"确定"按钮。

图 7-61

图 7-62

图 7-63

步骤04 打开"替换字体"对话框。返回"查找和替换"对话框，在"查找内容"文本框下方就可以看到设置的格式，将光标定位在"替换为"文本框内，❶然后单击"格式"按钮，❷在弹出的下拉列表中单击"字体"选项，如图7-64所示。

步骤05 设置替换的格式。弹出"替换字体"对话框，❶在"字体"选项卡中将"中文字体"设置为"隶书"，❷"字形"为"加粗"，❸"字号"为"三号"，❹"字体颜色"为"橙色，个性色2，深色25%"，如图7-65所示，最后单击"确定"按钮。

步骤06 替换全部内容。设置好格式后，返回"查找和替换"对话框，单击"全部替换"按钮，如图7-66所示。

图 7-64

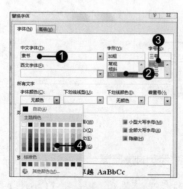

图 7-65

图 7-66

步骤07 显示完成替换的数量。程序将查找到的内容全部替换完毕后，弹出Microsoft Word提示框，提示用户已完成对文档的搜索并完成了6处替换，单击"确定"按钮，如图7-67所示。

步骤08 显示替换效果。经过以上操作，就完成了替换文本格式的操作，在文档中即可看到替换后的效果，如图7-68所示。

图 7-67

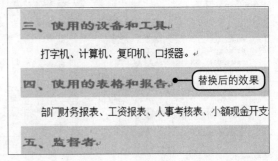

图 7-68

7.4.3 替换特殊格式

　　特殊格式一般定义为文档中的段落符号、制表位、分栏符、省略符号等内容，下面就以替换段落标记为例来介绍一下特殊格式的替换操作。

　　原始文件： 下载资源\实例文件\第7章\原始文件\面谈表.docx
　　最终文件： 下载资源\实例文件\第7章\最终文件\面谈表.docx

步骤01 定位开始查找的位置。打开原始文件，将光标定位在正文中开始执行查找与替换的位置，如图7-69所示。

步骤02 在"查找和替换"对话框中显示出更多内容。打开"查找和替换"对话框，在"替换"选项卡下单击"更多"按钮，如图7-70所示。

步骤03 设置搜索范围。❶单击"搜索选项"区域内"搜索"框右侧的下三角按钮，❷在展开的下拉列表中单击"向下"选项，如图7-71所示。

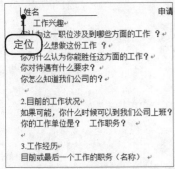

图 7-69

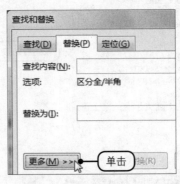

图 7-70

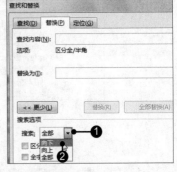

图 7-71

步骤04 选择要查找的特殊格式。将光标定位在"查找内容"文本框内，❶单击"特殊格式"按钮，❷在弹出的下拉列表中单击"段落标记"选项，如图7-72所示。

步骤05 重新定位光标的位置。❶按照同样的操作，再为"查找内容"文本框添加一个段落标记，❷然后将光标定位在"替换为"文本框内，如图7-73所示。

步骤06 设置替换内容。❶单击"特殊格式"按钮，❷在弹出的下拉列表中单击"段落标记"选项，如图7-74所示。

图 7-72

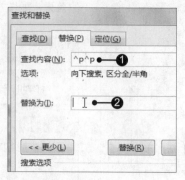
图 7-73

图 7-74

步骤07 替换全部内容。设置好查找与替换的特殊格式后，单击"全部替换"按钮，如图7-75所示。

步骤08 显示完成替换的数量。程序将查找到的内容全部替换完毕后，弹出Microsoft Word提示框，提示用户已完成对文档的搜索并完成的替换数量，如图7-76所示。

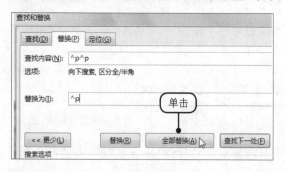
图 7-75

图 7-76

步骤09 显示替换效果。经过以上操作，就完成了替换特殊格式的操作，在文档中即可看到替换后的效果，如图7-77所示。

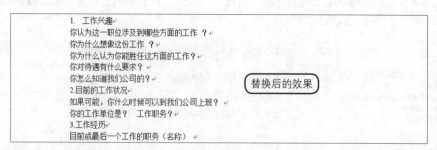
图 7-77

7.5 目录和索引的添加

目录是书籍正文前的内容，它记录了图书的书名、著者、出版与收藏等情况，按照一定的次序编排而成；而索引是指将文档中具有检索意义的事项（可以是人名、地名、词语、概念或其他事项）按照一定方式有序编排起来，以供检索的内容。Word 2016 提供了添加目录和索引的功能，用户可以利用该功能轻松实现目录和索引的添加。

在本章第二节讲解设置样式的优势时提到可以帮助生成目录，因而要添加目录和索引，需要为文档设置样式，例如，为文档设置一级标题、二级标题后，就可以自动生成含有两级标题的目录。

7.5.1　自动生成目录

Word 2016 提供了插入目录的功能，用户可以直接利用 Word 预设的样式来实现目录的插入，大大提高了工作的效率。需要说明的是，在生成目录时需要为文档添加样式，如添加几级标题后才可以自动生成目录。

原始文件：下载资源\实例文件\第 7 章\原始文件\车间生产规范 1.docx
最终文件：下载资源\实例文件\第 7 章\原始文件\车间生产规范 2.docx

步骤01 选择目录样式。打开原始文件，为文档添加含有二级标题的样式，将光标定位在最顶部，❶切换至"引用"选项卡，❷单击"目录"组中的"目录"按钮，❸在展开的库中选择目录样式，例如选择"自动目录1"样式，如图7-78所示。

步骤02 查看自动生成的目录。此时可在文档中看见Word自动插入的目录，如图7-79所示。

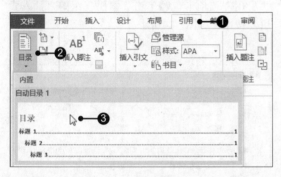

图 7-78

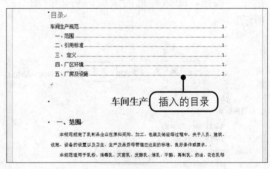

图 7-79

知识点拨　**手动更新目录**

Word 2016 提供了更新目录的功能，当用户修改了文档中的标题文本后，选中目录，然后在顶部单击"更新目录"按钮，Word 即可自动更新目录，将当前的标题文本重新加载到目录中，从而大大提高了工作效率。

7.5.2　标记与插入索引

在 Word 中插入索引时，首先需要在文档中将指定的文本标记为索引，然后利用"插入索引"功能实现索引的快速添加。

原始文件：下载资源\实例文件\第 7 章\原始文件\车间生产规范 1.docx
最终文件：下载资源\实例文件\第 7 章\最终文件\车间生产规范 3.docx

步骤01 将指定文本标记为索引项。打开原始文件，❶选择要标记为索引项的文本内容，❷切换至"引用"选项卡，❸单击"标记"组中的"标记索引项"按钮，如图7-80所示。

步骤02 标记为索引项。弹出"标记索引项"对话框，❶在"选项"组中单击选中"当前页"单选按钮，❷然后单击"标记"按钮，如图7-81所示。

步骤03 为其他文本标记索引项。使用相同的方法将其他文本内容标记为索引项，如图7-82所示。

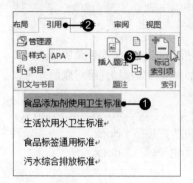

图 7-80

图 7-81

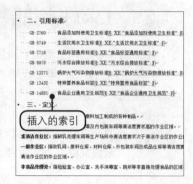

图 7-82

步骤04 隐藏标记的索引内容。切换至"开始"选项卡，单击"段落"组中的"显示/隐藏编辑标记"按钮，隐藏标记的索引内容，如图7-83所示。

步骤05 选择插入索引。❶将光标定位在要插入索引的位置处，例如定位在文档的页尾，❷切换至"引用"选项卡，❸单击"索引"组的"插入索引"按钮，如图7-84所示。

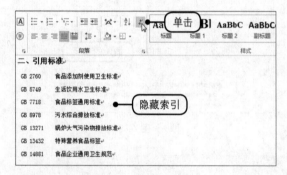

图 7-83

图 7-84

步骤06 设置索引栏数和排序依据。弹出"索引"对话框，❶设置栏数为"1"，❷排序依据为"拼音"，❸然后单击"确定"按钮，如图7-85所示。

步骤07 查看插入的索引。返回文档窗口，此时可看到插入的索引，如图7-86所示。

图 7-85

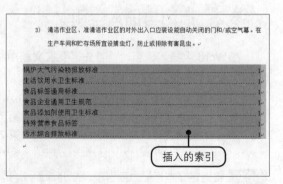

图 7-86

题注一般是指为图片、表格、图表、公式等项目添加的名称和编号。在 Word 中，使用题注功能可以保证长文档中图片、表格或图表等项目能够有序地自动编号，如果移动、插入或删除带题注的项目时，Word 2016 可以自动更新题注的编号。下面介绍为表格添加题注的操作方法。

原始文件：下载资源 \ 实例文件 \ 第 7 章 \ 原始文件 \ 畅销书目表 .docx

最终文件：下载资源 \ 实例文件 \ 第 7 章 \ 最终文件 \ 畅销书目表 .docx

（1）**在指定位置处插入题注。**打开原始文件，❶将光标定位在表格上方，❷切换至"引用"选项卡，❸单击"题注"组中的"插入题注"按钮，如图7-87所示。

（2）**选择新建标签。**弹出"题注"对话框，如果对默认的题注标签不满意，则可以自定义标签，单击"新建标签"按钮，如图7-88所示。

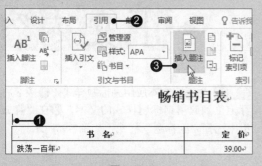

图 7-87

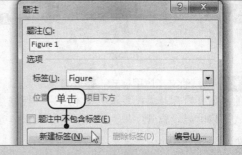

图 7-88

（3）**输入题注标签。**弹出"新建标签"对话框，❶在"标签"文本框中输入文本内容，❷然后单击"确定"按钮，如图7-89所示。

（4）**单击"确定"按钮。**返回"题注"对话框，❶此时可看到新建的题注标签，❷单击"确定"按钮，如图7-90所示。

（5）**编辑题注。**返回文档，设置题注居中对齐，最后编辑题注内容即可，如图7-91所示。

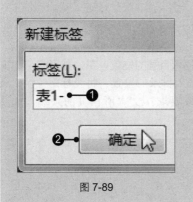

图 7-89

图 7-90

图 7-91

同步实践 快速格式化公司年度报告

本章中对 Word 2016 的高效办公操作进行了介绍，掌握了本章的知识点后，用户就可以更高效地工作。下面利用本章所介绍的知识，快速为公司年度报告应用样式、生成目录以及替换不合适的文本内容。

原始文件： 下载资源 \ 实例文件 \ 第 7 章 \ 原始文件 \ 公司年度报告 .docx
最终文件： 下载资源 \ 实例文件 \ 第 7 章 \ 最终文件 \ 公司年度报告 .docx

步骤01 为指定文本应用标题样式。打开原始文件，❶选中要应用样式的文本内容，切换至"开始"选项卡，❷在"样式"组中选择样式，例如选择"标题"样式，如图7-92所示。

图 7-92

步骤03 为其他文本应用样式。❶接着为年度报告中的"附件内容及填报要求"文本应用"标题"样式，❷然后设置其字号为"初号"，如图7-94所示。

图 7-94

步骤05 为其他文本应用副标题样式。接着使用相同的方法，为年度报告中的其他指定文本应用副标题样式，如图7-96所示。

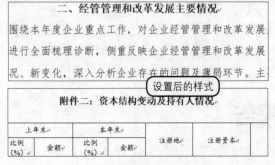

图 7-96

步骤02 设置该文本的字号。由于"标题"样式对应的字号较小，❶因此选中该文本内容，❷在"字体"组中设置"字号"为"初号"，如图7-93所示。

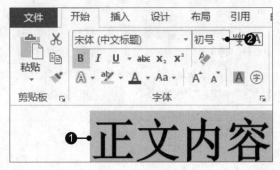

图 7-93

步骤04 为指定文本应用副标题样式。❶接着将光标定位到应用副标题样式的文本，❷在"样式"组中选择"副标题"样式，如图7-95所示。

图 7-95

步骤06 选择插入目录的位置。在"年度报告"文档中选择要插入目录的位置，将光标定位至"正文内容及填报要求"文本所在页的顶端，如图7-97所示。

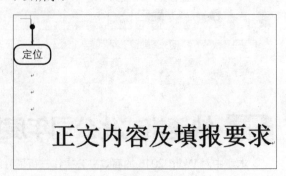

图 7-97

步骤07 选择自动生成目录。❶切换至"引用"选项卡，❷单击"目录"组中的"目录"按钮，❸在展开的库中选择目录样式，例如选择"自动目录1"样式，如图7-98所示。

步骤08 查看生成的目录。此时可看到自动生成的目录，选中目录，为该文本内容设置字体和段落属性，例如设置字号为"四号"，设置段前、段后间距为"1行"，行距为"单倍行距"，如图7-99所示。

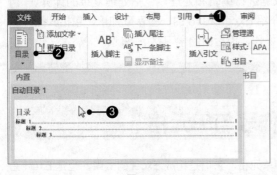

图 7-98

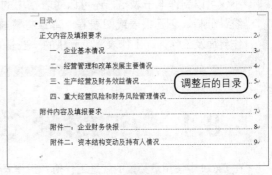

图 7-99

步骤09 单击"替换"选项。切换至"开始"选项卡，单击"编辑"组中的"替换"选项，如图7-100所示。

步骤10 输入查找内容和替换的内容。弹出"查找和替换"对话框，❶输入查找内容为"经管管理"，❷替换内容为"经营管理"，❸然后单击"全部替换"按钮，如图7-101所示。

步骤11 完成替换。弹出对话框，提示用户替换操作已全部完成，单击"确定"按钮即可，如图7-102所示。

图 7-100

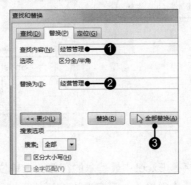

图 7-101

图 7-102

第8章 Excel 2016初接触

Excel 2016 是 Office 2016 的另一核心组件，它是一个强大的数据处理软件，利用它不仅可以制作电子表格，还可以对表格中的数据进行编辑和处理，包括处理复杂的计算、统计分析、创建报表或图表等。本章将着重介绍 Excel 2016 的一些基础知识，包括其操作界面及工作簿、工作表、单元格的一些基本操作，为后面的学习打下基础。

8.1 认识工作簿、工作表与单元格

在 Excel 中使用最频繁的就是工作簿、工作表和单元格，它们是构成 Excel 的支架，也是 Excel 主要的操作对象。

工作簿：工作簿是计算和存储数据的文件，用于保存表格中的内容。Excel 2016 工作簿的扩展名为 .xlsx。启动 Excel 2016 后，系统会自动新建一个名为"工作簿 1"的工作簿，如图 8-1 所示。

工作表：工作表是构成工作簿的主要元素，默认情况下工作簿中包含 1 张工作表。每张工作表都有自己的名称。工作表主要用于处理和存储数据，常称为电子表格，如图 8-2 所示。

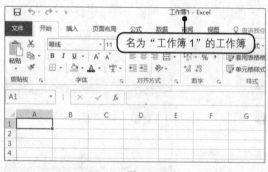

图 8-1

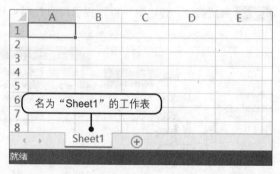

图 8-2

单元格和单元格区域：单元格是 Excel 中最基本的存储数据单位，通过对应的行号和列标进行命名和引用，任何数据都只能在单元格中输入。而多个连续的单元格则称为单元格区域，如图 8-3 所示为单元格，图 8-4 所示为单元格区域。

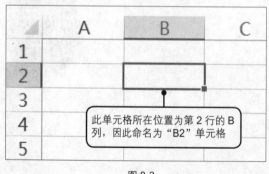

图 8-3

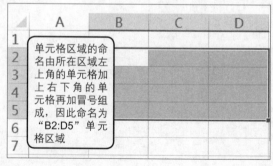

图 8-4

工作簿、工作表和单元格的关系：在 Excel 中，工作表是处理数据的主要场所，单元格是工作表中最基本的存储和处理数据的单位，一个工作簿可以包含多张工作表，因此它们之间为相互包含的关

系，如图 8-5 所示。

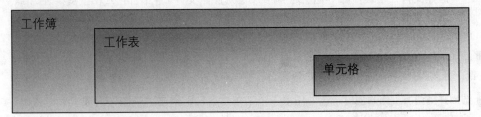

图 8-5

8.2 工作簿的基本操作

工作簿的基本操作主要包括切换工作簿视图、并排查看与比较工作簿窗口以及冻结和拆分工作簿窗口等操作，用户掌握了这些操作方法后，将有效提高工作效率。

8.2.1 切换至合适的工作簿视图

Excel 2016 提供了普通、页面布局、分页预览和自定义视图 4 种视图，默认显示为普通视图，用户可以根据自己的实际需要切换至合适的视图模式。

原始文件：下载资源\实例文件\第 8 章\原始文件\生产部正式员工资料表 .xlsx
最终文件：下载资源\实例文件\第 8 章\最终文件\生产部正式员工资料表页面布局 .xlsx

步骤01 切换至"页面布局"视图。打开原始文件，❶切换至"视图"选项卡，❷单击"工作簿视图"组的"页面布局"按钮，如图8-6所示。

步骤02 查看页面布局视图下的工作簿。此时可看到"页面布局"视图下的工作簿，如图8-7所示，在该视图下，用户既可以添加页眉和页脚，又可以编辑表格中的内容。

图 8-6

图 8-7

8.2.2 工作簿窗口的并排查看与比较

Excel 2016 提供了新增工作簿窗口的功能，新增的工作簿窗口与原工作簿窗口显示的内容完全相同，当用户需要并排查看同一个工作簿中多个工作表中的内容时，则可以在新建工作簿窗口后启用并排查看功能。

原始文件： 下载资源 \ 实例文件 \ 第 8 章 \ 原始文件 \ 生产部正式员工资料表 .xlsx
最终文件： 无

步骤01 新建工作簿窗口。打开原始文件，❶切换至"视图"选项卡，❷单击"窗口"组中的"新建窗口"按钮，如图8-8所示，新建一个工作簿窗口。

步骤02 选择并排查看工作簿窗口。选中任意一个工作簿窗口，单击"视图"选项卡下"窗口"组中的"并排查看"按钮，如图8-9所示。

步骤03 并排查看工作簿窗口。此时Excel自动将两个工作簿窗口垂直并排，在下方的工作簿窗口中单击"Sheet2"工作表标签，如图8-10所示，切换至Sheet2工作表。

图 8-8

图 8-9

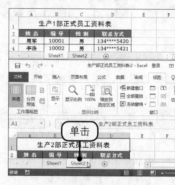

图 8-10

步骤04 对比两个工作簿的内容。滑动鼠标的滚轮，便可看到两个工作簿窗口中的内容同步显示，以便于用户进行数据对比，如图8-11所示。

图 8-11

知识点拨 调整工作簿窗口的显示方式

Excel 2016默认设置工作簿窗口的显示方式为"水平并排"，若要更改，则单击"视图"选项卡下"窗口"组中的"全部重排"按钮，然后在弹出的对话框中重新设置即可。

8.2.3 冻结与拆分窗口的应用

在 Excel 中，拆分窗口是指将工作簿窗口拆分成多个窗格，以便对比和查看，拆分后的各窗格可单独查看与滚动；冻结是指将工作表中指定的内容设为固定显示，冻结的内容将始终显示在界面中，不会随着滚动条的滚动而隐藏。

原始文件： 下载资源 \ 实例文件 \ 第 8 章 \ 原始文件 \ 生产部正式员工资料表 .xlsx
最终文件： 下载资源 \ 实例文件 \ 第 8 章 \ 最终文件 \ 生产部正式员工资料表冻结窗口 .xlsx

步骤01 新建工作簿窗口。打开原始文件，❶切换至"Sheet1"工作表，❷切换至"视图"选项卡，❸单击"窗口"组中的"拆分"按钮，如图8-12所示。

步骤02 查看拆分后的工作簿窗口。此时工作簿窗口被拆分成4个窗格，每个窗格可滚动查看表格内容，如图8-13所示。

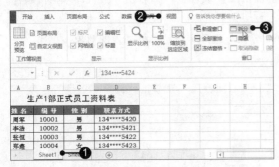

图 8-12

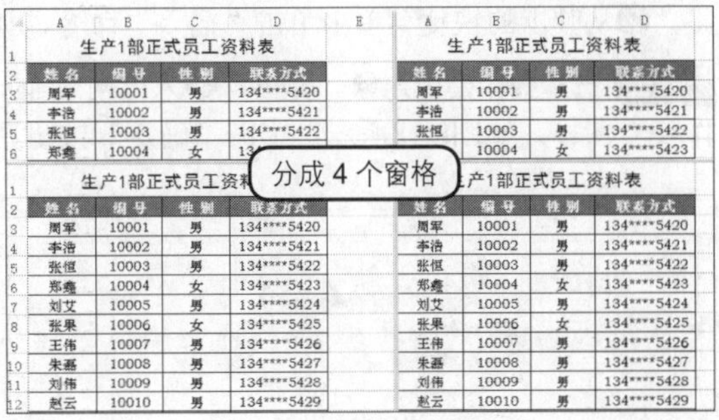

图 8-13

步骤03 选择取消拆分窗口。若要取消拆分的工作表窗口，则在"视图"选项卡中再次单击"拆分"按钮即可，如图8-14所示。

步骤04 选择冻结首行。若要冻结工作表的首行，❶单击"视图"选项卡下"窗口"组中的"冻结窗格"按钮，❷在展开的下拉列表中选择"冻结首行"选项，如图8-15所示。

步骤05 查看冻结首行后的工作簿窗口。滚动鼠标滚轮，便可看到Sheet1工作表的首行始终显示在工作簿窗口中，不会随着滚动而隐藏，如图8-16所示。

图 8-14

图 8-15

图 8-16

知识点拨 取消冻结首行

再次单击"冻结窗格"按钮，在展开的下拉列表中单击"取消冻结窗格"选项，即可取消冻结首行。

8.3 工作表的基础操作

本节主要讲述工作表的新建、重命名、移动或复制、删除等基本操作，这些操作通常是通过工作表标签来完成的。

工作表标签位于操作界面的左下角，用来表示工作表（Sheet）的名称。呈白色显示的标签为当前工作表的标签，表格中显示的是该工作表中的内容。

8.3.1 新建工作表

工作簿默认的 1 个工作表有时无法满足用户的需求，这时就需要在工作簿中新建工作表。新建工作表通常有三种方法。

方法1：通过快捷命令新建工作表。

步骤01 选择"插入"命令。❶右击需要新建工作表后面的工作表标签，如右击"Sheet1"工作表标签，❷从弹出的快捷菜单中单击"插入"命令，如图8-17所示。

步骤02 选择要新建的对象。弹出"插入"对话框，在"常用"选项卡下选择要插入的对象，单击"工作表"图标，如图8-18所示，单击"确定"按钮返回工作表。

图 8-17

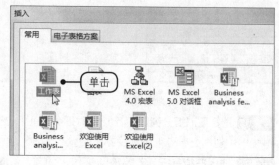
图 8-18

步骤03 新建工作表Sheet2。此时，在Sheet1工作表前面新建了一个工作表Sheet2，如图8-19所示。

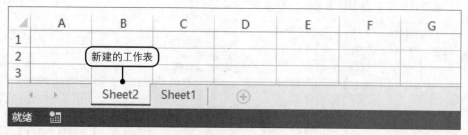
图 8-19

方法2：通过"开始"选项卡下的按钮插入工作表。 选择要插入工作表的位置，❶单击"开始"选项卡下"单元格"组中的"插入"按钮，❷在展开的下拉列表中单击"插入工作表"选项，如图8-20所示。

方法3：单击"新工作表"按钮插入工作表。 单击工作表标签区域中的"新工作表"按钮，同样可以插入工作表，如图8-21所示。

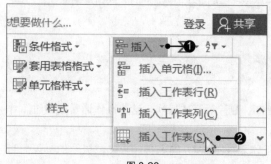
图 8-20

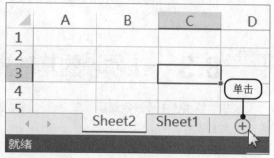
图 8-21

8.3.2 重命名工作表

为了让工作表更易区分，通常需对工作表进行重命名，这样通过工作表标签即可了解工作表中的大致内容。

原始文件：下载资源＼实例文件＼第 8 章＼原始文件＼新建工作簿 .xlsx

最终文件：下载资源＼实例文件＼第 8 章＼最终文件＼新建工作簿重命名 .xlsx

步骤01 执行重命名操作。❶右击需要重命名的工作表标签，如右击"Sheet1"，❷在弹出的快捷菜单中单击"重命名"命令，如图8-22所示。

步骤02 工作表标签呈编辑状态。此时，Sheet1工作表标签呈灰底色，即为可编辑状态，如图8-23所示。

步骤03 输入工作表新名称。输入工作表的新名称，如输入"工资表"，然后按下【Enter】键确认输入，重命名工作表，如图8-24所示。

图 8-22

图 8-23

图 8-24

知识点拨 **通过"开始"选项卡下的按钮重命名**

用户还可以选中要重命名的工作表标签，单击"开始"选项卡下的"格式"按钮，在展开的下拉列表中单击"重命名工作表"选项。

8.3.3 更改工作表标签的颜色

为了更进一步地区分工作簿中的多个工作表，用户还可以根据自己的需要为不同的工作表标签设置不同的颜色。

原始文件：下载资源＼实例文件＼第 8 章＼原始文件＼工作表颜色 .xlsx

最终文件：下载资源＼实例文件＼第 8 章＼最终文件＼工作表颜色改变 .xlsx

步骤01 选择标签颜色。❶右击需要着色的工作表标签，❷从弹出的快捷菜单中指向"工作表标签颜色"命令，❸在展开的颜色列表中选择标签颜色，例如选择"红色"，如图8-25所示。

步骤02 显示标签着色后的效果。着色后的工作表标签效果如图8-26所示。用户可用相同的方法，为其他工作表标签选择不同的颜色。

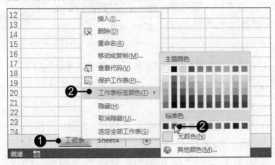

图 8-25

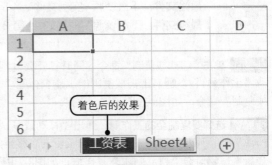

图 8-26

移动和复制工作表分为两种情况：一是在同一工作簿中移动或复制工作表，二是在不同的工作簿之间移动或复制工作表。下面分别对其进行介绍。

原始文件： 下载资源 \ 实例文件 \ 第 8 章 \ 原始文件 \ 工资表 .xlsx
最终文件： 下载资源 \ 实例文件 \ 第 8 章 \ 最终文件 \ 工资表 2.xlsx

1. 在同一工作簿中移动与复制工作表

在同一工作簿中移动与复制工作表的方法基本上相同，只需利用鼠标拖动即可完成，只不过利用【Ctrl】键将复制工作表，而不利用【Ctrl】键则是移动工作表。下面以复制工作表为例介绍具体的操作步骤。

步骤01 拖动工作表标签。选中要复制的工作表标签，按住鼠标左键，将需要移动的工作表标签"1月份工资表"沿着标签行拖动，此时鼠标指针变成 🔲 形状，并有一个黑色的下三角图标随鼠标指针的移动而移动，用以指示工作表将移动至的位置，拖至目标位置时按住【Ctrl】键不放，如图8-27所示，若不按【Ctrl】键则是移动工作表的操作。

步骤02 移动工作表后的效果。释放鼠标左键，然后再释放【Ctrl】键，便可看到复制后的工作表，其名称为"1月份工资表(2)"，如图8-28所示。

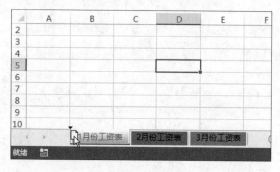

图 8-27

图 8-28

2. 在不同工作簿间移动与复制工作表

在不同工作簿间移动与复制工作表的操作也基本上相同，都是通过"移动或复制"命令来实现的，只不过复制工作表需要建立副本，而移动工作表则不需要建立副本。下面以复制工作表为例，介绍具体的操作步骤。

原始文件： 下载资源 \ 实例文件 \ 第 8 章 \ 原始文件 \ 工资表 .xlsx、工作簿 1.xlsx
最终文件： 下载资源 \ 实例文件 \ 第 8 章 \ 最终文件 \ 工资表 2.xlsx

步骤01 单击"移动或复制"命令。同时打开要复制的工作表的工作簿"工资表"，和要复制至的工作簿"工作簿1"。❶右击需要复制的工作表标签"1月份工资表"，❷在弹出的快捷菜单中单击"移动或复制"命令，如图8-29所示。

步骤02 选择要复制至的工作簿。弹出"移动或复制工作表"对话框，❶首先从"将选定工作表移至工作簿"下拉列表中选择要将"1月份工资表"移至的工作簿，如选择"工作簿1"，❷然后选择"移至最后"，❸勾选"建立副本"复选框，如图8-30所示，如果不勾选"建立副本"复选框，则执行的只

是移动工作表操作,最后单击"确定"按钮,

步骤03 查看复制后工作表的位置。切换至"工作簿1"窗口,此时可看到复制后的"1月份工资表"工作表,如图8-31所示,同时可在"工资表"窗口中看见"1月份工资表"工作表依然存在。

图 8-29

图 8-30

图 8-31

8.3.5 隐藏与显示工作表

在参加会议或演讲等活动时,若不想表格中重要的数据外泄,可将数据所在的工作表进行隐藏,待需要时再将其显示出来。

原始文件:下载资源\实例文件\第8章\原始文件\隐藏与显示.xlsx
最终文件:无

步骤01 执行隐藏操作。❶右击需要隐藏的工作表标签"2月份工资表",❷在弹出的快捷菜单中单击"隐藏"命令,如图8-32所示。

步骤02 隐藏工作表后的效果。此时可以看到"2月份工资表"被隐藏了,如图8-33所示。

图 8-32

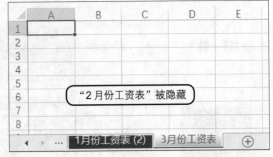
图 8-33

知识点拨 通过"开始"选项卡执行隐藏操作

用户还可以选中要隐藏的工作表标签,然后在"开始"选项卡下单击"格式"按钮,在展开的列表中指向"隐藏和取消隐藏"选项,再在展开的列表中单击"隐藏工作表"选项。

步骤03 执行取消隐藏操作。若用户需要重新显示工作表,❶可右击任意工作表标签,❷在弹出的快捷菜单中单击"取消隐藏"命令,如图8-34所示。

步骤04 选择要取消隐藏的工作表。弹出"取消隐藏"对话框,❶在"取消隐藏工作表"列表框中选择要取消隐藏的工作表名称"2月份工资表",❷单击"确定"按钮,如图8-35所示。

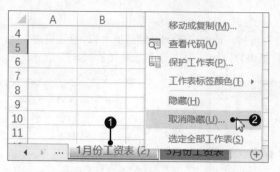

图 8-34

图 8-35

知识点拨 删除工作表

　　用户可以将不再使用的工作表删除,右击需删除的工作表标签,在弹出的快捷菜单中单击"删除"命令即可。

💡 **助跑地带——更改新建工作簿时的操作环境**

　　更改 Excel 2016 工作簿环境主要包括调整背景、主题以及窗口中功能区的显示方式等,若要新建的工作簿显示自定义的环境,则首先需要更改操作环境,更改后新建的工作簿才能应用新的环境设置。

　　(1) 单击"账户"命令。新建一个空白工作簿,❶单击"文件"按钮,❷在弹出的菜单中单击"账户"命令,如图8-36所示。

　　(2) 设置背景和主题。在右侧的"账户"选项面板中设置主题,例如设置"Office主题"为"深灰色"如图8-37所示。

　　(3) 设置功能区只显示选项卡。返回Excel编辑界面,调整功能区的显示状况,❶单击右上角的"功能区显示选项"按钮,❷在展开的下拉列表中单击"显示选项卡"选项,如图8-38所示,即功能区只显示选项卡。

图 8-36

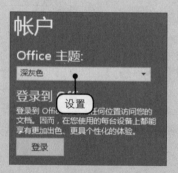

图 8-37

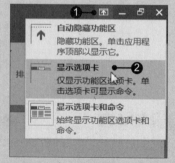

图 8-38

　　(4) 添加自定义快速访问工具。此时可以新建工作簿,❶单击左上角的"自定义快速访问工具栏"按钮,❷在展开的下拉列表中单击"新建"选项,如图8-39所示。

　　(5) 选择新建工作簿。此时可看到在快速访问工具栏中增加了"新建"按钮,单击即可,如图8-40所示。

　　(6) 查看新建工作簿的操作环境。此时可看到新建的工作簿2,其操作环境为更改后的效果,如图8-41所示,即主题为深灰色、操作界面中的功能区只显示选项卡。

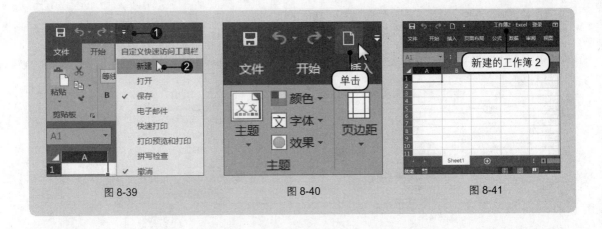

图 8-39　　　　　　　　　　图 8-40　　　　　　　　　　图 8-41

8.4　单元格的基本操作

单元格的基本操作主要包括插入、合并、拆分、移动、复制和删除等，本节对这些内容分别进行介绍。

8.4.1　插入与删除单元格

当编辑好表格后发现还需在表格中添加一些内容时，可在原有表格的基础上插入单元格以添加遗漏的数据，当然，如果表格中有多余的单元格，则可以手动将其删除。

原始文件：下载资源＼实例文件＼第 8 章＼原始文件＼电脑图书市场购买调查表 .xlsx
最终文件：下载资源＼实例文件＼第 8 章＼最终文件＼电脑图书市场购买调查表增加列 .xlsx

 步骤01 选择插入位置。打开原始文件，选择要插入单元格的位置，例如选择B3单元格，如图8-42所示。

步骤02 选择插入对象。❶单击"开始"选项卡下"单元格"组中"插入"右侧的下三角按钮，❷在展开的下拉列表中选择插入对象，如单击"插入工作表列"选项，如图8-43所示。

步骤03 插入整列后的效果。此时在原来的B列单元格之前插入了一列，原来的B列位置右移一列，如图8-44所示。

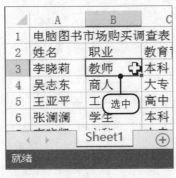

图 8-42

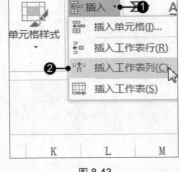

图 8-43

图 8-44

步骤04 删除单元格。❶右击需删除的单元格，如右击D4单元格，❷在弹出的快捷菜单中单击"删除"命令，如图8-45所示。

步骤05 设置删除属性。弹出"删除"对话框，❶单击"下方单元格上移"单选按钮，即删除指定单元格后其下方的单元格将向上移动，❷单击"确定"按钮即可，如图8-46所示。

图 8-45

图 8-46

8.4.2 调整单元格大小

新建工作簿文件时，工作表中每列的宽度与每行的高度都是相同的，但是用户可能需要不同列宽或行高的表格，Excel 允许用户随时调整表格的列宽与行高。设置行高和列宽的方法是类似的，下面就以设置列宽为例介绍如何调整单元格大小。

原始文件：下载资源 \ 实例文件 \ 第 8 章 \ 原始文件 \ 电脑图书市场购买调查表 .xlsx
最终文件：下载资源 \ 实例文件 \ 第 8 章 \ 最终文件 \ 调整单元格大小 .xlsx

1．用拖动法调整列宽

步骤01 放置鼠标指针至分隔线处。打开原始文件，将鼠标指针放置在列标与列标之间的分隔线处，例如这里放置在F列与G列之间，此时鼠标指针变成十字箭头形状，如图8-47所示。

步骤02 拖动调整列宽。❶按住鼠标左键不放，向右拖动列分割线，❷在拖动过程中，Excel会提示当前的列宽值，如图8-48所示。

步骤03 调整后的显示效果。拖到所需的宽度时，释放鼠标左键即可，此时可以看到F列中的数据能够完整地显示出来了，如图8-49所示。

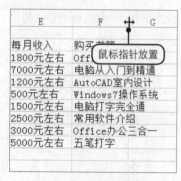

图 8-47

图 8-48

图 8-49

2．设置精确列宽

步骤01 选择要调整的列。打开原始文件，选择要调整的列，如选择F列，如图8-50所示。

步骤02 启动设置列宽功能。❶单击"开始"选项卡下的"单元格"组中的"格式"按钮，❷在展开的下拉列表中单击"列宽"选项，如图8-51所示。

步骤03 输入列宽值。弹出"列宽"对话框，❶在"列宽"文本框中输入精确的列宽值，如输入"15.63"，❷输入完毕后单击"确定"按钮，如图8-52所示。

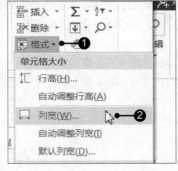

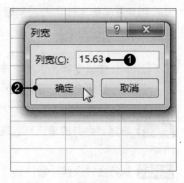

图 8-50 　　　　　　　　　图 8-51 　　　　　　　　　图 8-52

步骤04 精确设置的列宽效果。此时可看到F列变宽了，单元格中的数据能够完整地显示出来了，如图8-53所示。

	A	B	C	D	E	F
1	电脑图书市场购买调查表					
2	姓名	职业	教育背景	每月购买花费	每月收入	购买书籍
3	李晓莉	教师	本科	50~100元	1800元左右	Office办公三合一
4	吴志东	商人	大专	50~80元	7000元左右	电脑从入门到精通
5	王亚平	工人	高中	20~50元	元左右	AutoCAD室内设计
6	张澜澜	学生	本科	30元以下	元左右	Windows7操作系统
7	李晓凯	文秘	大专	50元左右	1500元左右	电脑打字完全通
8	曾兵	作家	本科	100元左右	2500元左右	常用软件介绍
9	王友庭	医生	本科	50~100元	3000元左右	Office办公三合一
10	蔡丽	公务员	大专	100~200元	5000元左右	五笔打字
11						

（设置后的列宽）

图 8-53

3. 自动调整列宽

步骤01 选择要调整的列。打开原始文件，❶选择要调整的列，例如选择F列，❷将鼠标指针移至F列的右上角，当鼠标指针变成对称的十字箭头形状时双击，如图8-54所示。

步骤02 查看调整后的效果。此时可看到F列的列宽刚好能容下其中的内容，如图8-55所示。

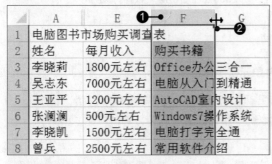

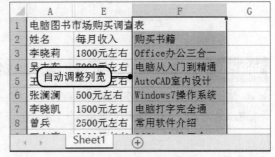

（自动调整列宽）

图 8-54 　　　　　　　　　　　　　　　图 8-55

知识点拨 | 输入的行高和列宽值单位

"行高"或"列宽"对话框中的数值是以"点"为单位（1点≈0.35mm）的，范围为0～409，若设置为"0"时，相当于将该行或列隐藏。

8.4.3　合并单元格

用户在实际工作中有时需要设置不规则的表格，它是由规则表格进行单元格的合并而成的。合并单元格的方法很简单，只需选取单元格区域后执行合并操作即可。

原始文件：下载资源\实例文件\第8章\原始文件\电脑图书市场购买调查表.xlsx
最终文件：下载资源\实例文件\第8章\最终文件\合并单元格.xlsx

步骤01 选择要合并的单元格区域。打开原始文件，选择要合并的标题单元格区域A1:F1，如图8-56所示。

步骤02 执行合并操作。❶单击"开始"选项卡下"对齐方式"组中"合并后居中"右侧的下三角按钮，❷从展开的下拉列表中单击"合并后居中"选项，如图8-57所示。

	A	B	C	D	E	F
1	电脑图书市场购买调查表					
2	姓名	职业	教育背景	每月购买花费	每月收入	购买书籍
3	李晓莉	教师	本科	50~100元	1800元左右	Office办公三合一
4	吴志东	商人	大专	80元	7000元左右	电脑从入门到精通
5	王亚平	工人	高中	20~50元	1200元左右	AutoCAD室内设计
6	张澜澜	学生	本科	30元以下	500元左右	Windows7操作系统
7	李晓凯	文秘	大专	50元左右	1500元左右	电脑打字完全通
8	曾兵	作家	本科	100元左右	2500元左右	常用软件介绍
9	王友庭	医生	本科	50~100元	3000元左右	Office办公三合一
10	蔡丽	公务员	大专	100~200元	5000元左右	五笔打字

图 8-56

图 8-57

步骤03 合并后的效果。此时可看到A1:F1单元格区域合并为了一个单元格，标题文本居中显示，效果如图8-58所示。

	A	B	C	D	E	F
1	电脑图书市场购买调查表					
2	姓名	职业	教育背景	每月购买花费	每月收入	购买书籍
3	李晓莉	教师	本科	50元	1800元左右	Office办公三合一
4	吴志东	商人	大专	80元	7000元左右	电脑从入门到精通
5	王亚平	工人	高中	20~50元	1200元左右	AutoCAD室内设计
6	张澜澜	学生	本科	30元以下	500元左右	Windows7操作系统
7	李晓凯	文秘	大专	50元左右	1500元左右	电脑打字完全通
8	曾兵	作家	本科	100元左右	2500元左右	常用软件介绍

图 8-58

> **知识点拨**　**在"设置单元格格式"对话框中执行合并单元格操作**
>
> 首先选择要合并的单元格区域，单击"开始"选项卡下"对齐"组中的快翻按钮，弹出"设置单元格格式"对话框，在"对齐"选项卡下勾选"合并单元格"复选框，同样可以达到合并单元格的目的。

8.4.4　隐藏与显示单元格

如果由于保密的需要，不希望陌生人看见工作表中某行或某列的数据，可以将其隐藏起来，待到需要时再将隐藏的行或列显示出来。隐藏行或列的操作是类似的，下面就以隐藏和显示列为例介绍具体的操作方法。

原始文件： 下载资源 \ 实例文件 \ 第 8 章 \ 原始文件 \ 电脑图书市场购买调查表 .xlsx
最终文件： 无

步骤01 选择要隐藏的列。打开原始文件，将鼠标指针放置在要选择隐藏的列号上，如E列，当鼠标指针变为向下的箭头时单击，如图8-59所示。

步骤02 执行隐藏操作。❶单击"开始"选项卡下"单元格"组中的"格式"按钮，❷在展开的下拉列表中指向"隐藏和取消隐藏"选项，❸然后在展开的列表中单击"隐藏列"选项，如图8-60所示。

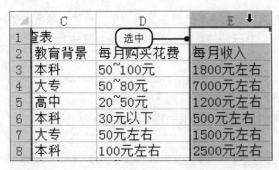

图 8-59

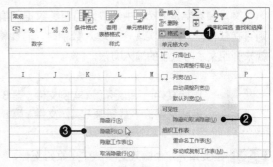

图 8-60

步骤03 隐藏列后的效果。此时E列数据被隐藏，如图8-61所示。

步骤04 选择要取消隐藏列周围的两列数据。若要取消隐藏列，首先需要选择隐藏列前面和后面的两列单元格，这里选择D列和F列，如图8-62所示。

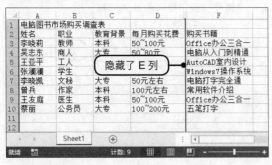

图 8-61

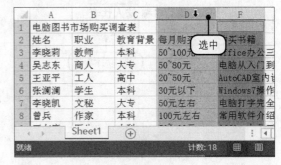

图 8-62

步骤05 执行取消隐藏列操作。❶单击"开始"选项卡下"单元格"组的"格式"按钮，❷在展开的下拉列表中指向"隐藏和取消隐藏"选项，❸再在其展开列表中单击"取消隐藏列"选项，如图8-63所示。

步骤06 重新显示隐藏的列。此时被隐藏的E列重新显示了出来，如图8-64所示。

图 8-63

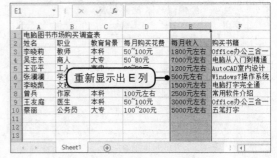

图 8-64

8.5　在单元格中输入数据

电子表格主要用来存储和处理数据，因此数据的输入和编辑是制作电子表格的前提。在 Excel 中输入数据可以说是在单元格中输入数据，而在单元格中输入数据不仅包括普通的文本与数字输入，还包括利用填充功能或特殊的快捷输入方式实现数据的快速输入。

8.5.1　文本与数字的输入

文本和数字是 Excel 中最常见的两类数据，输入文本数据需要选择中文输入法，而输入数字数据则可在任何输入法下实现，在输入数字时，若要输入以 0 开始的数据，则需要采用特殊的方法。下面就来介绍文本与数字的输入方法。

原始文件：下载资源\实例文件\第 8 章\原始文件\经销商名单 .xlsx
最终文件：下载资源\实例文件\第 8 章\最终文件\文本与数字的输入 .xlsx

步骤01 在C2单元格中输入文本。打开原始文件，选中需要输入文本的C2单元格，切换至中文输入法，然后输入文本，例如输入"王俊"，如图8-65所示。

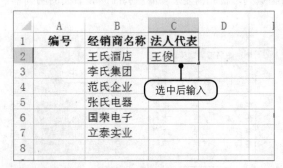

图 8-65

步骤02 输入其他文本。按【Enter】键后可看见C2单元格中显示了"王俊"文本，接着使用相同的方法在C3:C7单元格区域中输入其他文本，如图8-66所示。

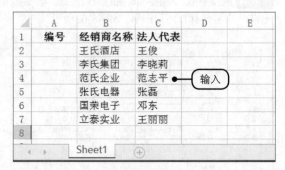

图 8-66

步骤03 输入以0开始的数字。完成文本的输入后，选中需要输入数据的单元格，例如选中A2单元格，切换至英文输入法，输入单引号"'"，然后输入数字，例如输入"001"，如图8-67所示。

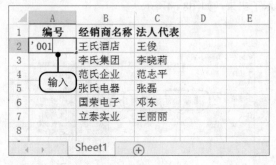

图 8-67

步骤04 输入其他以0开始的数字。按【Enter】键后可看见A2单元格中显示了"001"文本，接着使用相同的方法在A3:A7单元格区域中输入其他以0开始的数字，如图8-68所示。

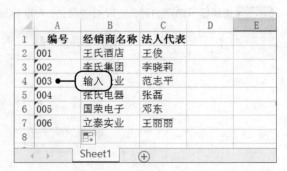

图 8-68

知识点拨 **输入以0开始的数字必须要切换至英文输入法**

用户在 Excel 中输入普通数字时，可以在任何输入法下实现，而输入以 0 开始的数字则必须切换至英文输入法，这是因为输入以 0 开始的数字时，需要输入英文输入法状态下的单引号，如果直接输入以 0 开始的数据而不输入单引号，Excel 就会自动隐藏数字前面的 0。

8.5.2 填充功能的使用

在 Excel 中，填充功能是通过“填充柄”或“序列”对话框来实现的，该功能可以帮助用户实现规律数据（相同数据、等差 / 等比序列以及工作日期等）的快速输入，本小节就简单介绍利用填充功能实现规律数据快速输入的方法。

1. 填充相同数据

填充相同数据是指利用填充柄在工作表中指定的连续单元格区域中输入相同数据。相比于手动输入，直接填充将会大大节约输入时间。

原始文件：下载资源 \ 实例文件 \ 第 8 章 \ 原始文件 \ 本周时间安排 .xlsx
最终文件：下载资源 \ 实例文件 \ 第 8 章 \ 最终文件 \ 填充相同数据 .xlsx

步骤01 **在B3单元格中输入文本**。打开原始文件，在B3单元格中输入“开会”文本，将鼠标指针移至B3单元格右下角，使其呈十字形状，如图8-69所示。

图 8-69

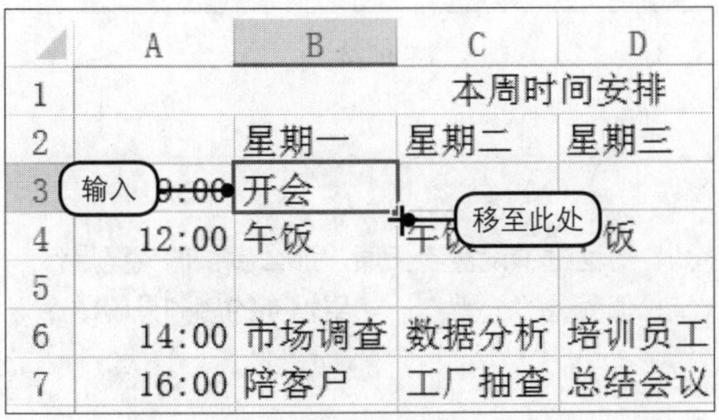

步骤02 **将文本填充至F3单元格**。按住鼠标左键不放，拖动鼠标至F3单元格处，释放鼠标后可看见B3:F3单元格区域中均填充了“开会”文本，如图8-70所示。

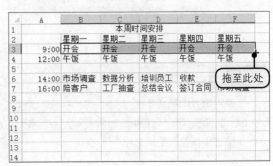

图 8-70

2. 填充序列

填充序列是指填充等差或等比序列。填充序列可以通过“序列”对话框来实现，在利用“序列”对话框填充序列时，用户需要设置序列的类型和步长值。

原始文件：下载资源 \ 实例文件 \ 第 8 章 \ 原始文件 \ 2016 年计划销量 .xlsx
最终文件：下载资源 \ 实例文件 \ 第 8 章 \ 最终文件 \ 填充序列 .xlsx

步骤01 **选择要填充序列的单元格区域**。打开原始文件，选择要填充序列的单元格区域，例如选择B3:B6单元格区域，如图8-71所示。

步骤02 **单击序列选项**。切换至“开始”选项卡，❶单击“编辑”组中的“填充”按钮，❷在展开的下拉列表中单击“序列”选项，如图8-72所示。

图 8-71

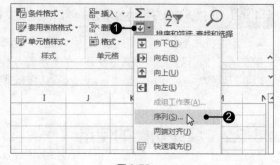

图 8-72

步骤03 设置序列类型和步长值。弹出"序列"对话框，❶在"类型"选项组中选择填充的序列类型，如单击"等差序列"单选按钮，❷然后设置步长值，如设置为"500"，❸单击"确定"按钮，如图8-73所示。

步骤04 查看填充序列后的数据。返回工作簿窗口，此时可在B3:B6单元格区域中看到填充序列后的数据，如图8-74所示。

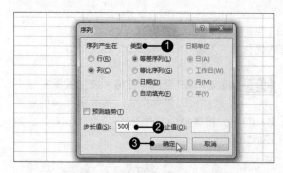

图 8-73

图 8-74

知识点拨 **认识填充序列时步长值的含义**

填充等差序列或等比序列时，用户经常需要在"序列"对话框中设置步长值，那么步长值究竟是什么呢？其实很简单，如果填充的序列是等差序列，那么步长值就是"公差"；如果填充的序列是等比序列，那么步长值就是"公比"。

3. 填充工作日期

Excel 提供了填充工作日期的功能，该功能可以自动隐藏周末或其他国家法定节假日，只显示正常的工作日。填充工作日期同样是利用"序列"对话框来实现的。

原始文件：下载资源 \ 实例文件 \ 第 8 章 \ 原始文件 \ 每日销量记录 .xlsx
最终文件：下载资源 \ 实例文件 \ 第 8 章 \ 最终文件 \ 填充工作日期 .xlsx

步骤01 输入起始数据。打开原始文件，在A2单元格中输入日期"2016/1/21"，如图8-75所示。

步骤02 选择需要填充的区域。选择需要填充的A2:A10单元格区域，如图8-76所示。

步骤03 单击"系列"选项。❶单击"开始"选项卡下"编辑"组中的"填充"按钮，❷在展开的下拉列表中单击"序列"选项，如图8-77所示。

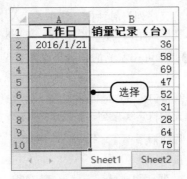

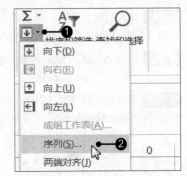

图 8-75　　　　　　　　　　　　图 8-76　　　　　　　　　　　　图 8-77

步骤04 设置日期填充。弹出"序列"对话框，❶单击"类型"选项组的"日期"单选按钮，❷单击"日期单位"组中的"工作日"单选按钮，❸最后单击"确定"按钮，如图8-78所示。

步骤05 填充工作日结果。返回工作簿窗口，此时在选择的区域可看到所填充的日期忽略了周末，如图8-79所示。

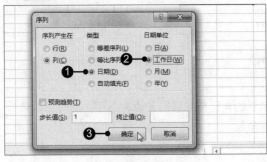

图 8-78

工作日	销量记录（台）	C	D
2016/1/21	36		
2016/1/22	58		
2016/1/25	69		
2016/1/26	自动填充工作日		
2016/1/27			
2016/1/27	31		
2016/1/29	28		
2016/2/1	64		
2016/2/2	75		

图 8-79

4. 自定义填充项

Excel 提供了自定义填充项的功能，用户可以利用该功能来自定义填充序列，并在工作表中按照该序列的顺序自动填充数据。

原始文件：下载资源 \ 实例文件 \ 第 8 章 \ 原始文件 \ 经销商名单 .xlsx
最终文件：下载资源 \ 实例文件 \ 第 8 章 \ 最终文件 \ 自定义填充项 .xlsx

步骤01 单击"选项"命令。打开原始文件，❶单击"文件"按钮，❷在弹出的菜单中单击"选项"命令，如图8-80所示。

步骤02 选择编辑自定义列表。弹出"Excel选项"对话框，❶在左侧单击"高级"选项，❷在右侧单击"常规"组下的"编辑自定义列表"按钮，如图8-81所示。

图 8-80

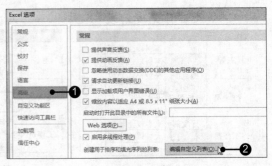

图 8-81

步骤03 输入自定义列表。弹出"自定义序列"对话框，❶在"输入序列"列表框中输入自定义列表，利用【Enter】键实现换行，❷输入完毕后单击"添加"按钮，如图8-82所示。

步骤04 查看添加的自定义列表。❶此时可在左侧的列表框底部看见添加的自定义列表，如图8-83所示，然后单击"确定"按钮。

步骤05 填充自定义序列。返回工作簿窗口，在C2单元格中输入"王俊"，然后拖动其右下方的填充柄至C7单元格，释放鼠标后可看见填充的自定义序列，如图8-84所示。

图 8-82

图 8-83

图 8-84

8.5.3 快捷输入方式

填充功能只适用于相邻的连续单元格，对于不相邻的单元格就显得无能为力了，此时可以选择Excel提供的快捷输入方式，同样可以实现数据的快速输入。

1. 不连续单元格相同内容的快速输入

在不连续单元格中输入相同数据固然可以通过手动输入实现，但是为了提高数据的输入效率，用户可以利用【Ctrl+Enter】组合键实现。

原始文件：下载资源\实例文件\第8章\原始文件\人员补充规划表 .xlsx
最终文件：下载资源\实例文件\第8章\最终文件\不连续单元格相同内容的快速输入 .xlsx

步骤01 选择不连续的单元格。打开原始文件，按住【Ctrl】键依次选中B4、B6和B10单元格，如图8-85所示。

步骤02 在B10单元格中输入文本。选中后在B10单元格中输入文本，如输入"生产部"，如图8-86所示。

步骤03 快速填充文本。输入完毕后按【Ctrl+Enter】组合键，便可在B4、B6单元格中自动填充"生产部"文本，如图8-87所示。

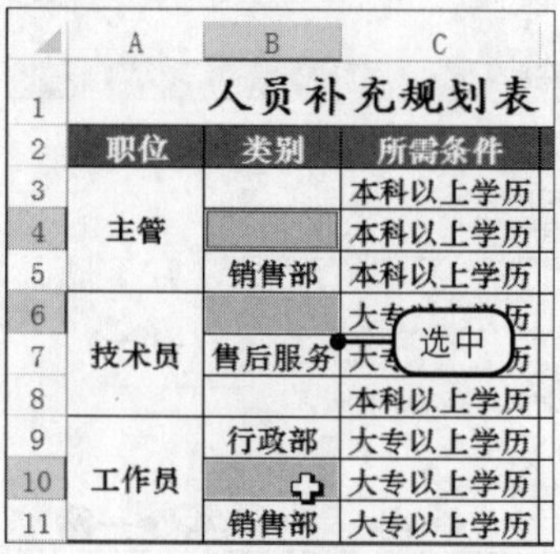

图 8-85

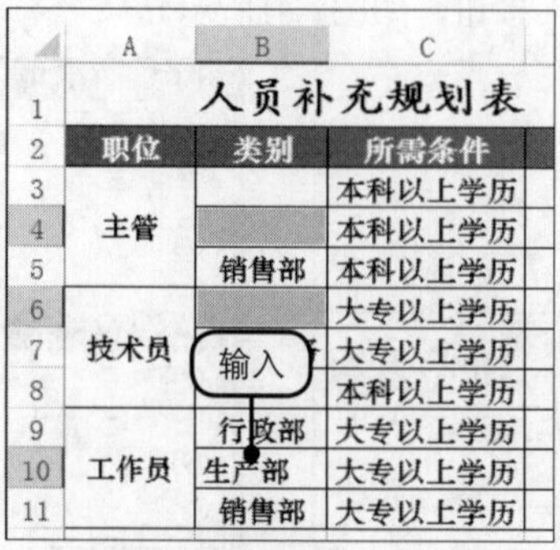

图 8-86

图 8-87

2. 从下拉列表中选择

Excel 提供了利用下拉列表实现数据快速填充的功能，可以有效提高输入数据的效率。

原始文件： 下载资源\实例文件\第8章\原始文件\人员补充规划表.xlsx
最终文件： 下载资源\实例文件\第8章\最终文件\从下拉列表选择.xlsx

步骤01 单击"从下拉列表中选择"命令。打开原始文件，❶右击需填充数据的单元格，如右击B3单元格，❷在弹出的列表中单击"从下拉列表中选择"命令，如图8-88所示。

步骤02 从下拉列表中选择填充数据。此时可看到在B3单元格下方展开了下拉列表，在列表中选择合适的数据，如选择"行政部"，如图8-89所示。

步骤03 填充其他数据。此时可看见B3单元格中自动填充了"行政部"，使用相同的方法在B8单元格中填充"行政部"文本，如图8-90所示。

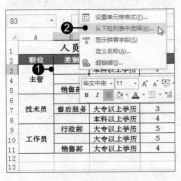
图 8-88

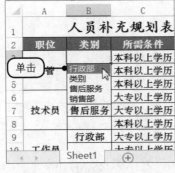
图 8-89

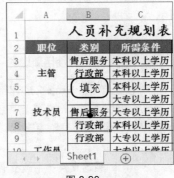
图 8-90

8.5.4 数据的选择性粘贴

选择性粘贴是 Microsoft Office 的一种粘贴选项，用户利用该功能可以将剪贴板中的内容粘贴为不同于内容源的格式。下面以数据的转置粘贴为例介绍具体的操作方法。

原始文件： 下载资源\实例文件\第8章\原始文件\农贸销售简表.xlsx
最终文件： 下载资源\实例文件\第8章\最终文件\数据的选择性粘贴.xlsx

步骤01 指定单元格内容。打开原始文件，选中"Sheet1"工作表中的B2:D2单元格区域，如图8-91所示。

步骤02 复制选中区域。❶切换至"开始"选项卡，❷单击"剪贴板"组中的"复制"按钮，如图8-92所示。

图 8-91

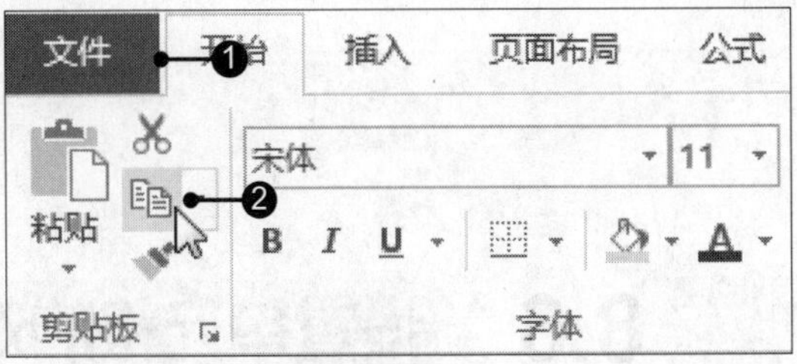

图 8-92

步骤03 指定粘贴单元格区域。❶切换至"Sheet2"工作表，❷选择A3:A5单元格区域，如图8-93所示。

步骤04 选择转置粘贴。❶单击"粘贴"按钮，❷在展开的下拉列表中单击"转置"选项，如图8-94所示。

步骤05 查看转置后的显示效果。此时可在A3:A5单元格区域中看到转置粘贴后的数据，如图8-95所示。

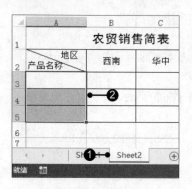
图 8-93

图 8-94

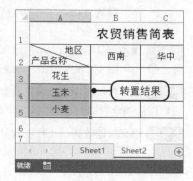
图 8-95

☀ 助跑地带——使用新增的"快速填充"功能

快速填充是 Excel 2016 新增的一项功能，该功能可以让一些不太复杂的字符串处理变得更简单。该功能十分智能化、人性化，它可以自动识别所输入的文本，然后找出该文本在工作表中的规律，按照该规律自动填充其他单元格。

原始文件：下载资源\实例文件\第8章\原始文件\销售记录表 .xlsx
最终文件：下载资源\实例文件\第8章\最终文件\使用新增的"快速填充"功能 .xlsx

（1）在E2单元格中输入文本。打开原始文件，❶在E2单元格中输入文本"杜良"，❷然后将鼠标指针移至E2单元格的右下角，如图8-96所示。

（2）实现快速填充。按住鼠标左键不放，向下拖动至E6单元格处释放鼠标，❶单击"自动填充选项"按钮，❷在展开的列表中单击"快速填充"单选按钮即可实现快速填充，如图8-97所示。

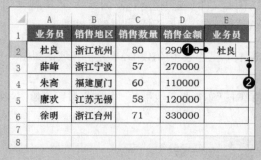
图 8-96

图 8-97

8.6 设置单元格的对齐方式

在"开始"选项卡下的"对齐方式"组中，用户可按照自己的需求设置表格中不同部分的对齐方式、文本控制及文字方向，下面分别介绍它们的设置方法。

8.6.1 设置文本的对齐方式

默认情况下，在单元格中输入的文本自动左对齐，输入的数字自动右对齐，而垂直方向则为居中，用户可根据需要设置不同的对齐方式。

原始文件：下载资源\实例文件\第8章\原始文件\电脑图书市场购买调查表.xlsx
最终文件：下载资源\实例文件\第8章\最终文件\设置文本的对齐方式.xlsx

步骤01 选择对齐方式。打开原始文件，❶选择要设置对齐方式的A2:F2单元格区域，❷单击"开始"选项卡下"对齐方式"组中的"居中"按钮，如图8-98所示。

步骤02 居中对齐后的效果。此时所选择区域的文本自动居中对齐，效果如图8-99所示。

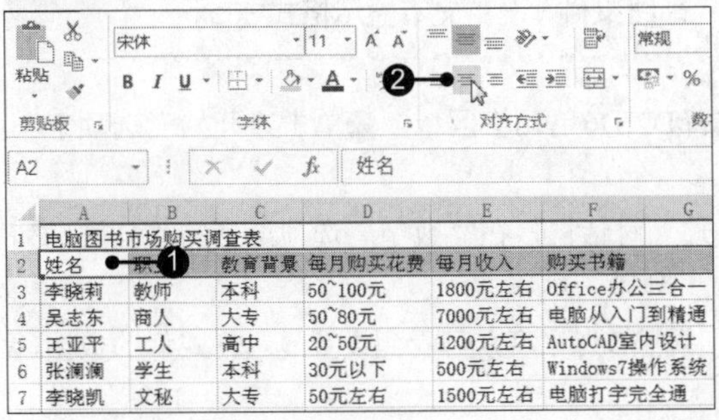

图 8-98

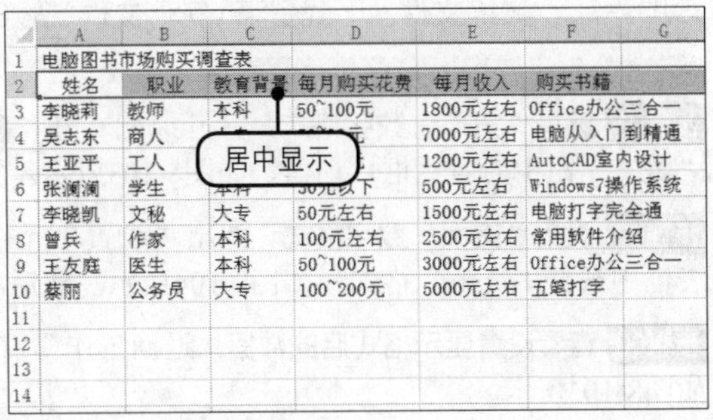

图 8-99

8.6.2 设置文本的自动换行

如果在单元格中输入的数据过多，又希望数据在单元格内以多行显示时，可以设置单元格格式为自动换行，也可以手动换行。

原始文件：下载资源\实例文件\第8章\原始文件\电脑图书市场购买调查表.xlsx
最终文件：下载资源\实例文件\第8章\最终文件\设置文本的自动换行.xlsx

步骤01 选择要进行自动换行的区域。打开原始文件，选择要进行自动换行的F3:F10单元格区域，如图8-100所示。

步骤02 执行自动换行操作。单击"开始"选项卡下"对齐方式"组中的"自动换行"按钮，如图8-101所示。

步骤03 自动换行后的效果。此时所选单元格区域内的文本自动换行，以多行显示，效果如图8-102所示。

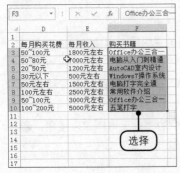

图 8-100

图 8-101

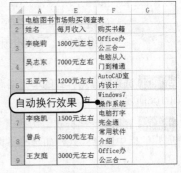

图 8-102

8.6.3 设置文本显示格式

Excel 提供了多种数据显示格式，主要包括数字、货币、日期、时间和百分比等格式，用户可以利用这些数字格式来让工作表中的数据更易理解。

原始文件: 下载资源\实例文件\第 8 章\原始文件\销售记录表 .xlsx
最终文件: 下载资源\实例文件\第 8 章\最终文件\设置文本显示格式 .xlsx

步骤01 选择"货币"数字格式。打开原始文件，❶选择D2:D6单元格区域，❷单击"开始"选项卡下"数字"组中的对话框启动器，如图8-103所示。

步骤02 设置"货币"数字格式。弹出"设置单元格格式"对话框，在"数字"选项卡下的"分类"列表框中选择"货币"格式，如图8-104所示，然后单击"确定"按钮。

步骤03 查看设置显示格式后的数据。返回工作簿窗口，调整D列宽度，可看到设置显示格式后的数据，如图8-105所示。

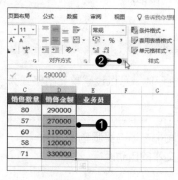

图 8-103

图 8-104

图 8-105

8.6.4 套用单元格和表格样式

Excel 提供了大量的单元格和表格样式，用户可以套用到工作表中的单元格和表格中。

原始文件: 下载资源\实例文件\第 8 章\原始文件\农贸销售简表 .xlsx
最终文件: 下载资源\实例文件\第 8 章\最终文件\套用单元格和表格样式 .xlsx

步骤01 选择要套用样式的单元格。打开原始文件，选择要套用样式的单元格，如选择A1单元格，如图8-106所示。

步骤02 套用单元格样式。切换至"开始"选项卡，❶单击"样式"组中的"单元格样式"按钮，❷在展开的库中选择样式，如选择"标题"样式，如图8-107所示。

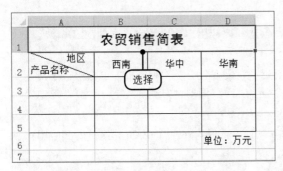

图 8-106

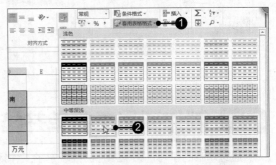

图 8-107

步骤03 选择要套用表格格式的单元格区域。此时可看到应用样式后的单元格，选择要套用表格样式的单元格区域，如选择A2:D5单元格区域，如图8-108所示。

步骤04 选择表格格式。切换至"开始"选项卡，①单击"样式"组中的"套用表格格式"按钮，②在展开的库中选择样式，如选择"表样式中等深浅2"样式，如图8-109所示。

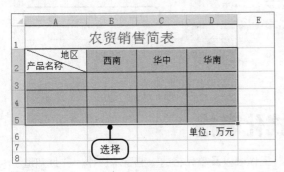

图 8-108

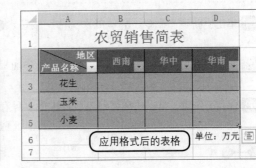

图 8-109

步骤05 设置包含标题。弹出"套用表格式"对话框，①勾选"表包含标题"复选框，②然后单击"确定"按钮，如图8-110所示。

步骤06 查看应用格式后的表格。返回工作簿窗口，此时可看到应用指定格式后的表格，如图8-111所示。

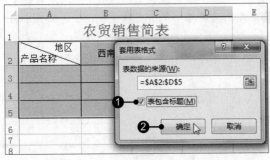

图 8-110

图 8-111

💡 **助跑地带——自定义数字格式**

原始文件：下载资源\实例文件\第8章\原始文件\销售记录表 .xlsx
最终文件：下载资源\实例文件\第8章\最终文件\自定义数字格式 .xlsx

（1）单击数字组的对话框启动器。打开原始文件，❶选择要应用自定义数字格式的D2:D6单元格区域，❷单击"数字"组中的对话框启动器，如图8-112所示。

（2）自定义数字格式。弹出"设置单元格格式"对话框，❶在"分类"列表框中单击"自定义"选项，❷在"类型"文本框中输入"G/通用格式"元""，如图8-113所示，最后单击"确定"按钮。

（3）查看应用自定义数字格式后的数据。返回工作簿窗口，此时可在D2:D6单元格区域看到应用自定义数据格式后的数据，如图8-114所示。

图 8-112

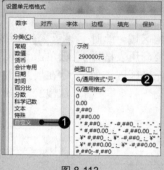

图 8-113

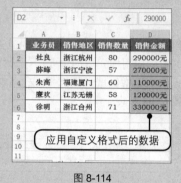

图 8-114

制作新员工名单并格式化表格

通过本章的学习，相信用户已经了解了工作簿、工作表以及单元格的一些基本操作，并且知道了如何在单元格中输入不同的数据以及设置单元格中文本的对齐方式等，为了加深用户对本章知识的印象，下面通过制作新员工名单并格式化表格来巩固本章所学知识。

原始文件：下载资源\实例文件\第8章\原始文件\新员工名单.xlsx
最终文件：下载资源\实例文件\第8章\最终文件\章节小试

步骤01 单击"新建"命令。❶单击"文件"按钮，❷在弹出的菜单中单击"新建"命令，如图8-115所示。

步骤02 新建空白工作簿。在右侧的"新建"选项面板中单击"空白工作簿"图标，如图8-116所示，选择新建空白工作簿。

步骤03 保存工作簿。单击快速访问工具栏中的"保存"按钮，如图8-117所示。

图 8-115

图 8-116

图 8-117

步骤04 选择保存到计算机中。❶切换至"另存为"选项面板，❷单击"浏览"按钮，如图8-118所示。

步骤05 设置保存选项。弹出"另存为"对话框，❶在地址栏中选择保存位置，❷在"文件名"文本框输入保存名称"新员工名单"，如图8-119所示，然后单击"保存"按钮。

图 8-118

图 8-119

步骤06 输入工作表新名称。输入工作表新名称"名单"后，按【Enter】键，如图8-120所示。

步骤07 输入标题和表头字段。在"名单"工作表中输入标题和表头字段，如图8-121所示。

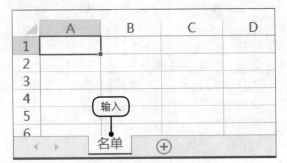

图 8-120

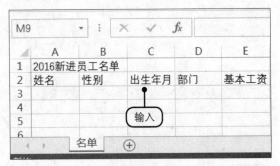

图 8-121

步骤08 输入名单内容。接着在工作表中输入各字段具体内容，"出生年月"列数据暂不输入，输入后的效果如图8-122所示。

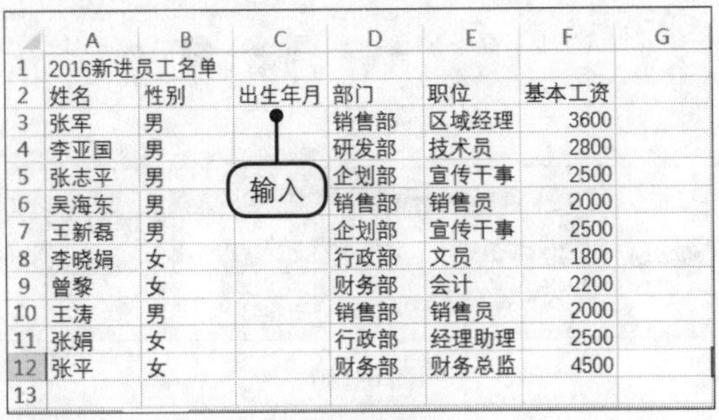

步骤09 设置"出生年月"列数据格式。❶选择C3:C12单元格区域，❷单击"开始"选项卡下"数字"组中的对话框启动器，如图8-123所示。

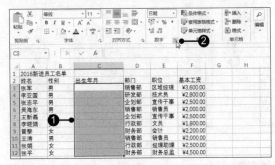

图 8-122

图 8-123

步骤10 设置日期格式。弹出"设置单元格格式"对话框，❶在"分类"列表框中选择"日期"类型，❷在"类型"列表框中选择"2012年3月14日"日期样式，如图8-124所示，最后单击"确定"按钮。

步骤11 输入"出生年月"列数据。返回工作表中，输入"出生年月"列数据，此时可以看到数据以所选择的日期样式显示，如图8-125所示。

步骤12 设置货币格式数据。❶选择F3:F12单元格区域，❷单击"开始"选项卡下"数字"组中"数字格式"右侧的下三角按钮，❸在展开的下拉列表中选择"货币"类型，如图8-126所示。

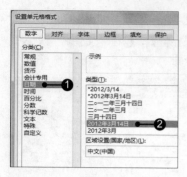

图 8-124

图 8-125

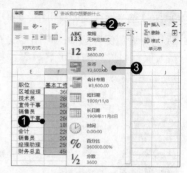

图 8-126

步骤13 合并单元格。单击"确定"按钮后返回工作表，此时所选区域的数字以货币形式显示。❶接着选中A1:F1单元格区域，❷单击"开始"选项卡下"对齐方式"组中的"合并后居中"按钮，如图8-127所示。

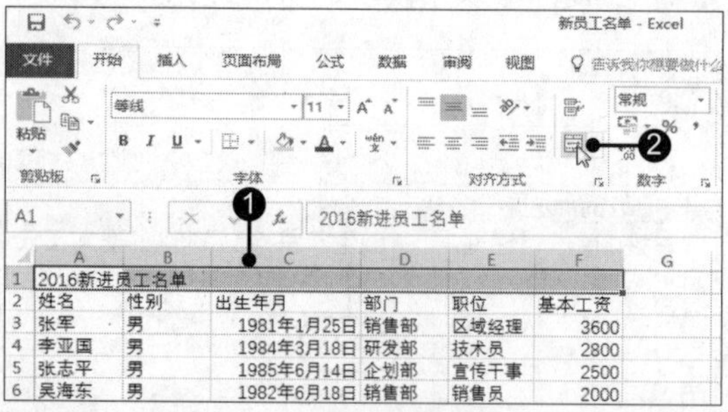

步骤14 插入列。❶此时所选区域合并为了一个单元格，并且标题居中显示。❷接着选中A列后右击，❸在弹出的快捷菜单中单击"插入"命令，如图8-128所示。

图 8-127

图 8-128

步骤15 自动填充等差序列。❶在"姓名"列前面插入空白列，输入新字段编号，在A3和A4单元格中分别输入"1"和"2"，❷选择A3:A4单元格区域，拖曳填充柄至A12单元格，如图8-129所示。

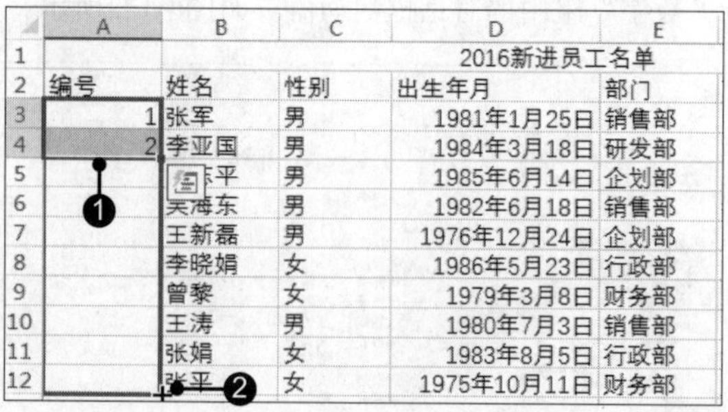

步骤16 设置字段对齐方式。❶释放鼠标左键，系统自动按照步长值1填充等差序列，❷接着选中A2:G2单元格区域，❸单击"开始"选项卡下"对齐方式"组中的"居中"按钮，如图8-130所示。

图 8-129

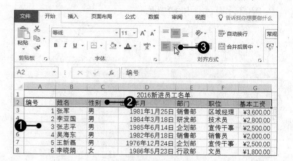

图 8-130

步骤17 "新员工名单"工作表的最终效果。经过前面的设置，最终得到的"新员工名单"工作表效果如图8-131所示。

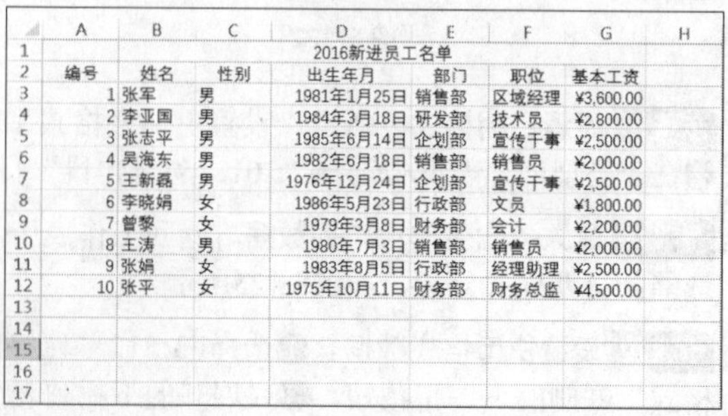

图 8-131

第9章 公式与函数的应用

使用 Excel 管理数据，一般都会用到表格计算功能。Excel 具有强大的表格计算功能，包括公式计算和函数计算。公式是电子表格中进行数值计算的等式，Excel 中所有的公式都含有等号。而函数是一些预定义的公式，许多 Excel 函数都是常用公式的简写形式。本章将具体介绍如何使用公式以及常用函数处理工作表中的数据。

9.1 认识公式

在 Excel 中，公式是在工作表中对数据进行分析的等式。公式中可以包含的元素有运算符、函数、常数、单元格引用和单元格区域引用。需要注意的是，公式以等号（=）开始。下面的公式表示将 B3 单元格中的数值加上 18，再除以 A3、B3、C3、D3、E3 和 F3 单元格中的数值的和。

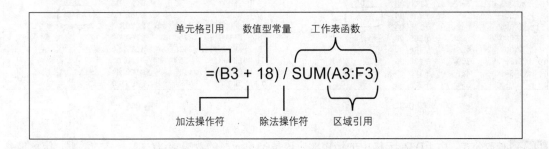

9.2 公式的使用

公式是在工作表中进行数值计算的等式，使用它可以对工作表中的数值进行加、减、乘、除等各种运算。

9.2.1 输入与编辑公式

在 Excel 中输入公式必须遵循特定的语法和次序，即最前面的必须是等号"="，后面是参与计算的元素和运算符。公式的输入方法与文字型数据的输入方法类似，当输入的公式有误时，则可以手动编辑公式。

 原始文件：下载资源\实例文件\第 9 章\原始文件\各型号产品本月销售情况 .xlsx
最终文件：下载资源\实例文件\第 9 章\最终文件\输入与编辑公式 .xlsx

步骤01 选择要输入公式的单元格。打开原始文件，选择要输入公式的D3单元格，如图9-1所示。

步骤02 输入等号。直接在单元格中输入等号"="，如图9-2所示。

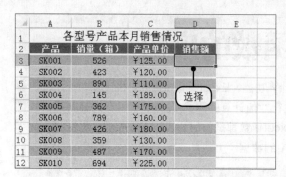

各型号产品本月销售情况

产品	销量（箱）	产品单价	销售额
SK001	526	¥125.00	
SK002	423	¥120.00	
SK003	890	¥110.00	
SK004	145	¥189.00	
SK005	362	¥175.00	
SK006	789	¥160.00	
SK007	426	¥180.00	
SK008	359	¥130.00	
SK009	487	¥170.00	
SK010	694	¥225.00	

图 9-1

各型号产品本月销售情况

产品	销量（箱）	产品单价	销售额
SK001	526	¥125.00	=
SK002	423	¥120.00	
SK003	890	¥110.00	
SK004	145	¥189.00	
SK005	362	¥175.00	
SK006	789	¥160.00	
SK007	426	¥180.00	
SK008	359	¥130.00	
SK009	487	¥170.00	
SK010	694	¥225.00	

图 9-2

步骤03 **输入单元格地址**。接着输入参与计算的参数，如输入“B3”，再输入运算符“*”，然后输入“C4”，即计算B3与C4单元格数据的乘积，如图9-3所示。

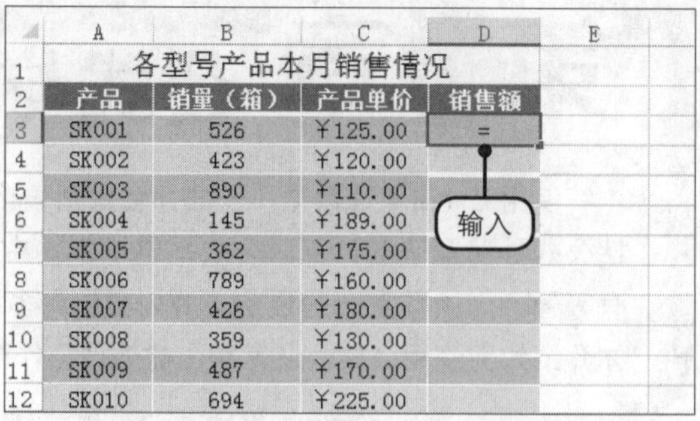

步骤04 **查看计算结果**。按下【Enter】键，此时可在D3单元格中看到公式计算的结果，如图9-4所示。

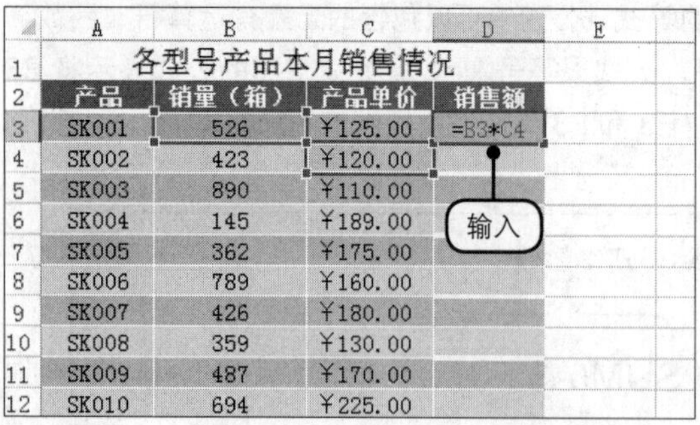

各型号产品本月销售情况

产品	销量（箱）	产品单价	销售额
SK001	526	¥125.00	=B3*C4
SK002	423	¥120.00	
SK003	890	¥110.00	
SK004	145	¥189.00	
SK005	362	¥175.00	
SK006	789	¥160.00	
SK007	426	¥180.00	
SK008	359	¥130.00	
SK009	487	¥170.00	
SK010	694	¥225.00	

图 9-3

各型号产品本月销售情况

产品	销量（箱）	产品单价	销售额
SK001	526	¥125.00	¥63,120.00
SK002	423	¥120.00	
SK003	890	¥110.00	
SK004	145	¥189.00	
SK005	362	¥175.00	
SK006	789	¥160.00	
SK007	426	¥180.00	
SK008	359	¥130.00	
SK009	487	¥170.00	
SK010	694	¥225.00	

图 9-4

步骤05 **修改公式**。由于D3单元格中的销售额应该是B3单元格的数据乘以C3单元格的数据，因此需要修改数据，❶选中D3单元格，❷将光标定位到编辑栏中，然后修改公式中第二个要引用的单元格，将其修改为“C3”，如图9-5所示。

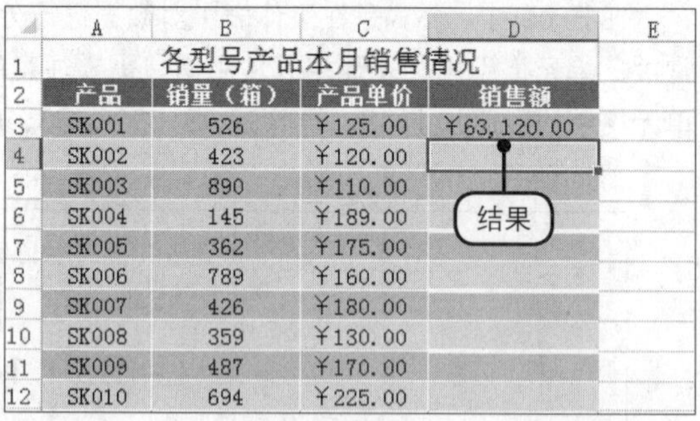

步骤06 **查看修改公式后的计算结果**。按【Enter】键后可看到计算结果，如图9-6所示。

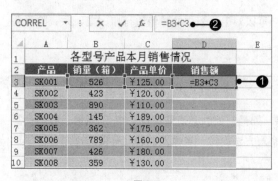

各型号产品本月销售情况

产品	销量（箱）	产品单价	销售额
SK001	526	¥125.00	=B3*C3
SK002	423	¥120.00	
SK003	890	¥110.00	
SK004	145	¥189.00	
SK005	362	¥175.00	
SK006	789	¥160.00	
SK007	426	¥180.00	
SK008	359	¥130.00	

图 9-5

各型号产品本月销售情况

产品	销量（箱）	产品单价	销售额
SK001	526	¥125.00	¥65,750.00
SK002	423	¥120.00	
SK003	890	¥110.00	
SK004	145	¥189.00	
SK005	362	¥175.00	
SK006	789	¥160.00	
SK007	426	¥180.00	
SK008	359	¥130.00	
SK009	487	¥170.00	
SK010	694	¥225.00	

图 9-6

9.2.2 复制公式

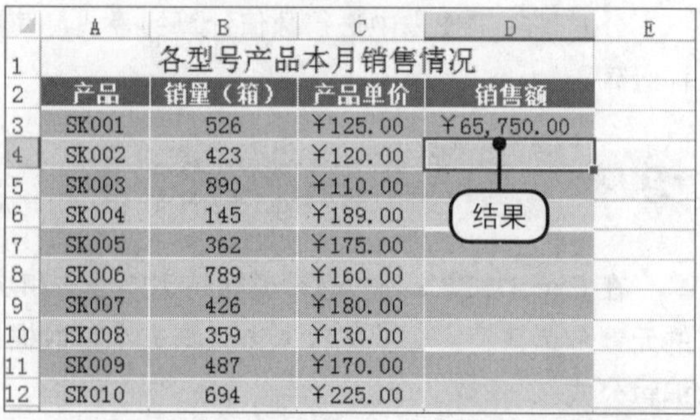

若要在其他单元格中输入与某一单元格中相同的公式，可使用Excel的复制公式功能，这样可省去重复输入相同内容的操作。

步骤01 复制公式。打开原始文件，❶选择要复制公式的D3单元格，❷单击"开始"选项卡"剪贴板"组中的"复制"按钮，如图9-7所示。

步骤02 选择粘贴公式。❶选择要粘贴公式的D4:D12单元格区域，❷单击"开始"选项卡下"剪贴板"组中"粘贴"的下三角按钮，❸从展开的下拉列表中选择"公式"选项，如图9-8所示。

步骤03 查看粘贴公式后的效果。此时可看到粘贴公式后的计算结果，如图9-9所示。

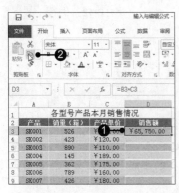
图 9-7

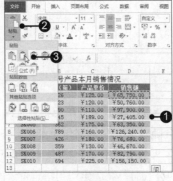
图 9-8

图 9-9

9.3 单元格的引用方式

在使用公式进行数据计算时，除了直接使用常量数据（如数值常量1、2、3，文本常量"销售工程师""女"）外，还可以引用单元格。如在公式"=A4*C8+$D$2/12"中，就引用了A4、C8和D2单元格，其中A4和D8单元格是相对引用，而$D$2是绝对引用。

9.3.1 相对引用

相对引用包含了当前单元格与公式所在单元格的相对位置。在默认情况下，Excel 2016使用相对引用。在相对引用下，将公式复制到某一单元格时，单元格中的公式是相对变化的，但引用的单元格与包含公式的单元格的相对位置不变。

步骤01 输入公式。打开原始文件，❶在D3单元格中输入公式"=B3*C3"，按下【Enter】键，❷将鼠标指针移到D3单元格右下角，此时鼠标指针变成十字形状，如图9-10所示。

步骤02 拖动填充柄至D12单元格。按住鼠标左键不放向下拖动填充柄，如图9-11所示。

步骤03 相对引用结果。拖至D12单元格后释放鼠标左键，此时可以看到系统自动为D4:D12单元格区域计算出了销售额，可以看出D4:D12单元格区域的公式发生了变化，如图9-12所示。

图 9-10

图 9-11

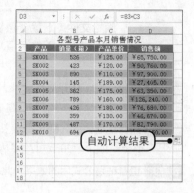

图 9-12

9.3.2　绝对引用

绝对引用是指将公式复制到新位置后，公式中的单元格地址固定不变，因而进行公式计算时，被绝对引用的单元格所包含的公式不会随着单元格的变化而变化。在 Excel 中，绝对引用是通过单元格地址的"冻结"来达到的。在公式中相对引用的单元格的列标和行号之前添加"$"符号，便可成为绝对引用。在复制使用了绝对引用的公式时，将固定引用指定位置的单元格。

通常在使用公式进行计算时，遇到某一固定单元格需要同其他单元格进行多次计算时，该单元格就会被绝对引用，这样在将该公式填充到其他单元格时，该单元格会保持不变，提高了计算的速度。

原始文件： 下载资源\实例文件\第9章\原始文件\产品良品数量 .xlsx
最终文件： 下载资源\实例文件\第9章\最终文件\绝对引用 .xlsx

步骤01 输入公式。打开原始文件，在C3单元格中输入公式"=B3*E13"，选中"E3"，按【F4】键，将"E3"转换为绝对引用，如图9-13所示。

步骤02 显示计算结果。转换过后，按【Enter】键，得到的计算结果如图9-14所示。

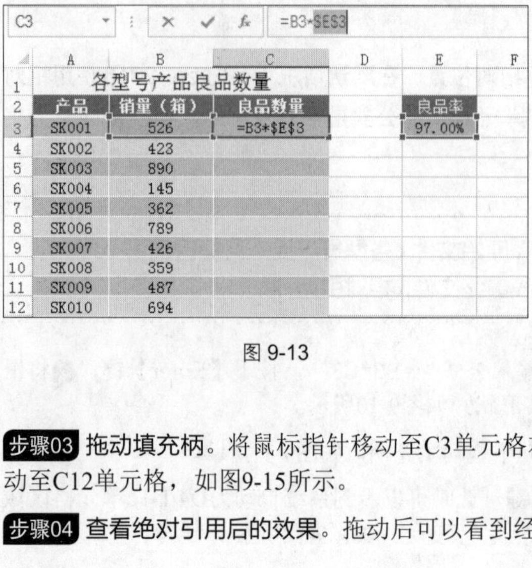

图 9-13

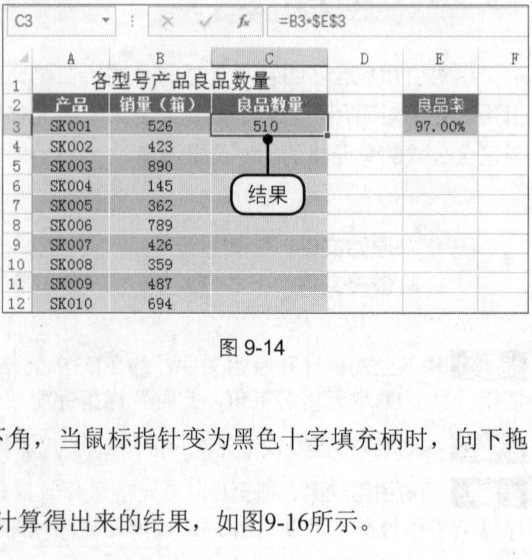

图 9-14

步骤03 拖动填充柄。将鼠标指针移动至C3单元格右下角，当鼠标指针变为黑色十字填充柄时，向下拖动至C12单元格，如图9-15所示。

步骤04 查看绝对引用后的效果。拖动后可以看到经过计算得出来的结果，如图9-16所示。

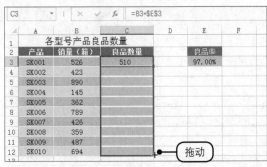

图 9-15

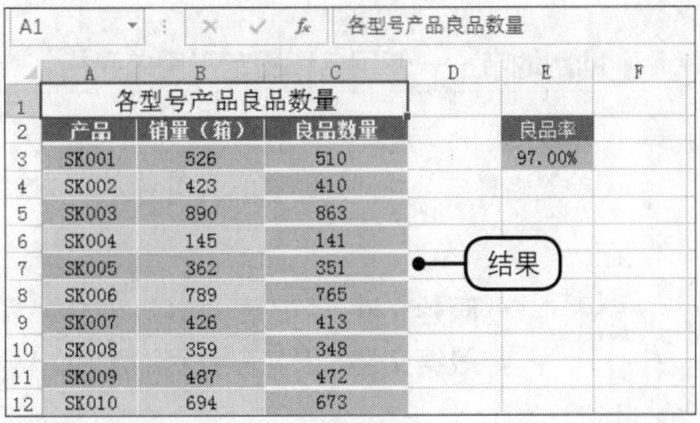

图 9-16

9.3.3 混合引用

单元格的混合引用是在一个单元格地址引用中，既有绝对单元格地址引用，又有相对单元格地址引用。如果公式所在单元格的位置改变，则相对引用改变，而绝对引用不变。混合引用常常发生在某一行或者某一列需要同其他几列或者其他几行进行计算时，需要将该行或者该列进行绝对引用，而不是针对某一个单元格进行绝对引用。

原始文件：下载资源\实例文件\第 9 章\原始文件\产品质量等级数量情况 .xlsx
最终文件：下载资源\实例文件\第 9 章\最终文件\混合引用 .xlsx

步骤01 输入公式并转换为混合引用。打开原始文件，在C4单元格中输入公式"=B4*C3"，按【F4】键，分别将"B4""C3"转换为混合引用，如图9-17所示。

步骤02 显示结果。按【Enter】键后将会显示结果，拖动填充柄至E4单元格得出计算结果，如图9-18所示。

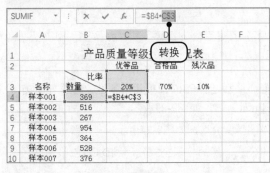

图 9-17

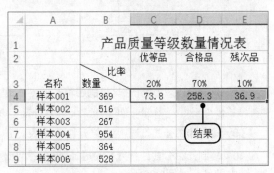

图 9-18

步骤03 完成数据计算。得出计算结果后，再次拖动填充柄至E10单元格，即可计算出所有数据，如图9-19所示。

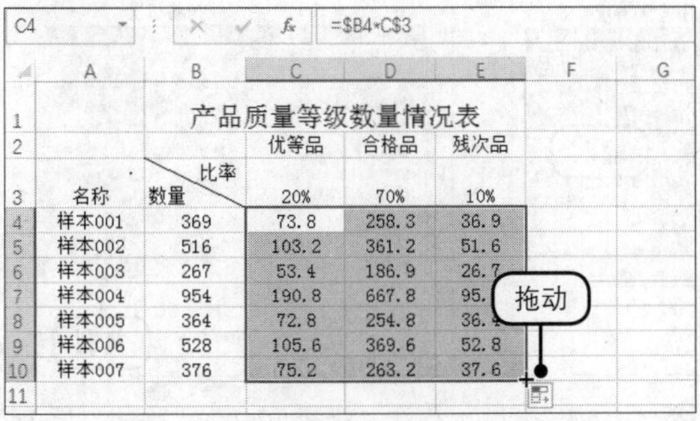

图 9-19

知识点拨 | **相对引用、绝对引用、混合引用的切换**

需要对三种不同的引用进行切换时，只需要按【F4】键即可。

助跑地带——使用名称固定引用单元格

Excel 提供了定义名称的功能，用户可以为指定的单元格或单元格区域定义容易记住的名称，在引用单元格参与公式计算时直接利用名称参与计算。

原始文件: 下载资源\实例文件\第9章\原始文件\各型号产品本月销售情况 .xlsx
最终文件: 下载资源\实例文件\第9章\最终文件\使用固定名称引用单元格 .xlsx

（1）选择B3:B12单元格区域。打开原始文件，选择要定义名称的单元格区域，如选择B3:B12单元格区域，如图9-20所示。

（2）单击"定义名称"按钮。❶切换至"公式"选项卡，❷单击"定义的名称"组中的"定义名称"按钮，如图9-21所示。

（3）设置名称。弹出"新建名称"对话框，❶在"名称"右侧的文本框中输入名称，如输入"销量"，❷单击"确定"按钮，如图9-22所示。

图 9-20

图 9-21

图 9-22

（4）定义C3:C12单元格区域的名称。返回工作簿窗口，❶选择C3:C12单元格区域，❷在左上方的名称框中输入名称，如输入"单价"，然后按【Enter】键，如图9-23所示。

（5）输入计算公式。选中D3单元格，输入公式"=销量*单价"，如图9-24所示。

（6）复制计算公式。按【Enter】键后可看到计算的公式，然后将该公式复制到D4:D12单元格区域中即可，如图9-25所示。

图 9-23

图 9-24

图 9-25

9.4 公式审核

通过使用 Excel 的审核功能，可以检查工作表中的公式可能发生的错误，以及某项数据和其他数据之间的关系。

9.4.1 追踪单元格

追踪单元格包括追踪引用单元格和追踪从属单元格，其中追踪引用单元格是指指明影响当前所选单元格值变化的单元格，而追踪从属单元格是指指明受当前所选单元格影响的单元格。

 原始文件： 下载资源\实例文件\第9章\原始文件\相对引用.xlsx
最终文件： 无

1. 追踪引用单元格

在"公式"选项卡下单击一次"追踪引用单元格"，可显示直接引用的单元格，再单击，显示附加级的间接引用单元格。

步骤01 选择要追踪的单元格。打开原始文件，选中要追踪的单元格D3，如图9-26所示。

步骤02 执行追踪引用单元格操作。切换至"公式"选项卡，单击"公式审核"组中的"追踪引用单元格"按钮，如图9-27所示。

步骤03 追踪到的引用单元格。此时工作表中出现蓝色的追踪箭头，清晰地标示出该公式所引用的单元格，其中可以清晰地看到引用的单元格包括B3和C3，如图9-28所示。

图 9-26

图 9-27

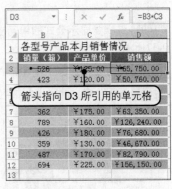

图 9-28

2. 追踪从属单元格

使用追踪从属单元格功能可以显示出直接引用此单元格的从属单元格，它用于指示受当前所选单元格值影响的单元格。

步骤01 选择要追踪的单元格。打开原始文件，选中要追踪的单元格C6，如图9-29所示。

步骤02 执行追踪从属单元格操作。单击"公式"选项卡下"公式审核"组中的"追踪从属单元格"按钮，如图9-30所示。

步骤03 追踪到的从属单元格。此时工作表中出现蓝色的追踪箭头，清晰地标示出该单元格公式从属的单元格，其中可以清晰地看到其从属单元格为D6单元格，如图9-31所示。

图 9-29

图 9-30

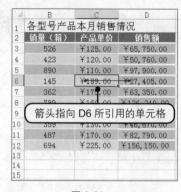

图 9-31

> **知识点拨** **移去箭头**
>
> 追踪完毕引用单元格或从属单元格后,可将工作表中的蓝色箭头移走。单击"公式"选项卡下"公式审核"组中的"移去箭头"右侧的下三角按钮,在展开的下拉列表中选择要移走的追踪箭头即可。

9.4.2 显示使用的公式

使用 Excel 时,有时候可能既要写出计算公式,也要看到结果,于是相同的公式在 Excel 里面要填两次,一次是在文本格式的单元格中输入公式,一次是在数据格式的单元格中输入公式让 Excel 计算结果。其实,要达到这样的效果,使用 Excel 中的显示公式功能直接就能实现。

 原始文件:下载资源 \ 实例文件 \ 第 9 章 \ 原始文件 \ 相对引用 .xlsx
最终文件:无

步骤01 选择要显示公式的单元格区域。打开原始文件,选择要显示公式的D3:D12单元格区域,如图9-32所示。

步骤02 启动显示公式操作。单击"公式"选项卡下"公式审核"组中的"显示公式"按钮,如图9-33所示。

步骤03 显示公式。此时选择的区域显示出了计算的公式,效果如图9-34所示。

图 9-32

图 9-34

9.4.3 查看公式求值

对于一些复杂的公式,可以利用"公式求值"功能,分段检查公式的返回结果,以查找出错误所在。

原始文件： 下载资源 \ 实例文件 \ 第 9 章 \ 原始文件 \ 企业生产和经营数据表 .xlsx
最终文件： 无

步骤01 启动公式求值功能。打开原始文件，❶选中要进行公式求值的单元格I3，❷单击"公式"选项卡下"公式审核"组中的"公式求值"按钮，如图9-35所示。

步骤02 求值第一步。弹出"公式求值"对话框，❶在"求值"文本框中显示了该单元格完整的公式，❷单击"求值"按钮，如图9-36所示。

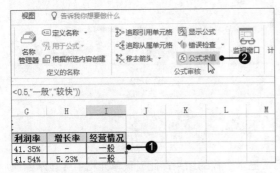

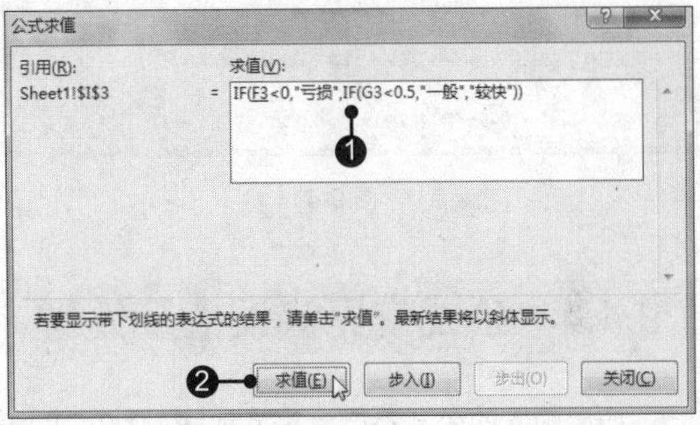

图 9-35

图 9-36

步骤03 求值第二步。❶显示出"F3<0"的计算过程"1035<0"，❷继续单击"求值"按钮，如图9-37所示。

步骤04 求值第三步。❶显示出"1035<0"的求值结果，结果为"FALSE"，❷继续单击"求值"按钮，如图9-38所示。

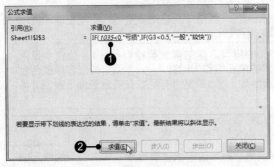

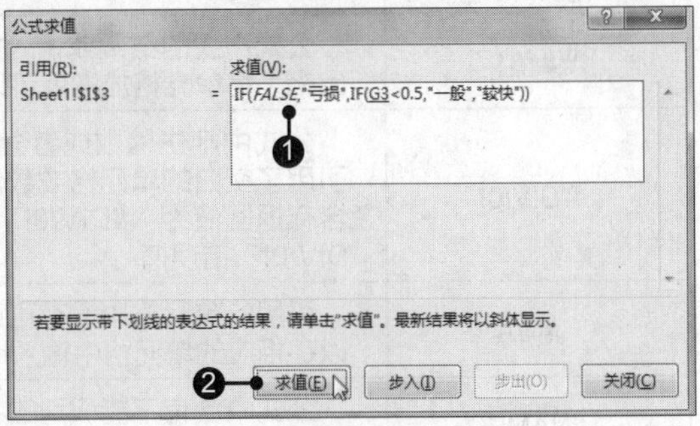

图 9-37

图 9-38

步骤05 求值第四步。❶显示出"G3<0.5"的计算过程"0.413503795445465<0.5"，❷继续单击"求值"按钮，如图9-39所示。

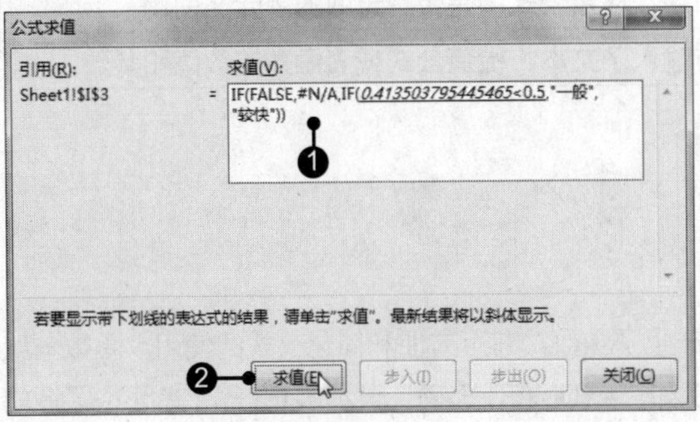

步骤06 求值第五步。❶显示出"0.413503795445465<0.5"的求值结果为"TRUE"，❷继续单击"求值"按钮，如图9-40所示。

图 9-39

图 9-40

步骤07 求值第六步。❶显示出"IF(TRUE,"一般","较快")"的求值结果为"一般",❷继续单击"求值"按钮,如图9-41所示。

步骤08 求值第七步。❶显示最后一步"IF(FALSE,"#N/A","一般")"的求值结果为"一般",❷最后单击"关闭"按钮,如图9-42所示。

图 9-41

图 9-42

9.4.4 公式常见错误值及处理

如果输入的公式不符合格式或者其他要求,就无法显示运算的结果,此时该单元格中会显示错误值信息,如"####!""#DIV/0!""#N/A""#NAME?""#NULL!""#NUM!""#REF!""#VALUE!"。了解这些错误值信息的含义,可以帮助用户修改单元格中的公式。Excel 中的错误值及其含义见表 9-1。

表9-1

错误值	含义
####!	公式产生的结果或输入的常数太长,当前单元格宽度不够,不能正确地显示出来,将单元格加宽就可以避免这种错误
#DIV/0!	公式中产生除数或者分母为0的错误,这时候就要检查:(1)公式中是否引用了空白的单元格或数值为0的单元格作为除数;(2)引用的宏程序是否包含有返回值为"#DIV/0!"的宏函数;(3)是否有函数在特定条件下返回"#DIV/0!"错误值
#N/A	引用的单元格中没有可以使用的数值,在建立数学模型缺少个别数据时,可以在相应的单元格中输入#N/A,以免引用空单元格
#NAME?	公式中含有不能识别的名字或者字符,这时候就要检查公式中引用的单元格名字是否输入了不正确的字符
#NULL!	试图为公式中两个不相交的区域指定交叉点,这时候就要检查是否使用了不正确的区域操作符或者不正确的单元格引用
#NUM!	公式中某个函数的参数不对,这时候就要检查函数的每个参数是否正确
#REF!	引用中有无效的单元格,移动、复制和删除公式中的引用区域时,应当注意是否破坏了公式中的单元格引用,检查公式中是否有无效的单元格引用
#VALUE!	在需要数值或者逻辑值的地方输入了文本,检查公式或者函数的数值和参数

9.5 函数的使用

Excel 将具有特定功能的一组公式组合在一起,便产生了函数,它可方便和简化公式的使用。函数一般包括 3 个部分:"等号(=)""函数"和"参数",例如"=SUM(E3:E12)"表示求 E3:E12 单元格区域内所有数据之和。

9.5.1 插入函数

　　函数的输入方法有两种：一种是像在单元格中输入公式那样输入函数，另一种是使用"插入函数"对话框输入函数。前者的输入方法较为简单，就像输入一般公式一样在单元格中输入即可，这里不再赘述，但使用这种方法需要对函数及其参数非常熟悉。下面讲解第二种方法的使用步骤。

原始文件： 下载资源 \ 实例文件 \ 第 9 章 \ 原始文件 \ 成绩表 .xlsx
最终文件： 下载资源 \ 实例文件 \ 第 9 章 \ 最终文件 \ 插入函数 .xlsx

步骤01 选择要插入函数的单元格。打开原始文件，首先选中要插入函数的单元格G3，如图9-43所示。

步骤02 启动插入函数功能。单击"公式"选项卡下"函数库"组中的"插入函数"按钮，如图9-44所示。

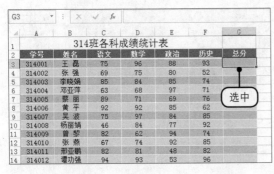

图 9-43

图 9-44

> **知识点拨** 通过编辑栏按钮插入函数
>
> 　　用户还可以在选定要插入函数的单元格后，单击编辑栏中的插入图标 f_x，同样可以启动插入函数功能。

步骤03 选择函数。弹出"插入函数"对话框，❶在"或选择类别"下拉列表中选择要插入函数的类型，如选择"数学与三角函数"类型，❷在"选择函数"列表框中选择要插入的函数，如选择"SUM"函数，如图9-45所示，然后单击"确定"按钮。

步骤04 设置函数参数。弹出"函数参数"对话框，在"Number1"文本框中输入函数的参数，这里输入要参与计算的单元格区域"C3:F3"，如图9-46所示，然后单击"确定"按钮。

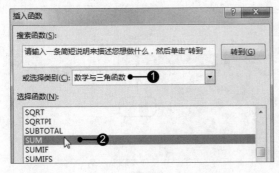

图 9-45

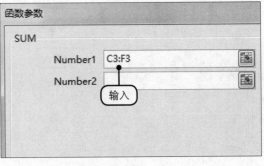

图 9-46

若用户不清楚需要插入的函数，可在打开的"插入函数"对话框中的"搜索函数"文本框中输入要搜索函数的关键字，如输入"求和"，单击"转到"按钮，系统将自动搜索出符合要求的所有函数，选择需要的函数插入即可。

步骤05 使用函数求值结果。返回工作表中，❶在G3单元格显示了计算的结果为"352"，❷在编辑栏中显示了完整的公式"=SUM(C3:F3)"，如图9-47所示。

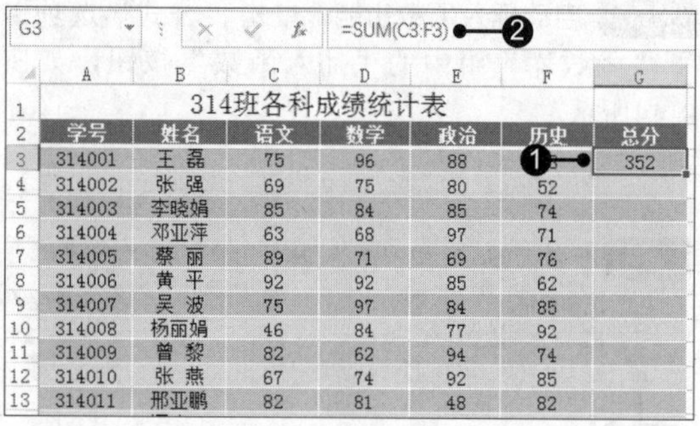

步骤06 复制公式。拖动G3单元格右下角的填充柄向下复制公式至G18单元格，得到每名学生的成绩总分，结果如图9-48所示。

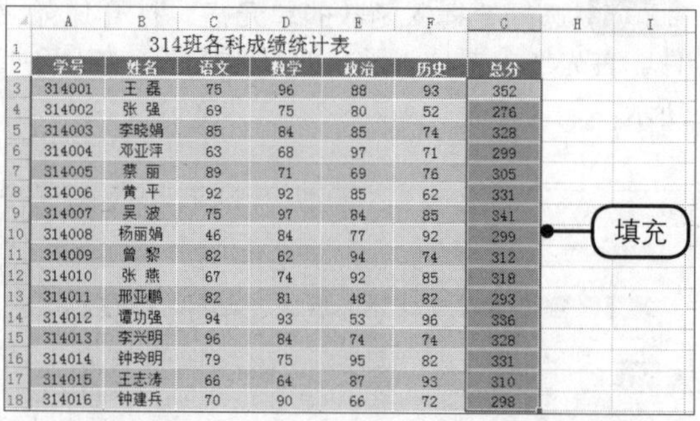

图 9-47

图 9-48

9.5.2 使用嵌套函数

一个函数可以用作其他函数的参数，当函数被用作参数时，此函数称为嵌套函数。公式中最多可以包含 7 层嵌套函数。作为参数使用的函数返回值的数值类型必须与此参数所要求的数据类型相同。

还是采用上述的例子，要求计算出总分大于 330 分的学生并显示为"优秀"，其他的不显示任何字样。

原始文件: 下载资源\实例文件\第9章\原始文件\成绩表 .xlsx
最终文件: 下载资源\实例文件\第9章\最终文件\使用嵌套函数 .xlsx

步骤01 添加列。打开原始文件，在最末一列后再添加一列"等级"，如图9-49所示。

步骤02 输入嵌套公式。在H3单元格中输入公式"=IF(SUM(C3:F3)>330,"优秀","")"，该公式是在IF函数中嵌套了SUM函数，如图9-50所示。

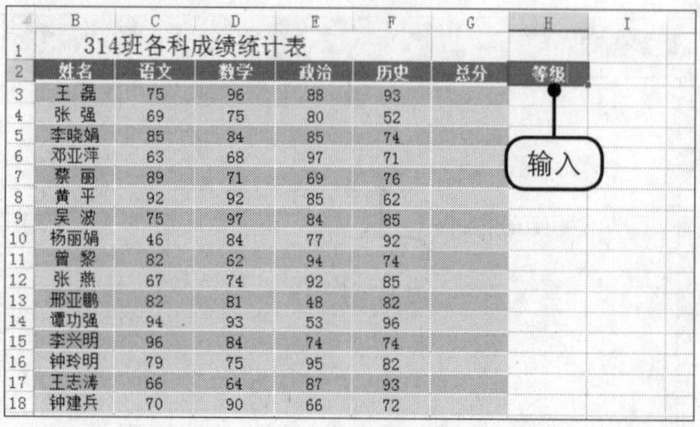

图 9-49

图 9-50

步骤03 求值结果。按【Enter】键，得到该名学生的等级为"优秀"，如图9-51所示。

步骤04 复制公式。拖动H3单元格右下角的填充柄向下复制公式至H18单元格中，得到所有学生的等级情况，可以看到一共有5名学生的等级为"优秀"，如图9-52所示。

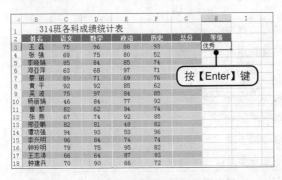

图 9-51　　　　　　　　　　　　　图 9-52

知识点拨 函数的嵌套调用需注意的两个问题

　　第一点：有效的返回值。当嵌套函数作为参数使用时，它返回的数值类型必须与参数使用的数值类型相同。例如，如果参数需要一个 true 或 false 值时，那么该位置的嵌套函数也必须返回一个 true 或 false 值，否则，Excel 将显示 #VALUE! 错误值。

　　第二点：嵌套级数限制。公式中最多可以包含 7 级嵌套函数。在形如 a(b(c(d))) 的函数调用中，如果 a、b、c、d 都是函数名，则函数 b 称为第二级函数，c 称为第三级函数。

💡 **助跑地带——函数的记忆输入**

　　要更轻松地创建和编辑公式，并将键入错误和语法错误减到最少，可使用"公式记忆式键入"。在键入 =（等号）和前几个字母或某个显示触发器之后，Excel会在单元格下方显示一个与这些字母或触发器匹配的有效函数、名称和文本字符串的动态下拉列表，这时就可以使用 Insert 触发器将下拉列表中的项目插入公式中，如图9-53 所示。

图 9-53

❶键入 =（等号）和前几个字母或某个显示触发器以启动"公式记忆式键入"。

❷在键入时，将显示有效项目的可滚动列表，并突出显示最接近的匹配。

❸这些图标表示输入类型，如函数或表引用。

❹详细的屏幕提示可帮助用户做出最佳选择。

表 9-2 汇总了可以用来滚动 "公式记忆式键入" 下拉列表的按键。

表9-2

按　键	功　能
向左键	将插入点左移一个字符
向右键	将插入点右移一个字符
向上键	将选定内容上移一项
向下键	将选定内容下移一项
End	选择最后一项
Home	选择第一项
Page Down	下移一页并选择新项目
Page Up	上移一页并选择新项目
Esc(或单击另一个单元格)	关闭下拉列表
Alt+向下键	打开或关闭 "公式记忆式键入"

9.6　简单的函数运算

Excel 2016 中包括 13 种类型的上百个具体函数，每个函数的应用各不相同，下面对几种常用的函数进行介绍，包括 COUNT/COUNTA 函数、SUMIF 函数、VLOOKUP 函数、YEAR/MONTH/DAY 函数和 TEXT 函数的使用。

9.6.1　COUNT/COUNTA函数的使用

COUNT 函数用于计算包含数字的单元格及参数列表中数字的个数，使用该函数获取数字区域或数组中的数字字段中的项目数。

其函数语法结构如下：

COUNT(value1, [value2], ...)

参数含义：

value1：要计算其中数字的个数的第一项参数，可以是单元格引用或单元格区域引用。

value2, ...：要计算其中数字的个数的其他项、单元格引用或区域，最多可包含 255 个。

COUNTA函数计算单元格区域中不为空的单元格的个数。

其函数语法结构如下：

COUNTA(value1, [value2], ...)

参数含义：

value1：表示要计数的值的第一个参数，可以是单元格引用或单元格区域引用；

value2, ...：表示要计数的值的其他参数，可以是单元格引用或单元格区域引用；最多可包含255个参数。

下面利用 COUNT 函数和 COUNTA 函数来统计员工的应到人数和实到人数。

原始文件： 下载资源 \ 实例文件 \ 第 9 章 \ 原始文件 \ 员工签到统计表 .xlsx
最终文件： 下载资源 \ 实例文件 \ 第 9 章 \ 最终文件 \ COUNT 与 COUNTA 函数的使用 .xlsx

步骤01 在E8单元格中插入函数。打开原始文件，❶选中要插入函数的单元格，如选中E8单元格，❷然后单击编辑栏中的"插入函数"按钮，如图9-54所示。

步骤02 选择COUNT函数。弹出"插入函数"对话框，❶从"或选择类别"下拉列表中选择"统计"，❷在"选择函数"列表框中选择"COUNT"函数，如图9-55所示，最后单击"确定"按钮。

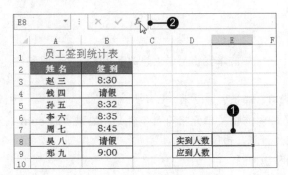

图 9-54

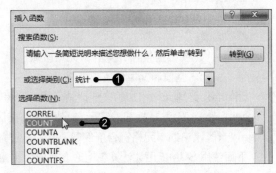

图 9-55

步骤03 设置函数参数。弹出"函数参数"对话框，在"Value1"右侧的文本框中输入参数，如设置参数为"B3:B9"，如图9-56所示，然后单击"确定"按钮。

步骤04 查看计算的实到人数。返回工作簿窗口，❶此时可看到计算出的实到人数，❷然后选中E9单元格，如图9-57所示。

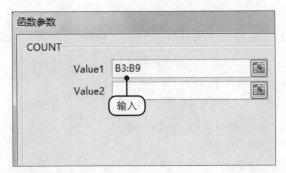

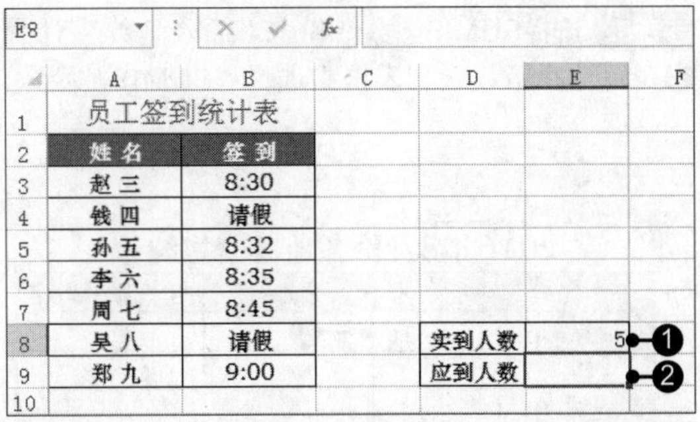

图 9-56

图 9-57

步骤05 选择COUNTA函数。打开"插入函数"对话框，❶设置"或选择类别"为"统计"，❷然后在"选择函数"列表框中选择"COUNTA"函数，如图9-58所示，最后单击"确定"按钮。

步骤06 设置函数参数。弹出"函数参数"对话框，在"Value1"右侧的文本框中输入参数，如设置参数为"B3:B9"，如图9-59所示，然后单击"确定"按钮。

步骤07 查看计算的应到人数。返回工作簿窗口，此时可看见计算出的应到人数，如图9-60所示。

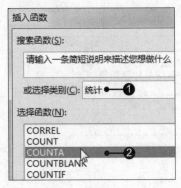

图 9-58

图 9-59

图 9-60

9.6.2 SUMIF函数的使用

SUMIF 函数的功能是按给定条件对指定单元格求和。

其函数语法结构如下：

SUMIF(range,criteria,sum_range)

参数含义：

range：是要根据条件计算的单元格区域。每个区域中的单元格都必须是数字和名称、数组和包含数字的引用。空值和文本值将被忽略。

criteria：是单元格相加的条件，其形式可以为数字、表达式或文本。

sum_range：为要相加的实际单元格（如果区域内的相关单元格符合条件）。如果省略 sum_range，当区域中的单元格符合条件时，它们既按条件计算，也执行相加。

下面使用 SUMIF 函数计算各地区 3 月份的销量和销售额。

原始文件： 下载资源 \ 实例文件 \ 第 9 章 \ 原始文件 \ 各地区销售统计 .xlsx
最终文件： 下载资源 \ 实例文件 \ 第 9 章 \ 最终文件 \SUMIF 函数的使用 .xlsx

步骤01 选择要插入函数的单元格。打开原始文件，❶选中要插入函数的单元格B21，❷单击编辑栏中的"插入函数"按钮，如图9-61所示。

步骤02 选择SUMIF函数。弹出"插入函数"对话框，❶设置"或选择类别"为"数学与三角函数"，❷在"选择函数"列表框中选择"SUMIF"函数，如图9-62所示，然后单击"确定"按钮。

图 9-61   图 9-62

步骤03 设置SUMIF函数参数。弹出"函数参数"对话框，设置参数"Range"为"C2:C17"单元格区域、参数"Criteria"为"A21"单元格、参数"Sum_range"为"F2:F17"单元格区域，单击"确定"按钮，如图9-63所示。

步骤04 返回计算结果。返回工作表中，❶此时在B21单元格中显示出了计算的北京地区3月份销量总和为"942"台，❷在编辑栏中显示出了完整的公式，如图9-64所示。

图 9-63   图 9-64

步骤05 添加绝对符号。❶选中B21单元格，将光标定位在编辑栏中，❷分别选择公式中的参数"C2:C17"和"F2:F17"，按【F4】键为其添加绝对符号，如图9-65所示。

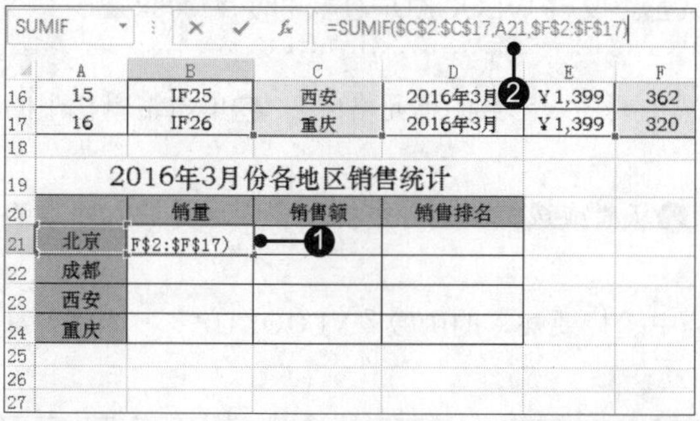

图 9-65

步骤06 复制公式计算销量。❶按【Enter】键，❷拖动B21单元格右下角的填充柄向下复制公式至B24单元格，得到各地区3月份总销量，如图9-66所示。

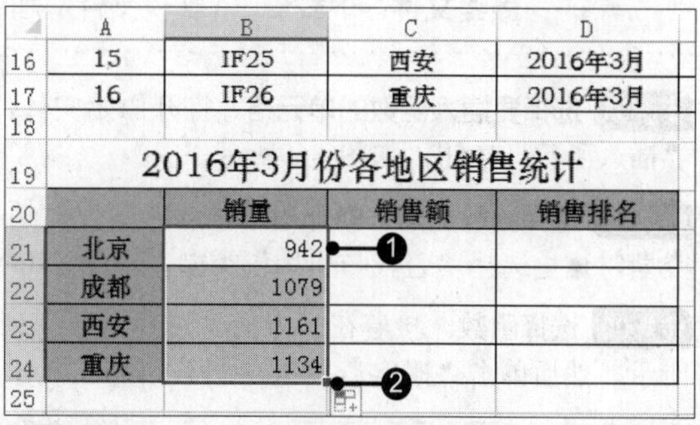

图 9-66

步骤07 输入公式计算各地区销售总额。使用SUMIF函数可计算出3月份各地区的销售额。选中C21单元格，在其中输入公式"=SUMIF($C$2:C$17,A21, $G$2: $G$17)"，如图9-67所示。

图 9-67

步骤08 复制公式计算销售额。❶按【Enter】键，❷拖动C21单元格右下角的填充柄向下复制公式至C24单元格，得到各地区3月份总销售额，如图9-68所示。

图 9-68

9.6.3　VLOOKUP函数的使用

用户可以使用VLOOKUP函数搜索某个单元格区域的第一列，然后返回该区域相同行上任何单元格中的值。VLOOKUP中的V表示垂直方向。

其函数语法结构如下：

VLOOKUP(lookup_value, table_array, col_index_num, [range_lookup])

参数含义：

lookup_value：要在表格或单元格区域的第一列中搜索的值。lookup_value参数可以是值或引用。如果为lookup_value参数提供的值小于table_array参数第一列中的最小值，则VLOOKUP将返回错误值 #N/A。

table_array：包含数据的单元格区域。可以使用对单元格区域（例如 A2:D8）或单元格区域名称的引用。table_array第一列中的值是由lookup_value搜索的值。这些值可以是文本、数字或逻辑值。文本不区分大小写。

col_index_num：table_array参数中必须返回的匹配值的列号。col_index_num参数为1时，返回table_array第一列中的值；col_index_num为2时，返回table_array第二列中的值，依此类推。

range_lookup：一个逻辑值，指定希望 VLOOKUP 查找精确匹配值还是近似匹配值。

下面使用 VLOOKUP 函数返回不同销量下的销售提成。

原始文件：下载资源 \ 实例文件 \ 第 9 章 \ 原始文件 \ 提成比例 .xlsx
最终文件：下载资源 \ 实例文件 \ 第 9 章 \ 最终文件 \VLOOKUP 函数的使用 .xlsx

步骤01 选择要插入函数的单元格。打开原始文件，❶选中要插入函数的单元格B11，❷单击编辑栏中的
"插入函数"按钮，如图9-69所示。

步骤02 选择函数类型。❶弹出"插入函数"对话框，❷从"或选择类别"下拉列表中选择插入函数的
类型，这里选择"查找与引用"类型，如图9-70所示。

步骤03 选择函数。接着在下方的"选择函数"列表框中选择要插入的函数"VLOOKUP"，如图9-71
所示，然后单击"确定"按钮。

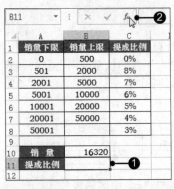

图 9-69

图 9-70

图 9-71

步骤04 设置函数参数。弹出"函数参数"对话框，设置参数"Lookup_value"为"B10"、参数"Table_
array"为"A2:C8"、参数"Col_index_num"为"3"、参数"Range_lookup"为"TRUE"，单击"确
定"按钮，如图9-72所示。

步骤05 返回结果。返回工作表中，此时在B11单元格中返回了销量为16320时的提成比例为0.05，如图
9-73所示。

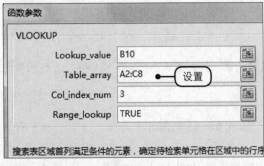

图 9-72

图 9-73

9.6.4 YEAR/MONTH/DAY函数的使用

YEAR 函数的功能是返回对应某个日期的年份，该函数计算的结果是 1900 ～ 9999 之间的整数。

其函数语法结构如下：

YEAR(serial_number)

参数含义：

serial_number：表示将要计算年份的日期。

MONTH 函数的功能是计算日期所代表的相应的月份。

其函数语法结构如下：

MONTH(serial_number)

参数含义：

serial_number：表示将要计算月份的日期。

DAY 函数的功能是计算一个序列数所代表的日期在当月的天数。

其函数的语法结构如下：

DAY(serial_number)

serial_number：表示将要计算的日期。

原始文件： 下载资源\实例文件\第 9 章\原始文件\进货日期 .xlsx
最终文件： 下载资源\实例文件\第 9 章\最终文件\YEAR、MONTH 和 DAY 函数的使用 .xlsx

步骤01 选择要插入函数的单元格。打开原始文件，❶选中要插入函数的C2单元格，❷单击编辑栏中的"插入函数"按钮，如图9-74所示。

步骤02 选择函数类型。弹出"插入函数"对话框，❶单击"或选择类别"文本框右侧的下三角按钮，❷在"或选择类别"下拉列表中选择函数的类型为"日期和时间"，如图9-75所示。

步骤03 选择YEAR函数。在"选择函数"列表框中选择要插入的函数"YEAR"，如图9-76所示，单击"确定"按钮。

图 9-74

图 9-75

图 9-76

步骤04 设置YEAR函数参数。弹出"函数参数"对话框，❶设置参数"Serial_number"为"B2"，❷单击"确定"按钮，如图9-77所示。

步骤05 复制公式计算其他商品进货年份。返回工作表中，得到硬盘的进货年份为"2016"，❶拖动C2单元格右下角的填充柄向下复制公式至C6单元格，得到不同商品的进货年份，❷选中D2单元格，❸单击编辑栏中的"插入函数"按钮，如图9-78所示。

图 9-77

图 9-78

步骤06 选择MONTH函数。弹出"插入函数"对话框，在"选择函数"列表框中选择要插入的函数"MONTH"，如图9-79所示，然后单击"确定"按钮。

步骤07 设置MONTH函数参数。弹出"函数参数"对话框，❶设置参数"Serial_number"为"B2"，❷最后单击"确定"按钮，如图9-80所示。

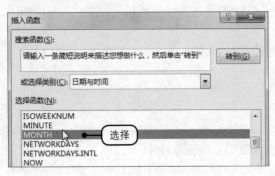

图 9-79

图 9-80

步骤08 复制公式计算其他商品进货月份。返回工作表中，得到硬盘的进货月份为"3"，❶拖动D2单元格右下角的填充柄向下复制公式至D6单元格，得到不同商品的进货月份，❷选中E2单元格，❸单击编辑栏中的"插入函数"按钮，如图9-81所示。

步骤09 选择DAY函数。弹出"插入函数"对话框，在"选择函数"列表框中选择要插入的函数"DAY"，如图9-82所示，然后单击"确定"按钮。

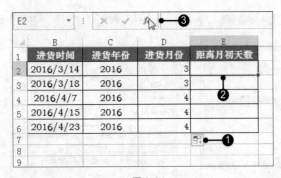

图 9-81

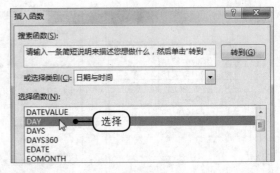

图 9-82

步骤10 设置DAY函数参数。弹出"函数参数"对话框，❶设置参数"Serial_number"为"B2"，❷单击"确定"按钮，如图9-83所示。

步骤11 复制公式计算其他商品进货距离月初的天数。返回工作表中，❶得到"硬盘""距离月初天数"为"14"，❷拖动E2单元格右下角的填充柄向下复制公式至E6单元格，得到不同商品的"距离月初天数"，如图9-84所示。

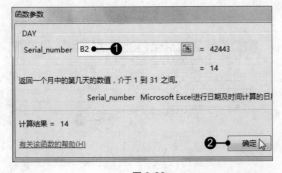

图 9-83

图 9-84

9.6.5　TEXT函数的使用

TEXT 函数可将数值转换为文本，并可使用户通过使用特殊格式字符串来指定显示格式。需要以可读性更高的格式显示数字或需要合并数字、文本或符号时，此函数很实用。

其函数语法结构如下：

TEXT(value, format_text)

参数含义：

value：数值、计算结果为数值的公式，或对包含数值的单元格的引用。

format_text：使用双引号括起来作为文本字符串的数字格式。

下面使用 TEXT 函数将数据转换为不同的格式。

原始文件： 下载资源 \ 实例文件 \ 第 9 章 \ 原始文件 \TEXT 函数的应用 .xlsx
最终文件： 下载资源 \ 实例文件 \ 第 9 章 \ 最终文件 \TEXT 函数 .xlsx

步骤01 输入公式将数据转换为货币格式。打开原始文件，在B4单元格中输入公式"=TEXT(B1，"$0.00")"，其中"B1"为待转换数据所在单元格，"$0.00"为转换后的数据格式，即货币格式并保留小数点后两位，如图9-85所示。

步骤02 转换为货币格式效果。按下【Enter】键，此时B1单元格的数字转换为了货币格式，结果为"$547.89"，如图9-86所示。

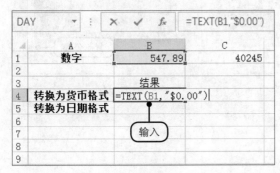

图 9-85

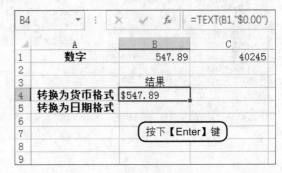

图 9-86

步骤03 输入公式将数据转换为日期格式。在B5单元格中输入公式"=TEXT(C1,"dd-mmm-yyy")"，如图9-87所示。

步骤04 转换为日期格式后的效果。按【Enter】键，此时C1单元格的数字转换为了日期格式，结果为"08-Mar-2010"，如图9-88所示。

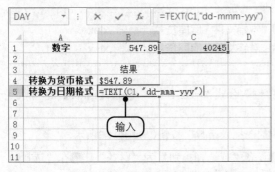

图 9-87

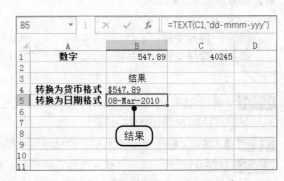

图 9-88

助跑地带—使用"自动求和"按钮

Excel 2016提供了快速使用函数的功能，利用该功能可以实现快速求和、求平均值、计数及求最值等，下面就以自动求和为例介绍具体的操作方法。

原始文件: 下载资源 \ 实例文件 \ 第 9 章 \ 原始文件 \ 成绩表 .xlsx
最终文件: 下载资源 \ 实例文件 \ 第 9 章 \ 最终文件 \ 使用"自动求和"按钮 .xlsx

（1）选择自动求和。打开原始文件，❶选中G3单元格，❷切换至"公式"选项卡，单击"函数库"组中"自动求和"右侧的下三角按钮，❸在展开的列表中选择"求和"选项，如图9-89所示。

（2）查看自动插入的函数及参数。此时在工作簿窗口中的G3单元格中可看到插入的函数及参数，确认无误后按【Enter】键，如图9-90所示。

（3）复制公式。将G3单元格中的公式复制到G4:G18单元格区域中，如图9-91所示。

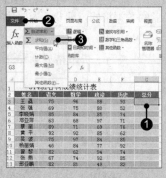

图 9-89

图 9-90

图 9-91

计算房贷月供金额

所谓本金，是指未来各期年金现值的总和，例如贷款。而年金指的是定期或不定期的时间内一系列的现金流入或流出，例如汽车或房屋分期贷款。

假设某人贷款购房，房屋总价为33.6万，首付了10万，分20年（即240个月）偿还，年利率为4.18%。现需计算按月偿还的金额。

原始文件: 下载资源 \ 实例文件 \ 第 9 章 \ 原始文件 \ 房屋贷款计算器 .xlsx
最终文件: 下载资源 \ 实例文件 \ 第 9 章 \ 最终文件 \ 房屋贷款计算器 .xlsx

步骤01 计算贷款额。打开原始文件，❶在B4单元格中输入公式"=B2-B3"，❷按【Enter】键，得到贷款总额为23.6万，如图9-92所示。

步骤02 插入函数。❶选中B9单元格，❷单击编辑栏中的"插入函数"按钮，如图9-93所示。

步骤03 选择PMT函数。弹出"插入函数"对话框，❶设置"或选择类别"为"财务"，❷在"选择函数"列表框中选择"PMT"函数，如图9-94所示，然后单击"确定"按钮。

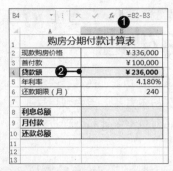

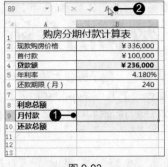

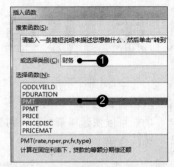

图 9-92	图 9-93	图 9-94

知识点拨 PMT函数解析

PMT 函数的功能是基于固定利率及等额分期付款方式，返回贷款的每期付款额。

其语法为：PMT(rate,nper,pv,fv,type)

参数含义：

rate 为贷款利率。

nper 表示贷款的付款时间数。

pv 表示本金，或一系列未来付款的当前值的累积和。

fv 表示在最后一次付款后希望得到的现金余额，如果省略 fv，则假设其值为零。

type 为数字 0 或 1，用以指定各期的付款时间是在期末还是期初。

步骤04 设置PMT函数参数。弹出"函数参数"对话框，设置参数"Rate"为"B5/12"、参数"Nper"为"B6"单元格、参数"Pv"为"-B4"，如图9-95所示，然后单击"确定"按钮。

步骤05 得到月供金额。返回工作表中，此时在B9单元格中显示出了计算出的月供金额为1453元，如图9-96所示。

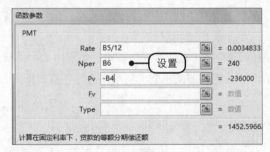

图 9-95

图 9-96

步骤06 计算还款总额。还款总额应该等于月付款乘以还款期限，所以，❶在B10单元格中输入公式"=B9*B6"，❷按下【Enter】键，得到计算结果为348623元，如图9-97所示。

步骤07 计算利息总额。利息=还款总额-贷款额，所以，❶在B8单元格中输入公式"=B10-B4"，❷按下【Enter】键，得到利息总额为112623元，如图9-98所示。

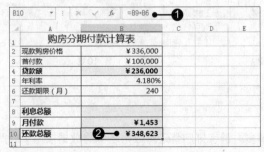

图 9-97

图 9-98

第10章 数据的分析与处理

Excel 并不单单是一个"计算器"，除了有强大的数据计算和统计功能，还具有一定的数据管理功能，如拥有排序、筛选、汇总、条件格式以及数据分析工具等。用户利用这些功能可以快速厘清思路，对繁杂的数据进行分析、统计。本章将对数据统计和管理进行系统的介绍。

10.1 数据的排序

数据排序是指按一定的规则对数据进行整理和排列，为进一步处理数据做好准备。Excel 2016 提供了多种对数据进行排序的方法，既可以按升序或降序排序，也可以按用户自定义的方法排序。

10.1.1 简单的升序与降序

如果数据清单的排序要求是按某一字段进行的，可使用单列内容的排序。如：在"员工基本情况登记表"中需要根据"工龄"排序，其操作步骤如下。

原始文件： 下载资源 \ 实例文件 \ 第 10 章 \ 原始文件 \ 员工基本情况登记表 .xlsx
最终文件： 下载资源 \ 实例文件 \ 第 10 章 \ 最终文件 \ 简单排序 .xlsx

步骤01 选择要排序的字段。打开原始文件，选择要排序字段中的任意含有数据的单元格，如选择E3单元格，如图10-1所示。

步骤02 启动排序功能。单击"数据"选项卡下"排序和筛选"组中的"升序"按钮，如图10-2所示。

步骤03 升序排列后的效果。此时可看到"工龄（年）"列数据按照从小到大的顺序进行了重新排列，如图10-3所示。

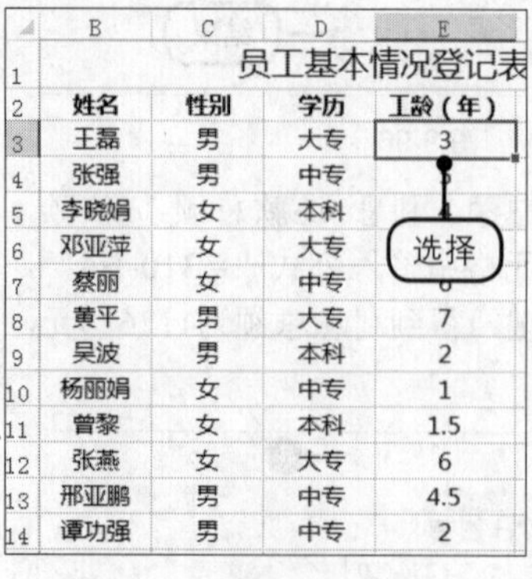

图 10-1

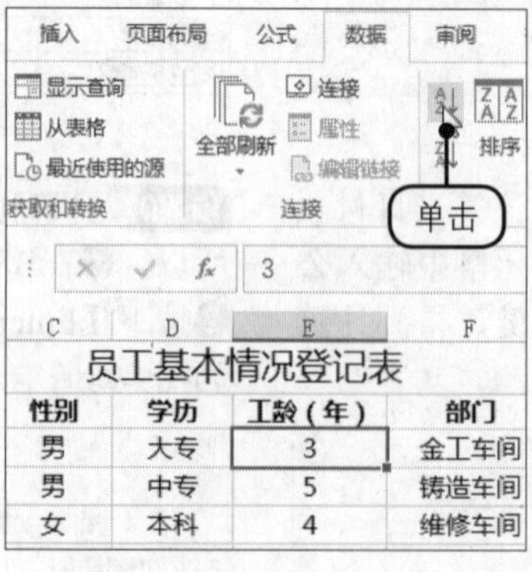

图 10-2

图 10-3

10.1.2 根据优先条件排序

根据优先条件排序就是按照多关键字排序，所谓多关键字排序就是对数据表中的数据按两个或两个以上的关键字进行排序。多关键字排序可使数据在"主要关键字"相同的情况下，按"次要关键字"

排序，在主要、次要关键字相同的情况下，按第三关键字排序，其余的以此类推。

下面在"员工基本情况登记表"中根据"性别""学历"和"工龄"进行排序。

原始文件：下载资源\实例文件\第 10 章\原始文件\员工基本情况登记表 .xlsx
最终文件：下载资源\实例文件\第 10 章\最终文件\多条件排序 .xlsx

步骤01 选择含有数据的单元格。打开原始文件，选中表格中任意含有数据的单元格，如选中B4单元格，如图10-4所示。

步骤02 启动排序功能。单击"数据"选项卡下"排序和筛选"组中的"排序"按钮，如图10-5所示。

步骤03 选择主要关键字。弹出"排序"对话框，首先在"主要关键字"下拉列表中选择第一个要排序的字段，这里选择"性别"字段，如图10-6所示。

图 10-4

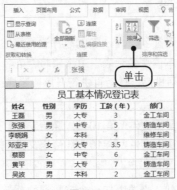
图 10-5

图 10-6

步骤04 选择主要关键字排列顺序。接着在"次序"下拉列表中选择主要关键字排列的顺序，如选择"升序"，如图10-7所示。

步骤05 添加次要关键字。单击"添加条件"按钮，添加一个"次要关键字"，如图10-8所示。

步骤06 选择次要关键字。在"次要关键字"下拉列表中选择第二要排序的字段，这里选择"学历"字段，如图10-9所示。

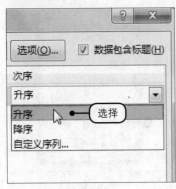
图 10-7

图 10-8

图 10-9

步骤07 添加第二个次要关键字。❶单击"添加条件"按钮，继续添加第二个次要关键字，❷设置第二个"次要关键字"为"工龄（年）"，如图10-10所示。

步骤08 排序后的效果。单击"确定"按钮，返回工作表中，此时可以看到表格中的数据首先按照"性别"排列，性别相同的再按照"学历"排序，学历相同的再按照"工龄（年）"排列，结果如图10-11所示。

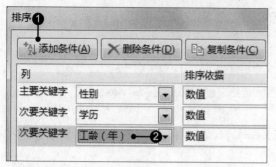

图 10-10

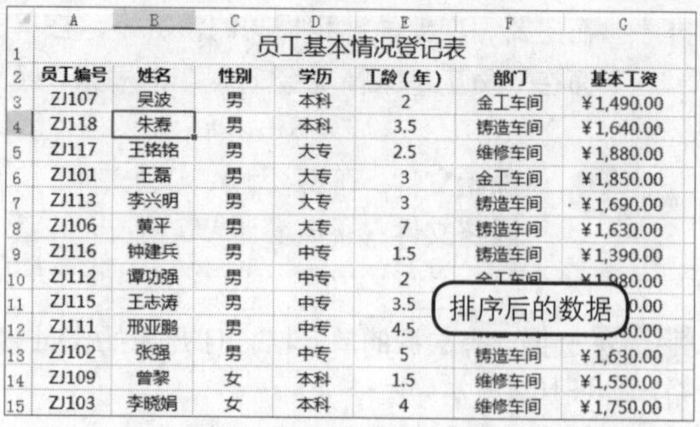

	A	B	C	D	E	F	G
1	员工基本情况登记表						
2	员工编号	姓名	性别	学历	工龄（年）	部门	基本工资
3	ZJ107	吴波	男	本科	2	金工车间	￥1,490.00
4	ZJ118	朱春	男	本科	3.5	铸造车间	￥1,640.00
5	ZJ117	王铭铭	男	大专	2.5	维修车间	￥1,880.00
6	ZJ101	王磊	男	大专	3	金工车间	￥1,850.00
7	ZJ113	李兴明	男	大专	3	铸造车间	￥1,690.00
8	ZJ106	黄平	男	大专	7	铸造车间	￥1,630.00
9	ZJ116	钟建兵	男	中专	1.5	铸造车间	￥1,390.00
10	ZJ112	谭功强	男	中专	2	金工车间	￥1,080.00
11	ZJ115	王志涛	男	中专	3.5		￥ .00
12	ZJ111	邢亚鹏	男	中专	4.5		.00
13	ZJ102	张强	男	中专	5	铸造车间	￥1,630.00
14	ZJ109	曾攀	女	本科	1.5	维修车间	￥1,550.00
15	ZJ103	李晓娟	女	本科	4	维修车间	￥1,750.00

排序后的数据

图 10-11

10.1.3 按姓氏笔画排序

默认情况下，系统对汉字是按照首字母 A ～ Z 的顺序进行排序的，但很多时候，用户希望按照汉字的笔画进行排序，如在"员工基本信息登记表"中希望将"姓名"列数据按照笔画进行排序，首先就需要将排序的默认方法更改为笔画排序，然后再进行升序或降序。

原始文件： 下载资源 \ 实例文件 \ 第 10 章 \ 原始文件 \ 员工基本情况登记表 .xlsx
最终文件： 下载资源 \ 实例文件 \ 第 10 章 \ 最终文件 \ 按姓氏笔画排序 .xlsx

步骤01 启动排序功能。打开原始文件，❶选中任意含有数据的单元格，切换至"数据"选项卡，❷单击"排序和筛选"组中的"排序"按钮，如图10-12所示。

步骤02 打开"排序选项"对话框。弹出"排序"对话框，单击"选项"按钮，如图10-13所示。

步骤03 设置按笔画排序。弹出"排序选项"对话框，❶单击"笔画顺序"单选按钮，❷然后单击"确定"按钮，如图10-14所示。

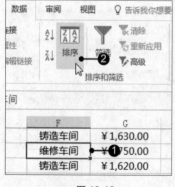

图 10-12

图 10-13

图 10-14

步骤04 选择主要关键字。返回"排序"对话框，在"主要关键字"下拉列表中选择排序字段为"姓名"，如图10-15所示。

步骤05 按笔画排序后的效果。单击"确定"按钮，返回工作表中，此时可以看到"姓名"列数据按照笔画的多少进行了重新排序，如图10-16所示。

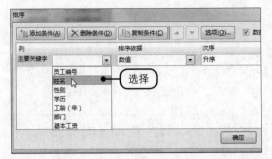

图 10-15

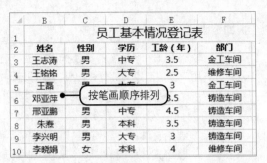

图 10-16

10.1.4 按颜色和图形排序

在"排序"对话框中设置排序依据时，不仅可以按照数值来排序，而且还可以设置按照单元格中的颜色和图形进行排序，下面介绍具体的操作方法。

原始文件：下载资源 \ 实例文件 \ 第 10 章 \ 原始文件 \ 员工基本情况登记表 1.xlsx
最终文件：下载资源 \ 实例文件 \ 第 10 章 \ 最终文件 \ 按颜色和图形排序 .xlsx

步骤01 单击"排序"按钮。打开原始文件，❶切换至"数据"选项卡，❷单击"排序和筛选"组中的"排序"按钮，如图10-17所示。

步骤02 设置按照单元格颜色排序。弹出"排序"对话框，❶设置"主要关键字"为"工龄（年）"，❷"排序依据"为"单元格颜色"，❸"次序"为"橙色、在顶端"，如图10-18所示。

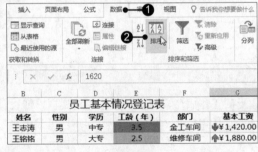

图 10-17

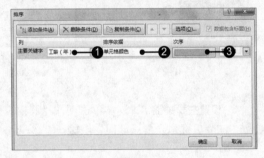

图 10-18

步骤03 设置按照单元格图标排序。❶单击"添加条件"按钮，❷设置"次要关键字"为"基本工资"、"排序依据"为"单元格图标"、"次序"为"向下的红色箭头、在顶端"，如图10-19所示，单击"确定"按钮。

步骤04 查看按颜色和图标排序后的表格。返回工作簿窗口，此时可看到按颜色和图标排序后的表格数据，如图10-20所示。

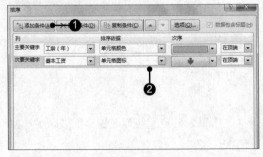

图 10-19

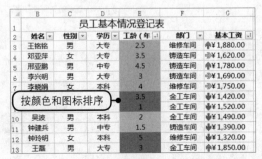

图 10-20

助跑地带——自定义排序文本

通常情况下，Excel预置的排序列保存在"自定义序列"对话框中，用户可根据需要随时调用。Excel允许用户创建自定义序列，以使其能够自动地应用到需要的数据清单中。例如：在"员工基本情况登记表"中，需要按照"金工车间""铸造车间""维修车间"的特定顺序进行排列。

原始文件： 下载资源 \ 实例文件 \ 第 10 章 \ 原始文件 \ 员工基本情况登记表 .xlsx
最终文件： 下载资源 \ 实例文件 \ 第 10 章 \ 最终文件 \ 自定义排序 .xlsx

（1）单击"选项"命令。打开原始文件，❶单击"文件"按钮，❷在弹出的菜单中单击"选项"命令，如图10-21所示。

（2）弹出"Excel选项"对话框，❶单击"高级"选项，❷在右侧的"常规"组中单击"编辑自定义列表"按钮，如图10-22所示。

（3）输入序列。弹出"自定义序列"对话框，❶在"输入序列"文本框中输入新建序列，每输入一个词组可按【Enter】键换行继续输入，❷输入后单击"添加"按钮，如图10-23所示。

图 10-21

图 10-22

图 10-23

（4）设置主要关键字。连续单击两次"确定"按钮返回工作表中，打开"排序"对话框，❶设置"主要关键字"为"部门"，❷在"次序"下拉列表中单击"自定义序列"选项，如图10-24所示。

（5）选择自定义序列。弹出"自定义序列"对话框，在"自定义序列"列表框中选择要排列的自定义序列，如图10-25所示，单击"确定"按钮。

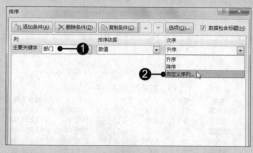

图 10-24

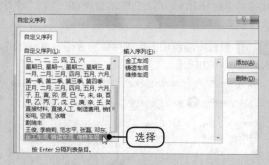

图 10-25

（6）确认排列次序。返回"排序"对话框，❶设置"次序"为自定义序列，❷单击"确定"按钮，如图10-26所示。

（7）自定义排序后的效果。返回工作表中，此时可以看到"部门"列数据按照"金工车间、铸造车间、维修车间"进行了排序，效果如图10-27所示。

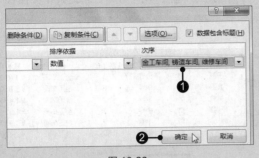

图 10-26　　　　　　　　　　　　　　　图 10-27

10.2　数据的筛选

筛选数据可以使用户快速寻找和使用数据清单中的数据子集。Excel 的筛选功能可以只显示符合筛选条件的某一个值或某一行。Excel 提供了"自动筛选"和"高级筛选"按钮来筛选数据，一般情况下，"自动筛选"能够满足大部分的需要，但需要利用复杂的条件来筛选数据清单时，就必须使用"高级筛选"功能。

10.2.1　手动筛选数据

手动筛选数据是按选定内容筛选，它适用于简单条件。通常在一个数据清单的一个列中都有多个相同的值，自动筛选机制为用户提供了在具有大量记录的数据清单中快速查找符合多重条件记录的功能。例如：在"员工基本情况登记表"中筛选出所有的"金工车间"的员工情况。

 原始文件： 下载资源 \ 实例文件 \ 第 10 章 \ 原始文件 \ 员工基本情况登记表 .xlsx
最终文件： 下载资源 \ 实例文件 \ 第 10 章 \ 最终文件 \ 手动筛选数据 .xlsx

步骤01 选择表头字段。打开原始文件，选择表头字段所在的A2:G2单元格区域，如图10-28所示。

步骤02 启动筛选功能。单击"数据"选项卡下"排序和筛选"组中的"筛选"按钮，如图10-29所示。

图 10-28　　　　　　　　　　　　　　　图 10-29

步骤03 筛选"部门"。❶单击"部门"字段右侧的下三角按钮，❷在展开的下拉列表中只勾选"金工车间"复选框，如图10-30所示，单击"确定"按钮。

步骤04 筛选出"金工车间"员工记录。此时在表格中只显示了"金工车间"员工的记录，如图10-31所示。

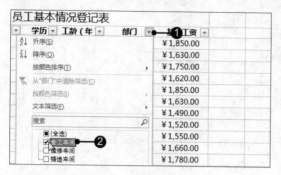

图 10-30

图 10-31

10.2.2 通过搜索查找筛选选项

如果一列中出现的重复数据过多，采用手动筛选就显得很麻烦，Excel 2016 为用户提供了搜索查询筛选功能，用户只需直接输入需要显示的数据即可。例如在"员工基本情况登记表"中筛选出所有的"工龄"为"3.5"年的员工记录。

原始文件：下载资源\实例文件\第 10 章\原始文件\员工基本情况登记表 .xlsx
最终文件：下载资源\实例文件\第 10 章\最终文件\搜索查找筛选 .xlsx

步骤01 输入搜索关键字。打开原始文件，启用筛选功能，❶单击"工龄（年）"字段右侧的下三角按钮，❷在展开的下拉列表中的"数字筛选"文本框中直接输入"3.5"，如图10-32所示。

步骤02 搜索查找筛选结果。单击"确定"按钮，Excel自动显示工龄为3.5年的员工记录，如图10-33所示。

图 10-32

图 10-33

知识点拨 清除筛选

如果用户需要清除刚做的筛选，如清除正文中筛选的"维修车间"，想重新显示出完整的员工记录表数据记录，再次单击"部门"字段右侧的下三角按钮，在展开的下拉列表中单击"从'部门'中清除筛选"选项即可。

　　如果需要使用同一列中的两个数值筛选数据，或者使用比较运算符而不是简单的等于，可以使用自定义自动筛选。在上面例子的基础上，筛选出基本工资大于 1700 元的员工记录，具体操作如下。

原始文件：下载资源＼实例文件＼第 10 章＼原始文件＼员工基本情况登记表 .xlsx
最终文件：下载资源＼实例文件＼第 10 章＼最终文件＼自定义筛选 .xlsx

步骤01 启动自定义筛选。打开原始文件，启动筛选功能后，❶单击"基本工资"字段右侧的下三角按钮，❷从展开的下拉列表中指向"数字筛选"选项，❸在展开的列表中单击"自定义筛选"选项，如图10-34所示。

步骤02 设置自定义筛选条件。弹出"自定义自动筛选方式"对话框，❶从"基本工资"下拉列表中选择"大于"，❷在右侧的文本框中输入"1700"，❸单击"确定"按钮，如图10-35所示。

步骤03 自定义筛选结果。返回工作表中，可看到只显示出了基本工资大于1700元的员工记录，如图10-36所示。

图 10-34

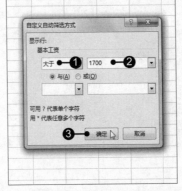

图 10-35

图 10-36

 助跑地带——高级筛选

　　如果数据清单中的字段和筛选的条件都比较多，自定义筛选就显得十分麻烦，这时可以使用高级筛选功能来处理。如果要使用高级筛选功能，必须先建立一个条件区域，用来指定筛选的数据所需满足的条件。

原始文件：下载资源＼实例文件＼第 10 章＼原始文件＼员工基本情况登记表 .xlsx
最终文件：下载资源＼实例文件＼第 10 章＼最终文件＼高级筛选 .xlsx

　　（1）添加条件区域。打开原始文件，在表格末尾添加要进行筛选的条件，这里假设要筛选出"金工车间"部门"基本工资"大于"1800"的员工记录，如图10-37所示。

　　（2）启动高级筛选功能。❶切换至"数据"选项卡，❷单击"排序和筛选"组的"高级"按钮，如图10-38所示。

图 10-37

图 10-38

（3）选择列表区域。弹出"高级筛选"对话框，❶单击"将筛选结果复制到其他位置"单选按钮，❷设置"条件区域"为"F21:G22"，设置"复制到"为"A23:G28"，❸单击"确定"按钮，如图10-39所示。

（4）显示高级筛选结果。返回工作表中，此时在所选择的放置区域中显示出了筛选出的金工车间基本工资大于1800元的员工记录，如图10-40所示。

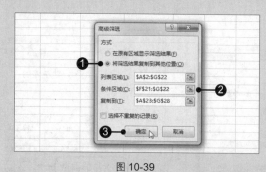

图 10-39

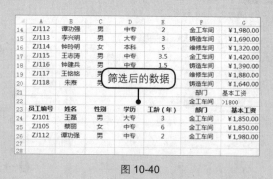

图 10-40

10.3　分级显示数据

如果用户需要将 Excel 数据表进行组合和汇总，则可以创建分级显示（分级最多为八个级别，每组一级），每个内部级别（由分级显示符号中的较大数字表示）显示前一外部级别（由分级显示符号中的较小数字表示）的明细数据。使用分级显示可以快速显示摘要行或摘要列，或者显示每组的明细数据。

10.3.1　创建组

用户可以通过手动创建组的方法来对数据进行分级显示，创建组的原理是将某个范围的单元格关联起来，从而可将其折叠或展开。可以创建行的分级显示，也可以创建列的分级显示。下面以创建列分级显示为例进行介绍。

原始文件：下载资源\实例文件\第 10 章\原始文件\第一季度销售汇总 .xlsx
最终文件：下载资源\实例文件\第 10 章\最终文件\创建组 .xlsx

步骤01 启动排序功能。打开原始文件，❶选中表格中任意含有数据的单元格，❷切换至"数据"选项卡，单击"排序和筛选"组中的"排序"按钮，如图10-41所示。

步骤02 设置排序关键字。弹出"排序"对话框，❶设置"主要关键字"为"笔记本类型"，❷单击"添加条件"按钮，❸设置第一个"次要关键字"为"销售分公司"，第二个"次要关键字"为"销售月份"，如图10-42所示。

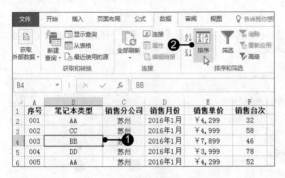

图 10-41

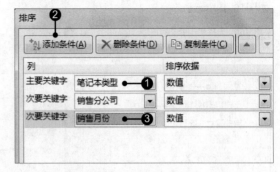

图 10-42

步骤03 插入工作行。单击"确定"按钮，返回工作表中，❶选择第11行，将鼠标指针放置在行号上，当鼠标指针变成向右的箭头符号时单击，❷单击"开始"选项卡下"单元格"组中的"插入"下三角按钮，❸在展开的下拉列表中单击"插入工作表行"选项，如图10-43所示。

步骤04 选择插入选项。❶此时在原有的第11行上方插入一行空白行，并显示出"插入选项"图标，❷单击该图标，❸在展开的下拉列表中单击"清除格式"单选按钮，如图10-44所示。

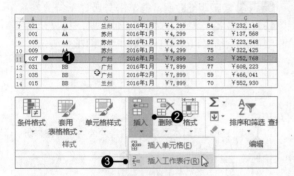

图 10-43

	A	B	C	D	E
7	021	AA	兰州	2016年1月	￥4,299
8	001	AA	苏州	2016年1月	￥4,299
9	005	AA	苏州	2016年1月	￥4,299
10	009	AA	苏州	2016年1月	￥4,299
11		❶			
12	❷	BB	广州	2016年1月	￥7,899
13	⊙ 与上面格式相同(A)		广州	2016年1月	￥7,899
14	⊙ 与下面格式相同(B)		广州	2016年2月	￥7,899
15	⊙ 清除格式(C) ❸		广州	2016年1月	￥7,899
16	019	BB		兰州	2016年1月	￥7,899
17	023	BB	兰州	2016年1月	￥7,899

图 10-44

步骤05 汇总AA类型笔记本。在插入行中利用SUM函数分别计算出销售台次和销售金额值，并将其底纹设置为黄色以示突出标记，如图10-45所示。

步骤06 求出其他类型的销售台次和金额。用相同的方法，在各类型笔记本的下方插入摘要行，并计算出其对应的销售台次和销售金额，在最后一行中将所有销售台次和销售金额相加，得到总的销售台次和销售金额，如图10-46所示。

	A	B	C	D	E	F	G
1	序号	笔记本类型	销售分公司	销售月份	销售单价	销售台次	销售金额
2	025	AA	广州	2016年1月	￥4,299	37	￥159,063
3	029	AA	广州	2016年1月	￥4,299	55	￥236,445
4	033	AA	广州	2016年2月	￥4,299	62	￥266,538
5	013	AA	兰州	2016年1月	￥4,299	30	￥128,970
6	017	AA	兰州	2016年1月	￥4,299	63	￥270,837
7	021	AA	兰州	2016年1月	￥4,299	54	￥232,146
8	001	AA	苏州	2016年1月	￥4,299	32	￥137,568
9	005	AA	苏州	2016年1月	￥4,299	52	￥223,548
10	009	AA	苏州	2016年1月	￥4,299	75	￥322,425
11	AA笔记本小计					460	￥1,977,540
12	027	BB	广州	2016年1月	￥7,899	32	￥252,768
13	031	BB	广州	2016年1月	￥7,899	77	￥608,223
14	035	BB	广州	2016年2月	￥7,899	59	￥466,041
15	015	BB	兰州	2016年1月	￥7,899	70	￥552,930
16	019	BB	兰州	2016年1月	￥7,899	61	￥481,839
17	023	BB	兰州	2016年1月	￥7,899	71	￥560,829

图 10-45

	A	B	C	D	E	F	G
28	002	CC	苏州	2016年1月	￥4,999	58	￥289,942
29	006	CC	苏州	2016年1月	￥4,999	62	￥309,938
30	010	CC	苏州	2016年1月	￥4,999	92	￥459,908
31	CC笔记本小计					583	￥2,914,417
32	028	DD	广州	2016年1月	￥3,999	44	￥175,956
33	032	DD	广州	2016年1月	￥3,999	81	￥323,919
34	036	DD	广州	2016年2月	￥3,999	68	￥271,932
35	016	DD	兰州	2016年1月	￥3,999	80	￥319,920
36	020	DD	兰州	2016年1月	￥3,999	44	￥175,956
37	024	DD	兰州	2016年1月	￥3,999	96	￥383,904
38	004	DD	苏州	2016年1月	￥3,999	78	￥311,922
39	008	DD	苏州	2016年1月	￥3,999	32	￥127,968
40	012	DD	苏州	2016年1月	￥3,999	41	￥163,959
41	DD笔记本小计					564	￥2,255,436
42	总计					2126	￥11,246,974
43							
44							

图 10-46

步骤07 创建组。选择除"总计"行之外的其余单元格区域，❶单击"数据"选项卡下"分级显示"组中"创建组"的下三角按钮，❷在展开的下拉列表中单击"创建组"选项，如图10-47所示。

步骤08 选择创建组的对象。弹出"创建组"对话框，❶单击"行"单选按钮，❷单击"确定"按钮，如图10-48所示。

步骤09 选择要创建组的区域。此时，❶系统会在工作表左侧添加分级显示符，❷选择B2:G10单元格区域，继续创建组，如图10-49所示。

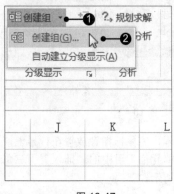

图 10-47

图 10-48

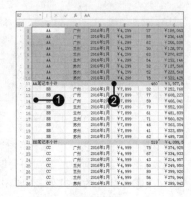

图 10-49

步骤10 创建其他类型分级显示。用同样的方法，将其余各类型笔记本的明细记录组合后，系统自动在当前工作表中添加2、3级分级显示符，如图10-50所示。

步骤11 隐藏明细数据。❶单击分级显示符"2"，❷将隐藏各类型笔记本的明细数据，只显示各类型的汇总结果以及总计，效果如图10-51所示。

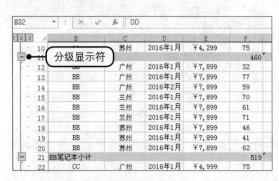

图 10-50

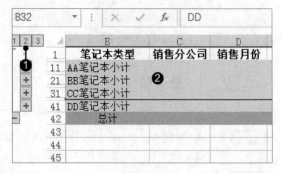

图 10-51

10.3.2 数据的分类汇总

使用Excel的分类汇总功能，不必手动创建公式来进行分级显示，Excel可以自动创建公式、插入分类汇总与总和的行并且自动分级显示数据。数据结果可以轻松地用来进行格式化、创建图表或者打印。下面使用分类汇总功能对"第一季度销售汇总"表进行分级显示。

1. 简单分类汇总

Excel的分类汇总方式包括求和、计数、平均值、最大值、最小值、乘积六种。需要注意的是，创建简单分类汇总是指只对其中一个字段进行分类汇总。在创建简单分类汇总前，首先要将数据进行排序，让同类字段显示在一起，然后再进行汇总。

步骤01 选择要进行排序的列。打开原始文件，选择要排序列中任意含有数据的单元格，如选择B5单元格，如图10-52所示。

步骤02 升序排列。❶切换至"数据"选项卡，❷单击"排序和筛选"组中的"升序"按钮，如图10-53所示。

步骤03 排序后的效果。此时可看到"笔记本类型"列数据按照不同的笔记本类型进行了重新排列，如图10-54所示。

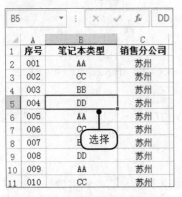

图 10-52

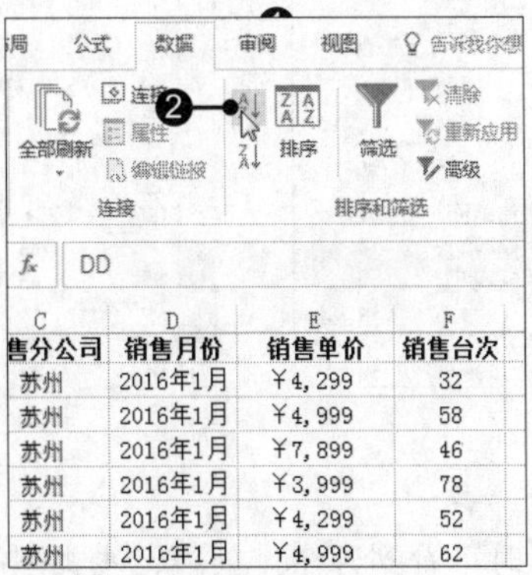

图 10-53

图 10-54

步骤04 启动分类汇总功能。单击"数据"选项卡下"分级显示"组中的"分类汇总"按钮，如图10-55所示。

步骤05 设置分类汇总。弹出"分类汇总"对话框，❶设置"分类字段"为"笔记本类型"，❷设置"汇总方式"为"求和"，❸在"选定汇总项"列表框中勾选"销售台次"和"销售金额"复选框，如图10-56所示，然后单击"确定"按钮。

步骤06 分类汇总结果。返回工作表中，系统自动按照不同的笔记本类型对销售台次和销售金额进行了汇总，并插入了分级显示符号，如图10-57所示。

图 10-55

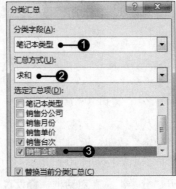

图 10-56

图 10-57

2. 嵌套分类汇总

嵌套分类汇总与普通的分类汇总不同，它是指对不同字段进行的分类汇总，当需要同时对表格中两个或多个不同的字段进行分类汇总时，则可以利用嵌套分类汇总来实现。

原始文件：下载文件 \ 实例文件 \ 第 10 章 \ 原始文件 \ 第一季度销售汇总 .xlsx
最终文件：下载文件 \ 实例文件 \ 第 10 章 \ 最终文件 \ 嵌套分类汇总 .xlsx

步骤01 升序排列"笔记本类型"列。打开原始文件，❶选择B3单元格，❷切换至"数据"选项卡，❸单击"排序和筛选"组中的"升序"按钮，如图10-58所示。

步骤02 升序排列"销售分公司"列。❶选中C3单元格，❷切换至"数据"选项卡，❸单击"排序和筛选"组中的"升序"按钮，如图10-59所示。

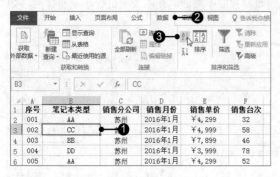

图 10-58　　　　　　　　　　　　　　　　图 10-59

步骤03 查看排序后的表格数据。此时可看到升序排列笔记本类型和销售分公司后的表格数据，如图10-60所示。

步骤04 选择分类汇总。单击"数据"选项卡下"分级显示"组中的"分类汇总"按钮，如图10-61所示。

步骤05 设置分类字段和汇总方式。弹出"分类汇总"对话框，❶设置"分类字段"为"销售分公司"，❷"汇总方式"为"求和"，❸设置"选定汇总项"为"销售台次"和"销售金额"，如图10-62所示。

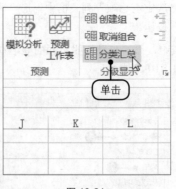
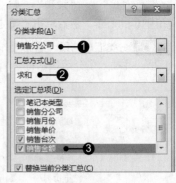

图 10-60　　　　　　　　　图 10-61　　　　　　　　　图 10-62

步骤06 查看创建的分类汇总。单击"确定"按钮，返回工作簿窗口，此时可看到Excel按照不同类别的销售分公司对销售台次和销售金额进行了汇总，如图10-63所示。

步骤07 选择嵌套分类汇总。再次打开"分类汇总"对话框，❶设置"分类字段"为"笔记本类型"，❷设置"汇总方式"为"求和"，❸设置"选定汇总项"为"销售台次"和"销售金额"，❹取消勾选"替换当前分类汇总"复选框，如图10-64所示。

步骤08 查看创建的嵌套分类汇总。单击"确定"按钮，返回工作簿窗口，此时可看到Excel又按照不同类别的笔记本类型对销售台次和销售金额进行了汇总，但仍然保持对销售分公司的汇总，如图10-65所示。

图 10-63

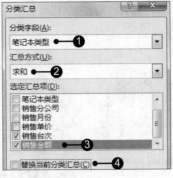

图 10-64

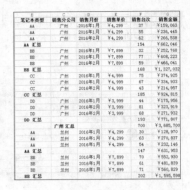

图 10-65

10.4 使用条件格式分析数据

条件格式，从字面上可以理解为基于条件更改单元格区域的外观。使用条件格式可以帮助用户直观地查看和分析数据，发现关键问题及数据的变化趋势等。从 Excel 2010 开始，条件格式的功能进一步得到加强，使用条件格式可以突出显示所关注的单元格区域、强调异常值，使用数据条、颜色刻度和图标集来直观地显示数据等。

10.4.1 使用突出显示与项目选取规则

突出显示规则是指突出显示满足大于、小于、介于和等于指定值的数据所在单元格，而项目选取规则是指自动选取满足指定百分比或高 / 低于平均值的数据所在单元格。

原始文件： 下载资源 \ 实例文件 \ 第 10 章 \ 原始文件 \ 学生成绩 .xlsx
最终文件： 下载资源 \ 实例文件 \ 第 10 章 \ 最终文件 \ 使用突出显示与项目选取规则 .xlsx

步骤01 选择要应用突出显示单元格规则的单元格区域。打开原始文件，选择要应用突出显示单元格规则的B2:B11单元格区域，如图10-66所示。

步骤02 选择突出显示单元格规则。❶单击"开始"选项卡下 "样式"组中的"条件格式"按钮，❷在展开的下拉列表中单击"突出显示单元格规则"选项，❸在右侧展开的子列表中单击"小于"选项，如图10-67所示。

	A	B	C	D	E	F
1	姓名	语文	数学	英语	历史	总成绩
2	李娟	88	85	70	80	323
3	王亚平	90	78	85	92	345
4	郭明	78	85	81	71	315
5	邓东	82	85	76	90	333
6	马涛	90		90	96	368
7	刘军	85		86	85	352
8	陈丽	62	100	83	71	316
9	马涛	89	69	95	69	322
10	吴波	56	78	80	87	301
11	张燕	78	82	79	59	298
12						

图 10-66

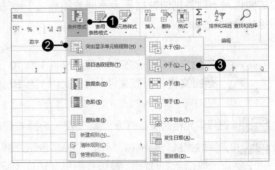

图 10-67

步骤03 设置条件。弹出"小于"对话框，❶在左侧文本框中输入60，即突出显示语文成绩小于60的数据所在单元格，"设置为"文本框保持默认值，❷单击"确定"按钮，如图10-68所示。

步骤04 查看突出显示的数据。返回工作簿窗口，❶此时可看到B10单元格被突出显示，❷选择要应用项目选取规则的C2:C11单元格区域，如图10-69所示。

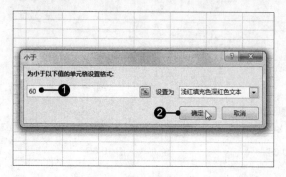

图 10-68

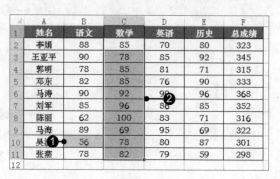

图 10-69

步骤05 选择项目选取规则。❶单击"条件格式"按钮，❷在展开的下拉列表中单击"项目选取规则"选项，❸在右侧展开的子列表中单击"前10%"选项，如图10-70所示。

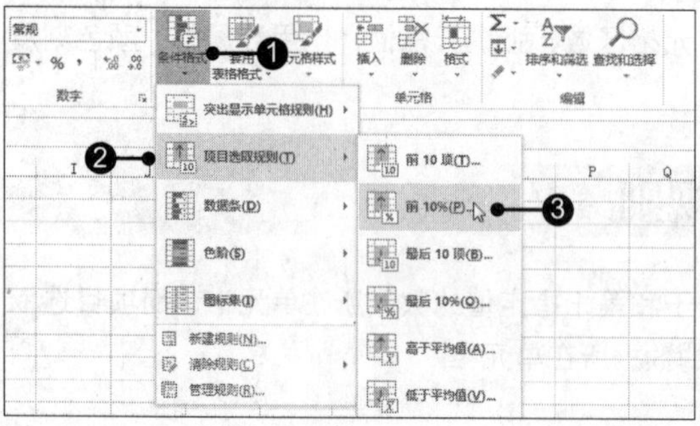

步骤06 设置项目选取条件。弹出"前10%"对话框，❶设置突显前40%的数据，❷单击"确定"按钮，❸在工作簿窗口可看到利用项目选取规则突显的数据所在单元格，如图10-71所示。

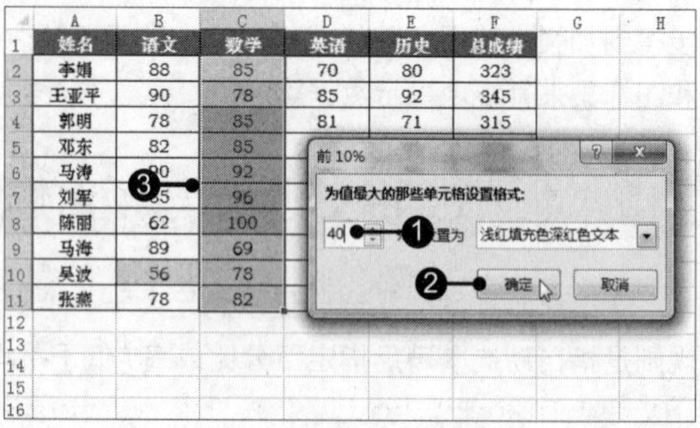

图 10-70

图 10-71

10.4.2　使用数据条、色阶与图标集分析

　　数据条是指以长度代表单元格中数值的大小，数据条越长，表示值越大，数据条越短，表示值越小；色阶是指用颜色刻度来直观表示数据分布和数据变化，它分为双色和三色色阶；图标集是指根据确定的阈值对不同类别的数据显示不同的图标。下面通过实例来介绍使用数据条、色阶和图标集来分析数据的操作方法。

原始文件：下载文件\实例文件\第10章\原始文件\学生成绩.xlsx
最终文件：下载文件\实例文件\第10章\最终文件\使用数据条、色阶与图标集分析.xlsx

步骤01 选择单元格区域。打开原始文件，选择要应用数据条的D2:D11单元格区域，如图10-72所示。

步骤02 选择数据条。❶单击"开始"选项卡下"样式"组中的"条件格式"按钮，❷在展开的下拉列表中单击"数据条"选项，❸在右侧展开的库中选择数据条样式，如选择"渐变填充"组中的"绿色数据条"，如图10-73所示。

步骤03 查看应用数据条后的表格。❶可看到D2:D11单元格区域应用了绿色的渐变数据条，❷选中要应用色阶的E2:E11单元格区域，如图10-74所示。

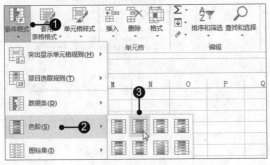

图 10-72　　　　　　图 10-73　　　　　　图 10-74

步骤04 选择色阶。❶单击"条件格式"按钮，❷在展开的下拉列表中单击"色阶"选项，❸在右侧展开的库中选择色阶样式，如选择"红-黄-绿色阶"，如图10-75所示。

步骤05 查看应用色阶后的表格。❶可看到E2:E11单元格区域应用了红-黄-绿色阶，❷选中要应用图标集的F2:F11单元格区域，如图10-76所示。

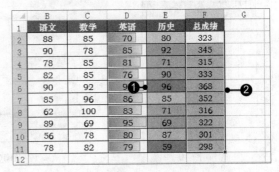

图 10-75　　　　　　　　　　　图 10-76

步骤06 选择图标集。❶单击"条件格式"按钮，❷在展开的下拉列表中单击"图标集"选项，❸在右侧展开的库中选择图标集样式，如选择"方向"组中的"五向箭头（彩色）"样式，如图10-77所示。

步骤07 查看应用图标集后的表格。可看到F2:F11单元格区域中应用了五向箭头（彩色）图标集，如图10-78所示。

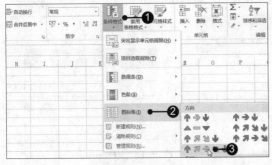

图 10-77　　　　　　　　　　　图 10-78

10.4.3　编辑公式确定条件

　　Excel提供了利用公式来设置单元格的功能，该功能需要用户手动编辑公式设置突显单元格的格式，当指定单元格满足公式的值时，便会按照用户指定的格式突出显示。下面以员工生日提醒为例介绍该功能的使用方法。

步骤01 选择要应用条件格式的单元格区域。打开原始文件，选择要应用条件格式的B3:B9单元格区域，如图10-79所示。

步骤02 选择新建规则。❶单击"开始"选项卡下"样式"组中的"条件格式"按钮，❷在展开的下拉列表中单击"新建规则"选项，如图10-80所示。

步骤03 编辑公式。弹出"新建格式规则"对话框，❶在"选择规则类型"列表框中选择要新建的规则，如选择"使用公式确定要设置格式的单元格"规则，❷然后在"为符合此公式的值设置格式"下方的文本框中输入公式"=ABS(DATE(YEAR(TODAY()),MONTH($B3),DAY(B3))-TODAY())<=7"，即自动突出显示离2016年6月22日前后不超过一周内的出生日期所在单元格，❸接着单击"格式"按钮，如图10-81所示。

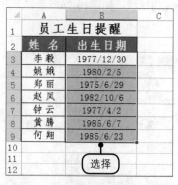
图 10-79

图 10-80

图 10-81

步骤04 设置字体属性。弹出"设置单元格格式"对话框，❶切换至"字体"选项卡，❷设置字形为"加粗"，❸颜色为"白色"，如图10-82所示。

步骤05 设置填充属性。❶切换至"填充"选项卡，❷设置填充颜色为标准色中的"绿色"，如图10-83所示。

步骤06 查看突出显示的单元格。单击"确定"按钮，再单击"新建格式规则"对话框的"确定"按钮，返回工作簿窗口，此时可看到B5和B9单元格均被突出显示，如图10-84所示。

图 10-82

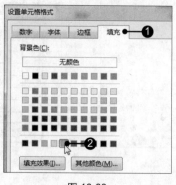
图 10-83

图 10-84

💡 **助跑地带——管理条件格式**

用户为 Excel 中的表格应用了条件格式后，可以选择手动管理这些条件格式，既可以删除某些不合适的条件格式，也可以手动编辑某些条件格式的相关属性，下面介绍具体的操作。

原始文件：下载资源 \ 实例文件 \ 第 10 章 \ 原始文件 \ 使用数据条、色阶和图标集分析 .xlsx
最终文件：下载资源 \ 实例文件 \ 第 10 章 \ 最终文件 \ 管理条件格式

（1）**选择A1:F11单元格区域。**打开原始文件，选择A1:F11单元格区域，如图10-85所示。

（2）**选择管理规则。**❶单击“开始”选项卡下“样式”组中的“条件格式”按钮，❷在展开的下拉列表中单击“管理规则”选项，如图10-86所示。

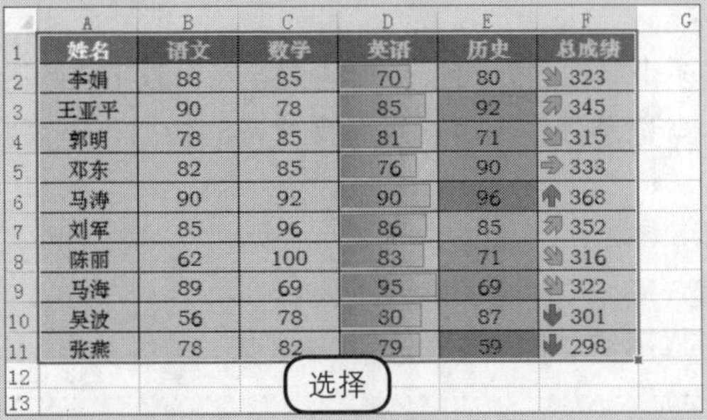

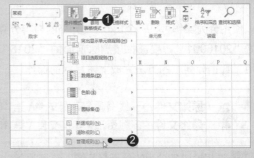

图 10-85

图 10-86

（3）**删除指定条件规则。**弹出“条件格式规则管理器”对话框，❶选择要删除的条件规则，❷单击“删除规则”按钮，如图10-87所示。

（4）**编辑指定条件规则。**❶此时可看到第3步操作中所选的条件规则已被删除，❷接着选择要编辑的条件规则，❸单击“编辑规则”按钮，如图10-88所示。

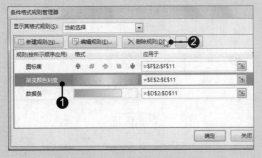

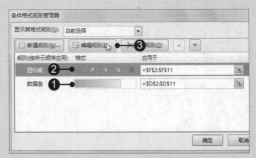

图 10-87

图 10-88

（5）**更改图标样式、类型和值。**弹出“编辑格式规则”对话框，❶更改图标样式为“三向箭头（彩色）”，❷设置类型为“数字”并输入对应的数值，如图10-89所示，输入完毕后单击“确定”按钮。

（6）**查看管理条件规则后的表格。**再次单击“确定”按钮返回工作簿窗口，此时可看到表格应用了调整后的条件规则，效果如图10-90所示。

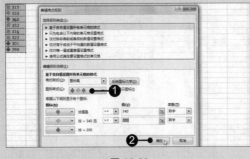

图 10-89

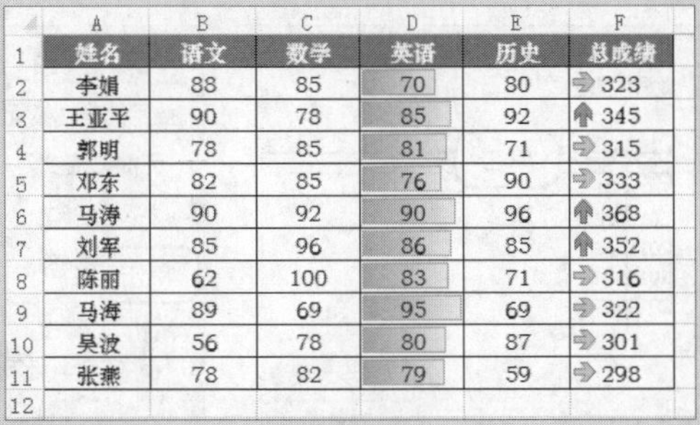

图 10-90

10.5 数据工具的使用

作为一种电子表格及数据分析的实用性工具软件,Excel提供了许多分析数据、制作报表、数据运算、工程规划、财政预测等方面的数据工具。这些数据工具为解决工程计算、金融分析、财政结算及教学中的学科建设等提供了许多方便。

10.5.1 对单元格进行分列处理

使用分列操作可将一个Excel单元格的内容分隔成多个单独的列。例如:学生的学籍号数字位数很多,比如"2016001",要成批量删除前面的"2016",当记录数量大时,手动操作费时费力,下面介绍使用"数据分列"的方法完成上述目标的操作。

原始文件: 下载资源\实例文件\第10章\原始文件\学籍管理.xlsx
最终文件: 下载资源\实例文件\第10章\最终文件\数据分列.xlsx

步骤01 选择要进行分列的单元格区域。打开原始文件,选择要进行分列数据所在的单元格区域,这里选择A2:A15单元格区域,如图10-91所示。

步骤02 启动分列操作。❶切换至"数据"选项卡,❷单击"数据工具"组中的"分列"按钮,如图10-92所示。

步骤03 选择分隔符。弹出"文本分列向导-第1步,共3步"对话框,单击"固定宽度"单选按钮,如图10-93所示。

图 10-91

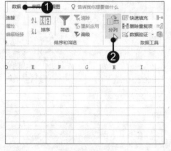
图 10-92

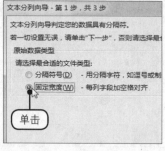
图 10-93

步骤04 设置分列线。单击"下一步"按钮,弹出"文本分列向导-第2步,共3步"对话框,单击标尺刻度滑块并调节分列线的位置,使其处在"2016"和"001"之间,如图10-94所示。

步骤05 设置各列数据格式。单击"下一步"按钮,弹出"文本分列向导-第3步,共3步"对话框,单击"不导入此列(跳过)"单选按钮,如图10-95所示。

步骤06 分列操作结果。单击"完成"按钮,返回工作表中,此时系统自动删除了学籍号前面的"2016",并将流水号"001"变成了数字"1",如图10-96所示。

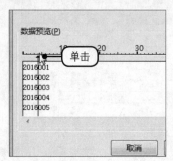
图 10-94

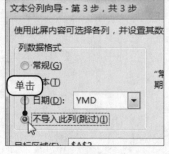
图 10-95

图 10-96

10.5.2　删除表格中的重复项

Excel 提供了删除重复项功能，利用该功能可以删除工作表中重复的数据记录。

原始文件：下载资源＼实例文件＼第 10 章＼原始文件＼工资统计表 .xlsx
最终文件：下载资源＼实例文件＼第 10 章＼最终文件＼删除重复项 .xlsx

步骤01 选择要删除重复项的区域。打开原始文件，选择要删除重复项区域的任意单元格，如选中B4单元格，如图10-97所示。

步骤02 启动删除重复项功能。单击"数据"选项卡下"数据工具"组中的"删除重复项"按钮，如图10-98所示。

步骤03 选择包含重复值的列。弹出"删除重复项"对话框，在"列"列表框中选择包含重复值的列，如勾选"姓名"复选框，即删除姓名重复的行，如图10-99所示，然后单击"确定"按钮。

图 10-97	图 10-98	图 10-99

步骤04 确认要删除的重复项。弹出提示框，提示用户发现了1个重复值，保留8个唯一值，直接单击"确定"按钮，如图10-100所示。

步骤05 删除重复项后的效果。返回工作表中，此时系统已经自动将姓名重复的"刘涛"行删除，效果如图10-101所示。

图 10-100

图 10-101

10.5.3　使用数据验证工具

Excel 强大的制表功能给用户的工作带来了方便，但是在表格数据录入过程中难免会出错，比如重复的身份证号码、超出范围的无效数据等。其实，只要合理设置数据验证工具，就可以避免错误。下面通过一个实例，体验 Excel 2016 数据有效性验证的妙用。

步骤01 选择要设置数据有效性的单元格区域。打开原始文件，选择要设置数据有效性的单元格区域，这里选择B3:B12单元格区域，如图10-102所示。

步骤02 启动数据有效性功能。❶单击"数据"选项卡下"数据工具"组中"数据验证"右侧的下三角按钮，❷在展开的下拉列表中单击"数据验证"选项，如图10-103所示。

步骤03 选择允许条件。弹出"数据验证"对话框，❶设置"允许"为"序列"，❷在"来源"文本框中输入要在下拉列表中显示的数据项，每输入一个数据项，就需要在英文状态下输入逗号"，"将其与下一个数据项分开，如图10-104所示。

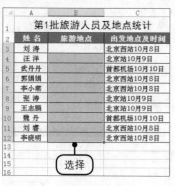

图 10-102

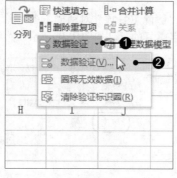

图 10-103

图 10-104

步骤04 设置输入信息。❶切换至"输入信息"选项卡，❷在"标题"文本框中输入"注意"，❸在"输入信息"文本框中输入"请填写正确的旅游地点"，如图10-105所示。

步骤05 设置出错警告。❶切换至"出错警告"选项卡，❷设置"标题"为"出错了"、"错误信息"为"你填写的旅游地点不正确"，❸单击"确定"按钮，如图10-106所示。

步骤06 查看输入的提示信息。返回工作表中，❶此时在B3单元格右侧出现一个下三角按钮，❷同时还出现一个黄色条，提示信息即为设置的输入信息，如图10-107所示。

图 10-105

图 10-106

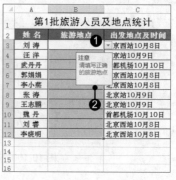

图 10-107

步骤07 从下拉列表中选择旅游地点。❶单击B3单元格右侧的下三角按钮，❷在展开的下拉列表中选择旅游地点，如选择"海南三亚"，如图10-108所示。

步骤08 输入错误信息。若用户在单元格中输入了错误信息，❶如在B4单元格中输入"西域西藏"，按【Enter】键，❷此时将弹出"出错了"提示框，提示内容即为设置的"你填写的旅游地点不正确"，如图10-109所示。

步骤09 将"旅游地点"列数据填充完善。选择"旅游地点"列的其他单元格，在其下拉列表中选择相应的旅游地点，最终效果如图10-110所示。

图 10-108

图 10-109

图 10-110

10.5.4　方案管理器的模拟分析

单变量求解只能解决包括一个未知变量的问题，模拟运算表最多只能解决两个变量引起的问题。如果要解决包括较多可变因素的问题，或者要查看以往使用过的工作表数据，或在几种假设分析中找出最佳方案，可用方案管理器完成。

已知某茶叶公司2015年的总销售额及各种茶叶的销售成本，现要在此基础上制定一个五年计划。由于市场是不断变化的，所以只能对总销售额及各种茶叶销售成本的增长率做一些估计。最好的估计是总销售额增长13%，花茶、绿茶、乌龙茶、红茶的销售成本分别增长10%、6%、10%、7%，但毕竟市场在变化，应该做好最坏的打算，下面分别制定出最佳、最坏和较可行的五年计划。

原始文件：下载资源 \ 实例文件 \ 第 10 章 \ 原始文件 \ 茶厂五年计划 .xlsx
最终文件：下载资源 \ 实例文件 \ 第 10 章 \ 最终文件 \ 方案管理器的模拟分析 .xlsx

步骤01 计算计划销售额。打开原始文件，❶在C3单元格中输入"=B3*(1+$B$15)"并按【Enter】键，❷向右复制公式至F3单元格，结果如图10-111所示。

步骤02 计算花茶未来销售成本。❶在C6单元格中输入公式"=B6*(1+$B$16)"，并按下【Enter】键，❷向右复制公式至F6单元格，结果如图10-112所示。

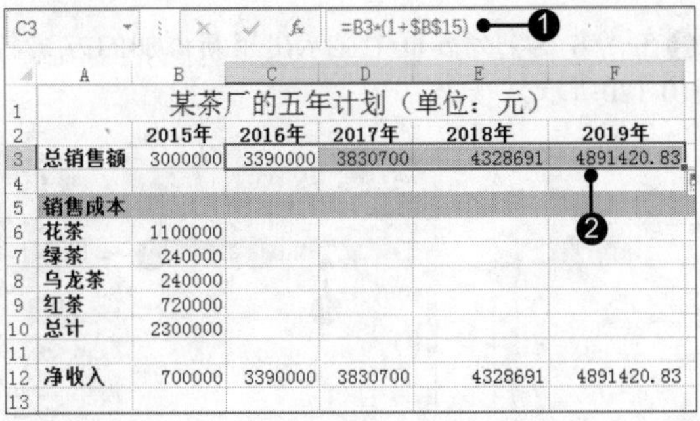

图 10-111

图 10-112

步骤03 计算其他茶叶未来销售成本。采用同样的方法，根据各类型茶叶的销售成本，计算出未来几年内的销售成本值，并拖动B10单元格右侧的填充柄计算出总计值，如图10-113所示。

步骤04 计算五年总净收入。❶在F16单元格中输入公式"=SUM(B12:F12)"并按下【Enter】键，❷得到五年的总净收入，如图10-114所示。

A	B	C	D	E	F
	某茶厂的五年计划（单位：元）				
	2015年	2016年	2017年	2018年	2019年
总销售额	3000000	3390000	3830700	4328691	4891420.83
销售成本					
花茶	1100000	1210000	1331000	1464100	1610510
绿茶	240000	254400	269664	285843.84	302994.4704
乌龙茶	240000	264000	290400	319440	351384
红茶	720000	770400	824328	882030.96	943773.1272
总计	2300000	2498800	2715392	2951414.8	3208661.598
净收入	700000	891200	1115308	1377276.2	1682759.232
		计算其他茶叶未来成本			
增长估计					
总销售额	13%				

图 10-113

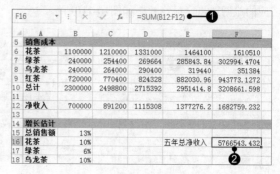

F16　=SUM(B12:F12)

A	B	C	D	E	F
销售成本					
花茶	1100000	1210000	1331000	1464100	1610510
绿茶	240000	254400	269664	285843.84	302994.4704
乌龙茶	240000	264000	290400	319440	351384
红茶	720000	770400	824328	882030.96	943773.1272
总计	2300000	2498800	2715392	2951414.8	3208661.598
净收入	700000	891200	1115308	1377276.2	1682759.232
增长估计					
总销售额	13%				
花茶	10%			五年总净收入	5766543.432
绿茶	6%				
乌龙茶	10%				

图 10-114

步骤05 启动方案管理器功能。选中F16单元格，❶单击"数据"选项卡下"预测"组中的"模拟分析"按钮，❷从展开的下拉列表中单击"方案管理器"选项，如图10-115所示。

步骤06 添加方案。弹出"方案管理器"对话框，单击"添加"按钮，如图10-116所示。

步骤07 设置方案名。弹出"添加方案"对话框，❶在"方案名"文本框中输入方案名称"茶厂最佳五年计划"，❷单击"可变单元格"文本框右侧的折叠按钮，如图10-117所示。

图 10-115

图 10-116

图 10-117

步骤08 选择可变单元格。返回工作表中，选择可变单元格区域为B15:B19，如图10-118所示，再次单击折叠按钮。

步骤09 设置最佳方案可变单元格值。返回"添加方案"对话框，单击"确定"按钮，❶弹出"方案变量值"对话框，保持默认的值不变，❷单击"确定"按钮即可，如图10-119所示。

步骤10 添加方案。返回"方案管理器"对话框中，❶在"方案"列表框中显示出了新添加的方案名称，❷单击"添加"按钮，继续添加最坏方案，如图10-120所示。

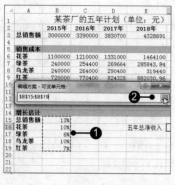

图 10-118

图 10-119

图 10-120

步骤11 添加最坏方案。弹出"编辑方案"对话框，在"方案名"文本框中输入"茶厂最坏五年计划"，单击"确定"按钮，如图10-121所示。

步骤12 输入最坏方案可变单元格值。弹出"方案变量值"对话框，❶依次输入"0.13""0.13""0.1""0.12"和"0.09"，❷单击"确定"按钮，如图10-122所示。

步骤13 显示最坏方案总净收入。返回"方案管理器"对话框，❶单击"显示"按钮，❷此时在工作表中将显示出最坏方案下五年的总净收入约为501万，如图10-123所示，单击"添加"按钮。

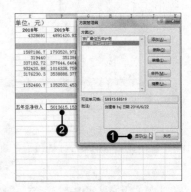

图 10-121   图 10-122   图 10-123

步骤14 添加较可行方案。弹出"添加方案"对话框，继续添加较可行方案，在"方案名"文本框中输入"茶厂较可行的五年计划"，如图10-124所示，然后单击"确定"按钮。

步骤15 输入较可行可变单元格值。弹出"方案变量值"对话框，❶依次输入"0.13""0.12""0.08""0.10"和"0.07"，❷单击"确定"按钮，如图10-125所示。

步骤16 显示较可行方案总净收入。返回"方案管理器"对话框，❶单击"显示"按钮，❷在工作表中将显示出较可行方案下五年的总净收入约为543万，如图10-126所示。

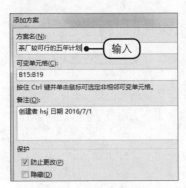

图 10-124   图 10-125   图 10-126

💡 **助跑地带——合并计算的使用**

    Excel 中的合并计算是指通过合并计算的方法来汇总一个或多个源区域中的数据，当多个工作表中的字段完全相同但排列比较混乱时，便可利用该功能来进行合并计算，具体的操作方法如下。

原始文件： 下载资源 \ 实例文件 \ 第 10 章 \ 原始文件 \ 第 1 季度销售汇总表 .xlsx
最终文件： 下载资源 \ 实例文件 \ 第 10 章 \ 最终文件 \ 合并计算 .xlsx

    （1）选择B2:F3单元格区域。打开原始文件，切换至"第1季度销售统计"工作表，选择B2:F3单元格区域，如图10-127所示。

（2）单击"合并计算"按钮。❶切换至"数据"选项卡，❷单击"数据工具"组中的"合并计算"按钮，如图10-128所示。

图 10-127

图 10-128

（3）添加指定单元格区域。弹出"合并计算"对话框，❶利用"引用位置"右侧的单元格引用按钮引用"1月份销售统计"工作表中的B1:F2单元格区域，❷单击"添加"按钮，如图10-129所示。

（4）添加其他单元格区域。❶使用相同的方法引用"2月份销售统计""3月份销售统计"工作表的B1:F2单元格区域，❷勾选"首行"复选框，如图10-130所示，然后单击"确定"按钮。

（5）查看计算的结果。返回工作簿窗口，此时可在"第1季度销售统计"工作表中看到计算出的产品销售合计，如图10-131所示。

图 10-129

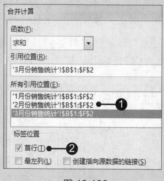

图 10-130

图 10-131

 同步实践 分析婚礼筹备预算表

通过本章的学习，相信用户已经了解了如何分析和处理工作表中的数据，下面通过分析婚礼筹备预算表这个实例来加深用户对本章知识的印象，本实例主要用到了条件格式和排序等知识点。

原始文件：下载文件\实例文件\第 10 章\原始文件\婚礼筹备预算表 .xlsx
最终文件：下载文件\实例文件\第 10 章\最终文件\婚礼筹备预算表 .xlsx

步骤01 选择要应用条件格式的单元格区域。打开原始文件，选择要应用条件格式的D4:D20单元格区域，如图10-132所示。

步骤02 选择其他图标集规则。❶单击"条件格式"按钮，❷在展开的下拉列表中单击"图标集"，❸再在展开的库中选择"其他规则"选项，如图10-133所示。

步骤03 编辑格式规则。弹出"新建格式规则"对话框，❶选择"三向箭头（彩色）"图标样式，❷勾选"仅显示图标"复选框，❸设置类型为"数字"，根据不同的图标设置不同的值，❹设置完毕后单击"确定"按钮，如图10-134所示。

图 10-132

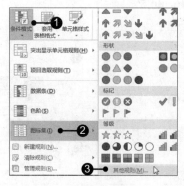

图 10-133

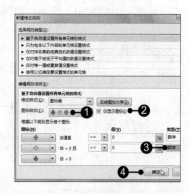

图 10-134

步骤04 查看设置后的显示效果。返回工作簿窗口，❶可看到D列中只显示了不同颜色和方向的箭头图标，❷选中B列中的任意单元格，如选中B5单元格，如图10-135所示。

步骤05 选择降序排列。❶切换到"数据"选项卡，❷单击"排序和筛选"组中的"降序"按钮，如图10-136所示。

步骤06 在指定位置插入行。❶选中第7行，❷右击任意单元格，在弹出的快捷菜单中单击"插入"命令，如图10-137所示。

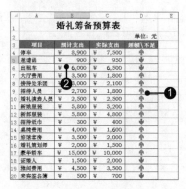

图 10-135

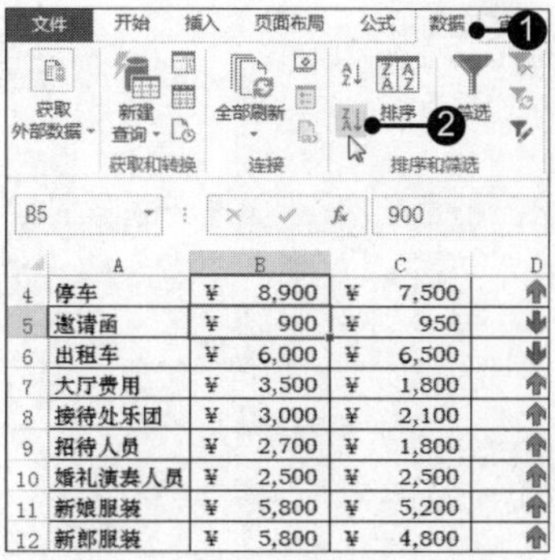

图 10-136

图 10-137

步骤07 编辑汇总行。❶在插入的行中输入项目名称"交通费用"，❷利用"自动求和"功能计算预计支出、实际支出等数据，如图10-138所示。

步骤08 编辑其他汇总行。使用相同的方法在其他指定的位置处编辑"场地费用""人员费用"和"信纸费用"汇总行，如图10-139所示。

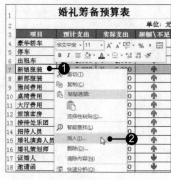

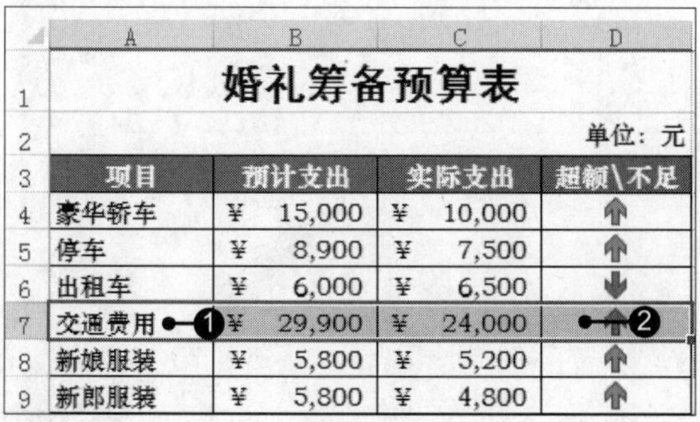

图 10-138

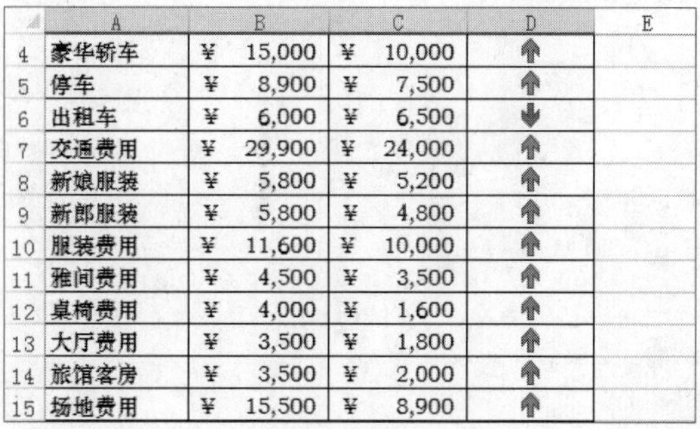

图 10-139

步骤09 选择自动建立分级显示。切换到"数据"选项卡，❶单击"分级显示"组中的"创建组"右侧的下三角按钮，❷在展开的下拉列表中单击"自动建立分级显示"选项，如图10-140所示。

步骤10 查看分级显示。❶在表格左侧单击分级按钮"1"，❷可在表格中看到各汇总项目的预计支出、实际支出的具体数据，如图10-141所示。

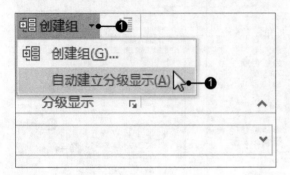

图 10-140

图 10-141

第11章 数据的可视化——图表的应用

图表可以使数据更易于理解，更容易体现出数据之间的相互关系，并有助于发现数据的发展趋势。Excel的图表功能并不逊色于一些专业的图表软件，它不但可以创建条形图、折线图、饼图等标准图表，还可以生成较复杂的三维立体图表。同时，Excel还提供了许多工具，用户运用它们可以修饰、美化图表，如设置图表标题，修改图表背景色、加入自定义符号，设置字体、字形等。

11.1 认识图表

用户若要全面学习和掌握 Excel 图表的相关知识，需要从认识图表的类型及图表的组成开始，一步步掌握图表并最终使用图表来分析实际工作中的数据。

11.1.1 图表的类型

Excel 提供了 15 种标准的图表类型，每一种都具有多种组合和变换。根据数据的不同和使用要求的不同，用户可以选择不同类型的图表。图表的选择主要与数据的形式有关，其次才考虑视觉效果和美观性。

● 柱形图：柱形图通常用纵坐标轴来显示数值项，横坐标轴来显示信息类别，用于表示以行或列排列的数据。柱形图通常用于显示各项之间的对比情况，或者一段时间内数据的变化，如图11-1所示。

● 折线图：折线图用一条折线显示一段时间内一组数据的变化趋势，通常用于比较相同时间间隔内数据的变化趋势。折线图对于显示一段时间内连续数据的变化趋势特别有用，如图11-2所示。

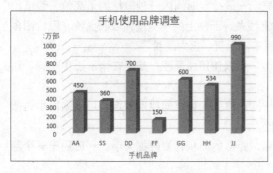

图 11-1

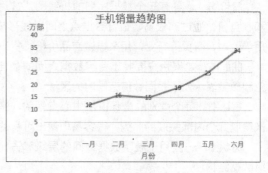

图 11-2

● 饼图：饼图用于显示一个数据系列中各项的大小与总和的比例关系，它只包含一个数据系列，适用于显示个体与整体的比例关系，当用于显示数据系列相对于总量的比例时，饼图最有用。它的整个扇区可以看作总和，每个扇区为占据其总体的百分比值，如图11-3所示。

● 条形图：条形图由一系列水平条组成，用于比较两项或多项之间的差异。条形图具有数据轴标签较长和持续显示数值的特点，如图11-4所示。

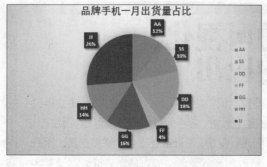

图 11-3

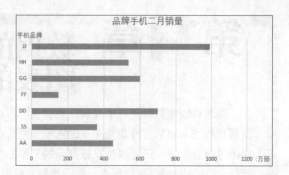

图 11-4

● **面积图**：面积图是以阴影或颜色填充折线下方区域的折线图，它显示一段时间内数据变动的幅值。面积图能看到单独各部分的变动，同时也能看到总体的变化，特别适合显示随时间改变而改变的量，如果数据点较少，添加垂直线有助于分辨每个时期的实际值，如图11-5所示。

● **XY（散点图）**：XY（散点图）由X轴和Y轴组成，用于显示成对数据中各数值之间的关系，并将每一数对中的一个数绘制在X轴上、另一个绘制在Y轴上，在两点交汇处作一个标记，当所有数据绘制完成后就构成了散点图，如图11-6所示。

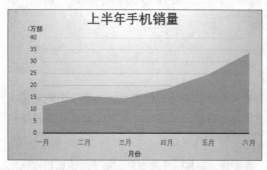

图 11-5

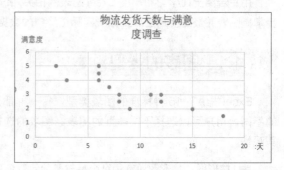

图 11-6

● **其他图表**：除了上面介绍的6种常用图表外，Excel还提供了其他9种图表，下面进行简单的介绍。

股价图：是具有三个数据序列的折线图，被用来显示一段给定时间内一种股标的最高价、最低价和收盘价。通过在最高、最低数据点之间画线形成垂直线条，而轴上的小刻度代表收盘价。股价图多用于金融、商贸等行业，用来描述商品价格、货币兑换率和温度、压力测量等。

曲面图：如果用户要找出两组数据之间的最佳组合，可以使用曲面图。就像在地形图中一样，颜色和图案表示处于相同数值范围内的区域。

雷达图：每个类别的坐标值从中心点辐射，来源于同一序列的数据同线条相连。可以采用雷达图来绘制几个内部关联的序列，很容易地做出可视的对比。

树状图：一般用于展示数据之间的层级和占比关系，矩形的面积代表数据大小。一般用于一个层级数据结构。

旭日图：能够清晰展示数据之间的层级和占比关系，从环形由内向外，层级逐渐细分，对于多个层级数据结构有明显优势。

直方图：是一种统计报告图，由一系列高度不等的纵向条纹或线段表示数据分布的情况。一般用横轴表示数据类型，纵轴表示分布情况。

箱形图：又称为盒须图、盒式图或箱线图，是一种用来显示一组数据分散情况的统计图，因形状如箱子而得名，在各个领域也经常被使用，常见于品质管理。

瀑布图：此种图表采用绝对值与相对值结合的方式，形似瀑布流水，适用于表达数个特定数值之间的数量变化关系，用户想表达两个数据点之间数量的演变过程时，即可使用瀑布图。

组合图：可以将多个独立的形状组合成一个图形对象，然后对组合后的图形对象进行移动、修改大小等操作。

11.1.2　图表的组成

一个完整的图表中包含了大量的图表元素，这些元素各自代表不同的含义，默认情况下会显示其中一部分，其他元素可以根据需要进行添加。如图 11-7 所示是一个简单的 Excel 图表，它是某书店计算机类图书和管理类图书某年份上半年销售数据的折线图，可参考此图，认识图中标注的术语。

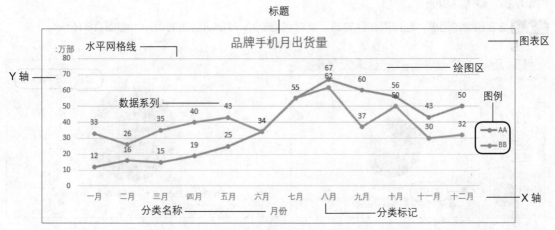

图 11-7

11.2　创建图表

Excel 2016 提供了两种创建图表的方法，第一种是使用推荐的图表在 Excel 中创建图表，第二种是手动选择图表类型并创建图表。

11.2.1　使用推荐的图表

Excel 2016 增加了自动推荐图表的功能，它能够根据用户所选择的数据源来选择合适的图表，下面介绍利用推荐图表来创建图表的操作方法。

原始文件：下载资源\实例文件\第 11 章\原始文件\各类职称教师人数 .xlsx
最终文件：下载资源\实例文件\第 11 章\最终文件\使用推荐的图表 .xlsx

步骤01 选择要创建图表的数据区域。打开原始文件，选择要创建图表的数据区域，如选择A2:B9单元格区域，如图11-8所示。

步骤02 单击"推荐的图表"按钮。❶切换至"插入"选项卡，❷单击"图表"组中的"推荐的图表"按钮，如图11-9所示。

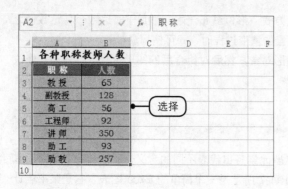

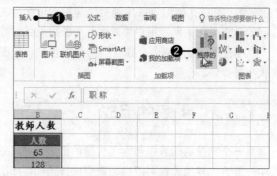

图 11-8   图 11-9

步骤03 选择图表类型。弹出"插入图表"对话框,选择合适的图表类型,如选择"饼图",双击对应的缩略图,如图11-10所示。

步骤04 查看创建的图表。返回工作簿窗口,此时可看到Excel自动创建的饼图,如图11-11所示。

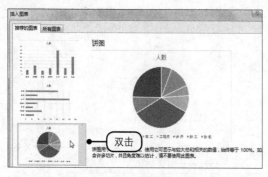

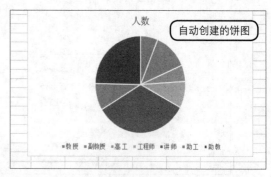

图 11-10   图 11-11

11.2.2 手动选择图表创建

Excel 2016 提供了手动选择并创建图表的功能,该功能适用于对图表类型比较熟悉的用户,这类用户可以根据工作表中的数据来选择与之匹配的图表类型。

原始文件:下载资源\实例文件\第 11 章\原始文件\各类职称教师人数 .xlsx
最终文件:下载资源\实例文件\第 11 章\最终文件\手动选择图表创建 .xlsx

步骤01 选择要创建图表的数据区域。打开原始文件,选择要创建图表的数据区域,例如选择A2:B9单元格区域,如图11-12所示。

步骤02 选择柱形图。切换至"插入"选项卡,❶单击"图表"组中的"插入柱形图或条形图"按钮,❷在展开的库中选择"三维簇状柱形图"样式,如图11-13所示。

步骤03 选择图表类型。返回工作簿窗口,此时可看到Excel根据所选数据源创建的三维柱形图,如图11-14所示。

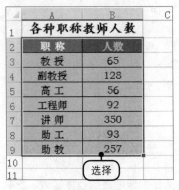

图 11-12

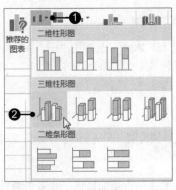

图 11-13

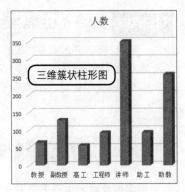

图 11-14

11.3 设计图表样式与内容

直接创建的图表可能不尽人意，如图表类型不合适、图表中的数据源不正确等，这时就需要对图表进行修改。

11.3.1 更改图表类型

对于一个已经建立好的图表，如果觉得不能直观表达工作表中的数据，可以修改图表的类型。下面将前面创建的图表类型更改为饼图，用饼图来表示各种职称人数的比例。

原始文件：下载资源\实例文件\第 11 章\原始文件\手动选择图表创建 .xlsx
最终文件：下载资源\实例文件\第 11 章\最终文件\更改图表类型 .xlsx

步骤01 启动更改图表类型功能。打开原始文件，选中图表，切换至"图表工具-设计"选项卡，❷单击"类型"组中的"更改图表类型"按钮，如图11-15所示。

步骤02 重新选择图表类型。弹出"更改图表类型"对话框，❶在"所有图表"列表框中选择图表的类型，如选择"饼图"，❷在右侧的列表框中选择"饼图"类型的子类型，如选择"饼图"，如图11-16所示。

步骤03 更改图表类型后的效果。单击"确定"按钮返回工作表中，显示了将图表更改为饼图后的效果，从图表中可以看到各种职称教师人数的比例情况，如图11-17所示。

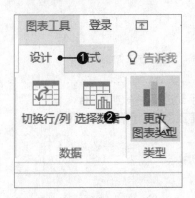

图 11-15

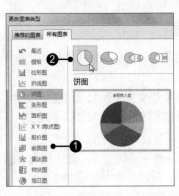

图 11-16

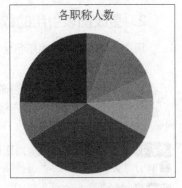

图 11-17

知识点拨 更改一个数据系列的图表类型

若用户不想更改整个图表的数据类型，而只是想更改一个数据系列的图表类型，可右击该数据系列，从弹出的快捷菜单中单击"更改系列图表类型"命令，在弹出的"更改图表类型"对话框中重新选择该系列的图表类型即可，此时图表中就会存在两种图表类型。

11.3.2　重新选择数据源

创建图表后，也许用户需要往图表中再添加数据，或者需要重新选择创建图表的数据区域，此时可以对创建图表的源数据进行更改，也可以更改图表布局和位置。

1．切换图表的行与列

切换图表的行与列实质上就是交换坐标轴上的数据，将 X 轴上的数据移到 Y 轴上，反之亦然。下面就将前面创建的柱形图切换行与列。

原始文件：下载资源\实例文件\第 11 章\原始文件\手动选择图表创建 .xlsx
最终文件：下载资源\实例文件\第 11 章\最终文件\切换图表的行与列 .xlsx

步骤01 选择切换行/列。打开原始文件，选中图表，❶切换至"图表工具-设计"选项卡，❷单击"数据"组中的"切换行/列"按钮，如图11-18所示。

步骤02 切换行/列的效果。Excel自动将X轴与Y轴的数据进行交换，切换后的图表如图11-19所示。

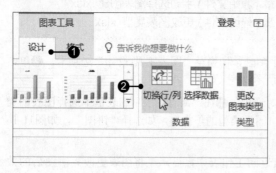

图 11-18

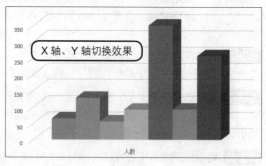

图 11-19

2．更改图表引用的数据

用户还可以更改图表所包含的区域，分别设置系列和水平轴标签。设置方法如下。

原始文件：下载资源\实例文件\第 11 章\原始文件\手动选择图表创建 .xlsx
最终文件：下载资源\实例文件\第 11 章\最终文件\更改图表引用的数据 .xlsx

步骤01 打开"选择数据源"对话框。打开原始文件，选中图表，❶切换至"图表工具-设计"选项卡，❷单击"数据"组中的"选择数据"按钮，如图11-20所示。

步骤02 编辑水平轴标签。弹出"选择数据源"对话框，在"水平（分类）轴标签"选项组中单击"编辑"按钮，如图11-21所示。

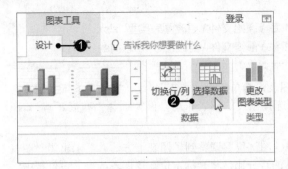

图 11-20

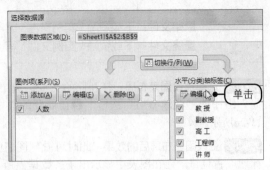

图 11-21

步骤03 编辑数据系列。弹出"轴标签"对话框，❶设置"轴标签区域"为"工作表1"中的A3:A8单元格区域，❷单击"确定"按钮，如图11-22所示。

步骤04 启动编辑水平轴标签。返回"选择数据源"对话框，若用户需要更改图例项，需在"图例项（系列）"选项组中单击"编辑"按钮，如图11-23所示。

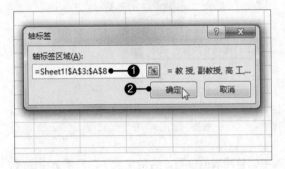

图 11-22

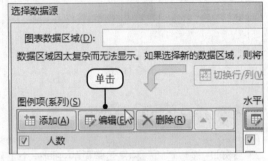

图 11-23

步骤05 选择轴标签区域。弹出"编辑数据系列"对话框，❶设置"系列值"为"工作表1"中的B3:B8单元格区域，❷单击"确定"按钮，如图11-24所示。

步骤06 更改数据源后的效果。返回"选择数据源"对话框，单击"确定"按钮，返回工作表中，此时可看到图表中并未显示职称为"助教"的教师人数，如图11-25所示。

图 11-24

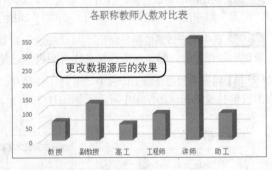

图 11-25

11.3.3 更改图表布局

创建图表后，用户可以对图表应用预定义布局，快速改变图表外观，而无需手动添加或更改图表元素。Excel提供了多种预定义布局（或快速布局）供用户选择。

步骤01 **选择预设图表布局。** 打开原始文件，选中图表，❶单击"图表工具-设计"选项卡下"图表布局"组中的"快速布局"按钮，❷在展开的库中选择预设的图表布局，例如选择"布局2"，如图11-26所示。

步骤02 **更改图表布局后的效果。** 此时可看到图表中的图例位置调整到了图表上方，并显示出了"图表标题"占位符，还在图表中显示出了各数据点所占的百分比，将光标定位在"图表标题"占位符中，输入标题名称"教师职称百分比"，如图11-27所示。

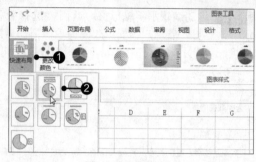

图 11-26

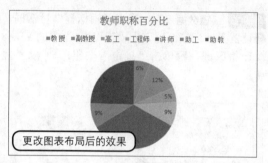

图 11-27

11.3.4 移动图表位置

移动图表位置，一种是最常见的在同一个工作表中调整图表的位置，这种情况下，只需选中图表，拖动至适当的位置即可；还有一种是将一个工作表中的图表移动至另一个工作表中。本小节讲解的是将一个工作表中的图表调整到其他工作表中。

步骤01 **启动移动图表功能。** 打开原始文件，选中图表，❶切换至"图表工具-设计"选项卡，❷单击"位置"组中的"移动图表"按钮，如图11-28所示。

步骤02 **选中图表放置位置。** 弹出"移动图表"对话框，❶单击"新工作表"单选按钮，将图表放置在新建的工作表中，❷输入工作表名称"图表"，如图11-29所示，然后单击"确定"按钮。

步骤03 **将图表放置在新工作表中。** 返回工作簿中，系统自动新建了一个名为"图表"的工作表，并将图表单独放置在该工作表中，效果如图11-30所示。

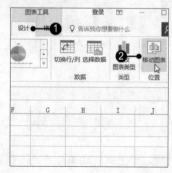

图 11-28

图 11-29

图 11-30

助跑地带——将图表保存为模板

如果用户制作出了精美的图表，希望在下次创建图表时能够直接套用，可以将其保存为模板，下次使用时直接选择即可。

原始文件：下载资源\实例文件\第 11 章\原始文件\各类图书销售折线图 .xlsx
最终文件：无

（1）**单击"另存为模板"命令。** 打开原始文件，❶右击图表区任意位置，❷在弹出的快捷菜单中单击"另存为模板"命令，如图11-31所示。

（2）**设置文件名。** 弹出"保存图表模板"对话框，在"文件名"文本框中输入保存名称为"图表2"，如图11-32所示，然后单击"保存"按钮即可。

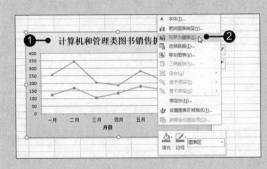

图 11-31

图 11-32

11.4 添加图表元素

上一节讲述了自动套用系统预设的图表布局，本节将介绍如何在"图表工具 - 设计"选项卡下手动设置图表的标题、坐标轴标题、图例和数据标签等内容。

11.4.1 为图表添加与设置标题

很多时候，创建的图表是没有标题的，或者默认的标题不能满足用户的实际需要，此时就可以为图表重新添加并设置标题。

原始文件：下载资源\实例文件\第 11 章\原始文件\酒厂成本与利润分析 .xlsx
最终文件：下载资源\实例文件\第 11 章\最终文件\为图表添加与设置标题 .xlsx

选择要添加标题的图表。 打开原始文件，首先选中要添加标题的图表，如图11-33所示。

步骤02 **选择图表位置。** ❶单击"图表工具-设计"选项卡下"图表布局"组中的"添加图表元素"按钮，❷在展开的下拉列表中指向"图表标题"，❸在展开的子列表中选择标题的放置位置，例如单击"图表上方"选项，如图11-34所示。

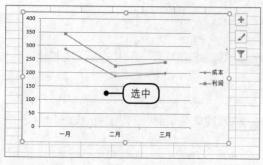

图 11-33

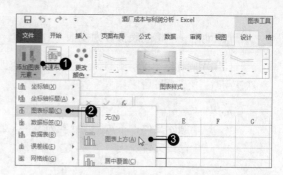

图 11-34

步骤03 输入图表标题。此时在图表上方添加了一个"图表标题"占位符,在占位符中输入图表的标题"酒厂第一季度成本与利润",如图11-35所示。

步骤04 选择图表标题字体。❶选中上一步输入的图表标题,❷单击"开始"选项卡下"字体"组中"字体"文本框右侧的下三角按钮,❸在展开的下拉列表中选择字体,如选择"华文中宋",如图11-36所示。

步骤05 选择图表标题字号。❶单击"开始"选项卡下"字体"组中"字号"文本框右侧的下三角按钮,❷在展开的下拉列表中单击要选择的字号,如单击"20磅",如图11-37所示。

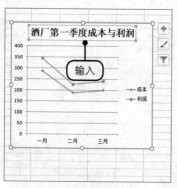

图 11-35

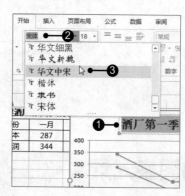

图 11-36

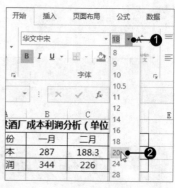

图 11-37

步骤06 选择字体颜色。❶单击"开始"选项卡下"字体"组中"字体颜色"右侧的下三角按钮,❷在展开的下拉列表中选择标题字体颜色,如选择"绿色",如图11-38所示。

步骤07 查看设置后的图表标题。通过以上的设置,得到的图表标题显示效果如图11-39所示。

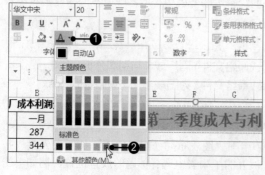

图 11-38

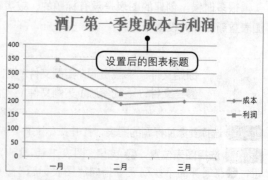

图 11-39

11.4.2　显示与设置坐标轴标题

默认情况下创建的图表，坐标轴标题也不会显示出来，但为了阅读者能够体会图表所表达的含义，很多时候需要将坐标轴标题显示出来，并适当设置其格式。

原始文件：下载资源 \ 实例文件 \ 第 11 章 \ 原始文件 \ 为图表添加与设置标题 .xlsx
最终文件：下载资源 \ 实例文件 \ 第 11 章 \ 最终文件 \ 显示与设置坐标轴标题 .xlsx

步骤01 选择添加主要横坐标轴标题。打开原始文件，选中图表，❶单击"图表工具-设计"选项卡下"图表布局"组中的"添加图表元素"按钮，❷在展开的下拉列表中指向"坐标轴标题"选项，❸在展开的子列表中单击"主要横坐标轴"选项，如图11-40所示。

步骤02 选择添加主要纵坐标轴标题。❶再次单击"添加图表元素"按钮，❷在展开的下拉列表中指向"坐标轴标题"选项，❸在展开的子列表中单击"主要纵坐标轴"选项，如图11-41所示。

步骤03 设置坐标轴标题。此时在图表中可看到添加的横、纵坐标轴占位符，输入横/纵坐标轴标题分别为"月份""单位：万"，效果如图11-42所示。

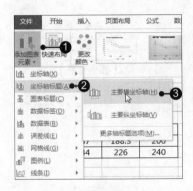

图 11-40

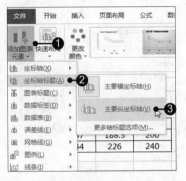

图 11-41

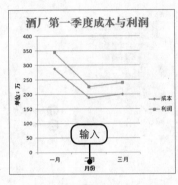

图 11-42

11.4.3　显示与设置图例

图例用来解释说明图表中使用的标志或符号，用于区分不同的数据系列。Excel 一般采用数据表中的首行或首列文本作为图例。

原始文件：下载资源 \ 实例文件 \ 第 11 章 \ 原始文件 \ 显示与设置坐标轴标题 .xlsx
最终文件：下载资源 \ 实例文件 \ 第 11 章 \ 最终文件 \ 显示与设置图例 .xlsx

步骤01 设置图例位于顶部。打开原始文件，选中图表，❶单击"图表工具-设计"选项卡下"图表布局"组中的"添加图表元素"按钮，❷在展开的下拉列表中指向"图例"选项，❸单击其子列表中的"顶部"选项，如图11-43所示。

步骤02 单击"其他图例选项"。❶再次单击"添加图表元素"按钮，❷在展开的下拉列表中指向"图例"选项，❸单击其子列表中的"更多图例选项"，如图11-44所示。

步骤03 选择填充方式。❶在打开的"设置图例格式"任务窗格中单击"填充"选项，❷在界面中选择填充方式，如单击"图案填充"单选按钮，❸选择合适的图案样式，如图11-45所示。

图 11-43

图 11-44

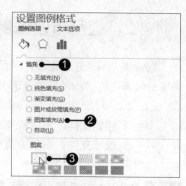

图 11-45

步骤04 选择图案背景色和前景色。❶设置前景色为"浅绿色"，❷设置背景色为"橙色"，如图11-46所示。

步骤05 选择边框颜色。单击"边框"选项，❶选择边框样式，如单击"实线"单选按钮，❷接着在"颜色"下拉列表中调整实线的颜色，如选择"绿色"，如图11-47所示。

步骤06 显示图例效果。设置完毕后，单击"关闭"按钮，返回工作表中，此时可看到图例已经显示在图表上方，图例效果如图11-48所示。

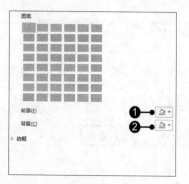

图 11-46

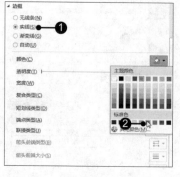

图 11-47

图 11-48

11.4.4　显示与设置数据标签

Excel 2016提供了强大的数据标签功能，用户可以设置显示引导线、更改数据标签的形状及为重要的数据添加标注等，下面就通过实例详细介绍这些功能。

1．显示引导线

当图表中的数据系列过多时，用户可以设置显示引导线，将数据标签与其对应的数据点相连接，达到一目了然的效果。

原始文件：下载资源\实例文件\第 11 章\原始文件\各种职称教师人数结构图 .xlsx
最终文件：下载资源\实例文件\第 11 章\最终文件\显示引导线 .xlsx

步骤01 选中图表。打开原始文件，选择工作表中的图表，如图11-49所示。

步骤02 选择其他数据标签选项。切换至"图表工具-设计"选项卡，❶单击"图表布局"组中的"添加图表元素"按钮，❷在展开的下拉列表中指向"数据标签"选项，❸单击展开的子列表中的"其他数据标签选项"，如图11-50所示。

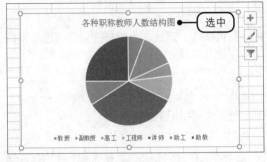

图 11-49

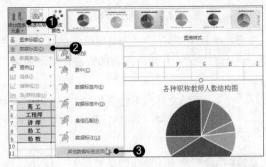

图 11-50

步骤03 设置显示引导线。在展开的"设置数据标签格式"任务窗格中勾选"百分比"和"显示引导线"复选框,如图11-51所示。

步骤04 查看引导线。返回工作簿窗口,拖动任意数据标签即可看到引导线,如图11-52所示。

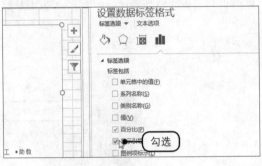

图 11-51

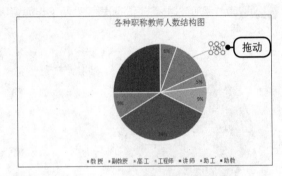

图 11-52

2. 更改数据标签形状

Excel提供了多种数据标签的形状,如果对默认的数据标签外形不满意,可以选择将其更换为其他形状。

原始文件: 下载资源\实例文件\第11章\原始文件\显示引导线.xlsx
最终文件: 下载资源\实例文件\第11章\最终文件\更改数据标签形状.xlsx

步骤01 更改数据标签形状为椭圆。打开原始文件,❶右击图表中需要更改形状的数据标签,❷在弹出的快捷菜单中单击"更改数据标签形状"命令,❸在右侧选择满意的形状,例如选择"椭圆",如图11-53所示。

步骤02 查看更改形状后的数据标签。此时可看到指定数据标签形状变为椭圆,如图11-54所示。

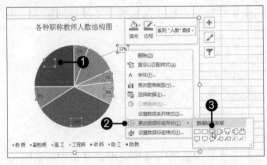

图 11-53

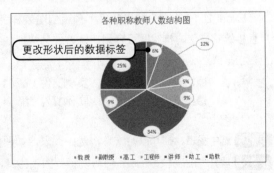

图 11-54

3．为重要数据添加标注

Excel 2016提供了添加数据标注的功能，它是数据标签功能的一部分，当用户需要强调图表中的某一部分数据时，可以为其添加标注，以示强调。

原始文件：下载资源\实例文件\第 11 章\原始文件\各种职称教师人数结构图 .xlsx
最终文件：下载资源\实例文件\第 11 章\最终文件\为重要数据添加标注 .xlsx

步骤01 选择需要添加标注的数据系列。打开原始文件，选择需要添加标注的数据系列，如图11-55所示。

步骤02 选择添加数据标注。❶切换至"图表工具-设计"选项卡，单击"图表布局"组中的"添加图表元素"按钮，❷在展开的下拉列表中指向"数据标签"，❸单击展开的子列表中的"数据标注"选项，如图11-56所示。

步骤03 查看添加数据标注后的图表。返回工作簿窗口，此时可看到添加数据标注后的图表，如图11-57所示。

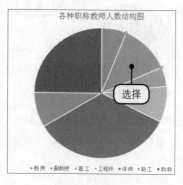

图 11-55

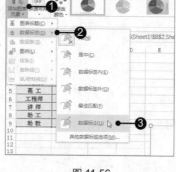

图 11-56

图 11-57

11.5 格式化图表

对于一个已经做好的图表，可以设置图表中各种元素的格式。在设置格式时，可以直接套用预设的图表样式，也可以选择图表中的某一对象后，手动设置其填充色、边框样式和形状效果等。

11.5.1 应用预设图表样式

Excel 2016 为用户提供了很多预设的图表样式，这些专业的图表样式大大满足了用户的需求，用户直接选择喜欢的样式即可套用，既方便又快捷。

原始文件：下载资源\实例文件\第 11 章\原始文件\酒厂销售情况图 .xlsx
最终文件：下载资源\实例文件\第 11 章\最终文件\预设图表样式 .xlsx

步骤01 选中图表。打开原始文件，选中图表，如图11-58所示。

步骤02 展开"图表样式"库。❶切换至"图表工具-设计"选项卡，❷单击"图表样式"组中的快翻按钮，如图11-59所示。

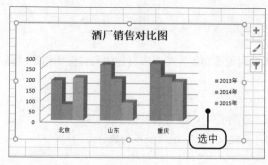

图 11-58

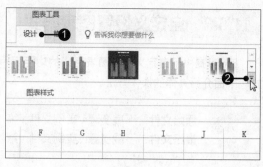

图 11-59

步骤03 选择图表样式。在展开的库中选择程序预设的图表样式，如选择"样式3"，如图11-60所示。

步骤04 应用图表样式后的效果。套用了上一步所选择的图表样式后，得到的图表效果如图11-61所示。

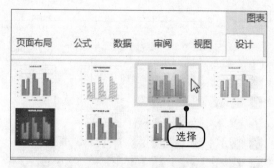

图 11-60

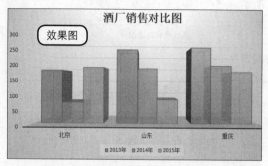

图 11-61

11.5.2 快速更改图表颜色

Excel 2016提供了快速更改图表颜色的功能，用户既可以选择为图表应用预设的单色样式，又可以选择应用预设的彩色样式，下面介绍具体的操作方法。

原始文件：下载资源\实例文件\第 11 章\原始文件\酒厂销售情况图 .xlsx
最终文件：下载资源\实例文件\第 11 章\最终文件\快速更改图表颜色 .xlsx

步骤01 选中图表。打开原始文件，选中工作表中的图表，如图11-62所示。

步骤02 更换图表颜色。❶切换至"图表工具-设计"选项卡，❷单击"图表样式"组中的"更改颜色"按钮，❸在展开的下拉列表中选择颜色，如选择"彩色"组中的"颜色4"，如图11-63所示。

步骤03 查看更换颜色后的图表。此时可看到更换颜色后的图表，如图11-64所示。

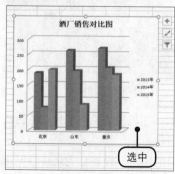

图 11-62

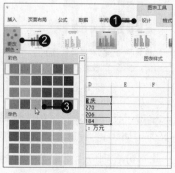

图 11-63

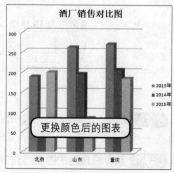

图 11-64

Excel 提供了自定义设置图表格式的功能，用户可以利用该功能为图表中指定的元素应用特定的样式，下面介绍具体的操作方法。

原始文件： 下载资源\实例文件\第 11 章\原始文件\酒厂销售情况图 .xlsx
最终文件： 下载资源\实例文件\第 11 章\最终文件\自定义设置图表格式 .xlsx

步骤01 选中图表。打开原始文件，选中图表，如图11-65所示。

步骤02 为图表区应用形状样式。切换至"图表工具-格式"选项卡，单击"形状样式"组的快翻按钮，在展开的库中选择合适的形状样式，如选择"细微效果-蓝色，强调颜色5"样式，如图11-66所示。

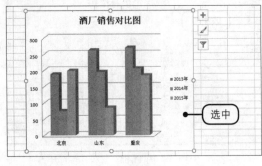

图 11-65　　　　　　　　　　　　图 11-66

步骤03 选择主要垂直轴网格线。切换至"图表工具-格式"选项卡，❶单击"当前所选内容"组中"图表元素"右侧的下三角按钮，❷在展开的下拉列表中选择图表元素，如选择"垂直（值）轴主要网格线"选项，如图11-67所示。

步骤04 添加橙色形状轮廓。❶单击"形状轮廓"右侧的下三角按钮，❷在展开的下拉列表中选择轮廓颜色，例如选择"橙色"，如图11-68所示。

步骤05 查看调整图表区和网格线后的图表。设置后可在工作表中看到调整图表区和网格线后的图表，如图11-69所示。

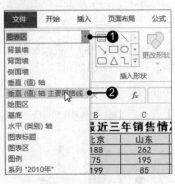
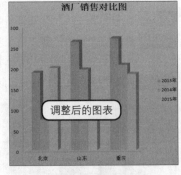

图 11-67　　　　　　　　图 11-68　　　　　　　　图 11-69

步骤06 选择艺术字样式。选中图表，单击"艺术样式"组中的快翻按钮，在展开的库中选择合适的艺术字样式，例如选择"填充-黑色，文本，阴影1"样式，如图11-70所示。

步骤07 查看设置后的图表最终效果。此时可看到应用指定艺术字样式后的图表，设置后的最终效果如图11-71所示。

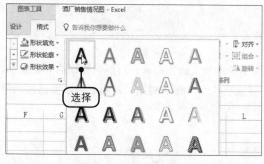

图 11-70

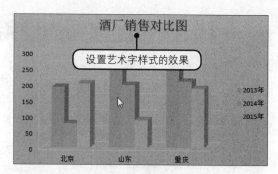

图 11-71

💡 **助跑地带——便捷的图表按钮**

在 Excel 2016 中，创建的图表自带了三个图表按钮，即"图表元素""图表样式"和"图表筛选器"按钮，这些按钮可以快速实现各自指定的功能，这里详细介绍这三个按钮的相关功能。

原始文件：下载资源\实例文件\第 11 章\原始文件\酒厂销售情况图 .xlsx
最终文件：下载资源\实例文件\第 11 章\最终文件\便捷的新增图表按钮 .xlsx

（1）**添加数据标签。**打开原始文件，选中图表，❶单击"图表元素"按钮，❷在展开的下拉列表中勾选"数据标签"复选框，如图11-72所示。

（2）**更换图表样式。**❶单击"图表样式"按钮，❷在展开的库中选择图表样式，例如选择"样式8"，如图11-73所示。

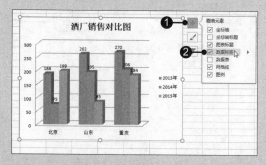

图 11-72

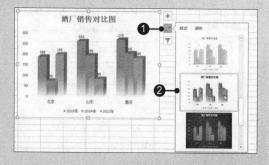

图 11-73

（3）**筛选数值。**❶单击"图表筛选器"按钮，❷在展开的下拉列表中设置筛选数值，例如设置不显示"2013年"系列和"重庆"类别，❸单击"应用"按钮，如图11-74所示。

（4）**查看设置后的图表。**此时可在工作簿窗口中看到添加数据标签和应用指定样式后的图表，图表中只显示了2014年和2015年的北京与山东地区酒厂销售信息，如图11-75所示。

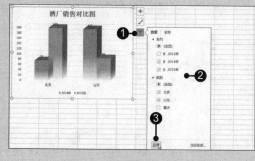

图 11-74

图 11-75

第 11 章　数据的可视化——图表的应用　**275**

11.6 迷你图的使用

Excel 2016提供了迷你图的功能,它是工作表单元格中的一个微型图表,可提供数据的直观展示。使用迷你图可以显示数值系列中的趋势(例如季节性增加或减少、经济周期),或者可以突出显示最大值和最小值。在数据旁边放置迷你图可达到最佳显示效果。

11.6.1 插入迷你图

迷你图可以通过清晰简明的图形表示方法显示相邻数据的趋势,而且只需占用少量空间。下面就在"一周股票情况"中插入迷你图,比较一周内各只股票的走势。

原始文件: 下载资源 \ 实例文件 \ 第 11 章 \ 原始文件 \ 一周股票情况 .xlsx
最终文件: 下载资源 \ 实例文件 \ 第 11 章 \ 最终文件 \ 插入迷你图 .xlsx

步骤01 选择迷你图类型。打开原始文件,在"插入"选项卡下的"迷你图"组中选择要插入的迷你图类型,例如单击"折线图"按钮,如图11-76所示。

步骤02 弹出"创建迷你图"对话框。弹出"创建迷你图"对话框,单击"数据范围"右侧的折叠按钮,如图11-77所示。

图 11-76

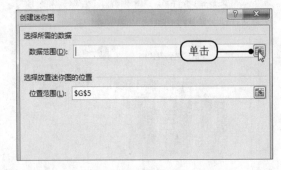
图 11-77

步骤03 选择创建迷你图的数据范围。返回工作表中,❶拖动鼠标选择创建迷你图的数据范围,如选择"B3:F3"单元格区域,❷单击折叠按钮,如图11-78所示。

步骤04 选择放置迷你图的位置。返回"创建迷你图"对话框中,❶用同样的方法选择"位置范围"为G3单元格,即放置迷你图的位置为G3单元格,❷单击"确定"按钮,如图11-79所示。

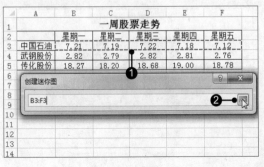
图 11-78

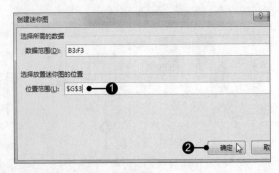
图 11-79

步骤05 显示创建的迷你图。返回工作表中，此时在G3单元格自动创建一个图表，该图表显示了"中国石油"这只股票一周来的波动情况，如图11-80所示。

步骤06 为其他股票走势创建迷你图。用同样的方法，在G4和G5单元格中分别为"武钢股份"和"传化股份"这两只股票插入迷你图，效果如图11-81所示。

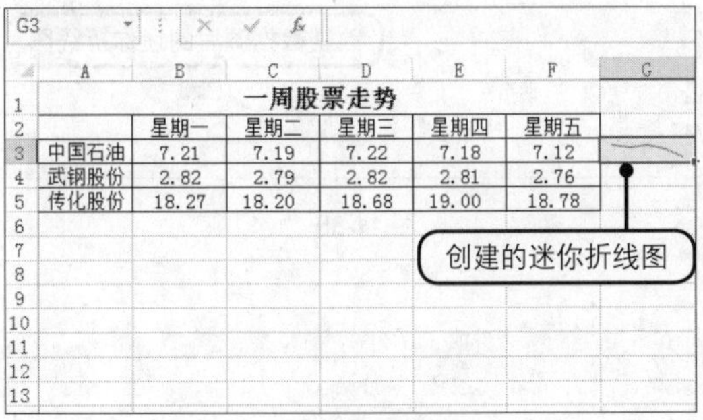

图 11-80

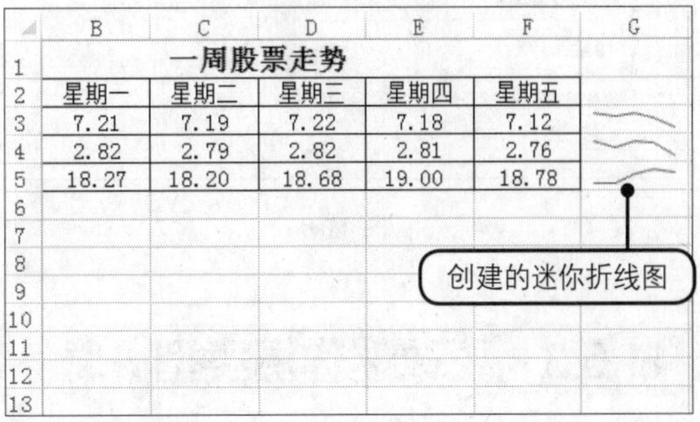

图 11-81

11.6.2 更改迷你图数据

创建完迷你图后，若用户需要更改创建迷你图的数据范围，可按照以下方法操作，重新选择创建迷你图的数据区域。

原始文件：下载资源 \ 实例文件 \ 第 11 章 \ 原始文件 \ 插入迷你图 .xlsx
最终文件：下载资源 \ 实例文件 \ 第 11 章 \ 最终文件 \ 更改迷你图数据 .xlsx

步骤01 编辑单个迷你图的数据。打开原始文件，❶选中要更改的迷你图所在单元格，例如选择G3单元格，❷单击"迷你图工具-设计"选项卡下"迷你图"组中的"编辑数据"按钮，❸在展开的下拉列表中单击"编辑单个迷你图的数据"选项，如图11-82所示。

步骤02 弹出"编辑迷你图数据"对话框。弹出"编辑迷你图数据"对话框，单击"选择迷你图的源数据区域"文本框右侧的折叠按钮，如图11-83所示。

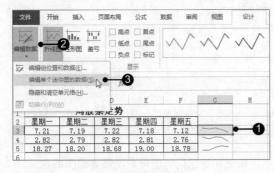

图 11-82

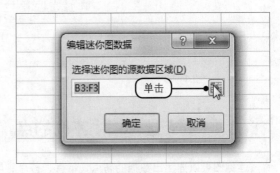

图 11-83

步骤03 重新选择创建迷你图的区域。返回工作表中，❶重新选择创建迷你图的数据区域，如选择B3:D3单元格区域，❷单击折叠按钮，如图11-84所示。

步骤04 更改数据区域后的迷你图效果。再次单击"确定"按钮返回工作表中，此时可看到G3单元格中的迷你图发生了变化，效果如图11-85所示。

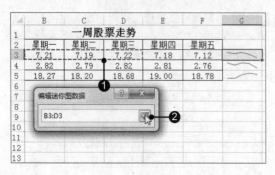

图 11-84

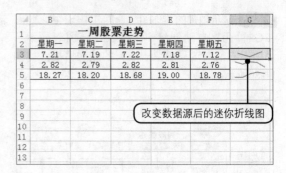

图 11-85

11.6.3　更改迷你图类型

如同更改图表类型一样，用户也可以根据自己的需要更改迷你图的类型。

原始文件：下载资源\实例文件\第 11 章\原始文件\插入迷你图 .xlsx
最终文件：下载资源\实例文件\第 11 章\最终文件\更改迷你图类型 .xlsx

步骤01 选择要更改的迷你图。打开原始文件，选择要更改类型的迷你图所在的单元格，这里选择G3单元格，如图11-86所示。

步骤02 选择迷你图类型。在"迷你图工具-设计"选项卡下选择迷你图类型，如单击"类型"组中的"柱形图"选项，如图11-87所示。

步骤03 更改迷你图类型后的效果。此时可看到G3单元格中的迷你图变成了柱形迷你图，效果如图11-88所示。

图 11-86

图 11-87

图 11-88

11.6.4　显示迷你图中不同的点

迷你图可以显示出数据的高点、低点、首点、尾点、负点和标记，方便用户观察迷你图的意义。

原始文件：下载资源\实例文件\第 11 章\原始文件\插入迷你图 .xlsx
最终文件：下载资源\实例文件\第 11 章\最终文件\显示迷你图中不同的点 .xlsx

步骤01 选择要显示点的迷你图。打开原始文件，选择要显示点的迷你图所在的单元格，这里选择G3:G5单元格区域，如图11-89所示。

步骤02 选择要显示的点。在"迷你图工具-设计"选项卡下的"显示"组中勾选要显示的点,例如勾选"高点"和"低点"复选框,如图11-90所示。

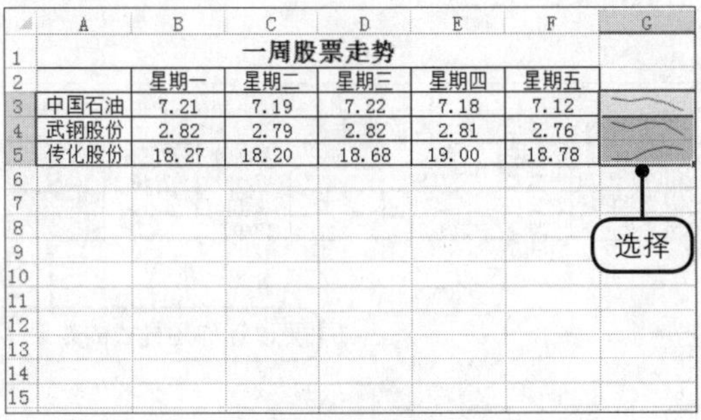

图 11-89

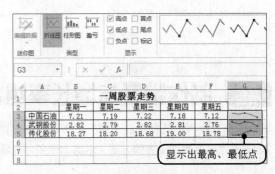

图 11-90

步骤03 显示点后的迷你图效果。此时在G3:G5单元格区域的迷你图上分别显示了各只股票一周内的最高点和最低点,如图11-91所示。

图 11-91

11.6.5 设置迷你图样式

Excel 2016预设了多种不同的迷你图样式,用户可直接选择喜欢的迷你图样式套用,既方便又快捷。

原始文件: 下载资源\实例文件\第 11 章\原始文件\显示迷你图中不同的点 .xlsx
最终文件: 下载资源\实例文件\第 11 章\最终文件\设置迷你图样式 .xlsx

步骤01 选择要套用迷你图样式的单元格区域。打开原始文件,选择要应用样式迷你图所在的单元格区域,这里选择G3:G5单元格区域,如图11-92所示。

步骤02 展开迷你图样式。切换至"迷你图工具-设计"选项卡,单击"样式"组的快翻按钮,如图11-93所示,展开更多的迷你图样式。

图 11-92

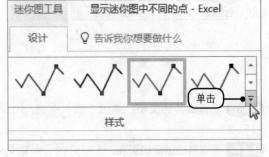

图 11-93

步骤03 选择迷你图样式。从展开的样式库中选择合适的迷你图样式，这里选择如图11-94所示的样式。

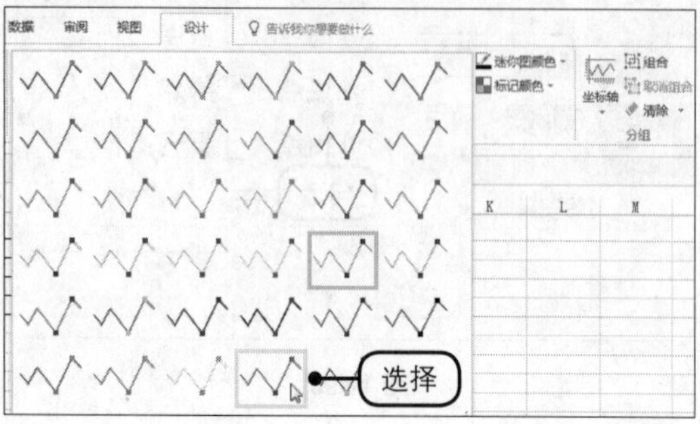

步骤04 套用样式后的迷你图效果。套用了上一步所选择的迷你图样式后，得到的迷你图效果如图11-95所示。

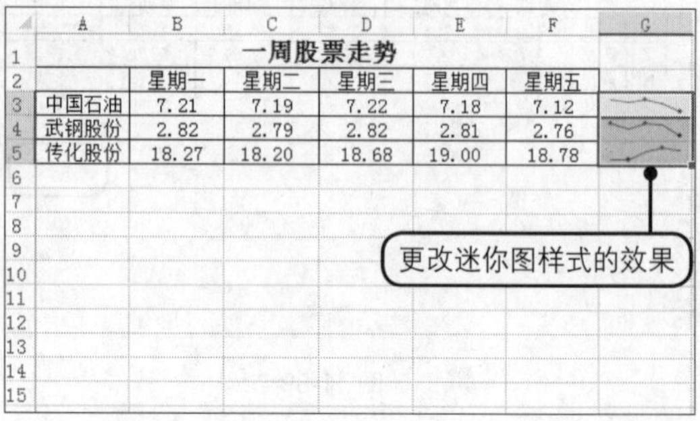

图 11-94

图 11-95

更改迷你图样式的效果

同步实践 制作销量与增长率组合图表

下面以在"产品销量汇总表"工作簿中制作销量与增长率组合图表为例，帮助用户掌握在 Excel 2016 工作表中使用图表的方法，巩固本章所学内容。

原始文件：下载资源\实例文件\第 11 章\原始文件\产品销量汇总表 .xlsx
最终文件：下载资源\实例文件\第 11 章\最终文件\产品销量汇总表 .xlsx

步骤01 选择创建图表所对应的单元格区域。打开原始文件，选择创建图表所对应的单元格区域，例如利用【Ctrl】键选择A2:A8、D2:D8和E2:E8单元格区域，如图11-96所示。

步骤02 选择推荐的图表。❶切换至"插入"选项卡，❷单击"图表"组中的"推荐的图表"按钮，如图11-97所示。

图 11-96

图 11-97

步骤03 选择推荐的图表。弹出"插入图表"对话框，在左侧列表框中双击合适的图表，如图11-98所示。

步骤04 查看自动创建的图表。此时可在工作表中看到自动创建的图表，设置图表标题为"产品销量与增长率组合图表"，如图11-99所示。

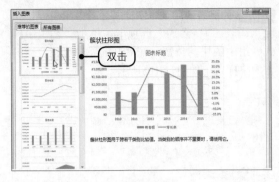

图 11-98

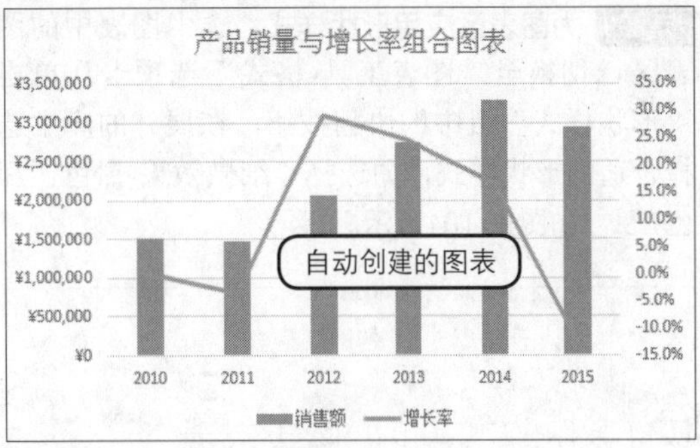

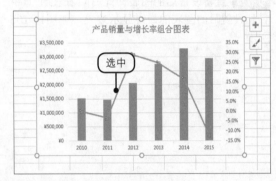

图 11-99

步骤05 设置不显示图例。切换至"图表工具-设计"选项卡，❶单击"图表布局"组中的"添加图表元素"按钮，❷在展开的下拉列表中指向"图例"，❸单击展开的子列表中的"无"选项，即设置不显示图例，如图11-100所示。

步骤06 选择要显示数据标签的数据系列。此时可看到图表中并未显示图例，选择要显示数据标签的数据系列，如选中"增长率"数据系列，如图11-101所示。

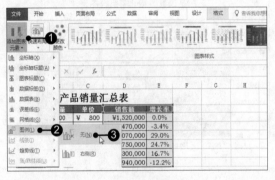

图 11-100

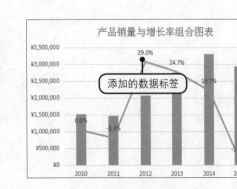

图 11-101

步骤07 设置数据标签位于上方。切换至"图表工具-设计"选项卡，❶单击"添加图表元素"按钮，❷在展开的下拉列表中指向"数据标签"，❸单击展开的子列表中的"上方"选项，即设置数据标签位于上方，如图11-102所示。

步骤08 查看添加的数据标签。此时在图表中可看到为"增长率"数据系列添加了数据标签，且数据标签显示在其上方，如图11-103所示。

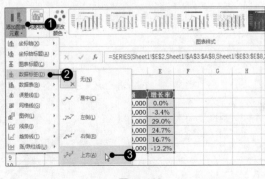

图 11-102

图 11-103

步骤09 为图表区应用形状样式。选中图表中的图表区,切换至"图表工具-格式"选项卡,单击"形状样式"组中的快翻按钮,在展开的库中选择合适的形状样式,如选择"细微效果-黑色,深色1",如图11-104所示。

步骤10 为图表应用艺术字样式。选中图表,切换至"图表工具-格式"选项卡,单击"艺术字样式"组中的快翻按钮,在展开的库中选择合适的艺术字样式,如图11-105所示。

图 11-104

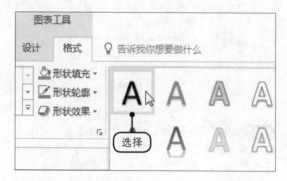

图 11-105

步骤11 查看设置后的图表。此时可在工作簿中看到设置后的图表的最终显示效果,如图11-106所示。

图 11-106

第12章 数据透视表与数据透视图的使用

数据透视表具有十分强大的数据重组和数据分析能力，它不仅能够改变数据表的行、列布局，而且能够快速汇总大量数据，还能够基于原数据表创建数据分组，并可对建立的分组进行汇总统计。而数据透视图是利用数据透视的结果制作的图表，数据透视图总是与数据透视表相关联的。本章介绍如何创建和设置数据透视表、数据透视图。

12.1 数据透视表的使用

阅读一个有很多数据的工作表是很不方便的，用户可以根据需要，将这个工作表生成能够显示分类概要信息的数据透视表。数据透视表能够迅速而快捷地从数据源中提取并计算需要的信息。

12.1.1 创建空白数据透视表

用户使用数据透视表不仅可以对大量数据进行快速汇总，还可以查看数据源的汇总结果。下面通过实例讲解创建数据透视表的步骤。

原始文件：下载资源 \ 实例文件 \ 第 12 章 \ 原始文件 \ 液晶电视一周销售情况 .xlsx
最终文件：下载资源 \ 实例文件 \ 第 12 章 \ 最终文件 \ 创建空白数据透视表 .xlsx

步骤01 选择要创建透视表的表格。打开原始文件，选择要创建数据透视表的工作表中任意含有数据的单元格，如选择A4单元格，如图12-1所示。

A4
2016/3/10
液晶电视销售记录
售货日期 售货员姓名 产品品牌 单价 数量（件）
2016/3/10 王丹 CW ¥4,700 2
2016/3/10 CH ¥6,500 1
2016/3/10 李晓娟 SN ¥6,380 1
2016/3/11 王丹 HX ¥4,850 4
2016/3/11 郭涛 SX ¥6,399 1
2016/3/11 李晓娟 SN ¥6,380 1
2016/3/12 王丹 HX ¥4,850 1
选中

图 12-1

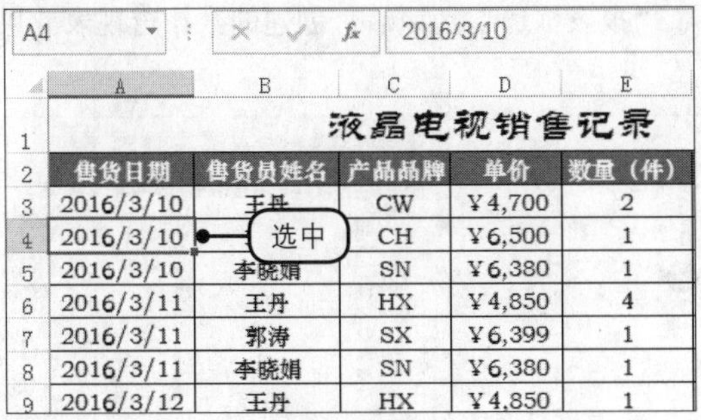

步骤02 执行创建数据透视表操作。❶切换至“插入”选项卡，❷单击“表格”组中的“数据透视表”按钮，如图12-2所示。

文件
开始
插入
页面布局
公式
数据
数据透视表
推荐的数据透视表
表格
图片
联机图片
形状
SmartArt
屏幕截图
表格
插图
A4
2016/3/10

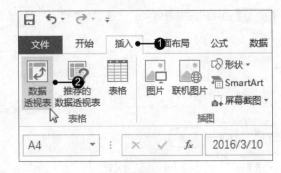

图 12-2

步骤03 设置“创建数据透视表”对话框。弹出“创建数据透视表”对话框，❶Excel自动将单元格区域A2:G26添加到了“表/区域”文本框中，❷默认“选择放置数据透视表的位置”为“新工作表”，保持默认设置，如图12-3所示，直接单击“确定”按钮。

步骤04 显示创建的数据透视表模型。返回工作簿中，此时Excel自动新建一个工作表，将该工作表名称更改为“创建空白数据透视表”，并显示出了“数据透视表工具”标签和“数据透视表字段列表”任务窗格，如图12-4所示。

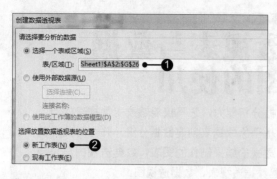

图 12-3

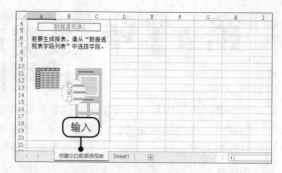

图 12-4

知识点拨 选择数据透视表的放置位置

若用户不想将数据透视表放置在其他工作表中，可在"创建数据透视表"对话框中单击"现有工作表"单选按钮，然后单击"位置"右侧的折叠按钮，返回工作表中，选择要放置数据透视表的单元格区域。

12.1.2 添加字段

上一小节只是创建了数据透视表的模型，并没有往数据透视表中添加数据字段，此时的数据透视表没有任何意义，用户可以根据需要将分析的字段添加到数据透视表的不同区域中。

 原始文件： 下载资源 \ 实例文件 \ 第 12 章 \ 原始文件 \ 创建空白数据透视表 .xlsx
最终文件： 下载资源 \ 实例文件 \ 第 12 章 \ 最终文件 \ 添加字段 .xlsx

步骤01 勾选要添加的字段。打开原始文件，在"数据透视表字段"任务窗格中勾选要添加的字段，如勾选"售货日期""售货员姓名""产品品牌""数量"和"总价"复选框，这些勾选的字段自动添加到下方的各个区域中，如图12-5所示。

步骤02 移动字段。选择要移动的字段，例如，❶单击"售货日期"选项，❷在展开的列表中单击"移动到报表筛选"选项，如图12-6所示。

步骤03 创建的透视表效果。"售货日期"字段移动到了"报表筛选"区域后，创建的数据透视表效果如图12-7所示。

图 12-5

图 12-6

图 12-7

步骤04 筛选数据。此时在数据透视表中显示的为一周内所有的销量和销售额，若用户只想查看某天的销售情况，❶单击数据透视表中"售货日期"右侧的下三角按钮，❷在展开的下拉列表中选择要查看的日期，例如选择"2016/3/12"，❸单击"确定"按钮，如图12-8所示。

步骤05 筛选结果。返回数据透视表中，此时可以看到在数据透视表中只显示出了2016年3月12日的销售情况，结果如图12-9所示。

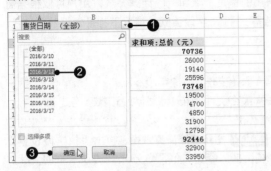

图 12-8

图 12-9

步骤06 选择多个筛选条件。若用户需要查看多天的销售情况，❶单击"售货日期"右侧的下三角按钮，❷从展开下拉列表中首先勾选"选择多项"复选框，❸勾选需要查看的日期，例如勾选"2016/3/12"和"2016/3/15"复选框，❹单击"确定"按钮，如图12-10所示。

步骤07 筛选出多项结果。返回数据透视表中，此时在数据透视表中筛选出了"2016/3/12"和"2016/3/15"两天的销售情况，如图12-11所示。

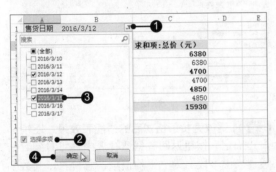

图 12-10

图 12-11

知识点拨 | **拖动法移动字段**

除了采用正文步骤02中的方法将字段移动到需要的区域外，用户还可以选择要移动的字段后，按住鼠标左键不放，将其拖曳至需要放置的区域。若要删除某个字段，只需将该字段拖曳出"数据透视表字段列表"任务窗格外。

12.2 使用和设计数据透视表

为数据透视表添加字段后，便可使用和美化该透视表，既可以更改计算字段、对指定数据进行排序或者添加分组，又可以为数据透视表设计样式和布局。

12.2.1 更改计算字段

Excel提供了更改计算字段的功能，用户利用该功能既可以更改指定字段的计算方式、数字格式，又可以更改值的显示方式。

1. 更改计算方式和数字格式

默认情况下，创建的数据透视表对于汇总字段采用的都是"求和"的计算方式，用户可以根据需要查看汇总字段的其他计算结果，例如平均值、计数值等。另外，字段值默认情况下都是常规数字格式，用户可以根据数字的含义更改数字格式。

步骤01 打开"值字段设置"对话框。打开原始文件，❶在"数据透视表字段"任务窗格中单击"求和项：总价"选项，❷在展开的下拉列表中单击"值字段设置"选项，如图12-12所示。

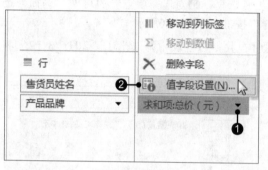

图 12-12

步骤02 重新选择计算方式。弹出"值字段设置"对话框，❶在"值汇总方式"选项卡下的"计算类型"列表框中重新选择计算方式，例如选择"平均值"选项，❷单击"数字格式"按钮，如图12-13所示。

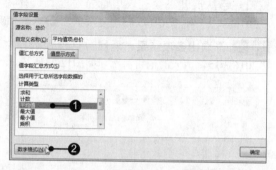

图 12-13

步骤03 设置数字格式。弹出"设置单元格格式"对话框，❶在"分类"列表框中选择数字的格式，例如选择"货币"格式，❷在其右侧的"小数位数"文本框中输入保留的小数位数"0"，如图12-14所示，然后单击"确定"按钮。

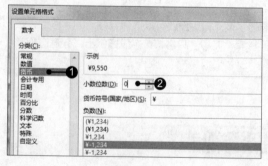

图 12-14

步骤04 更改为货币格式后的透视表效果。连续单击"确定"按钮返回数据透视表中，可看到数据透视表中字段名为"平均值项：总价"，其数字格式都统一更改为了货币格式，如图12-15所示。

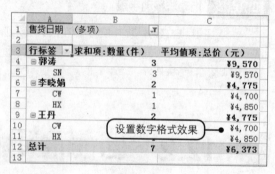

图 12-15

2. 更改值显示方式

默认情况下，数据透视表中的汇总结构都是以"无计算"的方式显示的，用户可根据不同的需要来更改这些汇总结果的显示方式，例如可以选择将汇总结构以百分比的形式显示。

步骤01 选择值显示方式。打开原始文件，在数据透视表中选中需要更改值显示方式的列，❶右击这一列中的任意单元格，如右击B4单元格，❷在弹出的快捷菜单中指向"值显示方式"，❸单击展开的子列表中的"总计的百分比"命令，如图12-16所示。

步骤02 更改值显示方式后的效果。此时，数据透视表中的"数量"列按照总计的百分比显示，如图12-17所示。

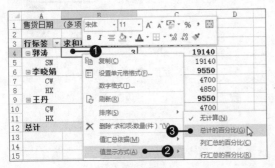

图 12-16

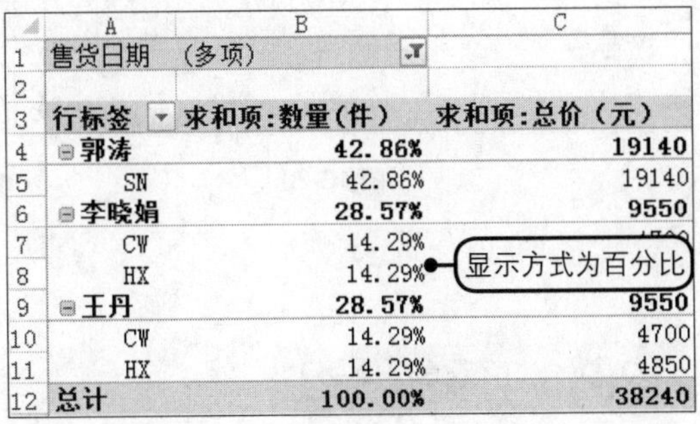

图 12-17

12.2.2 对透视表中的数据进行排序

像普通的数据清单一样，在数据透视表中也可以对数据进行排序。用户只需选择要排序的字段，然后选择排序方式即可。

原始文件： 下载资源 \ 实例文件 \ 第 12 章 \ 原始文件 \ 添加字段 .xlsx
最终文件： 下载资源 \ 实例文件 \ 第 12 章 \ 最终文件 \ 排序透视表 .xlsx

步骤01 选择要排序字段的任意单元格。打开原始文件，❶取消"售货日期"的筛选功能，假设要对"求和项：数量（件）"列数据进行排序，那么，❷选择该列中任意含有数据的单元格，例如选择B6单元格，如图12-18所示。

步骤02 启动排序操作。单击"数据"选项卡下"排序和筛选"组中的"排序"按钮，如图12-19所示。

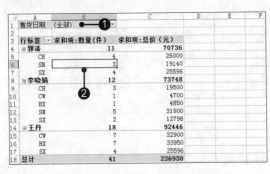

图 12-18

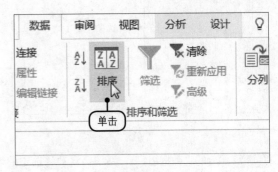

图 12-19

步骤03 设置排序选项和方向。弹出"按值排序"对话框，❶在"排序选项"选项组中选择排序方式，例如单击"升序"单选按钮，❷在"排序方向"选项组中单击"从上到下"单选按钮，如图12-20所示，单击"确定"按钮。

步骤04 排序结果。返回数据透视表中，此时可看到"求和项：数量（件）"列的数据已经根据不同的销售员按照升序进行了重新排列，如图12-21所示。

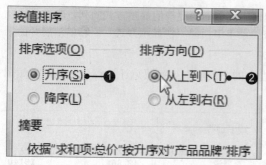

图 12-20

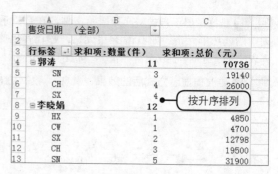

图 12-21

12.2.3 添加分组

添加分组可以采用自定义的方式对字段中的项进行组合，以满足用户需要。当用户无法采用其他方式（如排序和筛选）轻松组合数据子集时，可以采用两种方式进行分组：一种是将所选内容进行分组，另外一种是使用"组合"对话框进行分组。

原始文件： 下载资源 \ 实例文件 \ 第 12 章 \ 原始文件 \ 员工资料表 .xlsx
最终文件： 下载资源 \ 实例文件 \ 第 12 章 \ 最终文件 \ 添加分组 .xlsx

1. 将所选内容进行分组

步骤01 选择要进行分组的数据区域。打开原始文件，在"透视表"工作表中选择要分为一组的数据所在单元格区域A4:B11，如图12-22所示。

步骤02 将所选内容分组。单击"数据透视表工具-分析"选项卡下"分组"组中的"组选择"按钮，如图12-23所示。

图 12-22

图 12-23

步骤03 组合的"数据组1"。系统会自动将选定的内容归纳到"数据组1"，并且在数据组名称和剩余的数据前面显示展开按钮，如图12-24所示。

步骤04 组合其他数据。用相同的方法，选择年龄为30～39所在的单元格区域，将其创建为"数据组2"，另外将年龄为40～48的数据创建为"数据组3"，如图12-25所示。

步骤05 更改数据组名称。用户可以将默认的数据组名称更改为能够代表改组意义的名称，例如选中A4单元格，❶在编辑栏中输入"20～29岁"，❷按下【Enter】键，如图12-26所示。

图 12-24

图 12-25 · 图 12-26

步骤06 更改其他数据组名称。用相同的方法，将数据组2和数据组3的名称更改为"30～39岁""40～49岁"，如图12-27所示。

步骤07 隐藏明细数据。❶单击"20～29岁"左侧的折叠按钮⊟，❷将隐藏该部分的活动字段，直接显示出20～29岁年龄的总人数为11人，如图12-28所示。

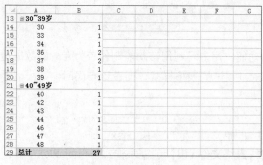

图 12-27

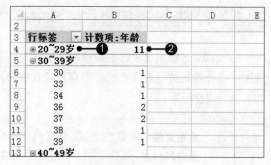

图 12-28

2. 使用"组合"对话框进行分组

步骤01 选择分组字段。打开原始文件，单击要分组字段所在列的任意含有数据的单元格，例如单击A4单元格，如图12-29所示。

步骤02 将字段分组。单击"数据透视表工具-分析"选项卡下"分组"组中的"组字段"按钮，如图12-30所示。

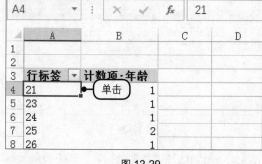

图 12-29

图 12-30

步骤03 设置起始值和终止值。弹出"组合"对话框，设置"起始于"和"终止于"分别为"20""49"，并设置"步长"为"10"，如图12-31所示，单击"确定"按钮。

步骤04 自动分组结果。Excel自动按照步长10进行分组，分组结果如图12-32所示。

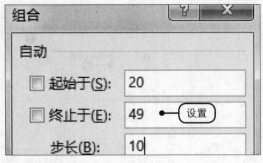

图 12-31

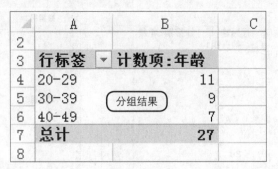

图 12-32

知识点拨 | **取消分组**

　　若用户需要取消分组，可选中分组后的数据透视表单元格，然后在"数据透视表工具 - 选项"选项卡下单击"取消组合"按钮即可。

12.2.4　设计透视表样式与布局

　　Excel 2016 提供了设计数据透视表样式与布局的功能，用户可利用该功能制作较为专业的数据透视图。设计数据透视表样式时，用户可以直接套用 Excel 预设的表格样式，而设计布局时，则可以添加汇总行或空行等。

原始文件： 下载资源 \ 实例文件 \ 第 12 章 \ 原始文件 \ 添加字段 .xlsx
最终文件： 下载资源 \ 实例文件 \ 第 12 章 \ 最终文件 \ 设计透视表样式与布局 .xlsx

步骤01 选中表格。打开原始文件，❶取消"售货日期"的筛选功能，❷选中任意单元格，如选择A4单元格，如图12-33所示。

步骤02 单击数据透视表样式中的快翻按钮。❶切换至"数据透视表工具-设计"选项卡，❷单击"数据透视表样式"组中的快翻按钮，如图12-34所示。

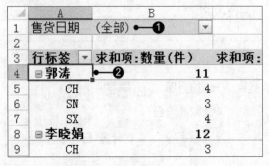

图 12-33

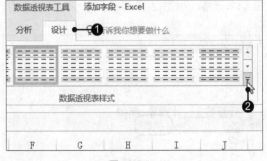

图 12-34

步骤03 选择数据透视表样式。在展开的库中选择合适的样式，例如选择"数据透视表样式中等深浅9"样式，如图12-35所示。

步骤04 设置在底部添加分类汇总。切换至"数据透视表工具-设计"选项卡，❶单击"布局"组中的"分类汇总"按钮，❷在展开的下拉列表中单击"在组的底部显示所有分类汇总"选项，如图12-36所示。

步骤05 查看设置后的数据透视表。此时可看到设置样式和布局后的透视表，效果如图12-37所示。

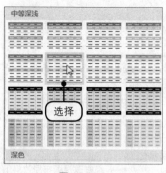

图 12-35

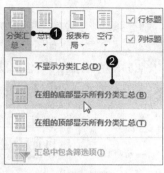

图 12-36

图 12-37

助跑地带——更改数据透视表为经典数据透视表布局

使用过老版本 Excel 数据透视表的用户都知道，可以在创建了数据透视表后直接拖动字段到数据透视表各区域中，即经典数据透视表布局。但是自 Excel 2007 出现后，该布局被隐藏在"数据透视表选项"对话框中，想要使用该经典布局，就需要进行勾选设置。

原始文件： 下载资源 \ 实例文件 \ 第 12 章 \ 原始文件 \ 创建数据透视表 .xlsx
最终文件： 下载资源 \ 实例文件 \ 第 12 章 \ 最终文件 \ 更改为经典布局 .xlsx

（1）打开"数据透视表选项"对话框。打开原始文件，❶单击"数据透视表工具-分析"选项卡下"数据透视表"组中的"选项"下三角按钮，❷从展开的下拉列表中单击"选项"选项，如图12-38所示。

（2）切换至经典数据透视表布局。弹出"数据透视表选项"对话框，❶切换至"显示"选项卡，❷勾选"经典数据透视表布局（启用网格中的字段拖放）"复选框，如图12-39所示。

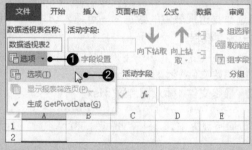

图 12-38

图 12-39

（3）显示经典数据透视表布局效果。单击"确定"按钮，返回数据透视表，此时的数据透视表变成了如图12-40所示。

（4）拖动行字段。❶在"数据透视表字段"任务窗格中选择要放置在"行字段"区域中的字段，例如选择"产品品牌"字段，❷按住鼠标左键不放，将其拖曳至"将行字段拖至此处"区域中，如图12-41所示。

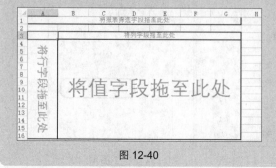

图 12-40

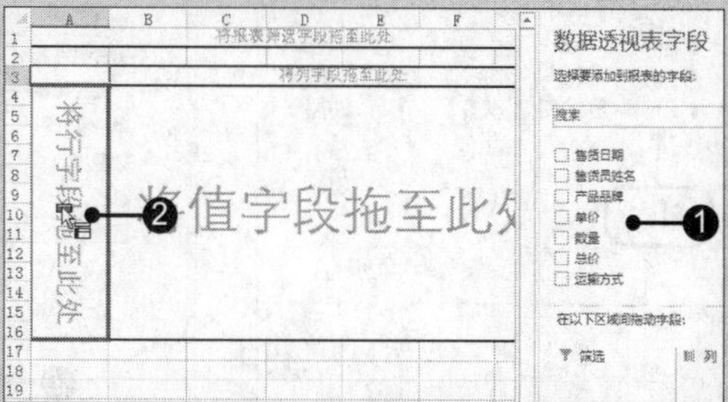

图 12-41

（5）拖动值字段。用同样的方法，❶选择"值字段"，例如选择"数量"字段，❷按住鼠标左键不放，将其拖曳至"将值字段拖至此处"区域中，如图12-42所示。

（6）显示创建的数据透视表效果。按照同样的方法，将"售货日期"字段拖曳至"将报表筛选字段拖至此处"区域中，最后得到的数据透视表效果如图12-43所示。

图 12-42

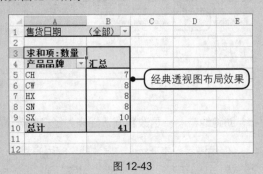

图 12-43

12.3　切片器的使用

在早期版本的 Excel 中，可以使用报表筛选器来筛选数据透视表中的数据，但在对多个项目进行筛选时，很难看到当前的筛选状态。在 Excel 2016 中，用户可以选择使用切片器来筛选数据。

12.3.1　插入切片器

切片器提供了一种可视性极强的筛选方法，以筛选数据透视表中的数据。一旦插入切片器，用户即可使用多个按钮对数据进行快速分段和筛选，仅显示所需数据。

原始文件： 下载资源 \ 实例文件 \ 第 12 章 \ 原始文件 \ 添加字段 .xlsx
最终文件： 下载资源 \ 实例文件 \ 第 12 章 \ 最终文件 \ 插入切片器 .xlsx

 执行插入切片器操作。打开原始文件，单击"数据透视表工具-分析"选项卡下"筛选"组中的"插入切片器"按钮，如图12-44所示。

步骤02 勾选要筛选的字段。弹出"插入切片器"对话框，❶勾选要进行筛选的字段，例如勾选"售货员姓名"和"产品品牌"复选框，❷单击"确定"按钮，如图12-45所示。

步骤03 查看插入的切片器。此时在透视表中自动插入了"售货员姓名"和"产品品牌"两个切片器，如图12-46所示。

图 12-44

图 12-45

图 12-46

步骤04 设置切片器。单击想要显示的"售货员姓名"和"产品品牌"，❶例如单击"售货员姓名"中的"郭涛"，❷"产品品牌"中的"SN"，如图12-47所示。

步骤05 查看筛选后显示的数据记录。此时可在数据透视表中看到筛选后的数据记录，如图12-48所示。

图 12-47

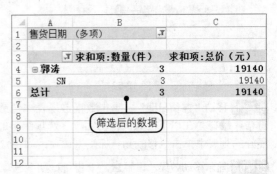

图 12-48

12.3.2　使用日程表

Excel 2016 提供了日程表控件功能，可以帮助用户筛选日期。用户使用日程表控件时，不仅可以在数据透视表中插入该控件，而且还可设置该控件的时间级别和调整筛选滚动条。

原始文件：下载资源 \ 实例文件 \ 第 12 章 \ 原始文件 \ 添加字段 .xlsx
最终文件：下载资源 \ 实例文件 \ 第 12 章 \ 最终文件 \ 使用日程表 .xlsx

步骤01 选中透视表中的任意单元格。打开原始文件，选中透视表中的任意单元格，例如选择A3单元格，如图12-49所示。

步骤02 选择插入日程表。❶切换至"数据透视表工具-分析"选项卡，❷单击"筛选"组中的"插入日程表"按钮，如图12-50所示。

步骤03 选择插入售货日期。弹出"插入日程表"对话框，❶勾选"售货日期"复选框，❷单击"确定"按钮，如图12-51所示。

图 12-49

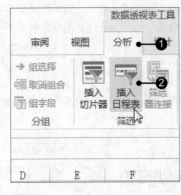

图 12-50

图 12-51

步骤04 调整日程表控件。此时可看到插入的日程表控件，❶在界面中选择月份，例如选择2016年3月份，❷单击"月"右侧的下三角按钮，❸在展开的下拉列表中单击"日"选项，如图12-52所示。

步骤05 选择日期。在界面中拖动选择日期，例如选择12日和13日，如图12-53所示。

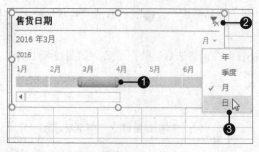
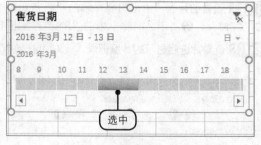

图 12-52　　　　　　　　　　　　　　　　　　　図 12-53

步骤06 移动"售货日期"。单击数据透视表中任意含有数据的单元格，弹出"数据透视表字段"任务窗格，❶在"在以下区域间拖动字段"选项组下的"筛选器"标签中，单击"售货日期"字段，❷在展开的列表中单击"移动到行标签"选项，如图12-54所示。

步骤07 显示移动效果。设置后，"售货日期"选项将会被调整至"行"选项下，如图12-55所示。

步骤08 查看筛选后的数据记录。此时可看到数据透视表中显示了2016年3月12日和3月13日的数据记录，如图12-56所示。

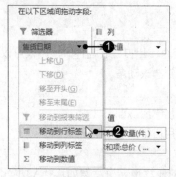

图 12-54　　　　　　　　　　　图 12-55　　　　　　　　　　图 12-56

 助跑地带——数据透视表的刷新

　　Excel 提供了刷新数据透视表的功能，当创建该透视表对应的源数据发生改变后，用户可以利用该功能快速更改透视表中的数据，使其与修改后的源数据保持对应。

原始文件：下载资源 \ 实例文件 \ 第 12 章 \ 原始文件 \ 添加字段 .xlsx
最终文件：下载资源 \ 实例文件 \ 第 12 章 \ 最终文件 \ 刷新数据透视表 .xlsx

（1）修改表格数据。打开原始文件，切换至"Sheet1"工作表，修改表格中的数据，如修改E10单元格，将其数量修改为"4"，如图12-57所示。

（2）选择数据透视表。切换至"数据透视表"工作表，选中任意含有数据的单元格，如选择A3单元格，如图12-58所示。

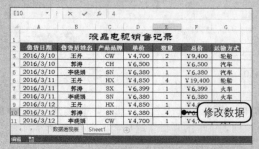
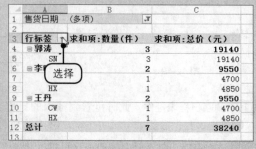

图 12-57　　　　　　　　　　　　　　　　图 12-58

（3）选择全部刷新。❶切换至"数据透视表工具-分析"选项卡，❷单击"数据"组中的"刷新"下三角按钮，❸在展开的下拉列表中单击"全部刷新"选项，如图12-59所示。

（4）查看刷新后的透视表数据记录。此时可在数据透视表中看到某些数据发生了一些变化，如图12-60所示。

图 12-59

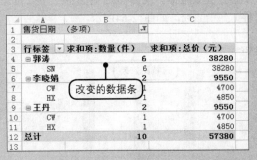

图 12-60

12.4　数据透视图的使用

数据透视图是对数据透视表显示的汇总数据的一种图解表示法。数据透视图是基于数据透视表而存在的。虽然 Excel 允许同时创建数据透视表和数据透视图，但不能在没有数据透视表的情况下创建一个数据透视图。

12.4.1　在数据透视表中插入数据透视图

如果熟悉 Excel 中的图表创建方法，那么在创建和自定义数据透视图时就很轻松了。Excel 的大多数图表特性都可以应用于数据透视图。下面就介绍在数据透视表中插入数据透视图的操作方法。

原始文件： 下载资源＼实例文件＼第 12 章＼原始文件＼添加字段 .xlsx
最终文件： 下载资源＼实例文件＼第 12 章＼最终文件＼数据透视图 .xlsx

步骤01 执行创建数据透视图操作。打开原始文件，❶清除设置的"售货日期"筛选数据，❷单击"数据透视表工具-分析"选项卡下"工具"组中的"数据透视图"按钮，如图12-61所示。

步骤02 选择图表类型。弹出"插入图表"对话框，❶在左侧选择"柱形图"，❷双击右侧的"簇状柱形图"类型，如图12-62所示。

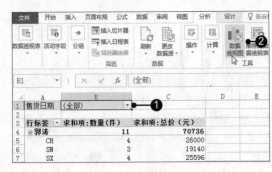

图 12-61

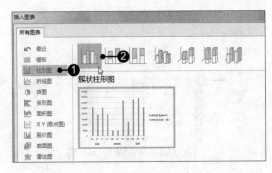

图 12-62

步骤03 创建的数据透视图。返回工作表中，可看到创建的数据透视图效果如图12-63所示。

步骤04 选择要设置的系列。从图表中可以看到只显示出了一个汇总项目，即"求和项：总价"，这是因为"求和项：数量"的值相对于"求和项：总价"的值过小，所以不能在图表中反映出来，那么就需要更改"求和项：数量"的图表类型。选中透视图，❶在"数据透视图工具-格式"选项卡下单击"图表元素"文本框右侧的下三角按钮，❷在展开的下拉列表中选择"系列'求和项：数量（件）'"系列，如图12-64所示。

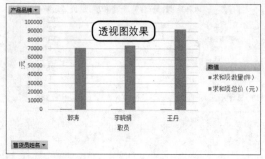

图 12-63

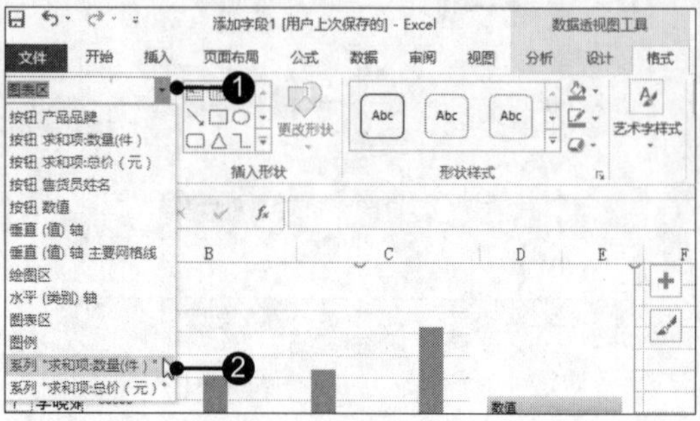

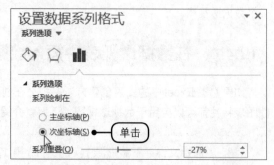

图 12-64

步骤05 设置数据系列格式。系统自动选择"求和项：数量"系列，❶右击该系列，❷在弹出的快捷菜单中单击"设置数据系列格式"选项，如图12-65所示。

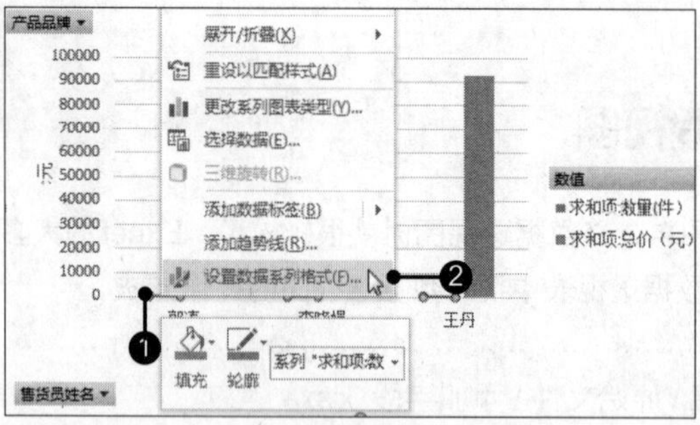

步骤06 将系列显示在次要坐标轴。弹出"设置数据系列格式"任务窗格，在"系列选项"选项组下单击"次坐标轴"单选按钮，如图12-66所示。

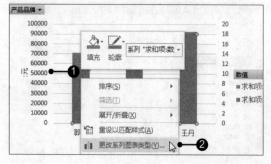

图 12-65

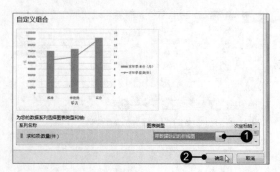

图 12-66

步骤07 更改系列图表类型。单击"关闭"按钮，返回工作表中，❶右击"求和项：总价"系列，❷从弹出的快捷菜单中单击"更改系列图表类型"选项，如图12-67所示。

步骤08 重新选择系列图表类型。弹出"更改图表类型"对话框，❶在右下角设置"求和项：数量"对应的"图表类型"为"带数据标记的折线图"，❷单击"确定"按钮，如图12-68所示。

图 12-67

图 12-68

步骤09 更改系列图表类型后的效果。返回工作表中，将"求和项：数量"系列图表类型更改为折线图后的效果如图12-69所示。

步骤10 添加图表标题。采用为图表添加标题的方法，为数据透视图添加位于上方的图表标题，然后将图表标题更改为"销售人员彩电销售数量和金额"，效果如图12-70所示。

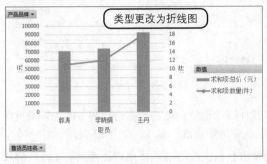

图 12-69

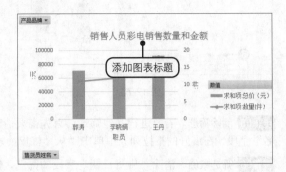

图 12-70

12.4.2 对透视图中的数据进行筛选

与数据透视表一样，在数据透视图中也可以进行筛选操作。数据透视图中显示了很多筛选字段，用户可根据自己的需要筛选出需要的数据。

原始文件：下载资源\实例文件\第12章\原始文件\数据透视图 .xlsx
最终文件：下载资源\实例文件\第12章\最终文件\筛选数据透视图 .xlsx

步骤01 筛选产品品牌。打开原始文件，首先对售货日期进行筛选，❶在数据透视图中单击"产品品牌"字段，❷从展开的下拉列表中选择想要查看的品牌，例如"SX"，❸单击"确定"按钮，如图12-71所示。

步骤02 筛选品牌后的结果。返回数据透视图中，此时在数据透视图中只显示了SX彩电的销售状况，如图12-72所示。

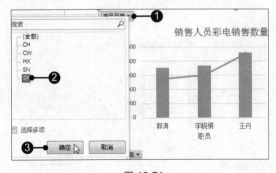

图 12-71

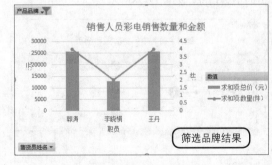

图 12-72

步骤03 筛选售货员姓名。继续进行筛选操作，接下来筛选"售货员姓名"字段，❶单击数据透视图中的"售货员姓名"字段，❷从展开的下拉列表中勾选只想查看的售货员姓名，例如勾选"王丹"复选框，❸选定后单击"确定"按钮。如图12-73所示。

步骤04 筛选售货员姓名后的结果。此时，在数据透视图中只显示出了"王丹"售卖的SX品牌的彩电数据，如图12-74所示。

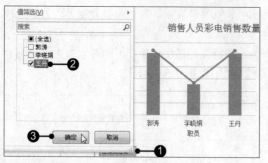
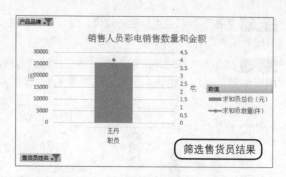

图 12-73   图 12-74

步骤05 清除筛选。若要进行其他筛选，首先需要清除其他筛选记录。单击数据透视图中的"售货员姓名"字段，在展开的下拉列表中单击"从'售货员姓名'中清除筛选"选项，如图12-75所示。

步骤06 筛选数值。清除"售货日期"字段的筛选，❶单击数据透视图中的"销售员姓名"字段，❷从展开的下拉列表中指向"值筛选"选项，❸在展开的下拉列表中选择筛选条件，例如选择"大于"选项，如图12-76所示。

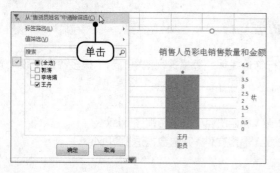
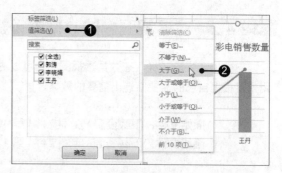

图 12-75   图 12-76

步骤07 设置筛选条件。弹出"值筛选（售货员姓名）"对话框，❶在"显示符合以下条件的项目"下拉列表中选择要筛选的求和项字段，例如选择"求和项：数量（件）"，❷接着在最后一个文本框中输入大于的值，例如输入"3"，❸单击"确定"按钮，如图12-77所示。

步骤08 显示值筛选结果。返回工作表中，此时在数据透视图中只显示出了销售彩电数量大于3台的售货员的销售情况，如图12-78所示。

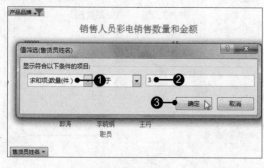
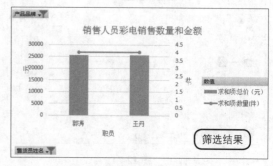

图 12-77   图 12-78

12.4.3　美化数据透视图

创建数据透视图后，为了使其更加美观，可以对其进行美化。美化数据透视图的方法与美化图表的方法相同，本小节就介绍如何使用内置的样式来美化数据透视图。

原始文件：下载资源 \ 实例文件 \ 第 12 章 \ 原始文件 \ 数据透视图 .xlsx
最终文件：下载资源 \ 实例文件 \ 第 12 章 \ 最终文件 \ 美化数据透视图 .xlsx

步骤01 **选择图表样式**。打开原始文件，选中数据透视图，❶切换至“数据透视图工具-设计”选项卡，❷在“图表样式”组中选择合适的样式，例如选择“样式5”，如图12-79所示。

步骤02 **展开样式**。单击“数据透视图工具-格式”选项卡下“形状样式”组中的快翻按钮，如图12-80所示。

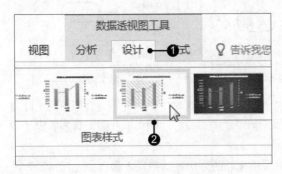

图 12-79

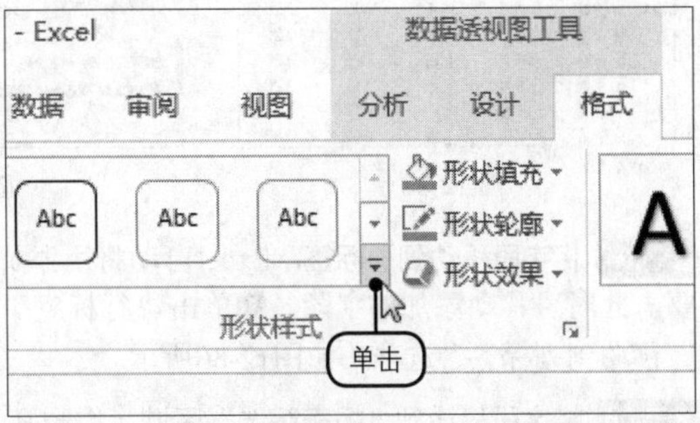

图 12-80

步骤03 **选择图表区形状样式**。从展开的库中选择图表区形状样式，如选择“细微效果-蓝色，强调颜色1”样式，如图12-81所示。

图 12-81

步骤04 **美化后的数据透视图效果**。套用了以上两步所选择的图表样式和形状样式后，得到的数据透视图效果如图12-82所示。

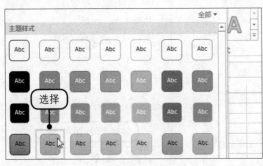

图 12-82

同步实践 制作年销售总结的数据透视表与透视图

下面以创建“年销售总结”工作簿中的数据透视表和数据透视图为例，帮助用户掌握在 Excel 2016 工作表中使用数据透视表和透视图的方法，巩固本章所学内容。

原始文件：下载资源 \ 实例文件 \ 第 12 章 \ 原始文件 \ 年销售总结 .xlsx
最终文件：下载资源 \ 实例文件 \ 第 12 章 \ 最终文件 \ 年销售总结数据透视表和透视图 .xlsx

步骤01 **启动创建数据透视表功能**。打开原始文件，❶选中工作表中任意含有数据的单元格，如选中A2单元格，❷切换至“插入”选项卡，❸单击“表格”组中的“数据透视表”按钮，如图12-83所示。

步骤02 **设置“创建数据透视表”对话框**。弹出“创建数据透视表”对话框，保持默认设置，直接单击“确定”按钮，如图12-84所示。

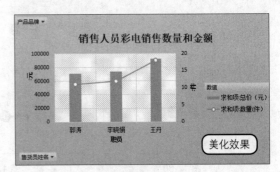

步骤03 选择要添加的字段。在弹出的"数据透视表字段列表"任务窗格中勾选"产品名称""销售日期""产品型号"和"销售收入（万）"复选框，如图12-85所示。

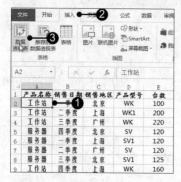

图 12-83

图 12-84

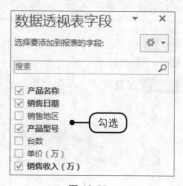

图 12-85

步骤04 将字段移动到列标签。Excel自动将所添加的字段分配到各个区域中，但并不适合用户的实际需要，此时可移动添加的字段。❶单击"行标签"区域中的"产品型号"，❷在展开的下拉列表中单击"移动到列标签"选项，如图12-86所示。

步骤05 将字段移动到"报表筛选"区域。用户还可以采用拖动的方法移动字段，❶选中"行标签"区域中的"产品名称"字段并按住鼠标左键不放，❷拖曳至"筛选"区域中，如图12-87所示。

步骤06 移动字段后的效果。此时，可以在"数据透视表字段列表"任务窗格中查看到各字段所在的区域，如图12-88所示。

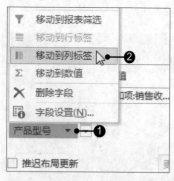

图 12-86

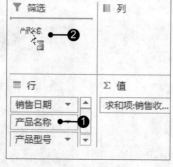

图 12-87

图 12-88

步骤07 移动行标签。添加完字段后可看到创建的数据透视表，❶在数据透视表中选择"一季度"所在行，❷将鼠标指针移近该行，当鼠标指针变成指针加十字箭头时，按住鼠标左键向上拖动，将该行移动到"二季度"前面，如图12-89所示。

步骤08 选择创建数据透视图。数据透视表创建完毕后，接下来根据创建的数据透视表创建数据透视图。❶切换至"数据透视表工具-分析"选项卡，❷在"工具"组中单击"数据透视图"按钮，如图12-90所示。

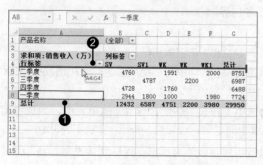

图 12-89

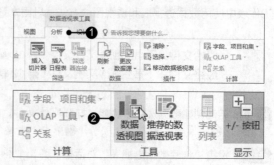

图 12-90

步骤09 选择图表类型。弹出"插入图表"对话框，❶在左侧单击"柱形图"选项，❷在右侧双击"三维簇状柱形图"类型，如图12-91所示。

步骤10 为图表应用预设样式。返回工作表中，❶切换至"数据透视图工具-设计"选项卡，❷在"图表样式"库中选择合适的图表样式，如选择"样式3"，如图12-92所示。

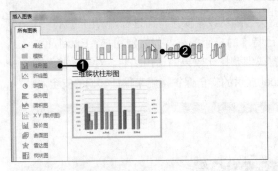

图 12-91

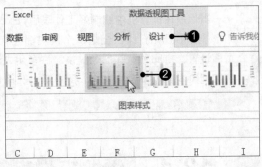

图 12-92

步骤11 添加图表标题。此时可看到应用预设图表样式的数据透视图，为该图表添加标题，并修改标题名称为"年销售总结数据透视图"，如图12-93所示。

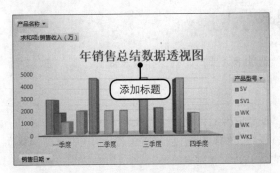

图 12-93

步骤13 查看筛选后的数据透视图。单击"确定"按钮，此时可在数据透视图中看到只显示了三种工作站的季度销售信息，如图12-95所示。

步骤12 设置只显示工作站。❶单击数据透视图中的"产品名称"按钮，❷在展开的下拉列表中选择"工作站"，即设置只显示工作站，如图12-94所示。

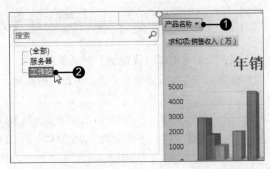

图 12-94

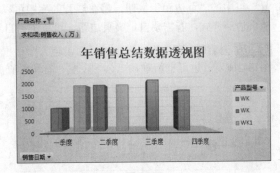

图 12-95

第13章 工作表的打印输出与安全设置

当用户在计算机中编制好工作表后，Excel就会按默认设置安排打印过程，待用户执行"打印"操作后开始打印。但是每个用户都会有自己特殊的打印要求，为方便用户，Excel通过页面设置、打印预览等命令提供了许多用来设置或调整打印效果的实用功能。对于一些无需打印但内容比较重要的表格，用户可以选择 Excel 提供的安全保护措施来保证它们的安全。

13.1 做好工作表的页面设置

编辑好工作表之后，在进行正式打印之前要确定以下几件事情：第一是打印纸的大小；第二是打印的份数；第三是是否需要页眉和页脚；第四是打印指定工作表，即打印整个工作簿还是某个工作表的单元格区域。这些问题都可以通过页面设置解决。

13.1.1 调整工作表的页边距与居中方式

用户可以通过"页面设置"对话框的"页边距"选项卡为要打印的工作表设置上、下、左、右页边的距离，还可以设定页眉/页脚距页边的距离。

原始文件： 下载文件 \ 实例文件 \ 第 13 章 \ 原始文件 \ 采购计划表 .xlsx
最终文件： 下载文件 \ 实例文件 \ 第 13 章 \ 最终文件 \ 调整工作表的页边距与居中方式 .xlsx

步骤01 打开"页面设置"对话框。打开原始文件，❶切换至"页面布局"选项卡，❷单击"页面设置"组中的"页边距"按钮，❸在展开的库中可以看到当前工作表默认的页边距。用户也可以选择其他页边距样式，若需要自定义页边距，可单击"自定义边距"选项，如图13-1所示。

步骤02 查看默认页边距。弹出"页面设置"对话框，可在"页边距"选项卡下看到默认的页边距，如图13-2所示。也可重新输入上、下、左、右和页眉页脚距离页边的距离。

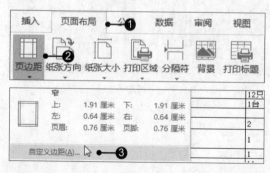
图 13-1

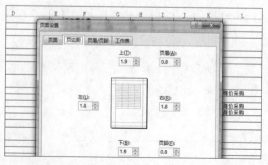
图 13-2

步骤03 自定义页边距。这里设置"上""下"页边距为"2.5"，"左""右"页边距为"1.9"，"页眉"和"页脚"页边距为"1.3"，如图13-3所示。

步骤04 选择居中方式。在"居中方式"选项组中若勾选"水平"复选框，工作表在水平方向居中；若勾选"垂直"复选框，工作表在垂直方向居中。若两个都勾选，则工作表位于页面中间。❶这里勾选"水平"复选框，❷单击"确定"按钮即可。如图13-4所示。

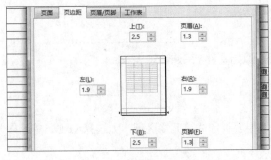

图 13-3

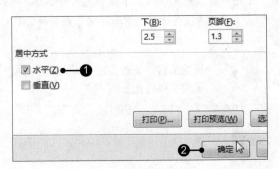

图 13-4

13.1.2　设置纸张

　　设置纸张包括设置纸张的方向和大小。用户可以选择适合当前打印机的纸张类型，还可以按纵向和横向两个方向来设置文件的打印方向。纵向是以纸的短边为水平位置打印，横向是以纸的长边为水平位置打印。

　原始文件：下载资源\实例文件\第13章\原始文件\调整工作表的页边距与居中方式.xlsx
　最终文件：下载资源\实例文件\第13章\最终文件\设置纸张.xlsx

步骤01 选择纸张大小。打开原始文件，❶单击"页面布局"选项卡下"页面设置"组中的"纸张大小"按钮，❷在展开的库中选中纸张的大小，默认为A4纸张，这里选择"A3"纸张，如图13-5所示。

步骤02 选择纸张方向。❶单击"页面布局"选项卡下"页面设置"组中的"纸张方向"按钮，❷在展开的库中选择纸张的方向，默认纸张方向为"纵向"，这里选择"横向"，如图13-6所示。

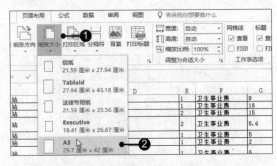

图 13-5

图 13-6

知识点拨　在"页面设置"对话框中设置纸张

　　除了在"页面布局"选项卡下对纸张方向和纸张大小进行选择外，用户还可以在"页面设置"对话框中对这个选项进行选择。在"页面布局"选项卡下单击"页面设置"组的对话框启动器，弹出"页面设置"对话框，切换至"页面"选项卡，在"方向"选项组中可选择纸张方向，在"纸张大小"下拉列表中可选择纸张的类型。

13.1.3 设置工作表的打印区域

用户若只需要打印工作表中的某一部分，可以选择要打印的单元格区域，将其设置为打印区域，那么工作表中没有选择到的单元格区域将不会被打印。

原始文件：下载资源 \ 实例文件 \ 第 13 章 \ 原始文件 \ 采购计划表 .xlsx
最终文件：无

步骤01 选择要打印的区域。打开原始文件，选择工作表中要打印的单元格区域，如选择A2:D11单元格区域，如图13-7所示。

步骤02 执行设置打印区域操作。❶单击"页面布局"选项卡下"页面设置"组中的"打印区域"按钮，❷在展开的下拉列表中单击"设置打印区域"选项，如图13-8所示。

图 13-7

图 13-8

步骤03 查看设置的打印区域。此时所选择的单元格区域范围周围的边框颜色由黑色变成了浅灰色，即为所设置的打印区域，如图13-9所示。

步骤04 选择其他区域为打印区域。若用户需要添加其他区域为打印区域，可首先选择要添加为打印区域的范围，如选择A30:D37单元格，如图13-10所示。

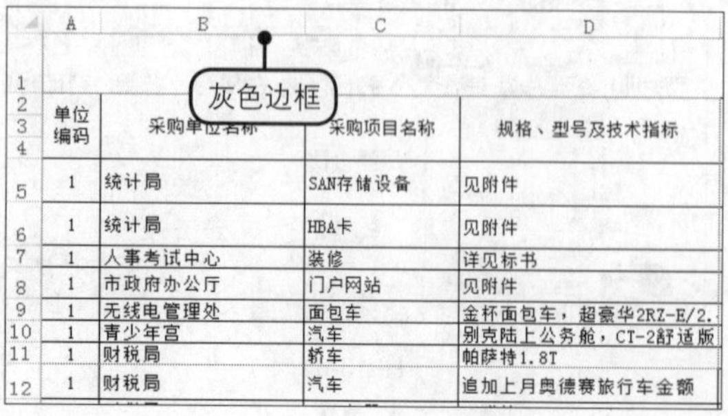

图 13-9

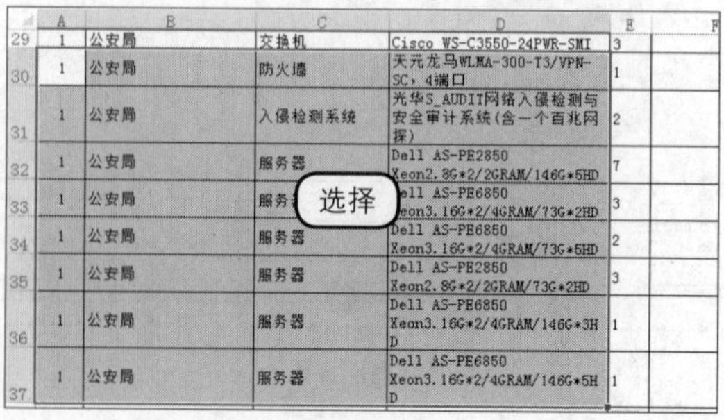

图 13-10

步骤05 添加到打印区域。❶单击"页面布局"选项卡下"页面设置"组中的"打印区域"按钮，❷在展开的下拉列表中单击"添加到打印区域"选项，如图13-11所示。

步骤06 取消打印区域。若用户需要取消打印区域，可单击"页面布局"选项卡下"页面设置"组中的"打印区域"按钮，在展开的下拉列表中单击"取消打印区域"选项即可，如图13-12所示。

图 13-11

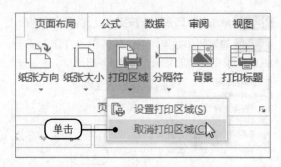

图 13-12

13.1.4 添加打印标题

如果要打印的工作表有多页，那么如果在每页的顶端处显示出该工作表的标题和表头字段，就会使打印出来的工作表更加清晰明了。

原始文件：下载资源\实例文件\第 13 章\原始文件\设置纸张 .xlsx
最终文件：下载资源\实例文件\第 13 章\最终文件\打印标题 .xlsx

步骤01 执行添加打印标题操作。打开原始文件，单击"页面布局"选项卡下"页面设置"组中的"打印标题"按钮，如图13-13所示。

步骤02 添加顶端标题行。弹出"页面设置"对话框，在"工作表"选项卡下单击"顶端标题行"文本框右侧的折叠按钮，如图13-14所示。

图 13-13

图 13-14

步骤03 选择标题行。返回工作表中，❶鼠标指针变成向右的黑色箭头时，选择第1至第4行作为标题行，❷再次单击折叠按钮，如图13-15所示。

步骤04 确认添加的标题行。返回"页面设置"对话框中，此时在"顶端标题行"文本框中显示出了添加的标题行区域，如图13-16所示。

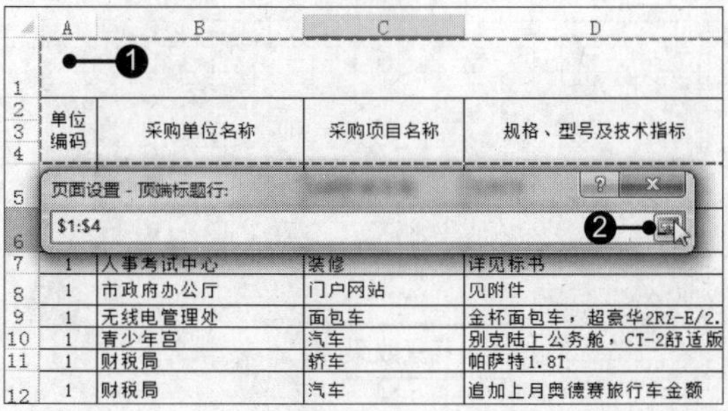

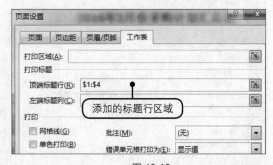

图 13-15

图 13-16

步骤05 单击"打印预览"按钮。设置标题后单击"打印预览"按钮，如图13-17所示。

步骤06 查看打印效果。页面跳转至"打印"界面，在"设置"选项组中可以设置打印条件，在页面右侧可以预览打印的效果，如图13-18所示。

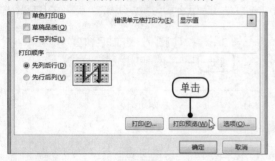

图 13-17

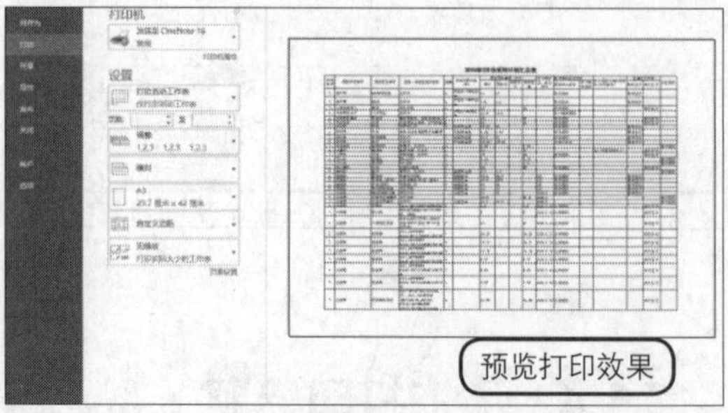

图 13-18

助跑地带——设置工作表背景

在 Excel 中还可以为工作表设置背景图案，以增强工作表的显示效果。需要注意的是，添加的工作表背景图案不能随工作表一起打印出来。

原始文件： 下载资源\实例文件\第13章\原始文件\采购计划表.xlsx、背景图片.tif
最终文件： 下载资源\实例文件\第13章\最终文件\设置工作表背景.xlsx

（1）**启动添加工作表背景功能。** 打开原始文件，❶切换至"页面布局"选项卡，❷单击"页面设置"组中的"背景"按钮，如图13-19所示。

（2）**选择插入图片。** 弹出 "插入图片"选项面板，单击"来自文件"后的"浏览"按钮，如图13-20所示。

图 13-19

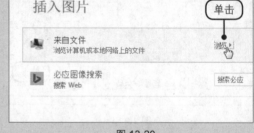

图 13-20

（3）**选择背景图片。** 弹出"工作表背景"对话框，❶在"查找范围"下拉列表中选择背景图片保存路径，❷双击要插入的图片"背景图片"，如图13-21所示。

（4）**插入背景后的效果。** 返回工作表中，此时可看到插入所选图片作为背景的工作表，如图13-22所示。

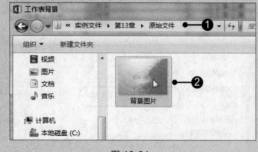

图 13-21

图 13-22

知识点拨 删除背景

若用户需要删除当前工作表中的背景，可切换至"页面布局"选项卡，直接单击"页面设置"组中的"删除背景"按钮即可。

13.2 打印工作表

进行了页面设置和打印预览后，如果对设置的效果满意，即可开始打印。Excel除了可一次打印一张工作表外，还可以同时打印多份工作表，也可以设置打印工作表的范围。

13.2.1 设置打印份数

如果需打印多份相同的工作表，不需要重复进行打印操作，只需在"打印"选项面板中稍作设置即可。

原始文件：下载资源\实例文件\第13章\原始文件\打印标题.xlsx
最终文件：无

步骤01 打开"打印"选项面板。打开原始文件，❶单击"文件"按钮，❷在弹出的菜单中单击"打印"命令，如图13-23所示。

步骤02 设置打印份数。在"打印"选项面板的"份数"文本框中输入要打印的份数，例如输入"10"，即可一次性打印10份工作表，如图13-24所示。

图 13-23

图 13-24

13.2.2 设置打印范围

不同的用户打印工作表时可能会有不同的需求，假如用户只想打印工作表中的某些页，可通过设置打印范围来实现，具体方法如下。

原始文件：下载资源\实例文件\第13章\原始文件\打印标题.xlsx
最终文件：无

步骤01 设置打印活动工作表。打开原始文件，单击"文件"按钮，❶在弹出的菜单中单击"打印"命令，❷单击"打印活动工作表"右侧的下三角按钮，在展开的下拉列表中可选择需要打印的工作表，如图13-25所示。

步骤02 设置打印范围。接着在下方的"页数"文本框中输入要打印的页数范围，例如输入"3"至"5"，如图13-26所示，即打印第3到5页的工作表内容。

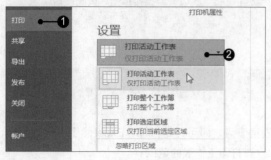

图 13-25

图 13-26

13.2.3 打印与取消打印操作

所有准备工作都准备完毕后，接下来就可以开始打印了。在发出文档的打印命令后，还可以取消文档打印的操作。

原始文件： 下载资源 \ 实例文件 \ 第 13 章 \ 原始文件 \ 打印标题 .xlsx
最终文件： 无

步骤01 选择打印机。打开原始文件，单击"文件"按钮，❶在弹出的菜单中单击"打印"命令，❷在"打印"选项面板中的"打印机"下拉列表中选择连接到计算机的打印机名称，如选择"HP01-PC上的FX DocuPrint P158b"，如图13-27所示。

步骤02 启动打印操作。选定打印机后，单击"打印"按钮，如图13-28所示。

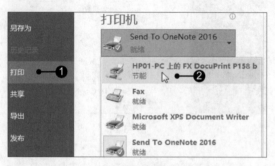

图 13-27

图 13-28

步骤03 取消打印。发出打印指令后，弹出"正在打印"对话框，若要取消打印，可单击"取消"按钮，如图13-29所示。

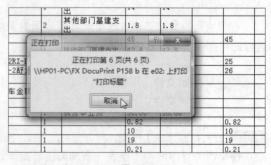

图 13-29

助跑地带——打印工作表的网格线

工作表中的网格线是辅助用户编辑工作表的，如果有需要，用户在打印工作表时可以选择将
Excel网格线打印出来，打印工作表的网格线的操作方法如下。

原始文件： 下载资源＼实例文件＼第13章＼原始文件＼打印标题 .xlsx
最终文件： 无

（1）单击"页面设置"组的对话框启动器。打开原始文件，切换至"页面布局"选项卡，单击
"页面设置"组中的对话框启动器，如图13-30所示。

（2）选择打印网格线。弹出"页面设置"对话框，❶切换至"工作表"选项卡，❷在"打印"组
中勾选"网格线"复选框，如图13-31所示，即可打印出工作表中的网格线。

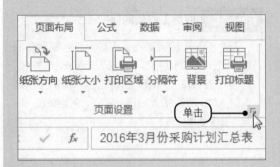

图 13-30

图 13-31

13.3 工作表的安全保护

Excel 2016提供了保护工作表安全的功能，当工作表比较重要时，可通过设置密码来保护工作表、
设置工作表中指定的可编辑区域等。

13.3.1 保护工作表

若要指定工作表对于任何用户都可查看、但不能随意编辑时，可以为工作表添加操作密码，这样
一来，只有知晓密码的人才能够编辑工作表，而不知晓密码的人就只能查看工作表。

原始文件： 下载资源＼实例文件＼第13章＼原始文件＼采购计划表 .xlsx
最终文件： 下载资源＼实例文件＼第13章＼最终文件＼保护工作表 .xlsx

步骤01 单击"保护工作表"按钮。打开原始文件，❶切换到"审阅"选项卡，❷单击"更改"组中的
"保护工作表"按钮，如图13-32所示。

步骤02 设置允许用户执行的动作及保护密码。弹出"保护工作表"对话框，在"取消工作表保护时使用
的密码"文本框中输入保护密码"123456"，如图13-33所示，最后单击"确定"按钮。

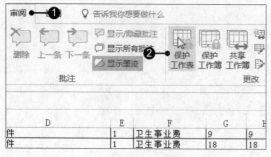

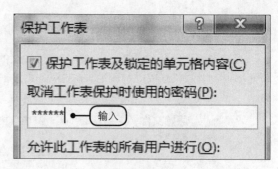

图 13-32 图 13-33

步骤03 重新输入密码。弹出"确认密码"对话框，❶在"重新输入密码"文本框中再次输入所设置的密码，❷单击"确定"按钮，如图13-34所示。

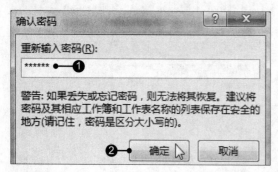

图 13-34

知识点拨 取消工作表的保护

对工作表设置了密码保护后，若需要取消保护工作表，则切换到"审阅"选项卡，单击"撤销工作表保护"按钮，在弹出的"撤销工作表保护"对话框中输入设置的密码，然后单击"确定"按钮即可。

步骤04 为工作表设置密码效果。设置了密码后，在工作表中更改任意一个单元格的内容，就会弹出"Microsoft Excel"对话框，提示用户"您试图更改的单元格或图表位于受保护的工作表中。若要进行更改，请取消工作表保护。"单击"确定"按钮，返回工作表，如图13-35所示。

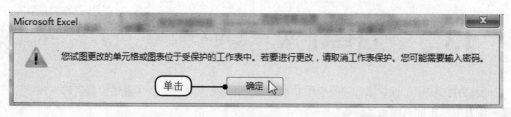

图 13-35

13.3.2 设置可编辑区域

使用 Excel 处理数据时，用户有时会希望只编辑指定的单元格，此时可通过保护工作表来设置可编辑区域。设置可编辑区域后，指定的单元格为允许编辑的单元格，而被保护的单元格则不能修改。

原始文件：下载资源\实例文件\第 13 章\原始文件\采购计划表 .xlsx
最终文件：下载资源\实例文件\第 13 章\最终文件\设置可编辑区域 .xlsx

步骤01 执行"允许用户编辑区域"命令。打开原始文件，❶切换到"审阅"选项卡，❷单击"更改"组中的"允许用户编辑区域"按钮，如图13-36所示。

步骤02 单击"新建"按钮。弹出"允许用户编辑区域"对话框，单击"新建"按钮，如图13-37所示。

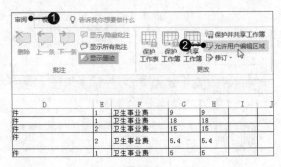
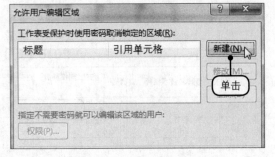

图 13-36   图 13-37

步骤03 设置新区域标题。弹出"新区域"对话框，❶在"标题"文本框中输入以字母打头的标题，
❷设置"引用单元格"为"E5:E188"单元格区域，即允许用户编辑E5:E188单元格区域，如图13-38
所示。

步骤04 单击"保护工作表"按钮。单击"确定"按钮，返回"允许用户编辑区域"对话框，单击"保
护工作表"按钮，如图13-39所示。

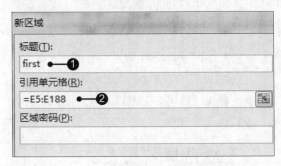

图 13-38   图 13-39

步骤05 保护工作表。弹出"保护工作表"对话框，在"取消工作表保护时使用的密码"文本框中输入
工作表的保护密码"123456，"如图13-40所示，然后单击"确定"按钮。

步骤06 输入确认密码。弹出"确认密码"对话框，❶在"重新输入密码"文本框中重新输入工作表的
保护密码，❷最后单击"确定"按钮，如图13-41所示，经过以上操作，就完成了在受保护的工作表中
设置一个可编辑区域的操作。

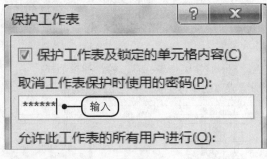

图 13-40   图 13-41

步骤07 查看可编辑的单元格区域。返回工作表，双击E5:E188单元格区域中的任意单元格，即可进行编
辑，如图13-42所示。

步骤08 查看受保护的单元格区域。双击除E5:E188单元格区域外的任意单元格，将弹出"Microsoft
Excel"对话框，提示用户试图更改的单元格在受保护的工作表中，单击"确定"按钮，如图13-43
所示。

图 13-42

图 13-43

助跑地带——保护工作簿结构

Excel 提供了保护工作簿结构的功能，用户可以利用该功能来防止他人随意对工作簿结构进行更改，例如随意插入、删除工作表等，下面介绍保护工作簿结构的基本操作。

原始文件：下载资源 \ 实例文件 \ 第 13 章 \ 原始文件 \ 打印标题 .xlsx
最终文件：下载资源 \ 实例文件 \ 第 13 章 \ 最终文件 \ 保护工作簿结构 .xlsx

（1）启动保护工作簿。打开原始文件，❶切换至"审阅"选项卡，❷单击"更改"组中的"保护工作簿"按钮，如图13-44所示。

（2）设置保护密码。弹出"保护结构和窗口"对话框，❶在"密码"文本框中输入保护密码"123456"，❷单击"确定"按钮，如图13-45所示。

图 13-44

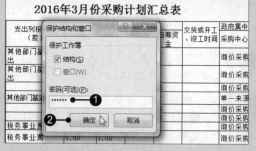

图 13-45

（3）再次输入密码。弹出"确认密码"对话框，❶在"重新输入密码"文本框中再次输入"123456"，❷单击"确定"按钮，如图13-46所示。

（4）查看设置后的工作簿。返回工作簿窗口，❶右击"Sheet1"工作表标签，❷在弹出的快捷菜单中可看到"插入""删除"和"重命名"等命令均变成灰色，即不可用，如图13-47所示。

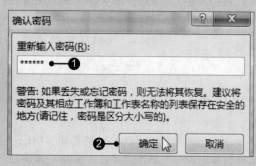

图 13-46

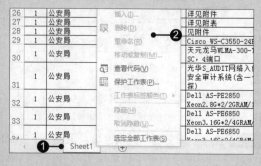

图 13-47

同步 实践 **人事变动申报表的页面设置与保护**

下面以设置"人事变动申报表"工作簿的页面布局为例,帮助用户掌握 Excel 2016 工作表的保护设置及打印之前页面设置的方法,巩固本章所学内容。

原始文件: 下载资源 \ 实例文件 \ 第 13 章 \ 原始文件 \ 人事变动申报表 .xlsx
最终文件: 下载资源 \ 实例文件 \ 第 13 章 \ 最终文件 \ 人事变动申报表 .xlsx

步骤01 **选择允许用户编辑区域。** 打开原始文件,切换至"审阅"选项卡,单击"更改"组中的"允许用户编辑区域"按钮,如图13-48所示。

步骤02 **选择新建编辑区域。** 弹出"允许用户编辑区域"对话框,单击"新建"按钮,如图13-49所示。

步骤03 **设置引用单元格。** 弹出"新区域"对话框,❶设置"引用单元格"为A1:E14单元格区域,❷单击"确定"按钮,如图13-50所示。

　　　　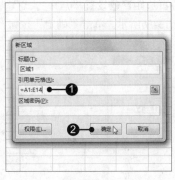

图 13-48　　　　　　　　　　图 13-49　　　　　　　　　　图 13-50

步骤04 **选择保护工作表。** 返回"允许用户编辑区域"对话框,❶可看到添加的可编辑区域,❷单击"保护工作表"按钮,如图13-51所示。

步骤05 **输入保护密码。** 弹出"保护工作表"对话框,输入保护密码"123456",如图13-52所示,然后单击"确定"按钮。

步骤06 **重新输入保护密码。** 弹出"确认密码"对话框,❶在对话框中重新输入保护密码"123456",❷单击"确定"按钮,如图13-53所示。

　　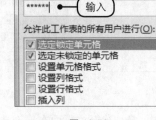　　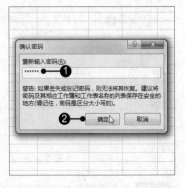

图 13-51　　　　　　　　　　图 13-52　　　　　　　　　　图 13-53

步骤07 **查看设置后的工作表。** 返回工作簿窗口,在"审阅"选项卡中可看到"保护工作表"按钮变成了"撤销工作表保护"按钮,如图13-54所示。

步骤08 选择自定义页边距。切换至"页面布局"选项卡，❶单击"页面设置"组中的"页边距"按钮，❷在展开的下拉列表中单击"自定义边距"按钮，如图13-55所示。

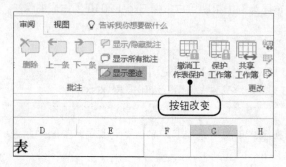

图 13-54

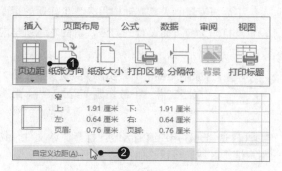

图 13-55

步骤09 自定义页边距。弹出"页面设置"对话框，❶设置工作表的上、下、左、右和页眉/页脚页边距，❷设置"居中方式"为"水平"，如图13-56所示，单击"确定"按钮。

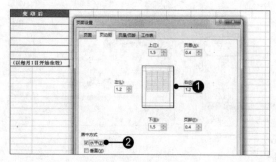

图 13-56

步骤10 设置纸张方向为横向。返回工作簿窗口，❶单击"页面布局"选项卡下"页面设置"组中的"纸张方向"按钮，❷在展开的下拉列表中选择"横向"，如图13-57所示。

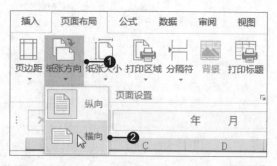

图 13-57

步骤11 设置纸张大小为B5(JIS)。❶单击"页面布局"选项卡下"页面设置"组中的"纸张大小"按钮，❷在展开的下拉列表中选择"B5(JIS)"，如图13-58所示。

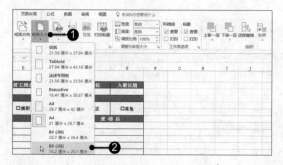

图 13-58

步骤12 选择要打印的单元格区域。在工作表中选择要打印的单元格区域，如选择A1:E14单元格区域，如图13-59所示。

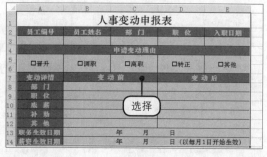

图 13-59

步骤13 将所选单元格区域设置为打印区域。❶切换至"页面布局"选项卡，❷单击"页面设置"组中的"打印区域"按钮，❷在展开的下拉列表中单击"设置打印区域"选项，如图13-60所示。

步骤14 选择打印标题。若要选择打印标题，则在"页面布局"选项卡下单击"页面设置"组中的"打印标题"按钮，如图13-61所示。

图 13-60

图 13-61

步骤15 设置打印顶端标题行。弹出"页面设置"对话框,在"顶端标题行"文本框中输入"$1:$1",如图13-62所示,然后单击"确定"按钮。

步骤16 启动打印。❶单击"文件"按钮,❷在弹出的菜单中单击"打印"命令,如图13-63所示。

图 13-62

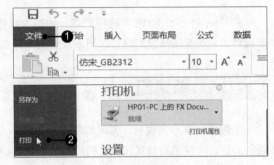

图 13-63

步骤17 设置打印份数并打印。❶在右侧输入打印份数,如输入"10",❷单击"打印"按钮即可,如图13-64所示。

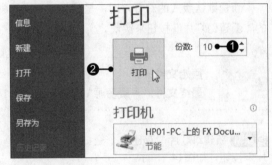

图 13-64

第14章 PowerPoint 2016初接触

PowerPoint是功能强大的演示文稿制作软件,为用户在进行公开演讲时提供帮助,其可以添加表格,为演讲者提供数据支撑,同时可以添加图片、音频、视频,帮助演讲者增加演讲的吸引力,更加完整、生动地展示演讲者的意图。因此,熟练地使用 PowerPoint 对于办公人员来说有着重要的意义。

14.1 幻灯片的基础操作

在 PowerPoint 2016 中进行幻灯片的基本操作,首先要新建一个具有多张幻灯片的演示文稿,主要操作方法有直接新建幻灯片、更改现有幻灯片版式、复制与移动幻灯片。

14.1.1 新建幻灯片

新建空白演示文稿后,其名称默认为"演示文稿1",并且自动包含一张幻灯片。新建幻灯片有两种方法,一种是新建默认版式的幻灯片,另一种是新建不同版式的幻灯片。

1．新建默认版式的幻灯片

新建默认版式的幻灯片时,是根据演示文稿默认主题的幻灯片版式来创建的,可以使用功能区中的"新建幻灯片"按钮来实现。

原始文件: 无
最终文件: 下载资源 \ 实例文件 \ 第 14 章 \ 最终文件 \ 新建默认版式的幻灯片 .pptx

步骤01 新建幻灯片。新建一个空白演示文稿,单击"开始"选项卡下"幻灯片"组中的"新建幻灯片"按钮,如图14-1所示。

步骤02 显示新建幻灯片的效果。经过以上操作,就完成了默认版式幻灯片的创建,如图14-2所示。

图 14-1

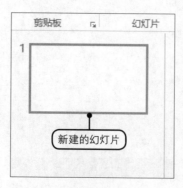

图 14-2

知识点拨 使用右键菜单新建默认版式的幻灯片

在幻灯片浏览窗格中右击空白处,在弹出的快捷菜单中单击"新建幻灯片"命令,也可在演示文稿中新建幻灯片。

2. 新建不同版式的幻灯片

新建不同版式的幻灯片是通过"幻灯片"组中"新建幻灯片"的下拉按钮,在其展开的版式库中选择相应的版式,创建指定版式的幻灯片。

原始文件: 无
最终文件: 下载资源\实例文件\第 14 章\最终文件\新建指定版式的幻灯片 .pptx

步骤01 新建幻灯片。新建一个空白演示文稿,❶单击"开始"选项卡下"幻灯片"组中"新建幻灯片"右侧的下三角按钮,❷在展开的下拉列表中选择相应的版式,如图14-3所示。

步骤02 显示新建的幻灯片效果。经过以上操作,就完成了指定版式幻灯片的创建,如图14-4所示。

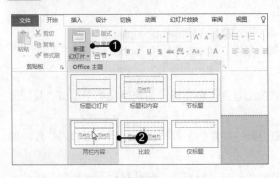

图 14-3

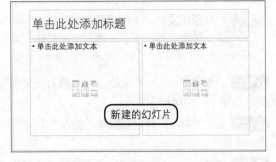

图 14-4

14.1.2 更改幻灯片版式

更改幻灯片版式是指更改现有幻灯片的版式,只需单击"开始"选项卡下"幻灯片"组中的"版式"按钮,在展开的下拉列表中选择新版式即可。

原始文件: 下载资源\实例文件\第 14 章\原始文件\新建指定版式的幻灯片 .pptx
最终文件: 下载资源\实例文件\第 14 章\最终文件\新建指定版式的幻灯片 1.pptx

步骤01 更改幻灯片版式。打开原始文件,❶选择要更改版式的幻灯片缩略图,❷单击"开始"选项卡下"幻灯片"组中的"版式"按钮,❸在展开的下拉列表中选择新的版式,如图14-5所示。

步骤02 显示更改幻灯片版式后的效果。经过以上操作,就完成了幻灯片版式的更改,如图14-6所示。

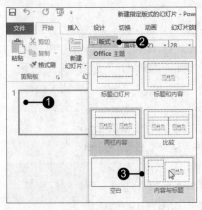

图 14-5

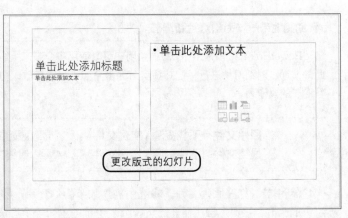

图 14-6

　　右击需要更改版式的幻灯片缩略图，在快捷菜单中单击"版式"命令，在展开的版式库中选择新版式，也可更改幻灯片的版式。

14.1.3　移动与复制幻灯片

　　如果需要创建两张以上内容与布局都类似的幻灯片，可以选择先创建一张，然后复制幻灯片，以提高工作效率。移动幻灯片与复制幻灯片存在着一定的差别，复制后粘贴幻灯片会保存复制前的幻灯片，而移动幻灯片则不会保留剪切前的幻灯片。

原始文件：下载资源 \ 实例文件 \ 第 14 章 \ 原始文件 \ 教师礼仪 .pptx
最终文件：下载资源 \ 实例文件 \ 第 14 章 \ 最终文件 \ 教师礼仪 .pptx

步骤01 复制幻灯片。打开原始文件，❶右击需要复制的幻灯片，❷在弹出的快捷菜单中单击"复制幻灯片"命令，如图14-7所示。

步骤02 显示复制幻灯片后的效果。经过以上操作，在当前幻灯片的下方新建了相同内容的幻灯片，如图14-8所示。

步骤03 移动幻灯片。在幻灯片浏览窗格中选择需要移动的幻灯片缩略图，按住鼠标左键，将其拖动至目标位置，如图14-9所示，释放鼠标即可得到调整顺序后的幻灯片。

图 14-7

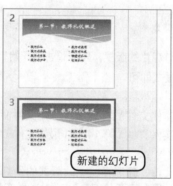

图 14-8

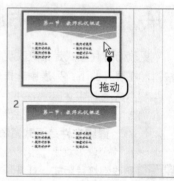

图 14-9

助跑地带——为幻灯片新增节

　　PowerPoint 2016提供了节功能，用户可以使用多个节来组织大型幻灯片版面，简化其管理和导航。此外，通过对幻灯片进行标记并将其分为多个节，可以与他人协作创建演示文稿。下面就来介绍一下新增节的操作。

原始文件：下载资源 \ 实例文件 \ 第 14 章 \ 原始文件 \ 社交礼仪常识 .pptx
最终文件：下载资源 \ 实例文件 \ 第 14 章 \ 最终文件 \ 社交礼仪常识 .pptx

　　（1）新增节。打开原始文件，❶选中需添加节的幻灯片，❷单击"开始"选项卡下"幻灯片"组中的"节"按钮，❸在展开的下拉列表中单击"新增节"选项，如图14-10所示。

（2）重命名节。新建节后，❶右击新添加的节，❷在弹出的快捷菜单中单击"重命名节"命令，如图14-11所示。

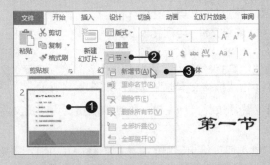

图 14-10

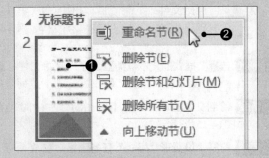

图 14-11

（3）输入节名称。弹出"重命名节"对话框，❶在"节名称"文本框中输入节名称文本，如"社交礼仪常识"，❷单击"重命名"按钮，如图14-12所示。

（4）显示重命名节后的效果。经过上述操作，即可将指定节重命名为"第一节 社交礼仪常识"，如图14-13所示，单击节标题左侧的三角折叠节按钮，即可将当前节折叠起来。

图 14-12

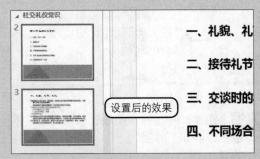

图 14-13

知识点拨 **节的移动与删除基本操作**

    节是一个独立的整体，用户可以根据需要将整个节的内容向上或向下移动，也可以选中整个节，更改节幻灯片的背景样式等格式。

    当用户不要需要节时，可以右键单击要删除的节，然后单击"删除节"命令，删除节信息。还可以使用"删除所有节"命令，一次性删除整个演示文稿的节。

14.2 为幻灯片添加内容

    一份优秀的演示文稿中不仅有文字，还会有很多不同类型的内容，包括图片、图形、SmartArt 图形、表格、图表、声音和影片等。正因为有了这些内容，才使得演示文稿变得丰富多彩。

14.2.1 在文本框中添加与设置文本

    在幻灯片中，除了可以直接通过标题占位符和正文占位符输入文本外，还可以使用文本框来输入。由于在 PowerPoint 中，文本框是已经存在的，所以可以直接在文本框内编辑文字。且文本框可以进行拖动和改变大小，但是文本框内的文字不会随着文本框大小的改变而改变。使用文本框可以在一张幻灯片中放置数个文字块，或使文字按与幻灯片中其他文字不同的方向排列。

原始文件： 下载资源 \ 实例文件 \ 第 14 章 \ 原始文件 \ 电话礼仪 .pptx
最终文件： 下载资源 \ 实例文件 \ 第 14 章 \ 最终文件 \ 电话礼仪 .pptx

步骤01 选择要插入的文本框类型。打开原始文件，❶选中第3张幻灯片，❷单击"插入"选项卡下"文本"组中的"文本框"按钮，❸在展开的下拉列表中单击"横排文本框"选项，如图14-14所示。

步骤02 绘制文本框。将光标定位在幻灯片中的适当位置，按住鼠标左键，拖动绘制所需大小的文本框，如图14-15所示。

步骤03 打开"设置形状格式"任务窗格。释放鼠标左键，即可得到绘制的文本框，❶在其中输入需要的文本，然后右击文本框，❷在弹出的快捷菜单中单击"设置形状格式"命令，如图14-16所示。

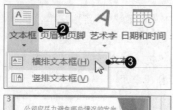

图 14-14

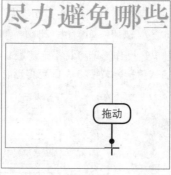

图 14-15

图 14-16

步骤04 设置文本框填充颜色。❶在弹出的"设置形状格式"任务窗格中单击选中"纯色填充"单选按钮，❷然后单击"颜色"按钮，❸在展开的颜色列表框中选择"绿色，个性色1，淡色40%"，如图14-17所示。

步骤05 为文本框添加阴影效果。❶单击"效果"图标，❷然后在下方单击"阴影"选项，❸单击"预设"右侧的下三角按钮，❹在展开的阴影样式库中选择需要的阴影样式选项，如图14-18所示。

步骤06 查看设置后文本框的效果。完成文本框的设置后，关闭对话框，返回幻灯片中，可以看到新增加的文本框，最后设置字体为"宋体"，字号为"24磅"，效果如图14-19所示。

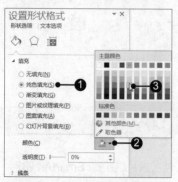

图 14-17

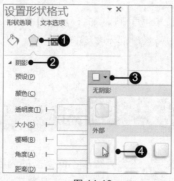

图 14-18

图 14-19

知识点拨 更改文本框的形状

如果已经在幻灯片中添加了横排文本框，但该文本框的形状不符合用户的要求时，可以单击"绘图工具-格式"选项卡下"插入形状"组中的"编辑形状"按钮，在展开的形状样式库中选择需要的形状样式选项，即可将文本框的外观更改为用户需要的形状。

14.2.2 为幻灯片插入与设置图片

丰富演示文稿最好的方法就是在其中加入图片，这样可以达到直接美化的效果，同时也能让要表现的内容更加形象、清晰。为幻灯片插入与设置图片，即在幻灯片中插入图片、调整图片的大小与位置以及调整图片的显示模块与外观样式。

> **原始文件：** 下载资源 \ 实例文件 \ 第 14 章 \ 原始文件 \ 电话礼仪 .pptx
> **最终文件：** 下载资源 \ 实例文件 \ 第 14 章 \ 最终文件 \ 电话礼仪 1.pptx

步骤01 打开"插入图片"对话框。打开原始文件，❶选中第1张幻灯片，❷单击"插入"选项卡下"图像"组中的"图片"按钮，如图14-20所示。

步骤02 选择图片文件。弹出"插入图片"对话框，❶选择需要的图片文件，如图14-21所示，❷单击"插入"按钮。

步骤03 调整图片的位置。此时在幻灯片中插入了图片，选中图片，按住鼠标左键将其拖动至目标位置，如图14-22所示。

图 14-20

图 14-21

图 14-22

步骤04 拖动调整图片大小。调整图片位置后，将鼠标指针置于图片上的控制点上，按住鼠标左键拖动，此时鼠标指针会变成十字状，如图14-23所示，按比例放大图片。

步骤05 删除背景。调整图片大小后，❶选中图片，❷单击"图片工具-格式"选项卡下"调整"组中的"删除背景"按钮，如图14-24所示。

步骤06 设置删除背景的范围。执行了删除背景命令后，进入"背景消除"选项卡，且图片的背景以桃红色替换，拖动控点可以调整删除的背景范围，如图14-25所示。

图 14-23

图 14-24

图 14-25

步骤07 保留更改。设置好图片背景的删除范围后，单击"背景消除"选项卡中"关闭"组内的"保留更改"按钮，如图14-26所示。

步骤08 显示删除图片背景的效果。经过以上操作，就完成了图片的插入与设置操作，得到如图14-27所示的幻灯片效果。

图 14-26

图 14-27

知识点拨 插入联机图片

　　在 PowerPoint 2016 中，用户不仅可以插入计算机中保存的图片，而且还可以插入联机图片，主要包括"必应图像搜索"的图片及保存在 OneDrive 云网盘中的图片。切换至"插入"选项卡下，单击"联机图片"按钮，即可在弹出的"插入图片"对话框中选择插入图片的方式。

14.2.3　插入与设置自选图形

　　PowerPoint 2016 提供了普通自选图形和 SmartArt 图形，用户可以很方便地绘制流程图、结构图等示意图。PowerPoint 2016 的 SmartArt 图形中包含了一类可插入图片的图形样式，用户可以通过这种布局来使用图片阐述实例。

原始文件： 下载资源 \ 实例文件 \ 第 14 章 \ 原始文件 \ 蝉的基本知识讲解 .pptx
最终文件： 下载资源 \ 实例文件 \ 第 14 章 \ 最终文件 \ 蝉的基本知识讲解 .pptx

步骤01 插入SmartArt图形。打开原始文件，选中第4张幻灯片，在正文占位符中单击"插入SmartArt图形"按钮，如图14-28所示。

步骤02 选择图片布局。弹出"选择SmartArt图形"对话框，❶单击"图片"选项，❷然后在右边的列表中选择需要的图片布局样式，如图14-29所示，最后单击"确定"按钮。

步骤03 为SmartArt图形添加图片。此时，在当前幻灯片中插入了指定图片布局的SmartArt图形，若要为图形添加图片，单击其中的图片按钮，如图14-30所示。

图 14-28

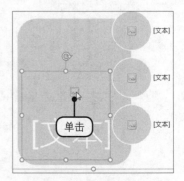

图 14-29　　　　　　　　　　　　图 14-30

步骤04 选择从计算机中插入图片。弹出"插入图片"对话框，选择从计算机中插入图片，单击"浏览"按钮，如图14-31所示。

步骤05 选择图片文件。弹出"插入图片"对话框，❶选择需要的图片文件，❷单击"插入"按钮，如图14-32所示。

步骤06 为SmartArt图形添加其他图片。返回演示文稿界面，输入文本"蝉"，接着使用相同的方法为图片布局中的图片框添加相应的图片，并添加说明文本，得到如图14-33所示的SmartArt图形。

图 14-31

图 14-32

图 14-33

14.2.4 在幻灯片中插入与设置表格

如果需要在演示文稿中添加有规律的数据，可以使用表格来完成。PowerPoint 中的表格操作远比 Word 简单得多。在 PowerPoint 中添加表格有 4 种方法：在 PowerPoint 中创建表格以及设置表格格式、从 Word 中复制和粘贴表格、从 Excel 中复制和粘贴一组单元格，还可以在 PowerPoint 中插入 Excel 表格。具体执行什么操作，完全取决于用户的实际需求和拥有的资源。下面介绍在幻灯片中插入与设置表格的具体操作方法。

原始文件：下载资源 \ 实例文件 \ 第 14 章 \ 原始文件 \ 企业文化建设与管理 .pptx
最终文件：下载资源 \ 实例文件 \ 第 14 章 \ 最终文件 \ 企业文化建设与管理 .pptx

步骤01 插入表格。打开原始文件，❶选中第6张幻灯片缩略图，❷切换至"插入"选项卡下，❸单击"表格"组中的"表格"按钮，❹在展开的下拉列表中拖动鼠标选取表格的行数与列数，例如选择插入3列5行的表格，如图14-34所示。

步骤02 输入文本。此时在幻灯片中插入了5行3列的表格。接着在表格中输入文本内容，只要切换到中文输入法，即可将文字输入到表格中。在进行单元格切换时，可以直接单击下一个单元格，也可按【Tab】键进行切换。输入文本后的表格如图14-35所示。

步骤03 更改表格的样式。输入文本内容后，选中表格，单击"表格工具-设计"选项卡下"表格样式"组中的快翻按钮，在展开的样式库中选择需要的样式，例如选择"中度样式1-强调3"样式，如图14-36所示。

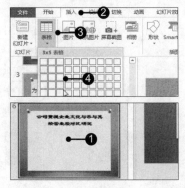

图 14-34

图 14-35

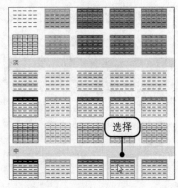

图 14-36

步骤04 使用表格样式选项修饰表格。此时表格应用了选定的表格样式，还可以在"表格样式选项"组中勾选需要的选项来修饰表格，如图14-37所示，勾选"第一列"复选框，表格中的第1列以同一黑色显示。

步骤05 手动调整表格的大小。如果表格的大小不符合用户的要求，只需选中表格，将鼠标指针置于表格的控制点上，按住鼠标左键拖动，如图14-38所示，拖至目标大小后释放鼠标左键，即可得到需要大小的表格。

步骤06 手动调整表格的列宽。如果表格的列宽或行宽不符合要求，也可以将鼠标指针置于要调整列宽或行宽的边框上，待鼠标指针呈左右对称或者上下对称状时，按住鼠标左键进行拖动，如图14-39所示，拖至目标位置，释放鼠标左键，即可调整列表的列宽或行宽。

图 14-37

图 14-38

图 14-39

知识点拨　表格样式选项功能说明

标题行复选框：选中该复选框，可突出显示表格的第一行。

汇总行复选框：选中该复选框，可突出显示表格的最后一行（即汇总行）。

镶边行复选框：选中该复选框，可产生交替带有条纹的行。

第一列复选框：选中该复选框，可突出显示表格的第一列。

最后一列复选框：选中该复选框，可突出显示表格的最后一列（常用于汇总列）。

镶边列复选框：选中该复选框，可产生交替带有条纹的列。

步骤07 显示调整大小及列宽后的表格效果。经过以上操作，表格的内容及大小就基本设置完成了，得到如图14-40所示的表格效果。

步骤08 设置表格内容垂直居中。若要让表格中的内容垂直居中，可以选中表格，单击"表格工具-布局"选项卡下"对齐方式"组中的"垂直居中"按钮，如图14-41所示。

步骤09 设置表格内容水平居中。若要让表格中的内容水平居中，则单击"表格工具-布局"选项卡下"对齐方式"组中的"居中"按钮，如图14-42所示。

图 14-40

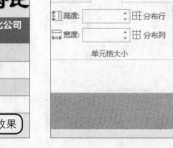
图 14-41

图 14-42

步骤10 显示表格的最终效果。此时表格中的内容水平和垂直居中，得到如图14-43所示的最终效果。

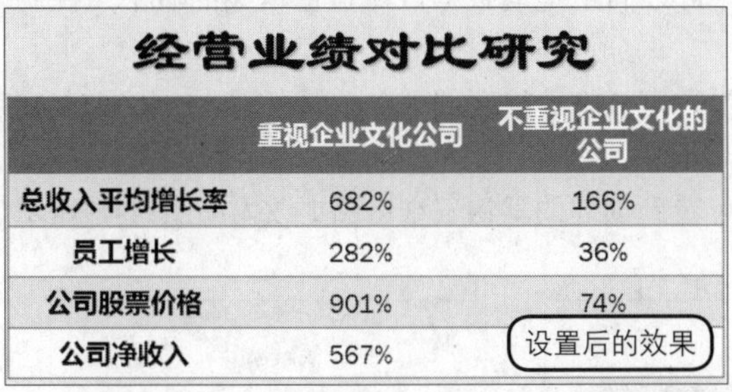

经营业绩对比研究

	重视企业文化公司	不重视企业文化的公司
总收入平均增长率	682%	166%
员工增长	282%	36%
公司股票价格	901%	74%
公司净收入	567%	

设置后的效果

图 14-43

知识点拨 精确调整单元格大小

PowerPoint中的表格也可以精确调整单元格大小。选中要调整的单元格，在"表格工具 - 布局"选项卡下的"单元格大小"组中输入宽度和高度即可。

知识点拨 合并与拆分单元格

在实际应用中，有时需要将多个单元格合并为一个单元格，也可能需要将一个单元格拆分为多个单元格，其实操作方法很简单。以合并单元格为例，只需选取要合并的多个单元格，切换至"表格工具-布局"选项卡下，单击"合并"组中的"合并单元格"按钮，即可将多个单元格合并为一个单元格，且单元格中的内容将以每个单元格内容为一段进行保留。

14.2.5　在幻灯片中插入与设置图表

与 Excel 创建图表的方式有些不同，在 PowerPoint 中插入图表时，是通过"Microsoft PowerPoint 中的图表"工具进行图表的数据输入。如果事先为图表准备好了 Excel 格式的数据表，也可以打开这个数据表并选择所需要的数据区域，将已有的数据区域添加到 PowerPoint 图表中。

原始文件：下载资源 \ 实例文件 \ 第 14 章 \ 原始文件 \ 今日股票涨跌调查结果 .pptx
最终文件：下载资源 \ 实例文件 \ 第 14 章 \ 最终文件 \ 今日股票涨跌调查结果 .pptx

步骤01 插入图片。打开原始文件，❶选中第3张幻灯片缩略图，❷切换至"插入"选项卡下，❸单击"插图"组中的"图表"按钮，如图14-44所示。

步骤02 选择图表类型。弹出"插入图表"对话框，❶单击"饼图"选项，❷然后单击"三维饼图"选项，如图14-45所示，单击"确定"按钮。

步骤03 打开Microsoft PowerPoint中图表。此时打开"Microsoft PowerPoint中的图表"窗口，在其中显示了默认图表的数据值，如图14-46所示。

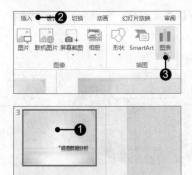

图 14-44

图 14-45

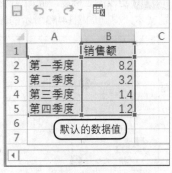

图 14-46

步骤04 输入数据并调整图表数据区域大小。此时可将第2张幻灯片中的数据复制到图表数据区域中，它以蓝色框线表示图表数据区域大小。在输入数据后，可以向上拖动数据区域蓝色框线的右下角控制点，如图14-47所示，缩小图表数据区域的大小。

步骤05 显示缩小数据区域的大小的效果。释放鼠标左键，可以将数据区域中多余的行删除，如图14-48所示。

步骤06 显示更改数据后的图表效果。返回幻灯片中，可看到创建的默认三维饼图更改为如图14-49所示的图表。

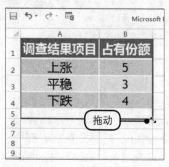

图 14-47

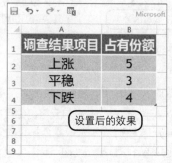

图 14-48

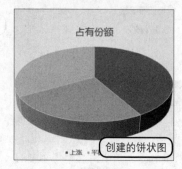

图 14-49

步骤07 应用图表样式美化图表。选中图表，单击"图表工具-设计"选项卡下"图表样式"组中的快翻按钮，在展开的图表样式库中选择需要的样式选项，如图14-50所示，即可在指定图表中应用指定的预设图表样式。

步骤08 为图表添加数据标签。为了让图表中的数据占有份额更清晰，可以为其添加数据标签。选中图表，切换至"图表工具-设计"选项卡下，❶单击"图表布局"组中的"添加图表元素"按钮，❷在展开的下拉列表中单击"数据标签>其他数据标签选项"选项，如图14-51所示。

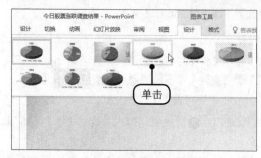

图 14-50

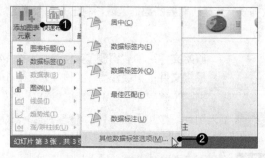

图 14-51

步骤09 设置标签以百分比显示。弹出"设置数据标签格式"任务窗格，❶在"标签选项"下的"标签包含"选项组中勾选"百分比"复选框，❷然后在"标签位置"区域中单击选中"数据标签内"单选按钮，如图14-52所示。

步骤10 更改图表标题。此时图表中添加了百分比数据标签，单击图表标题文本框，在其中输入图表标题文本，得到如图14-53所示的图表效果。

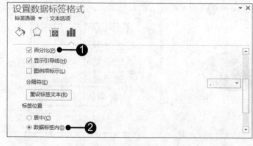

图 14-52

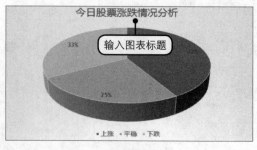

图 14-53

如果使用事先准备好的 Excel 格式的数据表，那么在 PowerPoint 中创建图表后，可以切换至"图表工具 - 设计"选项卡下，单击"数据"组中的"选择数据"按钮，打开"选择数据源"对话框，单击其中的折叠按钮，可以在数据表中选择已有数据，轻松创建需要的图表。

助跑地带——使用取色器以匹配幻灯片颜色

PowerPoint 2016 提供了取色器的功能，利用该功能可以快速获取幻灯片中指定的颜色，并且将其应用到指定的对象（文本、图片、表格等）中，从而达到与幻灯片颜色匹配的目的。

原始文件： 下载资源 \ 实例文件 \ 第 14 章 \ 原始文件 \ 今日股票涨跌调查结果 .pptx
最终文件： 下载资源 \ 实例文件 \ 第 14 章 \ 最终文件 \ 今日股票涨跌调查结果 1.pptx

（1）选择取色器。打开原始文件，选中第2张幻灯片中表格的第1行，❶单击"开始"选项卡下"绘图"组中的"形状填充"按钮，❷在展开的下拉列表中单击"取色器"选项，如图14-54所示。

（2）吸取颜色。鼠标指针呈吸管状，选择要吸取的颜色并单击，如图14-55所示。

（3）为其他行应用颜色。此时可看到表格第1行应用了取色器吸取的颜色，使用相同的方法为表格第2行和第4行应用幻灯片中的其他颜色，如图14-56所示。

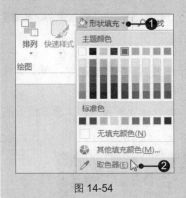
图 14-54

图 14-55

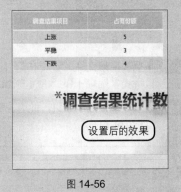
图 14-56

14.3 为幻灯片添加视频文件

为了让演示文稿中的内容更形象、更具有说服力，可以考虑加入一些视频文件，以提高演示文稿的观赏性和可信度。在 PowerPoint 2016 中添加视频文件，既可以选择插入计算机中的视频文件，也可以选择插入来自联机视频网站中的视频。在添加视频文件后，还可以根据需要调整视频文件的画面效果，如画面大小、色彩、边框样式等。

14.3.1 插入计算机中的视频文件

PC 中的视频文件是指用户通过从网上下载或使用摄像机、DV 机自己拍摄等途径获得的视频文件，它放置在本地计算机中。PowerPoint 2016 支持的视频格式有：视频文件（*.asx、*.wpl、*.wmx）、Windows 视频文件（*.avi）、电影文件（*.mpeg、*.mpg）和 Windows Media 视频文件（*.wmv、*.wvx）等。下面以插入 PC 中的视频文件为例，介绍在幻灯片中添加视频的方法。

原始文件： 下载资源\实例文件\第14章\原始文件\九寨旅游景点指南 .pptx
最终文件： 下载资源\实例文件\第14章\最终文件\九寨旅游景点指南 .pptx

步骤01 **插入文件中的视频。** 打开原始文件，选中第2张幻灯片缩略图，切换至"插入"选项卡下，❶单击"媒体"组中的"视频"按钮，❷在展开的下拉列表中单击"PC上的视频"选项，如图14-57所示。

步骤02 **选择视频文件。** 弹出"插入视频文件"对话框，❶选择需要插入的视频文件，❷然后单击"插入"按钮，如图14-58所示。

步骤03 **显示插入视频文件后的效果。** 返回幻灯片中，可看到在幻灯片中插入了指定的视频文件，并以视频文件第一帧画面作为视频的初始画面，如图14-59所示。

图 14-57

图 14-58

图 14-59

步骤04 **播放视频文件。** 若要在幻灯片窗格中播放视频文件预览其效果，可以选中视频文件，单击"视频工具-格式"选项卡下"预览"组中的"播放"按钮，如图14-60所示。

步骤05 **预览视频播放效果。** 此时，幻灯片中选中的视频即开始播放，可以在视频播放器上查看播放的进度，如图14-61所示。

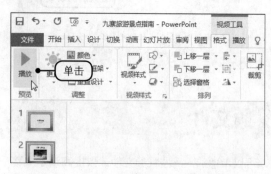

图 14-60

图 14-61

14.3.2 调整视频文件画面效果

PowerPoint 2016同样提供了调整视频文件画面的功能，可以调整视频文件画面的色彩、标牌框架及视频样式、形状与边框等。

1. 调整视频文件画面大小

在 PowerPoint 2016中，可以使用"大小"组中的"高度"和"宽度"及"裁剪"按钮对视频文件的画面大小进行调整与裁剪。

步骤01 打开"设置视频格式"任务窗格。打开原始文件，选中幻灯片中的视频文件，单击"视频工具-格式"选项卡下"大小"组中的对话框启动器，如图14-62所示。

步骤02 设置画面大小值。弹出"设置视频格式"任务窗格，❶勾选"锁定纵横比"复选框，❷同时勾选"相对于图片原始尺寸"复选框，❸将"高度"文本框的数值设置为"10.5厘米"，增大画面高度，如图14-63所示。

步骤03 显示设置画面大小后的视频效果。设置完成后关闭该对话框，返回幻灯片中，可看到视频文件的画面大小按纵横比增大了，如图14-64所示。

图 14-62

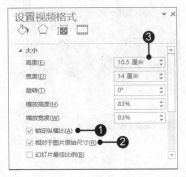
图 14-63

图 14-64

步骤04 裁剪画面。选中视频文件，单击"视频工具-格式"选项卡下"大小"组中的"裁剪"按钮，如图14-65所示。

步骤05 调整剪裁控制点进行裁剪。此时以黑色框线包围画面，拖动黑色控制点裁除不需要的画面，以灰色显示裁除的画面，如图14-66所示。

步骤06 显示裁剪后的视频文件画面效果。完成画面裁剪后，单击视频文件外的任意位置，即可确认画面的裁剪，得到如图14-67所示视频画面。

图 14-65

图 14-66

图 14-67

2. 调整视频文件画面色彩

调整视频文件画面色彩是通过"视频工具 - 格式"选项卡下"调整"组中的命令，来更改视频文件画面的亮度和对比度、颜色、标牌框架等属性。

步骤01 更改视频的亮度和对比度。打开原始文件，选中幻灯片中的视频文件，切换至"视频工具-格式"选项卡下，❶单击"调整"组中的"更正"按钮，❷在展开的库中选择需要的亮度与对比度选项，如图14-68所示。

步骤02 显示更改亮度和对比度的效果。此时选中的视频文件画面就应用了指定的亮度和对比度，得到如图14-69所示的视频画面。

步骤03 更改画面的颜色。如果想将视频做成回忆录（一般以灰度图像表示回忆）形式，可以选中视频文件，❶单击"调整"组中的"颜色"按钮，❷在展开的下拉列表中单击"灰度"选项，如图14-70所示。

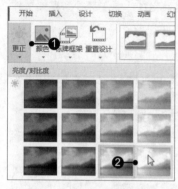

图 14-68

图 14-69

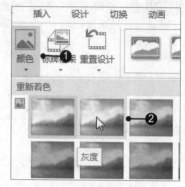

图 14-70

步骤04 显示更改颜色后的效果。此时选中的视频文件即应用灰度颜色模式，如图14-71所示。

步骤05 更改视频文件的标牌框架。选中视频文件，❶单击"调整"组中的"标牌框架"按钮，❷在展开的下拉列表中单击"文件中的图像"选项，如图14-72所示。

步骤06 选择作为框架图像的图片文件。弹出"插入图片"对话框，选择从计算机中插入图片作为标牌框架，单击"浏览"按钮，如图14-73所示。

图 14-71

图 14-72

图 14-73

步骤07 选择作为框架图像的图片文件。弹出"插入图片"对话框，❶选择需要的图片文件，❷单击"插入"按钮，如图14-74所示。

步骤08 显示更改标牌框架后的效果。此时视频文件的标牌即以指定的图片来替换，它将不是默认的视频文件第一帧图像，得到如图14-75所示的效果。

步骤09 查看视频文件的播放效果。单击视频文件的播放按钮，可看到在视频文件的整个播放过程中，图像都以灰度图像显示，得到如图14-76所示的效果。

图 14-74

图 14-75

图 14-76

3. 设置视频画面样式

设置视频画面样式是指对视频画面的形状、边框、阴影、柔化边缘等效果进行设置。设置视频画面样式与设置图片样式的方法相同，可以直接应用预设的视频样式，也可自定义形状等样式。

原始文件： 下载资源 \ 实例文件 \ 第 14 章 \ 原始文件 \ 九寨旅游景点指南 1.pptx
最终文件： 下载资源 \ 实例文件 \ 第 14 章 \ 最终文件 \ 九寨旅游景点指南 3.pptx

步骤01 应用内置视频样式。打开原始文件，选中幻灯片中的视频文件，单击"视频工具-格式"选项卡下"视频样式"组中的快翻按钮，在展开的库中选择需要的视频样式选项，如图14-77所示。

步骤02 显示应用预设视频样式的效果。此时选中的视频文件画面就应用了指定视频样式，得到如图14-78所示的视频画面。

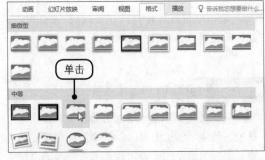

图 14-77

图 14-78

14.3.3　控制视频文件的播放

　　在幻灯片中添加视频是为了更准确、更真切地阐述某个对象，因此将视频添加到幻灯片中后，需要播放视频文件。PowerPoint 2016中提供了视频文件的剪辑、书签功能，能直接剪裁多余的部分及设置视频播放的起始点。

1.　剪辑视频

　　剪辑视频是通过指定开始时间和结束时间来剪裁视频，有效地删除与演示文稿内容无关的部分，使视频更加简洁。

原始文件： 下载资源\实例文件\第 14 章\原始文件\九寨旅游景点指南 1.pptx
最终文件： 下载资源\实例文件\第 14 章\最终文件\九寨旅游景点指南 4.pptx

步骤01 剪裁视频。打开原始文件，选中幻灯片中的视频文件，单击"视频工具-播放"选项卡下"编辑"组中的"剪裁视频"按钮，如图14-79所示。

步骤02 裁剪视频开始部分。弹出"剪裁视频"对话框，可以在该对话框中裁剪视频的开始与结束多余部分，向右拖动左侧绿色滑块，如图14-80所示，可以设置视频从指定时间处开始播放。

步骤03 裁剪视频结束部分。向左拖动右侧的红色滑块，如图14-81所示，可以设置视频播放时在指定时间点结束播放。

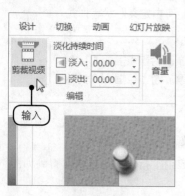

图 14-79

图 14-80

图 14-81

步骤04 播放剪裁后的视频。返回幻灯片中，选中视频文件，单击"播放"按钮，播放视频，可以看到视频从指定的时间处开始播放，当播放到指定的结束时间时停止播放，如图14-82所示。

图 14-82

知识点拨　**为视频剪辑添加书签**

　　书签，顾名思义是标识视频播放到的位置，在视频剪辑中添加书签可以快速切换至需要位置。要为剪辑添加书签，首先选中要添加书签的帧，然后单击"视频工具－播放"选项卡下"书签"组中的"添加书签"按钮即可。在播放时，可按下【Alt+Home】或【Alt+End】组合键进行跳转。

2．设置视频文件淡入、淡出时间

视频文件淡入、淡出时间是指在视频剪辑开始和结束的几秒内使用淡入淡出效果。为视频文件添加淡入、淡出时间能让视频与幻灯片切换更完美地结合。

原始文件： 下载资源 \ 实例文件 \ 第 14 章 \ 原始文件 \ 九寨旅游景点指南 1.pptx
最终文件： 下载资源 \ 实例文件 \ 第 14 章 \ 最终文件 \ 九寨旅游景点指南 5.pptx

步骤01 设置淡入时间。打开原始文件，选中幻灯片中的视频文件，在"视频工具-播放"选项卡下"编辑"组中的"淡入"文本框中输入"00.03"，如图14-83所示，按【Enter】键。

步骤02 设置淡出时间。在"编辑"组中的"淡出"文本框中输入"00.04"，如图14-84所示，即可将视频文件的淡化持续时间设置为指定的时间，让视频与幻灯片更好地融合。

图 14-83

图 14-84

14.4 为幻灯片添加音频文件

为幻灯片添加音频文件，能够达到强调或实现某种特殊效果的目的。为了防止可能出现的链接问题，为演示文稿添加音频文件之前，最好先将音频文件复制到演示文稿所在的文件夹。为幻灯片添加音频文件有三种渠道：插入 PC 中的音频、插入联机音频和录音音频。

14.4.1 插入音频

为幻灯片插入音频的方法与为幻灯片添加计算机中的视频文件方法相同，需要用户首先选择要添加的音频文件。

原始文件： 下载资源 \ 实例文件 \ 第 14 章 \ 原始文件 \ 社交礼仪常识 .pptx
最终文件： 下载资源 \ 实例文件 \ 第 14 章 \ 最终文件 \ 社交礼仪常识 1.pptx

步骤01 插入音频。打开原始文件，选中标题幻灯片，单击"插入"选项卡下"媒体"组中的"音频"按钮，在展开的下拉列表中单击"PC上的音频"选项，如图14-85所示。

步骤02 选择指定的音频文件。弹出"插入音频"任务窗格，❶选中音频，❷然后单击"插入"按钮，如图14-86所示。

图 14-85

图 14-86

步骤03 查看插入的音频。此时可在幻灯片中看到插入的音频，如图14-87所示。

步骤04 播放音频。点击"播放"按钮即可播放音频，如图14-88所示。

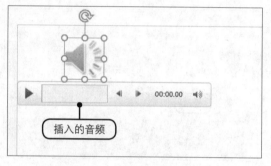

图 14-87

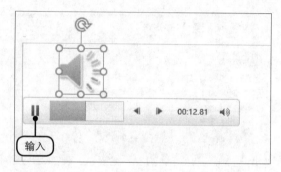

图 14-88

14.4.2 更改音频文件的图标样式

在幻灯片中添加音频文件后，会出现一个默认的声音图标。用户可以根据实际需要更改音频文件的图标，使其与幻灯片内容结合得更完美。

原始文件： 下载资源\实例文件\第 14 章\原始文件\社交礼仪常识 1.pptx、音频文件图标 .jpg
最终文件： 下载资源\实例文件\第 14 章\最终文件\社交礼仪常识 2.pptx

步骤01 更改音频文件图标。打开原始文件，❶右击标题幻灯片中的声音图标，❷在弹出的快捷菜单中单击"更改图片"命令，如图14-89所示。

步骤02 选择从计算机中插入图片。弹出"插入图片"对话框，选择从计算机中插入图片，单击"浏览"选项，如图14-90所示。

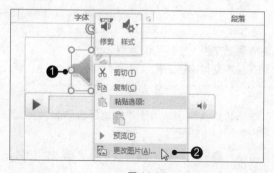

图 14-89

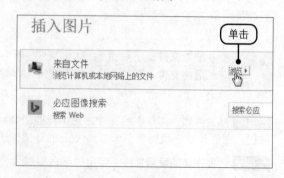

图 14-90

步骤03 选择图片文件。弹出"插入图片"对话框，选中图片文件，如图14-91所示，单击"插入"按钮。

步骤04 显示更改音频图标样式后的效果。此时选中的声音图标即更改为指定图片样式，如图14-92所示。

图 14-91

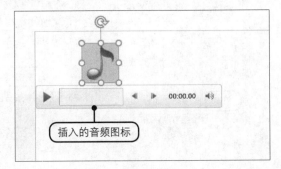

图 14-92

助跑地带——自己录制音频文件

在幻灯片中除了可以插入计算机中已存在的音频文件外，还可以自己录制音频文件，方便用户为幻灯片添加对应的旁白，增加演示文稿的可移植性，以免演讲者不在时，观众无法理解幻灯片中的信息。

原始文件：下载资源 \ 实例文件 \ 第 14 章 \ 原始文件 \ 社交礼仪常识 .pptx
最终文件：下载资源 \ 实例文件 \ 第 14 章 \ 最终文件 \ 社交礼仪常识 3.pptx

（1）插入录制音频。打开原始文件，选中标题幻灯片，❶单击"插入"选项卡下"媒体"组中的"音频"按钮，❷在展开的下拉列表中单击"录制音频"选项，如图14-93所示。

（2）开始录制。弹出"录制声音"对话框，❶在"名称"文本框中输入需要的名称，❷然后单击录制按钮，如图14-94所示，即可开始录制声音，在"声音总长度"处累计声音文件的长度。

（3）停止录制。若要停止录音，单击"停止"按钮，如图14-95所示。

图 14-93

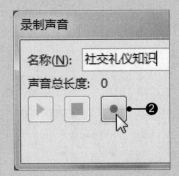

图 14-94

图 14-95

（4）播放录制的声音。若要预览录制的音频效果，单击"播放"按钮，如图14-96所示。

（5）保存录音文件。完成声音的录制后，单击"确定"按钮，如图14-97所示。

（6）显示录制的音频文件。此时在幻灯片中添加了声音图标，表示录制的音频已添加，如图14-98所示。

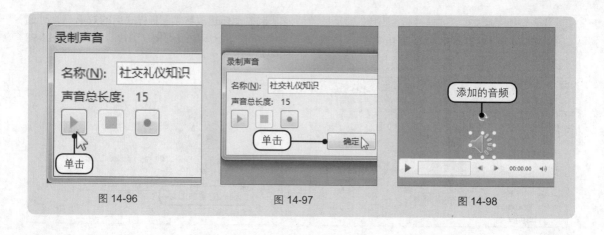

| 图 14-96 | 图 14-97 | 图 14-98 |

14.5 为幻灯片插入链接和动作按钮

在幻灯片中还可以使用超链接和动作按钮为对象添加一些交互动作。所谓交互，其实就是指单击演示文稿中的某个对象可以引发的内容。

14.5.1 创建超链接

在 PowerPoint 中，超链接是指从一张幻灯片指向另一个对象的连接关系，这个对象既可以是幻灯片、图片，又可以是计算机中的文件。用户可以在 PowerPoint 中创建超链接，创建后单击任意超链接，便可自动跳转至该超链接对应的幻灯片、图片，或者打开对应的文本。

原始文件：下载资源\实例文件\第 14 章\原始文件\社交礼仪常识 .pptx
最终文件：下载资源\实例文件\第 14 章\最终文件\社交礼仪常识 4.pptx

步骤01 插入超链接。打开原始文件，选中第2张幻灯片缩略图，❶选取需要添加超链接的文本，❷切换至"插入"选项卡，单击"链接"组中的"超链接"按钮，如图14-99所示。

步骤02 设置"链接到"位置。弹出"插入超链接"对话框，❶在"链接到"列表中单击"本文档中的位置"选项，❷在"请选择文档中的位置"列表框中选择链接到第3张幻灯片，如图14-100所示，然后单击"确定"按钮。

步骤03 显示插入超链接后的效果。此时选中的文本添加了超链接，在文本下方添加了下划线，使用相同的方法为其他文本创建超链接，如图14-101所示，创建后单击任一链接便可跳转至指定的幻灯片。

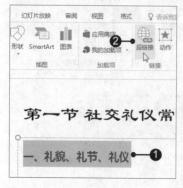

图 14-99

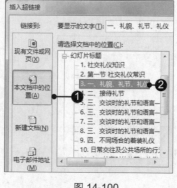

图 14-100

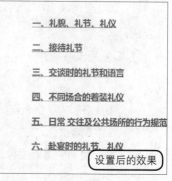

图 14-101

14.5.2 添加动作按钮

在 PowerPoint 中，动作按钮是指可以添加到幻灯片中的内置形状按钮，在幻灯片中添加动作按钮时，用户可以为其分配将要执行的操作。下面就以添加"上一张""下一张"和"返回首页"按钮为例，介绍添加动作按钮的操作方法。

原始文件：下载资源 \ 实例文件 \ 第 14 章 \ 原始文件 \ 社交礼仪常识 .pptx
最终文件：下载资源 \ 实例文件 \ 第 14 章 \ 最终文件 \ 社交礼仪常识 5.pptx

步骤01 选择动作按钮。打开原始文件，❶选中第4张幻灯片，❷切换至"插入"选项卡，单击"插图"组中的"形状"按钮，❸在展开的下拉列表中选择动作按钮，如图14-102所示。

步骤02 绘制动作按钮。此时鼠标指针呈十字状，拖动鼠标绘制动作按钮，如图14-103所示。

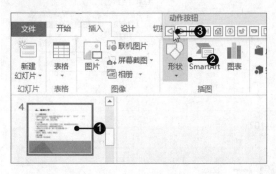

图 14-102

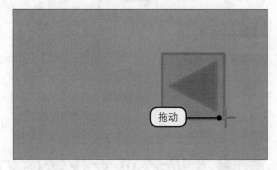

图 14-103

步骤03 选择超链接到上一张幻灯片。弹出"操作设置"对话框，❶单击选中"超链接到"单选按钮，❷然后在下方选择"上一张幻灯片"，❸单击"确定"按钮，如图14-104所示。

步骤04 绘制"下一张"和"返回首页"按钮。返回演示文稿窗口，此时可看到绘制的"上一张"按钮，使用相同的方法绘制"下一张"和"返回首页"按钮，如图14-105所示。

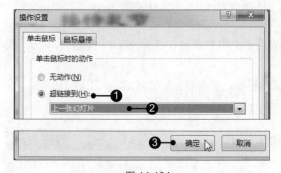

图 14-104

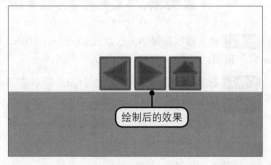

图 14-105

14.6 向幻灯片中添加批注

PowerPoint 2016 提供了添加批注的功能，用户可以利用该功能对幻灯片中的某些内容提出自己的意见或见解，下面介绍向幻灯片中添加批注的操作方法。

步骤01 选择要添加批注的文本。打开原始文件，❶选中第3张幻灯片缩略图，❷然后在右侧选择要添加批注的文本，如图14-106所示。

步骤02 单击"新建批注"按钮。❶切换至"审阅"选项卡，❷单击"批注"组中的"新建批注"按钮，如图14-107所示。

步骤03 输入批注内容。在右侧弹出"批注"任务窗格，输入批注的内容，然后单击窗格中任意空白处，即可查看完成的批注内容，如图14-108所示。

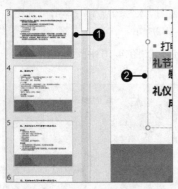
图 14-106

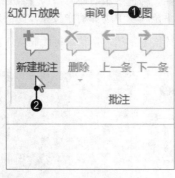
图 14-107

图 14-108

同步实践 制作企业文化宣传幻灯片

　　本章对演示文稿中的幻灯片的基础操作，如新建幻灯片、为幻灯片添加内容、为幻灯片添加视频与音频文件等进行了介绍。用户通过本章的学习，就可以制作内容丰富、色彩明晰的演示文稿，吸引观众。下面结合本章所述知识点，来介绍制作企业文化宣传幻灯片的操作方法。

步骤01 输入模板关键字。启动PowerPoint 2016，❶在启动菜单右侧输入模板关键字，❷然后单击"搜索"按钮，如图14-109所示。

步骤02 选择指定的模板。在界面中选择搜索的演示文稿模板，单击对应的缩略图，如图14-110所示。

步骤03 单击"创建"按钮。弹出对话框，直接单击"创建"按钮，如图14-111所示。

图 14-109

图 14-110

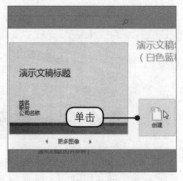
图 14-111

步骤04 输入标题。删除创建的演示文稿中除第1张外的所有幻灯片，❶在第1张幻灯片中输入标题文本，❷设置字体为"宋体"，❸字号为"42磅"，如图14-112所示。

步骤05 新建幻灯片。❶单击"开始"选项卡下"幻灯片"组中的"新建幻灯片"按钮，❷在展开的库中选择新建的幻灯片样式，如图14-113所示。

步骤06 输入文本。在新建的幻灯片中输入文本，设置标题文本的字体为"宋体"，字号为"54磅"，接着使用相同的方法设置副标题的字体和字号，如图14-114所示。

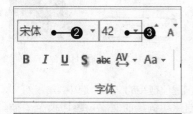

图 14-112

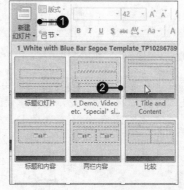

图 14-113

图 14-114

步骤07 选择插入SmartArt图形。新建"比较"样式的幻灯片，❶在标题框中输入标题文本，设置字体为"宋体"，字号为"32磅"，❷单击右侧的"插入SmartArt图形"按钮，如图14-115所示。

步骤08 选择基本棱锥图。弹出"选择SmartArt图形"对话框，❶在左侧单击"棱锥图"选项，❷在右侧选择"基本棱锥图"样式，如图14-116所示。

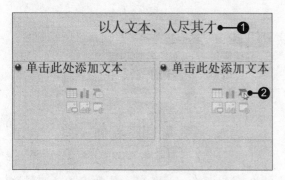

图 14-115

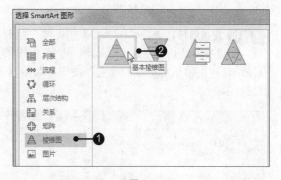

图 14-116

步骤09 在SmartArt图形中输入文本。插入SmartArt图形后，单击左侧的"展开"按钮，在右侧的文本框中依次输入对应的文本，如图14-117所示。

步骤10 更换SmartArt图形颜色。切换至"SmartArt工具-设计"选项卡，❶单击"SmartArt样式"组中的"更改颜色"按钮，❷在展开的库中选择"深色2填充"样式，如图14-118所示。

步骤11 在左侧输入文本并调整段落格式。调整SmartArt图形中的字体为"华文新魏"，字号为"18磅"，然后在SmartArt图形的左侧输入对应的文本，并调整字体和段落格式，如图14-119所示。

图 14-117

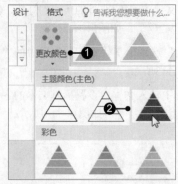

图 14-118

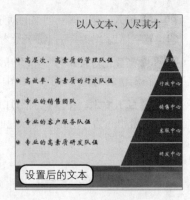

图 14-119

步骤12 创建"标题和内容"幻灯片。新建"标题和内容"幻灯片，输入标题文本，然后插入 SmartArt图形并输入对应的文本，输入完后调整图形中文本的字体和字号，如图14-120所示。

步骤13 选择要创建超链接的文本。选中第2张幻灯片，❶选择要创建超链接的文本，❷切换至"插入"选项卡，单击"链接"组中的"超链接"按钮，如图14-121所示。

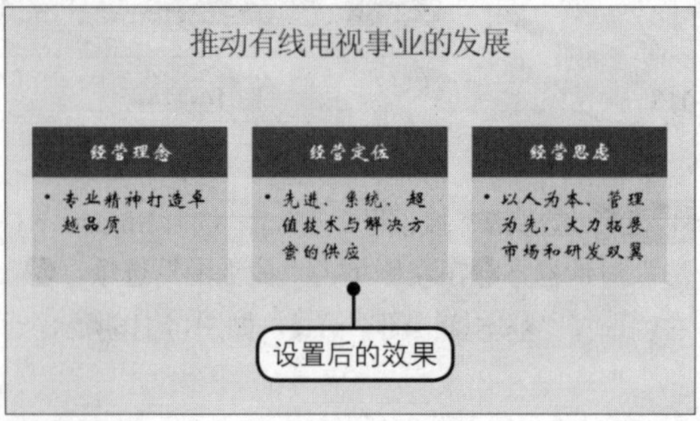

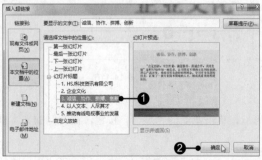

图 14-120

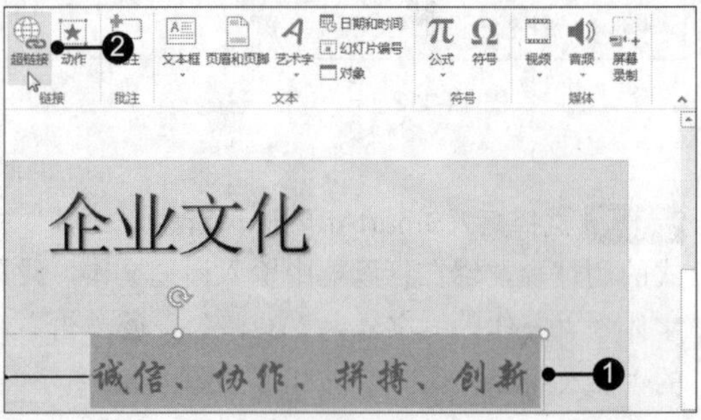

图 14-121

步骤14 设置链接内容。弹出"插入超链接"对话框，❶设置所选内容链接到当前演示文稿中的第3张幻灯片，❷然后单击"确定"按钮，如图14-122所示。

步骤15 创建其他超链接。返回演示文稿窗口，使用相同的方法创建其他超链接，如图14-123所示，最后将其保存到计算机中即可。

图 14-122

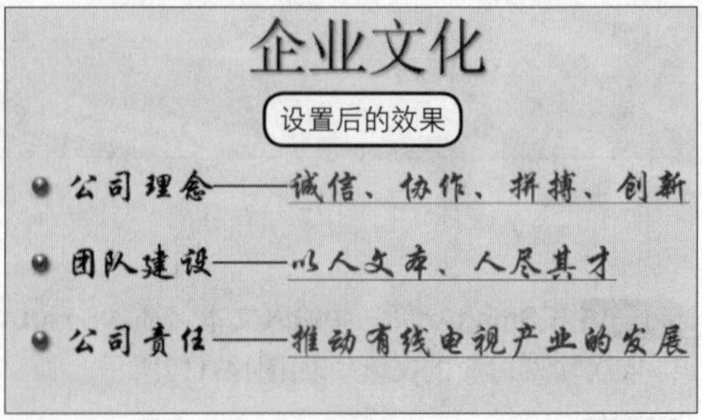

图 14-123

第15章 使用母版统一演示文稿风格

如果需要对整个幻灯片添加效果，例如添加新的图片背景或者文字，一张一张进行添加会比较麻烦，这时就需要使用幻灯片母版。在幻灯片母版视图下，只需在母版添加新的图片背景或者文字，就可以应用到所有的幻灯片中。每个演示文稿在进入幻灯片母版视图后都包含一个幻灯片母版，也可以插入新的母版。

母版一般包括幻灯片母版、讲义母版和备注母版。当幻灯片需要进行打印时，会需要讲义母版，讲义母版视图下可以调整每章讲义幻灯片的数量，可以是一张幻灯片，也可以是九张幻灯片。需要为幻灯片添加备注时，可以备注母版。在三者中，幻灯片母版相对来说用处最多、作用最大，因而本章主要介绍如何使用幻灯片母版统一演示文稿的风格。

15.1 进入幻灯片母版

要使用幻灯片母版统一演示文稿风格，首先需要进入幻灯片母版视图下。

原始文件： 下载资源 \ 实例文件 \ 第 15 章 \ 原始文件 \ 黄山旅游胜地——醉温泉 .pptx
最终文件： 下载资源 \ 实例文件 \ 第 15 章 \ 最终文件 \ 黄山旅游胜地——醉温泉 .pptx

步骤01 进入幻灯片母版视图。打开原始文件，❶切换至"视图"选项卡下，❷单击"母版视图"组中的"幻灯片母版"按钮，如图15-1所示。

步骤02 显示进入母版视图效果。此时进入幻灯片母版视图中，可看到自带的一个幻灯片母版中包括了11个版式，如图15-2所示。

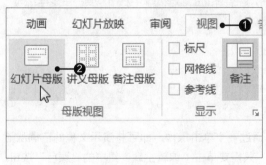

图 15-1

图 15-2

15.2 设置演示文稿的主题

所谓主题，就是指将一组设置好的颜色、字体和图形外观效果整合到一起，即一个主题中结合了这 3 个部分的设置结果。如果希望版式有不同于整个母版的颜色和字体等外观，可以设置某个版式的主题。设置演示文稿的主题有两种方法：直接选择要使用的预设主题样式和根据现有主题的颜色、字体或效果从而得到新的主题样式。

15.2.1 选择要使用的主题样式

PowerPoint 2016 中预置了 10 种主题，用户可以直接从中选择使用，下面介绍如何为演示文稿设置主题。

原始文件：下载资源\实例文件\第 15 章\原始文件\黄山旅游胜地——醉温泉 1.pptx
最终文件：下载资源\实例文件\第 15 章\最终文件\黄山旅游胜地——醉温泉 1.pptx

步骤01 选择要使用的主题样式。打开原始文件，❶单击"幻灯片母版"选项卡下"编辑主题"组中的"主题"按钮，❷在展开的下拉列表中单击"波形"选项，如图15-3所示。

步骤02 显示应用预设主题的效果。此时幻灯片母版中的所有幻灯片版式均应用选定的主题样式，如图15-4所示。

图 15-3

图 15-4

知识点拨 | 为单个版式应用主题样式

选取需要更改主题样式的版式，单击"主题"按钮，在展开的主题样式库中右击需要的主题样式选项，然后单击"应用于所选幻灯片母版"命令即可。

15.2.2 更改主题颜色

变换主题颜色对演示文稿的更改效果最为显著，通过一个单击操作，即可将演示文稿的色调从随意更改为正式或进行相反的更改。若要更改主题颜色，只需要单击"编辑主题"组中的"颜色"按钮，在展开的列表中选择需要的主题颜色即可。

原始文件：下载资源\实例文件\第 15 章\原始文件\黄山旅游胜地——醉温泉 2.pptx
最终文件：下载资源\实例文件\第 15 章\最终文件\黄山旅游胜地——醉温泉 2.pptx

步骤01 更改主题颜色。打开原始文件，❶ 单击"幻灯片母版"选项卡下"背景"组中的"颜色"按钮，❷在展开的下拉列表中单击"红橙色"选项，如图15-5所示。

步骤02 显示更改主题颜色的效果。此时幻灯片母版中的所有幻灯片版式根据指定的颜色进行了更改，得到如图15-6所示的效果。

图 15-5

图 15-6

知识点拨 **自定义主题颜色**

　　如果"主题颜色"列表中没有合适的主题颜色，可以单击"颜色"按钮，在展开的下拉列表中单击"新建主题颜色"选项，打开"新建主题颜色"对话框，在"主题颜色"选项组中可以自定义设置"文字/背景-深色1""文字/背景-浅色1""文字/背景-深色2""文字/背景-浅色2""着色1""着色2""着色3""着色4""着色5""着色6""超链接"和"已访问的超链接"的颜色，输入主题颜色名称，单击"保存"按钮即可完成主题颜色的创建。

15.2.3　更改主题字体

　　专业的文档设计师都知道，对整个文档使用一种字体始终是一种美观且安全的设计选择。当需要营造对比效果时，小心地使用两种字体将是更好的选择。每个 Office 主题均定义了两种字体，一种用于标题，另一种用于正文文本。二者可以是相同的字体，也可以是不同的字体。PowerPoint 使用这些字体构造自动文本样式。此外，用于文本和艺术字的快速样式库也会使用这些相同的主题字体。更改主题字体将对演示文稿中的所有标题和项目符号文本进行更新。

　原始文件： 下载资源\实例文件\第 15 章\原始文件\黄山旅游胜地——醉温泉 3.pptx
　最终文件： 下载资源\实例文件\第 15 章\最终文件\黄山旅游胜地——醉温泉 3.pptx

步骤01 更改主题字体。打开原始文件，❶单击"幻灯片母版"选项卡下"背景"组中的"字体"按钮，❷在展开的下拉列表中单击"CalibriLight-Constantia"选项，如图15-7所示。

步骤02 显示更改主题字体后的效果。此时幻灯片母版中的所有幻灯片版式都应用了指定的主题字体样式，如图15-8所示。

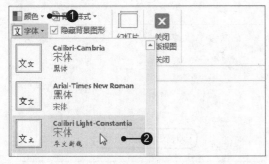

图 15-7

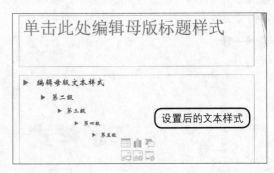

图 15-8

15.3 更改幻灯片内容

除了可以更改幻灯片母版的主题样式、颜色和字体外，还可以更改幻灯片母版的内容，包括幻灯片的文本、图片等对象在幻灯片上的位置及大小、文本的字体格式、幻灯片的背景等内容。

15.3.1 统一幻灯片的文本格式

统一幻灯片的标题格式即设置在幻灯片母版中更改标题占位符中文本的字体格式，如字体、字号、字形、字体颜色及正文占位符中文本的项目符号等。

原始文件：下载资源\实例文件\第15章\原始文件\黄山旅游胜地——醉温泉 4.pptx
最终文件：下载资源\实例文件\第15章\最终文件\黄山旅游胜地——醉温泉 4.pptx

步骤01 更改字体。打开原始文件，选中幻灯片母版窗格中的第1张幻灯片版式缩略图，选取标题占位符，❶切换至"开始"选项卡下，单击"字体"组中"字体"下拉列表右侧的按钮，❷在展开的下拉列表中单击"华文细黑"选项，如图15-9所示。

步骤02 更改字号。❶接着单击"字体"组中的"字号"下拉列表右侧的按钮，❷在展开的下拉列表中单击"40"选项，如图15-10所示。

步骤03 加粗标题并添加文本阴影。❶在"字体"组中单击"加粗"按钮和❷"文本阴影"按钮，如图15-11所示，即可将标题占位符的字体设置为需要的文本格式。

图 15-9

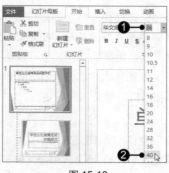

图 15-10

图 15-11

步骤04 更改项目符号。将光标置于正文占位符中的首行文本的前面，❶单击"开始"选项卡下"段落"组中的"项目符号"下三角按钮，❷在展开的下拉列表中单击需要的项目符号选项，如图15-12所示。

步骤05 更改其他级别的项目符号。用相同的方法，将第二级文本的项目符号更改为实心圆点，将第三级文本的项目符号更改为空心正方形，将第四级文本的项目符号更改为实心菱形，将第五级文本的项目符号更改为"勾"符号，如图15-13所示。

图 15-12

图 15-13

15.3.2 设置幻灯片背景

在 PowerPoint 2016 中也可以为演示文稿中的幻灯片添加背景或水印，使演示文稿独具特色或者明确标示演示主办方。为幻灯片设置背景的方法与在 Word 文档中设置文档的页面背景相同，唯一不同之处在于，PowerPoint 中可以为单个幻灯片或所有幻灯片设置背景。

1. 为当前幻灯片版式应用预设背景

背景样式是 PowerPoint 独有的样式，它们使用新的主题颜色模式，新的模式定义了将用于文本和背景的两种深色和两种浅色。浅色总是在深色上清晰可见，而深色也总是在浅色上清晰可见。背景样式中提供了六种强调文字颜色，它们在四种可能出现的背景色中的任意一种背景上均清晰可见。

如果希望指定版式有不同于整个母版的背景样式，可以为某个指定的版式添加根据所选主题相应的背景样式。为当前幻灯片版式应用预设背景样式的具体操作步骤如下。

原始文件： 下载资源\实例文件\第 15 章\原始文件\黄山旅游胜地——醉温泉 5.pptx
最终文件： 下载资源\实例文件\第 15 章\最终文件\黄山旅游胜地——醉温泉 5.pptx

步骤01 选取要应用指定背景样式的版式幻灯片。打开原始文件，在幻灯片版式窗格中单击选取要应用背景样式的版式幻灯片，如选中标题版式幻灯片，如图15-14所示。

步骤02 应用预设背景样式。❶单击"幻灯片母版"选项卡下"背景"组中的"背景样式"按钮，❷在展开的下拉列表中单击需要的背景样式选项，如图15-15所示。

步骤03 显示应用背景样式后的效果。此时演示文稿中选中的幻灯片版式应用了指定的背景样式，其余幻灯片版式保留原背景样式，如图15-16所示。

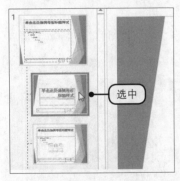

图 15-14

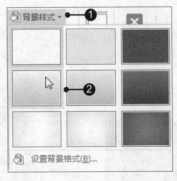

图 15-15

图 15-16

2. 为所有幻灯片应用同一背景

除了为当前幻灯片版式添加背景样式外，还可以一次性为整个幻灯片母版中的所有幻灯片版式添加相同的背景样式，其操作方法与为当前幻灯片版式应用预设背景样式的方法相同。

原始文件： 下载资源\实例文件\第 15 章\原始文件\黄山旅游胜地——醉温泉 5.pptx
最终文件： 下载资源\实例文件\第 15 章\最终文件\黄山旅游胜地——醉温泉 6.pptx

步骤01 选取幻灯片窗格中的第1张幻灯片版式。打开原始文件，在幻灯片版式窗格中选中第1张幻灯片版式，如图15-17所示。

步骤02 应用预设背景样式。❶单击"幻灯片母版"选项卡下"背景"组中的"背景样式"按钮，❷在展开的下拉列表中单击需要的背景样式选项，如图15-18所示。

步骤03 显示应用背景样式后的效果。此时演示文稿中所有的幻灯片版式应用了指定的背景样式，如图15-19所示。

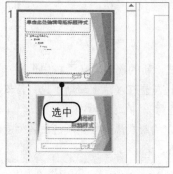

图 15-17

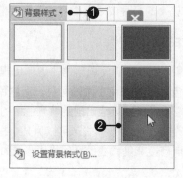

图 15-18

图 15-19

💡 **助跑地带——隐藏背景图形**

　　如果在当前演示文稿中不显示所选主题中包含的背景图形，可以使用"背景"组中的"隐藏背景图形"复选框来设置。下面就来介绍一下隐藏背景图形的操作。

原始文件： 下载资源 \ 实例文件 \ 第 15 章 \ 原始文件 \ 黄山旅游胜地——醉温泉 6.pptx
最终文件： 下载资源 \ 实例文件 \ 第 15 章 \ 最终文件 \ 黄山旅游胜地——醉温泉 7.pptx

（1）隐藏背景图形。打开原始文件，进入幻灯片母版格式，❶选中需要隐藏背景图形的幻灯片版式，❷勾选"背景"组中的"隐藏背景图形"复选框，如图15-20所示。

（2）显示隐藏背景图形后的效果。此时选中幻灯片版式中应用主题包含的背景图形即被隐藏，如图15-21所示。

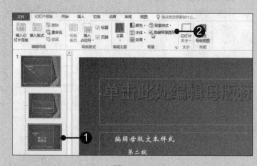

图 15-20

图 15-21

15.4　在母版中为幻灯片插入其他元素

　　在 PowerPoint 2016 中，除了可以设置现有幻灯片母版的主题、内容格式和幻灯片背景外，还可以在演示文稿中新建一个幻灯片母版，或是新插入一个版式，添加占位符等，设计出需要的幻灯片版式。还能在幻灯片版式中添加页眉和页脚、图片等固定信息，快速为演示文稿添加独特的标志，或是为所有幻灯片添加相同的内容。

前面介绍的是为 PowerPoint 2016 自带的一个幻灯片母版进行主题、幻灯片内容及背景格式设置，如果希望在保留自带幻灯片母版的情况下设计新的母版和版式，则可以考虑添加新的母版和版式，方便在同一个演示文稿中应用多种不同的版式和主题样式。

原始文件： 下载资源 \ 实例文件 \ 第 15 章 \ 原始文件 \ 黄山旅游胜地——醉温泉 2.pptx
最终文件： 下载资源 \ 实例文件 \ 第 15 章 \ 最终文件 \ 黄山旅游胜地——醉温泉 8.pptx

步骤01 插入幻灯片母版。打开原始文件，❶切换至幻灯片母版视图，❷单击"幻灯片母版"选项卡下"编辑母版"组中的"插入幻灯片母版"按钮，如图15-22所示。

步骤02 显示新建幻灯片母版后的效果。系统自动在当前虚构版中的最后一个版式的下方插入新的母版，如图15-23所示。

步骤03 插入版式。接着单击"编辑母版"组中的"插入版式"按钮，如图15-24所示。

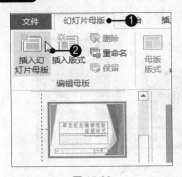

图 15-22

图 15-23

图 15-24

步骤04 选择文字（竖排）占位符。❶单击"母版版式"组中的"插入占位符"按钮，❷在展开的下拉列表中选择需要的占位符选项，例如选择"文字（竖排）"占位符，如图15-25所示。

步骤05 绘制占位符。在当前幻灯片版式中，拖动鼠标绘制"文字（竖排）"占位符，如图15-26所示。

步骤06 更改占位符中的提示文本。将绘制的占位符中的文字更改为"单击此处编辑图片标题"，如图15-27所示。

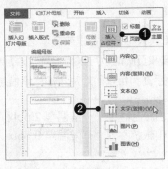

图 15-25

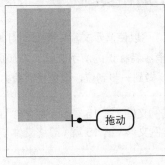

图 15-26

图 15-27

步骤07 选取图片占位符。❶再次单击"插入占位符"按钮，❷在展开的下拉列表中单击"图片"选项，如图15-28所示。

步骤08 绘制图片占位符。在竖排文字占位符右侧拖动鼠标绘制图片占位符，如图15-29所示。

步骤09 复制生成新的占位符。若要为幻灯片版式添加已有的占位符，可以选中占位符，按住【Ctrl】键，拖动鼠标绘制，得到如图15-30所示的占位符。

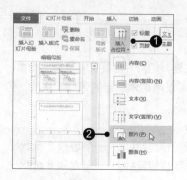

图 15-28

图 15-29

图 15-30

步骤10 更改版式。退出幻灯片母版视图，选择需要应用新幻灯片版式的幻灯片缩略图，❶单击"幻灯片"组中的"版式"按钮，❷在展开的下拉列表中选择新设计的幻灯片版式选项，如图15-31所示。

步骤11 显示应用幻灯片版式后的效果。此时选中幻灯片即应用了指定的幻灯片版式，可看到随着幻灯片占位符的更改，其内容的位置也会发生变化，如图15-32所示。

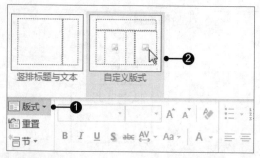

图 15-31

图 15-32

知识点拨 **快速显示与隐藏标题和页脚**

新建幻灯片版式时，会默认添加标题占位符和页脚（日期和时间、页脚和幻灯片编号）占位符。若要隐藏，可在"母版版式"组中取消"标题"或"页脚"复选框的勾选。

15.4.2 为幻灯片添加页眉和页脚

在幻灯片母版中添加页眉和页脚，可以使演示文稿中每张幻灯片都具有相同的标识或文本信息。为幻灯片添加页眉和页脚常用于创建具有独特标识的演示文稿。添加页眉和页脚时也可以为幻灯片添加作者、日期和时间、幻灯片编号等信息，做到一步到位，以免费时费力地手动为每张幻灯片添加标识信息。

原始文件：下载资源\实例文件\第15章\原始文件\黄山旅游胜地——醉温泉 2.pptx
最终文件：下载资源\实例文件\第15章\最终文件\黄山旅游胜地——醉温泉 9.pptx

步骤01 选择幻灯片母版。打开原始文件，进入幻灯片母版视图，选择幻灯片窗格中的幻灯片母版，如图15-33所示。

步骤02 打开"页眉和页脚"对话框。切换至"插入"选项卡，单击"文本"组中的"页眉和页脚"按钮，如图15-34所示。

步骤03 添加日期和时间。弹出"页眉和页脚"对话框，设置幻灯片包含固定的日期和时间、幻灯片编号和指定的页脚内容，勾选"标题幻灯片中不显示"复选框，如图15-35所示，然后单击"全部应用"按钮。

图 15-33

图 15-34

图 15-35

步骤04 查看添加页眉和页脚后的幻灯片母版效果。此时幻灯片中的每张幻灯片版式都添加了相同的日期和时间、页脚等信息，并显示了幻灯片编号，如图15-36所示。

步骤05 查看幻灯片页眉和页脚信息。退出幻灯片母版视图，此时可看到除了标题幻灯片外，所有幻灯片都添加了页眉和页脚信息，如图15-37所示。

图 15-36

图 15-37

☀ 助跑地带——在幻灯片母版中重命名幻灯片版式

为了方便用户记忆和查看幻灯片版式，可以为幻灯片版式重命名，下面介绍一下具体操作步骤。

原始文件：下载资源 \ 实例文件 \ 第 15 章 \ 原始文件 \ 黄山旅游胜地——醉温泉 7.pptx
最终文件：下载资源 \ 实例文件 \ 第 15 章 \ 最终文件 \ 黄山旅游胜地——醉温泉 10.pptx

（1）打开"重命名版式"对话框。打开原始文件，切换母版格式，❶右击需要重命名的幻灯片版式，❷在弹出的快捷菜单中单击"重命名版式"命令，如图15-38所示。

（2）输入版式名称。弹出"重命名版式"对话框，❶在"版式名称"文本框中输入需要的名称，❷单击"重命名"按钮，如图15-39所示。

（3）重命名后的效果。再将鼠标指针置于幻灯片版式上，将显示重命名后的名称，如图15-40所示。

图 15-38

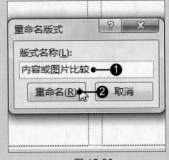

图 15-39

图 15-40

在幻灯片母版中还可以添加图片、文本框、艺术字等对象元素，让其显示在整个演示文稿的每张幻灯片中。可直接选择幻灯片母版，然后使用"插入"选项卡下的命令添加幻灯片固定信息。

同步实践 统一公司业务培训幻灯片风格

本章介绍了在幻灯片母版视图下，应用预设主题样式，更改主题颜色、主题字体、主题效果，更改幻灯片中内容的格式、设置幻灯片背景以及如何在幻灯片母版中添加新的母版与版式、插入其他元素及页眉和页脚等内容。用户通过本章的学习，可以使用幻灯片母版的强大功能快速设置整个演示文稿的风格与外观效果。下面补充介绍如何在幻灯片的普通视图中编辑演示文稿的风格，它与在幻灯片母版中设置幻灯片风格相似。

原始文件： 下载资源 \ 实例文件 \ 第 15 章 \ 原始文件 \ 公司业务培训 .pptx
最终文件： 下载资源 \ 实例文件 \ 第 15 章 \ 最终文件 \ 公司业务培训 .pptx

步骤01 开启幻灯片母版模式。打开原始文件，❶切换至"视图"选项卡，❷单击"母版视图"组中的"幻灯片母版"按钮，如图15-41所示。

步骤02 应用丝状主题。❶单击"幻灯片母版"选项卡下的"主题"按钮，❷在展开的库中选择合适的主题，例如选择"丝状"，如图15-42所示。

步骤03 更换主题字体。❶单击"字体"按钮，❷在展开的下拉列表中选择合适的字体样式，例如选择"Gill Sans MT"样式，如图15-43所示。

图 15-41

图 15-42

图 15-43

步骤04 选择插入版式。单击"编辑母版"组中的"插入版式"按钮，如图15-44所示。

步骤05 选择插入文本占位符。❶单击"插入占位符"按钮，❷在展开的下拉列表中选择占位符，例如选择"文本"，如图15-45所示。

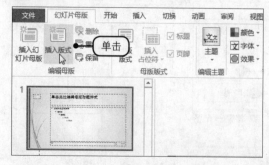

图 15-44

图 15-45

步骤06 插入其他占位符。在新建的版式幻灯片中绘制文本占位符，然后使用相同的方法插入两个图片占位符，如图15-46所示。

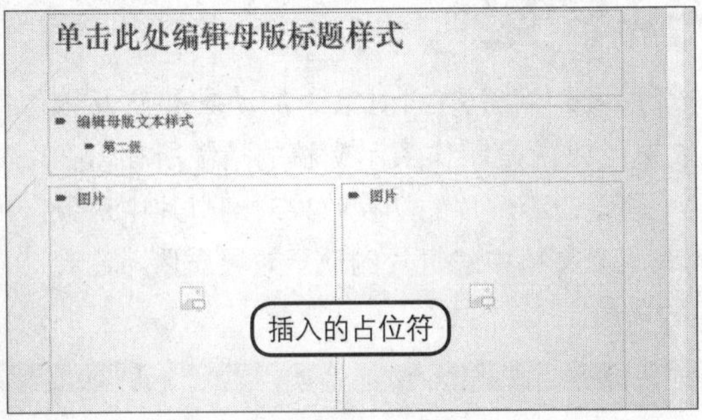

步骤07 选择重命名幻灯片版式。❶右击插入的幻灯片缩略图，❷在弹出的快捷菜单中单击"重命名版式"命令，如图15-47所示。

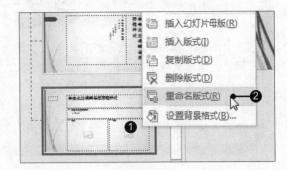

图 15-46

图 15-47

步骤08 输入版式名称。弹出"重命名版式"对话框，❶在"版式名称"文本框中输入版式名称，❷然后单击"重命名"按钮，如图15-48所示。

步骤09 新增自定义版式幻灯片。关闭幻灯片母版视图后切换至"开始"选项卡，❶单击"新建幻灯片"按钮，❷在展开的库中选择幻灯片版式，例如选择"标题+两图"版式，如图15-49所示。

图 15-48

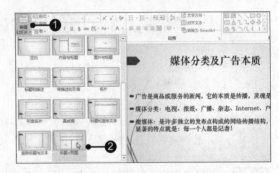

图 15-49

步骤10 编辑新增的幻灯片。接着在演示文稿窗口中新增的幻灯片中输入文本，然后插入图片，如图15-50所示。

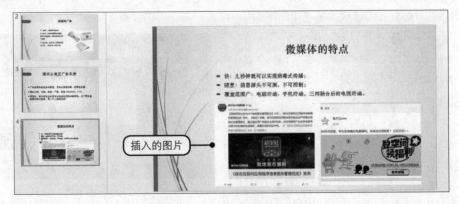

图 15-50

第16章 演示文稿由静态到动态的转变

演示文稿由静态到动态的转变，就是为幻灯片及幻灯片中的对象添加动画和交互效果，让演示文稿更富生机和活力。动画与交互效果可以说是制作演示文稿的精髓所在，在PowerPoint 2016中设置与使用动画和交互效果，是通过幻灯片的切换效果对幻灯片中对象的进入、退出、强调和动作路径进行设置，以确保演示文稿中幻灯片的动画效果质量，让观众将注意力集中在要点上，提高观众对演示文稿的兴趣。

16.1 为幻灯片设置多姿多彩的切换方式

所谓幻灯片的切换效果就是指两张连续的幻灯片之间的过渡效果，也就是从前一张幻灯片转到下一张幻灯片之间呈现出的样貌。用户还可以控制切换效果的速度、添加声音，甚至可以自定义切换效果。

16.1.1 选择幻灯片的切换方式

PowerPoint 2016中提供了48种预设的幻灯片切换动画效果，用户可以根据需要进行选取，为指定的幻灯片添加需要的切换动画。

原始文件： 下载资源\实例文件\第16章\原始文件\业务拜访礼仪.pptx
最终文件： 下载资源\实例文件\第16章\最终文件\业务拜访礼仪.pptx

步骤01 应用转换效果。打开原始文件，在幻灯片浏览窗格中选择需要应用幻灯片转换效果的幻灯片缩略图，❶然后单击"切换"选项卡下"切换到此幻灯片"组中的快翻按钮，❷在展开的库中单击需要的转换效果选项，如图16-1所示。

步骤02 预览添加转换方式的效果。将鼠标指针置于要添加的转换效果样式上，将在幻灯片窗格中播放添加转换方式后幻灯片的播放效果，如图16-2所示。

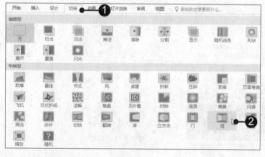

图 16-1

图 16-2

知识点拨 使用三维动画图形效果切换

PowerPoint 2016提供了包括真正的三维空间中的动作路径和旋转，让幻灯片的切换更加平滑、更具吸引力。为幻灯片添加三维动画图形效果转换的方法其实就是为幻灯片添加转换效果，在转换效果库中将切换效果分为三类：细微型、华丽型、动态型。

16.1.2 设置幻灯片切换的方向

在 PowerPoint 2016 中为幻灯片的转换效果添加了"效果选项"功能，可用于更改切换动画效果的属性，如方向或颜色。下面介绍如何使用"效果选项"功能更改幻灯片转换的方向。

原始文件： 下载资源 \ 实例文件 \ 第 16 章 \ 原始文件 \ 业务拜访礼仪 1.pptx
最终文件： 下载资源 \ 实例文件 \ 第 16 章 \ 最终文件 \ 业务拜访礼仪 1.pptx

步骤01 更改切换动画的方向。打开原始文件，选择需要更改幻灯片转换方向的幻灯片，❶单击"切换"选项卡下"切换到此幻灯片"组中的"效果选项"按钮，❷在展开的下拉列表中单击"自底部"选项，如图16-3所示。

步骤02 预览转换动画播放效果。单击"预览"按钮后便可播放幻灯片的切换动画，幻灯片从底部开始向上移动，如图16-4所示。

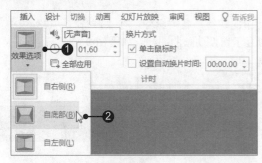

图 16-3

图 16-4

16.1.3 统一演示文稿的切换效果

如果希望将演示文稿中所有幻灯片之间的切换设置为与当前幻灯片所设切换相同，可以在设置当前幻灯片切换效果后，使用"全部应用"功能来实现。

原始文件： 下载资源 \ 实例文件 \ 第 16 章 \ 原始文件 \ 业务拜访礼仪 2.pptx
最终文件： 下载资源 \ 实例文件 \ 第 16 章 \ 最终文件 \ 业务拜访礼仪 2.pptx

步骤01 将当前幻灯片切换效果应用到演示文稿中。打开原始文件，选中标题幻灯片，❶在"切换"选项卡下"计时"组中设置切换声音为"风铃"，❷换片方式为"单击鼠标时"，❸然后单击"全部应用"按钮，如图16-5所示。

步骤02 显示全部应用切换效果的幻灯片效果。此时，演示文稿中的所有幻灯片均应用了标题幻灯片所设置的幻灯片切换效果，并且第2、3、4张幻灯片缩略图的左上角均显示了代表切换动画的图标，如图16-6所示。

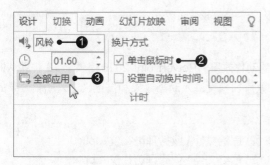

图 16-5

图 16-6

16.1.4　删除幻灯片之间的切换效果

　　删除幻灯片之间的切换效果主要分为删除幻灯片的切换动画以及删除幻灯片的切换声音效果两种，下面介绍具体的操作步骤。

步骤01 删除幻灯片的切换动画。打开原始文件，❶选中需要删除切换效果动画的幻灯片，单击"切换"选项卡下"切换到此幻灯片"组的快翻按钮，❷在展开的切换效果样式库中选择"无"，如图16-7所示。

步骤02 删除幻灯片的切换声音。❶单击"声音"右侧的下三角按钮，❷在展开的下拉列表中单击"无声音"选项，如图16-8所示。

步骤03 显示删除后的幻灯片效果。此时，选中幻灯片中的切换声音被删除，在"声音"下拉列表中显示"无声音"字样，同时其对应的缩略图左上角不再显示切换动画的图标，如图16-9所示。

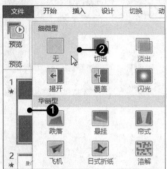

图 16-7

图 16-8

图 16-9

16.2　为幻灯片中各对象添加动画效果

　　若要将观众的注意力集中在要点上，有效地控制信息流，提高观众对演示文稿的兴趣，使用动画是一种很好的方法。前面介绍的幻灯片切换效果也是动画的一种，它能增强视觉观赏效果。用户可以将 PowerPoint 2016演示文稿中的文本、图片、形状、表格、SmartArt 图形和其他对象制作成动画，赋予它们进行、退出、大小或颜色变化甚至移动等视觉效果，让演示文稿更富生机与活力，更吸引观众的眼球。

16.2.1　进入动画效果设置

　　进入动画效果是指幻灯片中对象进入幻灯片时的动作效果。PowerPoint 2016提供了 13 种默认的进入动画效果。下面将介绍如何为幻灯片中指定对象添加预设进入动画效果和自定义进入动画效果的操作。

步骤01 选择要添加动画的对象。打开原始文件，选中第1张幻灯片，❶选取标题占位符，切换至"动画"选项卡，❷单击"动画"组中的快翻按钮，如图16-10所示。

步骤02 选择进入动画效果。在展开的库中选择合适的进入动画效果，例如选择"弹跳"动画，如图16-11所示。

步骤03 为其他对象添加动画效果。此时在幻灯片中可看到显示了"1"的图标，即成功为标题占位符添加了动画效果。选中下方的文本框，准备为其添加其他进入动画效果，如图16-12所示。

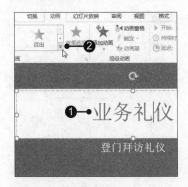

图 16-10

图 16-11

图 16-12

步骤04 预览动画效果。单击"动画"组中的快翻按钮，在展开的下拉列表中单击"更多进入效果"选项，如图16-13所示。

步骤05 显示动画放映效果。弹出"更改进入效果"对话框，选择"基本型"组中的"圆形扩展"选项，如图16-14所示。

步骤06 查看添加的动画效果。单击"确定"按钮返回演示文稿窗口，此时可看到所选文本框显示了"1"和"2"图标，如图16-15所示，该图标不仅表示成功添加动画效果，同时也提示了动画播放的顺序。

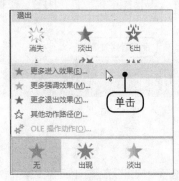

图 16-13

图 16-14

图 16-15

16.2.2 强调动画效果设置

强调动画效果是指对象从初始状态变化到另一个状态、再回到初始状态的变化过程。比如，设置对象为"强调动画"中的"变大/变小"效果，可以实现对象从小到大（或设置从大到小）的变化过程，从而产生强调的效果。为幻灯片中对象添加强调动画的效果与设置对象进入效果相似，下面介绍具体操作步骤。

原始文件： 下载资源\实例文件\第16章\原始文件\业务拜访礼仪.pptx
最终文件： 下载资源\实例文件\第16章\最终文件\业务拜访礼仪5.pptx

步骤01 选择要添加动画的对象。打开原始文件，选中第2张幻灯片，选取标题占位符，如图16-16所示。

步骤02 添加强调动画效果。❶切换至"动画"选项卡，❷单击"高级动画"组中的"添加动画"按钮，❸在展开的库中选择强调样式，例如选择"画笔颜色"，如图16-17所示。

步骤03 预览强调动画效果。单击"预览"按钮，在幻灯片窗格中将播放对象的强调动画效果，如图16-18所示。

图 16-16

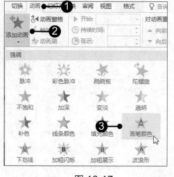

图 16-17

图 16-18

步骤04 更改强调效果的画笔颜色。在添加强调效果后，❶可以单击"动画"组中的"效果选项"按钮，❷在展开的下拉列表中选择适当的画笔颜色，如图16-19所示。

步骤05 预览更改强调动画后的效果。单击"预览"按钮，在幻灯片窗格中将播放对象更改后的强调动画效果，如图16-20所示。

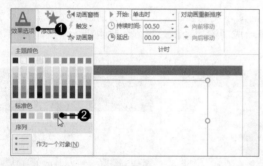

图 16-19

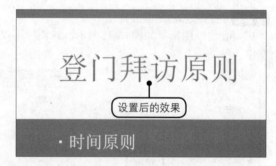

图 16-20

知识点拨 更改文本对象动画的序列

　　当指定对象为文本段落时，在设置"强调效果"后，单击"效果选项"按钮，在展开的下拉列表中的"序列"组中可选择文本对象动画的发送序列。

16.2.3 退出动画效果设置

　　"进入"动画是使对象从无到有，而"退出"动画正好相反，它可以使对象从"有"到"无"，触发后的动画效果与"进入"效果正好相反，对象在没有触发动画之前，是存在屏幕上，而当其被触发后，则从屏幕上以某种设定的效果消失。如设置对象为"退出"动画中的"切出"效果，则对象在触发后逐渐地从屏幕上某处切出，从而消失在屏幕上。下面将介绍退出动画效果的添加操作。

原始文件： 下载资源 \ 实例文件 \ 第 16 章 \ 原始文件 \ 业务拜访礼仪 .pptx
最终文件： 下载资源 \ 实例文件 \ 第 16 章 \ 最终文件 \ 业务拜访礼仪 6.pptx

步骤01 选择要添加动画的对象。打开原始文件，选中第1张幻灯片，选取标题占位符，如图16-21所示。

步骤02 为指定对象添加退出动画效果。切换至"动画"选项卡，单击"动画"组中的快翻按钮，在展开的动画效果库中选择退出效果样式，例如选择"退出"选项组中的"收缩并旋转"选项，如图16-22所示，单击"预览"按钮便可预览其退出动画效果。

图 16-21

图 16-22

16.2.4 动作路径动画效果设置

动作路径动画效果是设置引导线使对象沿着引导线运动。例如设置对象为"动作路径"中的"向右"效果，则对象在触发后会沿着设定的方向移动，其移动路径与引导线重合。下面介绍动作路径动画效果的添加操作。

1．使用预设动作路径添加动画效果

预设动作路径是 PowerPoint 2016 为用户提供的设置好的动作路径，用户只需单击几次鼠标即可应用。

原始文件: 下载资源 \ 实例文件 \ 第 16 章 \ 原始文件 \ 业务拜访礼仪 .pptx
最终文件: 下载资源 \ 实例文件 \ 第 16 章 \ 最终文件 \ 业务拜访礼仪 7.pptx

步骤01 选择要添加动画的对象。打开原始文件，选取标题幻灯片中的标题占位符，如图16-23所示。

步骤02 选择动作路径选项。切换至"动画"选项卡，单击"动画"组中的快翻按钮，在展开的动画效果库中单击"动作路径"选项组中的"弧形"选项，如图16-24所示。

图 16-23

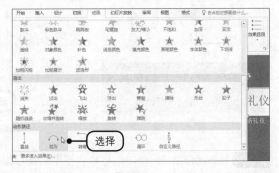

图 16-24

步骤03 查看添加动作路径后的效果。此时，在幻灯片中为指定对象添加了动作路径，以绿色三角形显示动作路径的开始位置，以红色三角形标示动作路径的结束位置，如图16-25所示。

步骤04 调整动作路径的长度及弧度。选中添加的弧线路径，按住鼠标左键不放并向左拖动，调整其动作路径，如图16-26所示，调整后单击"预览"按钮即可预览其动画效果。

图 16-25

图 16-26

　　为指定对象添加动作路径动画后，可以在"动画"组中单击"效果选项"按钮，在展开的下拉列表中选择"方向"组中需要的动作路径方向，即可更改当前对象的动作路径方向。

2. 自定义动作路径为对象添加动画效果

　　如果预设的动作路径不能满足用户的需求，可以使用"自定义路径"选项，根据实际需要在幻灯片中绘制对象的动作路径，让对象沿着绘制的动作路径运行。下面介绍自定义动作路径的操作步骤。

 原始文件： 下载资源 \ 实例文件 \ 第 16 章 \ 原始文件 \ 业务拜访礼仪 5.pptx
最终文件： 下载资源 \ 实例文件 \ 第 16 章 \ 最终文件 \ 业务拜访礼仪 8.pptx

步骤01 选择要添加动画的对象。打开原始文件，选取标题幻灯片中的标题占位符，如图16-27所示。

步骤02 选择自定义动作路径选项。切换至"动画"选项卡，单击"动画"组中的快翻按钮，在展开的动画效果库中单击"动作路径"选项组中的"自定义路径"选项，如图16-28所示。

步骤03 更改动作路径线条类型。❶单击"动画"组中的"效果选项"按钮，❷在展开的下拉列表中单击"曲线"选项，如图16-29所示。

图 16-27

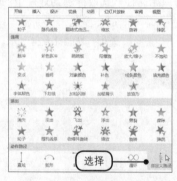

图 16-28

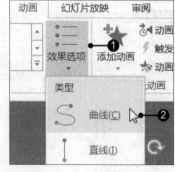

图 16-29

步骤04 绘制动作路径。单击幻灯片窗格中的任意位置，开始绘制动作路径，接着单击第2个位置点，完成动作路径的绘制后双击鼠标左键结束绘制，如图16-30所示。

步骤05 调整动作路径。选择动作路径后，将会显示8个白色控点，拖动控点可调整动作路径的覆盖范围，若要调整路径位置，则选中虚线路径后拖动至目标位置处，如图16-31所示。

步骤06 编辑顶点。若对手动绘制动作路径的弧度等不满意，选中动作路径，❶单击"效果选项"按钮，❷在展开的下拉列表中单击"编辑顶点"选项，如图16-32所示。

图 16-30

图 16-31

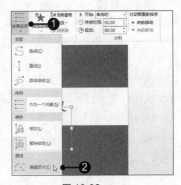

图 16-32

步骤07 删除顶点。此时，自定义的动作路径上的顶点以黑色小方形显示，右击需要删除的顶点，在弹出的快捷菜单中单击"删除顶点"命令，如图16-33所示。

步骤08 移动顶点位置。选中要移动的顶点，待鼠标指针呈四个三角形和正方形组合的形状时，按住鼠标左键向右上方拖动，如图16-34所示，拖至适当位置释放鼠标左键即可。

步骤09 退出节点编辑。当完成动作路径线条的编辑后，可以右击动作路径线条，在弹出的快捷菜单中单击"退出节点编辑"命令，如图16-35所示，即可退出节点编辑。当然也可直接双击动作路径外任意位置退出节点编辑，完成编辑后单击"预览"按钮，即可在幻灯片窗格中显示动作路径播放的效果，最后调整动作路径位置。

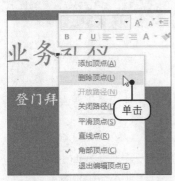

图 16-33

图 16-34

图 16-35

知识点拨 为同一对象添加多个动画效果

在 PowerPoint 2016 中，用户可以为同一个对象添加多个动画效果，既可以是不同类型的动画，如进入、退出、强调、动作路径等，又可以是同一类型的动作，如"进入"动画组中的"飞入""浮入"等。

💡 **助跑地带——更改动画顺序**

在 PowerPoint 2016 中，为同一张幻灯片中的不同对象或同一对象添加多个动画效果，将以添加动画的顺序自动为动画效果添加序号。若希望重新调整动画的顺序，可以使用"动画窗格"中的"重新排序"功能或是"计时"组中的"对动画重新排序"功能来实现，下面介绍更改动画顺序的具体操作。

1. 通过功能区命令更改动画顺序

在 PowerPoint 2016 的"动画"选项卡中提供了"对动画重新排序"功能命令，用户可以在

"幻灯片窗格"中选择要调整动画顺序的对象，然后在"计时"组中单击相应的命令进行调整，下面介绍具体的操作步骤。

原始文件： 下载资源\实例文件\第16章\原始文件\业务拜访礼仪5.pptx
最终文件： 下载资源\实例文件\第16章\最终文件\业务拜访礼仪9.pptx

（1）选择要调整动画顺序的对象。打开原始文件，使用前面介绍的方法，在第3张幻灯片中先为SmartArt图形添加"轮子"动画效果，然后再为标题占位符添加"弹跳"动画效果，选中SmartArt图形动画效果顺序号，如图16-36所示。

（2）重新排列动画顺序。单击"动画"选项卡下"计时"组中的"向后移动"按钮，如图16-37所示。

（3）查看重新排列后的效果。此时就完成了动画顺序的调整，可以看到幻灯片窗格中对象的动画编号发生了更改，如图16-38所示。

图 16-36   图 16-37   图 16-38

2. 使用动画窗格功能重新排序动画

在 PowerPoint 2016 中也可以使用"动画窗格"来调整动画的顺序，具体操作方法与之前版本的操作方法相同。

原始文件： 下载资源\实例文件\第16章\原始文件\业务拜访礼仪5.pptx
最终文件： 下载资源\实例文件\第16章\最终文件\业务拜访礼仪10.pptx

（1）为对象添加动画效果。打开原始文件，使用前面介绍的方法，在第3张幻灯片中先为SmartArt图形添加需要的动画效果，然后再为标题占位符添加需要的动画效果，如图16-39所示。

（2）打开"动画窗格"。切换至"动画"选项卡，单击"高级动画"组中的"动画窗格"按钮，如图16-40所示。

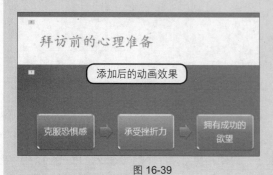

图 16-39   图 16-40

（3）调整动画顺序。在"动画窗格"中列出了当前幻灯片中的动画效果选项，选择需要调整的动画效果选项，如"2.标题1"选项，单击"上移"按钮，如图16-41所示。

（4）查看调整动画顺序后的效果。此时可看到动画效果选项的位置发生了相应的变化，如图16-42所示。

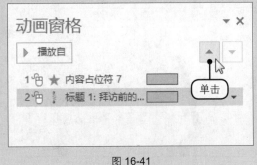

图 16-41

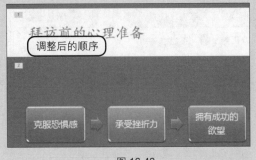

图 16-42

16.3 设置动画的"效果选项"

为幻灯片中的对象添加动画后，可以更改动画的运行方向、运行方式等，还可以为对象的动画效果添加特殊效果、声音效果、设置动画的持续时间等。

16.3.1 设置动画的运行方式

动画的运行方式是指动画的方向、序列等，可以通过"动画"组中的"效果选项"按钮来设置，也可以通过"动画窗格"任务窗格中的"效果选项"对话框来设置。下面介绍使用"动画窗格"中的"效果选项"功能来设置动画的运行方式的操作步骤。

原始文件： 下载资源\实例文件\第16章\原始文件\业务拜访礼仪 4.pptx
最终文件： 下载资源\实例文件\第16章\最终文件\业务拜访礼仪 11.pptx

步骤01 选择要添加动画的对象。打开原始文件，选中标题幻灯片，切换至"动画"选项卡，单击"高级动画"组中的"动画窗格"按钮，如图16-43所示。

步骤02 单击"效果选项"。在右侧弹出"动画窗格"，❶单击需要更改运行方式的动画效果选项右侧的下三角按钮，❷在展开的下拉列表中单击"效果选项"，如图16-44所示。

图 16-43

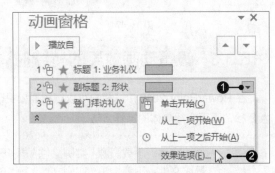

图 16-44

步骤03 **更改效果方向。** 弹出"圆形扩展"对话框，❶切换至"效果"选项卡，❷在"设置"选项组中设置动画效果的方向为"切出"，如图16-45所示，然后单击"确定"按钮。

步骤04 **更改动画效果的形状。** 再次选中动画序号为2的对象，❶在"动画"选项卡下的"动画"组中单击"效果选项"按钮，❷在展开的下拉列表中单击"形状"选项组中的"加号"选项，设置动画效果为"加号"，如图16-46所示，单击"预览"按钮即可预览调整后的效果。

图 16-45

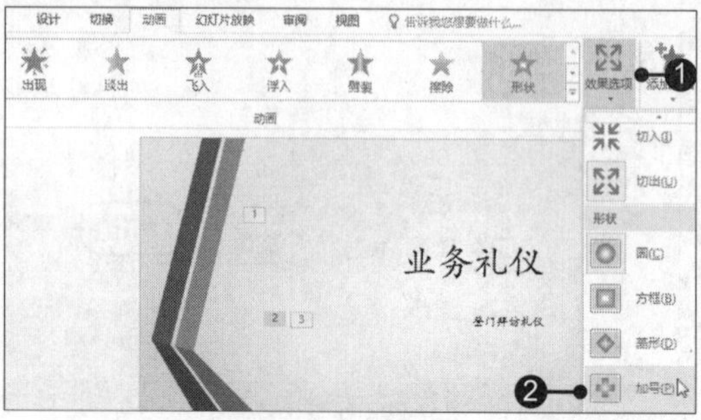

图 16-46

16.3.2 设置动画的声音效果

动画的声音效果是指播放动画时发出的声音，它能起到提示的作用。下面介绍为动画添加声音强调效果的操作步骤。

原始文件： 下载资源\实例文件\第 16 章\原始文件\业务拜访礼仪 4.pptx
最终文件： 下载资源\实例文件\第 16 章\最终文件\业务拜访礼仪 12.pptx

步骤01 **打开"动画窗格"。** 打开原始文件，打开"动画窗格"，❶单击需要添加声音效果选项右侧的下三角按钮，❷在展开的下拉列表中单击"效果选项"选项，如图16-47所示。

步骤02 **添加声音。** 弹出"圆形扩展"对话框，❶在"增强"选项组中设置声音为"打字机"，❷单击其后的喇叭按钮，❸在展开的音量调节列表中拖动滑块调整音量的大小，如图16-48所示，调整后单击"确定"按钮保存退出。

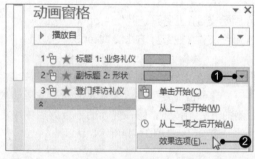

图 16-47

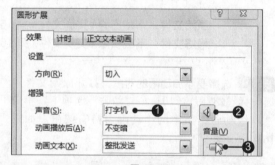

图 16-48

16.3.3 设置动画效果的持续时间

在 PowerPoint 2016 中，用户可以根据需要更改动画播放的持续时间和延迟时间，默认的持续时间为 2 秒。下面介绍具体的操作方法。

原始文件： 下载资源\实例文件\第 16 章\原始文件\业务拜访礼仪 4.pptx
最终文件： 下载资源\实例文件\第 16 章\最终文件\业务拜访礼仪 13.pptx

步骤01 选择要设置持续时间的动画选项。打开原始文件，打开"动画窗格"，❶在"计时"组中设置持续时间为"05.50"，❷设置延迟为"00.50"，如图16-49所示。

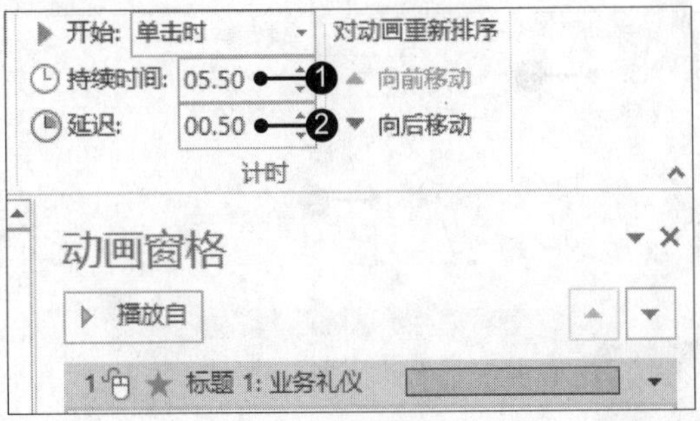

步骤02 预览设置后的效果。调整完毕后在"动画窗格"中单击"播放自"按钮，如图16-50所示，即可预览设置动画持续效果后的动画。

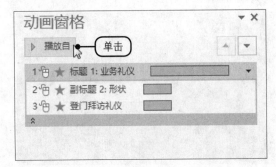

图 16-49

图 16-50

知识点拨 **使用"计时"功能设置动画播放速度**

在"动画窗格"中选中需要设置持续时间的动画选项，单击其右侧的下三角按钮，在展开的下拉列表中单击"计时"选项，打开"效果选项"对话框，切换至"计时"选项卡下，在"期间"下拉列表中选择需要的速度，如"慢速（3秒）"等，然后在"延迟"下拉列表中设置动画延迟的时间，最后单击"确定"按钮即可。

16.3.4 使用触发功能控制动画播放效果

所谓触发，就是为幻灯片中对象的动画设置一个特殊的开始条件，如单击某个图形时就会触发某个对象的动画效果播放。例如，在幻灯片中添加一个形状对象，当单击该对象时开始播放幻灯片中所有对象的动画，可以使用触发功能来实现。下面介绍如何使用触发功能创建下拉式菜单。

原始文件： 下载资源 \ 实例文件 \ 第 16 章 \ 原始文件 \ 业务拜访礼仪 5.pptx
最终文件： 下载资源 \ 实例文件 \ 第 16 章 \ 最终文件 \ 业务拜访礼仪 14.pptx

步骤01 为幻灯片中的对象添加动画。打开原始文件，选中第1张幻灯片，为标题占位符添加"弹跳"动画效果，为文本占位符添加"缩放"动画效果，如图16-51所示。

步骤02 选择形状样式。❶切换至"插入"选项卡，❷单击"插图"组中的"形状"按钮，❸在展开的下拉列表中选择需要的形状样式，如图16-52所示。

图 16-51

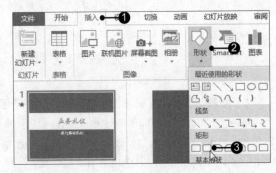

图 16-52

步骤03 绘制形状。在幻灯片中绘制需要的形状，然后添加"播放"文本，如图16-53所示。

步骤04 选择要触发的动画选项。选择需要指定触发对象的动画选项，❶单击"触发"按钮，❷在展开的下拉列表中单击"单击>圆角矩形3"选项，如图16-54所示，即可设置单击"播放"按钮后自动显示标题占位符。

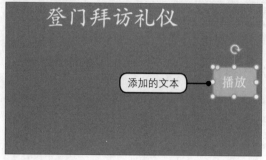

图 16-53

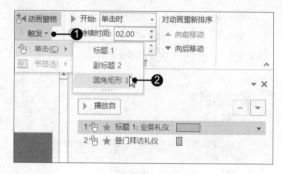

图 16-54

💡 **助跑地带——使用动画刷复制动画效果**

PowerPoint 2016提供了"动画刷"功能，可以复制动画，其使用方式与使用格式刷复制文本格式类似。借助动画刷可以复制某一对象或幻灯片中的动画，并将其格式复制到其他对象或幻灯片、演示文稿中的多张幻灯片或影响所有幻灯片的幻灯片母版，或者复制来自不同演示文稿的动画。下面介绍使用动画刷快速复制动画的操作。

原始文件：下载资源 \ 实例文件 \ 第 16 章 \ 原始文件 \ 业务拜访礼仪 4.pptx
最终文件：下载资源 \ 实例文件 \ 第 16 章 \ 最终文件 \ 业务拜访礼仪 15.pptx

（1）**选取要复制的动画**。打开原始文件，在标题幻灯片中选取要复制动画的对象，例如选择第1张幻灯片中的标题占位符，如图16-55所示。

（2）**使用动画刷复制**。切换至"动画"选项卡，单击"高级动画"组中的"动画刷"按钮，如图16-56所示。

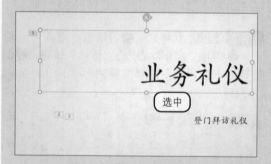

图 16-55

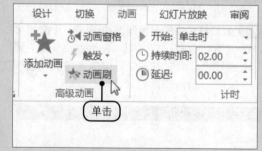

图 16-56

（3）**复制动画**。此时鼠标指针呈现指针和刷子组合的情况，切换至第3张幻灯片中，单击要应用复制的动画的对象，如单击标题占位符，如图16-57所示。

（4）**成功添加动画效果**。单击后可预览其动画效果，播放完毕后在左上角显示了含有数字1的方框，如图16-58所示，即成功添加动画效果。

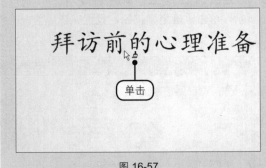

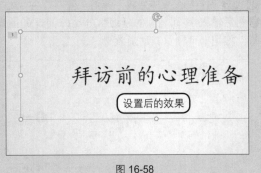

图 16-57   图 16-58

16.4 设置对象的特殊动画效果

为了额外强调或在某个阶段中显示信息，可以将文本按段、按字或字母制作成动画，让幻灯片中的文本对象更具有视觉冲击力。也可以使用动画创建运动的动态 SmartArt 图形，来进一步强调或分阶段显示信息。本节将介绍如何为文本对象添加逐字或逐段的动画，以及如何快速将 SmartArt 图形制作成动画。

16.4.1 为文本对象添加逐词动画效果

在为标题占位符或正文占位符文本添加动画时，是按段落发送的。在设置文本对象的动画时，可以将其作为一个对象、整批发送和按段落发送。除此之外，部分文本对象的动画还可以按字 / 词或字母进行发送。下面介绍为文本对象添加逐词的动画效果的操作步骤。

原始文件： 下载资源 \ 实例文件 \ 第 16 章 \ 原始文件 \ 业务拜访礼仪 5.pptx
最终文件： 下载资源 \ 实例文件 \ 第 16 章 \ 最终文件 \ 业务拜访礼仪 16.pptx

步骤01 为幻灯片中的对象添加动画。打开原始文件，选择标题幻灯片中的标题占位符，如图16-59所示。

步骤02 添加动画效果。❶切换至"动画"选项卡，单击"动画"组中的快翻按钮，❷在展开的库中单击选择进入样式，例如选择"弹跳"，如图16-60所示。

图 16-59

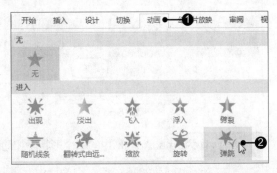

图 16-60

步骤03 单击"效果选项"选项。在"动画窗格"任务窗格中，❶单击"标题1"选项右侧的下三角按钮，❷在展开的下拉列表中单击"效果选项"选项，如图16-61所示。

步骤04 设置动画文本效果。弹出"弹跳"对话框，❶在"动画文本"文本框中选择"按字/词"选项，❷然后输入字/词之间的延迟百分比时间，如图16-62所示，单击"确定"按钮，设置完毕后单击"预览"按钮即可预览其动画效果。

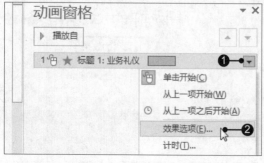

图 16-61

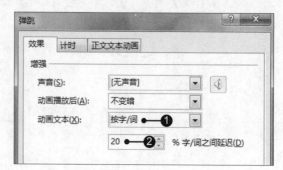

图 16-62

16.4.2　创建动态的SmartArt图形

在 PowerPoint 2016 中创建动态的 SmartArt 图形，就是为 SmartArt 图形添加动画。可以将整个 SmartArt 图形制作动画，或者只将 SmartArt 图形中的个别形状制作动画。为确定哪种动画与 SmartArt 图形布局的搭配效果最好，可以在 SmartArt 图形的"文本"窗格中查看信息，因为大多数动画都是从"文本"窗格上显示的顶层项目符号开始向下移动的。SmartArt 图形的可用动画取决于为 SmartArt 图形选择的布局，但用户可以同时将全部形状制成动画，或一次一个形状地制作动画。

原始文件：下载资源\实例文件\第 16 章\原始文件\业务拜访礼仪 4.pptx
最终文件：下载资源\实例文件\第 16 章\最终文件\业务拜访礼仪 17.pptx

步骤01 为幻灯片中的对象添加动画。打开原始文件，选择第3张幻灯片，然后在右侧选中SmartArt图形，如图16-63所示。

步骤02 添加进入动画。❶切换至"动画"选项卡，单击"动画"组中的快翻按钮，❷在展开的库中选择动画效果，例如选择"浮入"，如图16-64所示。

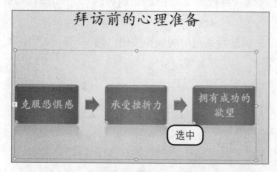

图 16-63

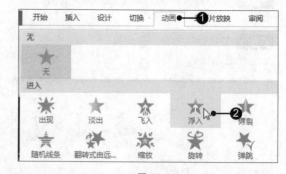

图 16-64

知识点拨　**为SmartArt图形中的单个形状添加动画效果**

在 PowerPoint 2016 中可以将 SmartArt 图形中的个别形状制成动画。只需选择要制成动画的 SamrtArt 图形，在"高级动画"组中单击"添加动画"按钮，选择要应用到个别形状的动画，将效果选项中的序列设置为"逐个"，然后在"动画窗格"任务窗格中按【Ctrl】键依次单击每个形状，来选择不希望制成动画的所有形状，即完成了对单个形状动画效果的添加。

步骤03 设置动画序列。❶单击"动画"组中的"效果选项"按钮，❷在展开的下拉列表中单击"逐个"选项，如图16-65所示。

步骤04 调整动画的持续时间。❶在"计时"选项组中设置持续时间为"04.00"，❷延迟时间为"00.50"，如图16-66所示。

步骤05 查看添加。此时可看到SmartArt图形中显示了3个动画效果对应的顺序标志，如图16-67所示，单击"预览"按钮即可预览这些动画播放效果。

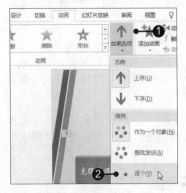

图 16-65

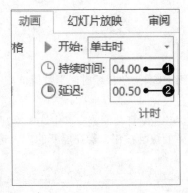

图 16-66

图 16-67

知识点拨 **颠倒SmartArt图形动画的顺序**

选取要颠倒动画顺序的 SmartArt 图形，然后打开"动画窗格"任务窗格，单击"动画效果"选项右侧的下三角按钮，在展开的下拉列表中单击"效果选项"选项，打开"效果选项"对话框，在"SmartArt动画"选项卡下勾选"倒序"复选框，单击"确定"按钮即可颠倒 SmartArt 图形的动画顺序。

同步实践 # 让新产品发布会演示文稿动起来

本章介绍了为对象添加进入、强调、退出、动作路径动画效果，还介绍了如何使用"效果选项"和"计时"组中的命令功能来设置动画的运行方式、为动画添加声音、设置持续时间等，最后介绍如何为文本和 SmartArt 图形添加特殊动画。通过本章的学习，就可以通过动画让幻灯片中的所有对象动起来，为幻灯片添加转换效果，让演示文稿更加生动、视觉冲击力更强。下面将结合本章所学知识，来让"新产品发布会"演示文稿动起来。

原始文件：下载资源 \ 实例文件 \ 第 16 章 \ 原始文件 \ 新产品发布会 .pptx
最终文件：下载资源 \ 实例文件 \ 第 16 章 \ 最终文件 \ 新产品发布会 .pptx

步骤01 选择幻灯片。打开原始文件，选择标题幻灯片，如图16-68所示。

步骤02 添加幻灯片转换效果。❶切换至"切换"选项卡，单击"切换到此幻灯片"组中的快翻按钮，❷在展开的库中选择切换效果，例如选择"溶解"样式，如图16-69所示。

步骤03 添加切换声音效果。❶单击"计时"组中"声音"右侧的下三角按钮，❷在展开的下拉列表中选择声音样式，例如选择"风铃"，如图16-70所示。

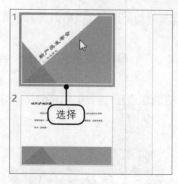

图 16-68

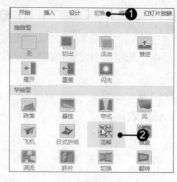

图 16-69

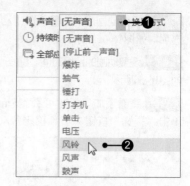

图 16-70

步骤04 设置持续时间。在"计时"组中单击"持续时间"数值框右侧的向上按钮,将持续时间设置为"03.00"秒,如图16-71所示。

步骤05 为第2张幻灯片添加切换效果。在幻灯片浏览窗格中选中第2张幻灯片,❶切换至"切换"选项卡,单击"切换至此幻灯片"组中的快翻按钮,❷在展开的库中选择切换效果,例如选择"框"样式,如图16-72所示。

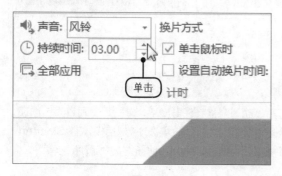

图 16-71

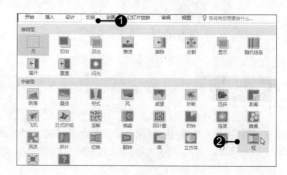

图 16-72

步骤06 选择要添加动画的对象。在第1张幻灯片中单击标题占位符,如图16-73所示。

步骤07 添加进入动画效果。❶切换至"动画"选项卡,单击"动画"组中的快翻按钮,❷在展开的库中选择动画效果,例如选择"淡出",如图16-74所示。

步骤08 设置动画的持续时间。❶在"计时"组中调整持续时间为2秒,❷调整延迟时间为0.5秒,如图16-75所示。

图 16-73

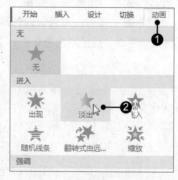

图 16-74

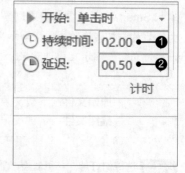

图 16-75

步骤09 打开效果选项对话框。打开"动画窗格"任务窗格,❶单击要更改动画效果的选项右侧的下三角按钮,❷在展开的下拉列表中单击"效果选项"选项,如图16-76所示。

步骤10 设置动画文本效果。弹出"淡出"对话框，❶设置"动画文本"为"按字/词"，❷然后输入字/词之间延迟的百分比，❸输入完毕后单击"确定"按钮，如图16-77所示。

步骤11 选取第2个要添加动画的对象。在标题幻灯片中选中副标题占位符，如图16-78所示。

图 16-76 　　　　　　　　　　　　图 16-77 　　　　　　　　　　　　图 16-78

步骤12 为选定对象添加动画效果。切换至"动画"选项卡，❶单击"添加动画"按钮，❷在展开的库中单击选择动画效果，例如选择"擦除"样式，如图16-79所示。

步骤13 设置持续时间。在"计时"组中设置持续时间为2.5秒，如图16-80所示。

步骤14 更改动画方向。选中动画选项，❶单击"动画"组中的"效果选项"按钮，❷在展开的下拉列表中单击"自左侧"选项，如图16-81所示，完成对副标题文本动画的设置。

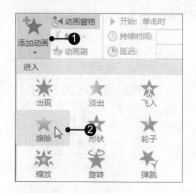

图 16-79 　　　　　　　　　　　　图 16-80 　　　　　　　　　　　　图 16-81

步骤15 选中需要复制的动画。在标题幻灯片中单击标题占位符，选中该对象的动画效果，如图16-82所示。

步骤16 选择使用动画刷。切换至"动画"选项卡，单击"高级动画"组中的"动画刷"按钮，如图16-83所示。

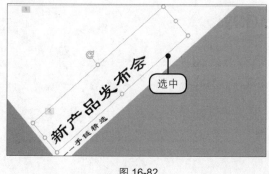

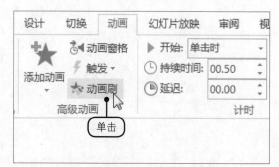

图 16-82 　　　　　　　　　　　　　　　　图 16-83

步骤17 粘贴动画格式。此时鼠标指针呈指针和刷子组合的形状，将鼠标指针移至要应用该动画格式的对象上，然后单击鼠标左键，如图16-84所示，即可将复制的动画格式粘贴到当前对象上。若要将动画效果复制到多个对象上，依次单击要粘贴动画效果的对象即可，双击可取消效果。

步骤18 设置图片对象的动画效果。用相同的方法设置演示文稿中其他文本的动画效果，设置完成后，单击选中需要添加动画效果的图形对象，如图16-85所示。

图 16-84　　　　　　　　　　　　　图 16-85

步骤19 选择动画效果选项。单击"动画"组中的快翻按钮，在展开的库中选择动画效果，例如选择"劈裂"效果，如图16-86所示。

步骤20 更改动画方向。接着在"动画"组中，❶单击"效果选项"按钮，❷在展开的下拉列表中单击"中央向左右展开"选项，如图16-87所示。

步骤21 设置动画持续时间。在"计时"组中设置持续时间为04.00秒，如图16-88所示。然后使用"动画刷"功能，将该图形对象的动画效果复制到演示文稿中的其他图形对象上，操作完毕后将其保存到计算机中即可。

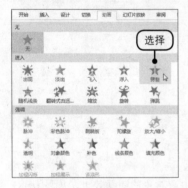

图 16-86

图 16-87

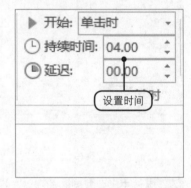

图 16-88

第17章 幻灯片的放映与打包

制作演示文稿的目的就是为了演示和放映，因此完成演示文稿内容的编辑及幻灯片中对象的动画设置后，接着就该播放演示文稿，将演示文稿内容展示在其他人面前。掌握幻灯片的放映技巧能够更加巧妙、熟练地放映演示文稿，让演示文稿中的内容随心所欲地进行展示。

17.1 放映幻灯片前的准备工作

为了使演示文稿内容按照预先的计划顺利播放，放映前必须要统筹安排与设置放映选项，包括隐藏幻灯片、每张幻灯片的放映时间、是否事先配置声音、采取哪种放映方式等。

17.1.1 隐藏幻灯片

隐藏幻灯片是将某些重要信息或是不想让所有观众看到的信息隐藏起来，在放映时观众将看不到这些隐藏的幻灯片。隐藏幻灯片并不是将其从演示文稿中删除，因此演讲者（或作者）可以在演示文稿的普通视图下查看隐藏幻灯片的内容。

原始文件：下载资源 \ 实例文件 \ 第 17 章 \ 原始文件 \ 新产品发布会 .pptx
最终文件：下载资源 \ 实例文件 \ 第 17 章 \ 最终文件 \ 新产品发布会 .pptx

步骤01 选择要隐藏的幻灯片。打开原始文件，在幻灯片浏览窗格中单击需要隐藏的幻灯片的缩略图，如图17-1所示。

步骤02 隐藏幻灯片。❶切换至"幻灯片放映"选项卡下，❷单击"设置"组中的"隐藏幻灯片"按钮，如图17-2所示。

步骤03 显示隐藏幻灯片后的效果。经过以上操作，选中的幻灯片即被隐藏起来，并且在播放时不会显示出来，该幻灯片与其他未隐藏的幻灯片有一个明显的区别，即其左上角的幻灯片编号有一条斜对角线，如图17-3所示。

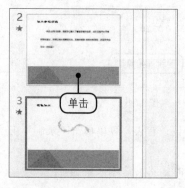

图 17-1

图 17-2

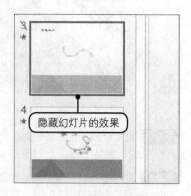

图 17-3

17.1.2 排练计时

排练计时主要是将每张幻灯片放映所用的时间记录下来，用户可以保存这些计时，以后将其用于自动运行放映，常用于展台浏览或观众自行浏览类型演示文稿的放映。

原始文件： 下载资源\实例文件\第17章\原始文件\新产品发布会.pptx
最终文件： 下载资源\实例文件\第17章\最终文件\新产品发布会1.pptx

步骤01 添加排练计时。打开原始文件，❶切换至"幻灯片放映"选项卡，❷单击"设置"组中的"排练计时"按钮，如图17-4所示。

步骤02 自动记录幻灯片放映时间。自动进入幻灯片放映视图，从第一张幻灯片开始放映，并弹出"录制"工具栏，在其中以文本框形式显示了当前幻灯片放映的时间，在工具栏最右侧显示了演示文稿累计放映时间，如图17-5所示。

步骤03 播放演示文稿。接着单击鼠标左键，开始放映幻灯片中的对象动画，如图17-6所示，动画的开始方式取决于用户设置对象动画时的开始方式，一般采用单击鼠标左键的方式。

图 17-4

图 17-5

图 17-6

步骤04 录制下一张幻灯片的排练时间。当完成当前幻灯片中对象动画的放映后，可以单击"录制"工具栏中的"下一项"按钮，如图17-7所示，也可以直接单击鼠标左键进行幻灯片切换。

步骤05 记录幻灯片放映时间。此时"录制"工具栏中文本框的时间将重新开始计算，在录制工具栏最右侧将累计前面幻灯片的放映时间，如图17-8所示。

图 17-7

图 17-8

步骤06 重复录制幻灯片放映时间。如果当前幻灯片的放映时间或顺序记录有误，可以单击"录制"工具栏中的"重复"按钮，如图17-9所示。

步骤07 查看重新录制当前幻灯片时间。此时当前幻灯片中记录的放映时间将被清零，录制暂停，在累计时间中扣除当前幻灯片中的放映时间，重新从0开始记录，如图17-10所示。

图 17-9　　　　　　　　　　　　　　　　　　　图 17-10

步骤08 保留排练时间。当完成演示文稿中所有幻灯片的放映时间排练后，将弹出"Microsoft PowerPoint"对话框，其中显示了"幻灯片放映共需××××，是否保留新的幻灯片计时？"，如图17-11所示，单击"是"按钮。

步骤09 查看添加排练计时后的效果。切换至"幻灯片浏览"视图下，在其中显示了各幻灯片添加的排练时间，如图17-12所示。

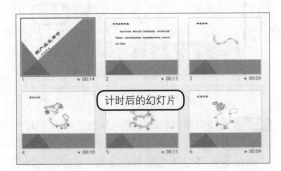

图 17-11　　　　　　　　　　　　　　　　　　　图 17-12

知识点拨　PowerPoint 2016中各视图的功能

　　PowerPoint 2016提供了普通视图、幻灯片浏览视图、备注页视图、阅读视图和幻灯片放映视图（即幻灯片放映界面）。

　　普通视图：包含了"大纲视图"和"幻灯片缩略图"视图，其中幻灯片缩略图是使用率最高的视图方式，所有的幻灯片编辑操作都可以在该视图方式下进行。大纲视图则是为了方便组织演示文稿结构和编辑文本而设计。

　　幻灯片浏览视图：它以幻灯片缩略图形式浏览整个演示文稿，并可以对前后幻灯片中不协调的地方加以修改。

　　备注页视图：它用于为幻灯片添加备注信息，这些备注信息包含图形、文本等。

　　阅读视图：将演示文稿作为适应窗口大小的幻灯片放映查看。

　　幻灯片放映视图：进入幻灯片放映界面，可以查看整个演示文稿放映的效果。

17.1.3　录制幻灯片演示

　　PowerPoint 2016提供了"录制幻灯片演示"功能，该功能可选择开始录制或清除录制的计时和旁白的位置。它相当于以往版本中的"录制旁白"功能，将演讲者在演示、讲解演示文件的整个过程中的解说声音录制下来，方便日后在演讲者不在的情况下，听众能更准确地理解演示文稿的内容。

1. 从头开始录制

从头开始录制就是从演示文稿的第一张幻灯片开始录制，在录制之前，用户可以选择是否录制音频旁白、激光笔势、幻灯片和动画计时。

原始文件: 下载资源 \ 实例文件 \ 第 17 章 \ 原始文件 \ 新产品发布会 .pptx
最终文件: 下载资源 \ 实例文件 \ 第 17 章 \ 最终文件 \ 新产品发布会 2.pptx

步骤01 打开演示文稿。打开原始文件，在幻灯片浏览窗格中单击第2张幻灯片，如图17-13所示。

步骤02 从头开始录制。❶切换至"幻灯片放映"选项卡下，❷单击"设置"组中的"录制幻灯片演示"按钮，❸在展开的下拉列表中单击"从头开始录制"选项，如图17-14所示。

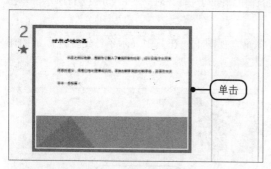
图 17-13

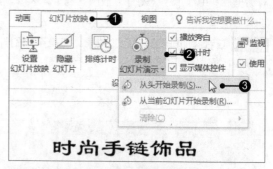
图 17-14

步骤03 选择想要录制的内容。弹出"录制幻灯片演示"对话框，勾选"幻灯片和动画计时"和"旁白、墨迹和激光笔"复选框，如图17-15所示，然后单击"开始录制"按钮。

步骤04 录制计时及旁白。进入幻灯片放映视图，弹出"录制"工具栏，它与排练计时的"录制"工具栏功能相同，唯一的区别在于该录制工具栏中不能手动设置计时时间，如图17-16所示。

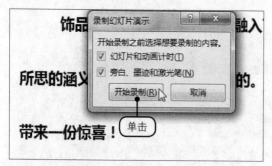
图 17-15

图 17-16

步骤05 显示录制幻灯片演示后的效果。当完成全部幻灯片演示的录制后，切换至幻灯片浏览视图下，可看到每张幻灯片的右下角都添加了一个声音图标，且在每张幻灯片的右下方显示了该幻灯片要播放的时间数，如图17-17所示。

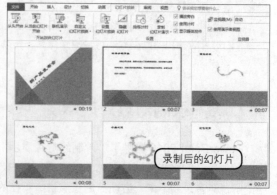
图 17-17

如果对录制的旁白或计时不满意，可以单击"设置"组中的"录制幻灯片演示"按钮，在展开的下拉列表中单击"清除"选项，在其下级列表中单击"清除所有幻灯片中的计时"选项或是"清除所有幻灯片中的旁白"选项，即可删除当前演示文稿中所有幻灯片的计时或是旁白。

2．从当前幻灯片开始录制

从当前幻灯片录制与从头开始录制的操作方法基本一致，只不过从当前幻灯片开始录制即从演示文稿中当前选中的幻灯片开始录制。

原始文件： 下载资源 \ 实例文件 \ 第 17 章 \ 原始文件 \ 新产品发布会 .pptx
最终文件： 下载资源 \ 实例文件 \ 第 17 章 \ 最终文件 \ 新产品发布会 3.pptx

步骤01 打开演示文稿。打开原始文件，在幻灯片浏览窗格中单击第2张幻灯片，如图17-18所示。

步骤02 从当前幻灯片开始录制。❶切换至"幻灯片放映"选项卡下，❷单击"录制幻灯片演示"按钮，❸在展开的下拉列表中单击"从当前幻灯片开始录制"选项，如图17-19所示。

图 17-18

图 17-19

步骤03 选择需要录制的内容。弹出"录制幻灯片演示"对话框，勾选"幻灯片和动画计时"和"旁白、墨迹和激光笔"复选框，如图17-20所示，单击"开始录制"按钮。

步骤04 录制幻灯片演示。此时进入幻灯片放映视图，将从当前所选幻灯片处开始录制，其录制方法与从头开始录制方法相同，如图17-21所示。

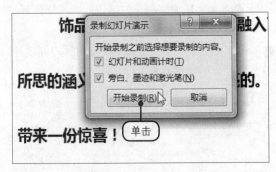

图 17-20

图 17-21

步骤05 显示录制幻灯片演示的效果。当完成幻灯片演示录制后，自动切换至幻灯片浏览视图下，从当前选择幻灯片开始，至最后一张幻灯片均添加了相应的旁白声音及放映计时，如图17-22所示。

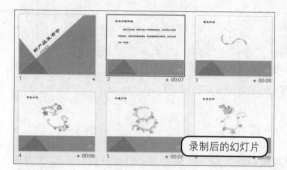

图 17-22

知识点拨 **快速删除当前幻灯片计时或旁白**

如果对当前幻灯片中录制的旁白或计时不满意，可以单击"设置"组中的"录制幻灯片演示"按钮，单击"清除"选项，在其下级列表中单击"清除当前幻灯片中的计时"选项或是"清除当前幻灯片中的旁白"选项，即可删除当前幻灯片中的计时或是旁白。

17.1.4 设置幻灯片的放映方式

幻灯片的放映方式包括幻灯片放映类型、放映范围、放映选项、幻灯片的换片方式及绘图笔的默认颜色等内容，下面介绍设置幻灯片的放映方式的操作方法。

原始文件： 下载资源 \ 实例文件 \ 第 17 章 \ 原始文件 \ 新产品发布会 .pptx
最终文件： 下载资源 \ 实例文件 \ 第 17 章 \ 最终文件 \ 新产品发布会 4.pptx

步骤01 打开"设置放映方式"对话框。打开原始文件，❶切换至"幻灯片放映"选项卡，❷单击"设置"组中的"设置幻灯片放映"按钮，如图17-23所示。

步骤02 设置放映类型。弹出"设置放映方式"对话框，在"放映类型"选项组中单击选中"观众自行浏览（窗口）"单选按钮，如图17-24所示。

步骤03 设置放映幻灯片范围。设置放映第2至6张幻灯片，如图17-25所示。

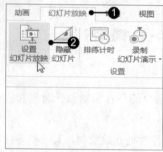

图 17-23

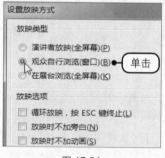

图 17-24

图 17-25

步骤04 更改激光笔默认颜色。在"放映选项"选项组中，❶单击"激光笔颜色"下拉列表右侧的下三角按钮，❷在展开的颜色列表中选择需要的颜色选项，如图17-26所示。

步骤05 设置换片方式。在"换片方式"选项组中，❶单击"如果存在排练时间，则使用它"单选按钮，❷设置完成后单击"确定"按钮，即完成了幻灯片放映方式的设置，如图17-27所示。

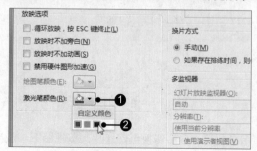

图 17-26

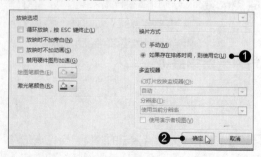

图 17-27

放映类型：这个选项组中的选项用来决定演示文稿的放映方式，"演讲者放映（全屏幕）"主要用于可运行全屏显示的演示文稿，默认就是使用该方式放映。"观众自行浏览（窗口）"则会在一个小窗口中放映，在该方式下不能单击鼠标进行放映，可以按【Page Down】或【Page Up】键来控制；"在展台浏览（全屏幕）"则用于在无人监管的情况下自动放映演示文稿。

放映幻灯片：这个选项组主要是让用户选择幻灯片放映的范围，其中，如果选中"自定义放映"单选按钮，则可以在下拉列表中选择已创建好的自定义放映。该单选按钮必须在演示文稿中创建了自定义放映才可用。

放映选项：这个选项组中的选项主要用于控制放映时的一些特殊设置处理，包括设置是否循环播放、是否使用旁白及是否播放动画效果。

换片方式：这个选项组的选项主要用于控制放映幻灯片时幻灯片的切换方式，"手动"则是单击鼠标进行幻灯片切换。

17.2 放映幻灯片

启用幻灯片的放映有两种方式，一种是启动幻灯片放映，放映整个演示文稿；另一种是自定义幻灯片放映，控制部分幻灯片放映，隐藏不需要观众浏览的信息。本节将介绍如何放映整个演示文稿和如何自定义幻灯片放映，巧妙控制演示文稿的放映。

17.2.1 从头开始放映与从当前幻灯片开始放映

在 PowerPoint 2016 中启动整个演示文稿的放映，可以从头开始放映，也可以从当前选中幻灯片处开始放映。下面将介绍放映整个演示文稿的操作。

原始文件： 下载资源\实例文件\第 17 章\原始文件\新产品发布会.pptx
最终文件： 无

1. 从头开始放映

从头开始放映幻灯片，顾名思义就是从演示文稿的第一张幻灯片开始放映。

步骤01 从头开始放映。打开目标演示文稿，❶在幻灯片浏览窗格中选中第2张幻灯片，❷单击"幻灯片放映"选项卡下"开始放映幻灯片"组中的"从头开始"按钮，如图17-28所示。

步骤02 查看放映效果。进入幻灯片放映视图下，当前放映的幻灯片为演示文稿的第一张幻灯片，如图17-29所示。

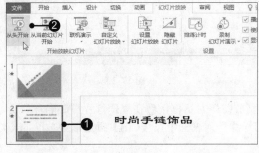

图 17-28

图 17-29

2．从当前幻灯片开始放映

从当前幻灯片处开始放映，就是从当前选中的幻灯片开始放映，也就是说进入幻灯片放映视图时，当前放映的幻灯片为当前选中的幻灯片。

步骤01 从当前幻灯片开始。打开目标演示文稿，❶选中第2张幻灯片，❷单击"幻灯片放映"选项卡下"开始放映幻灯片"组中的"从当前幻灯片开始"按钮，如图17-30所示。

步骤02 查看放映效果。进入幻灯片放映视图，当前放映的幻灯片为当前选中的幻灯片，如图17-31所示。

图 17-30

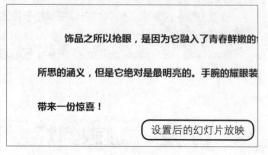

图 17-31

17.2.2　自定义放映幻灯片

自定义放映是最灵活的一种放映方式，非常适合具有不同权限、不同分工或不同工作性质的人群使用。自定义幻灯片放映仅显示选择的幻灯片，因此可以对同一个演示文稿进行多种不同的放映，例如 5 分钟放映和 10 分钟放映。

原始文件：下载资源 \ 实例文件 \ 第 17 章 \ 原始文件 \ 新产品发布会 .pptx
最终文件：下载资源 \ 实例文件 \ 第 17 章 \ 最终文件 \ 新产品发布会 5.pptx

步骤01 打开"自定义放映"对话框。打开原始文件，❶切换至"幻灯片放映"选项卡，❷单击"开始放映幻灯片"组中的"自定义幻灯片放映"按钮，❸在展开的下拉列表中单击"自定义放映"选项，如图17-32所示。

步骤02 新建自定义放映。弹出"自定义放映"对话框，单击"新建"按钮，如图17-33所示。

图 17-32

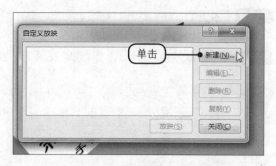

图 17-33

步骤03 选择添加自定义放映幻灯片。弹出"定义自定义放映"对话框，❶在"幻灯片放映名称"文本框中输入自定义放映名称，❷在"在演示文稿中的幻灯片"列表框中按【Ctrl】键选取要放映的幻灯片，❸单击"添加"按钮，如图17-34所示。

步骤04 确认自定义放映幻灯片。在"在自定义放映中的幻灯片"列表框中列出了选择的幻灯片,如图 17-35所示,如果添加的幻灯片不符合自定义放映内容,可以选中幻灯片,单击"删除"按钮进行删除,还可以单击右侧的向上或向下按钮进行幻灯片的放映顺序调整,设置完成后单击"确定"按钮。

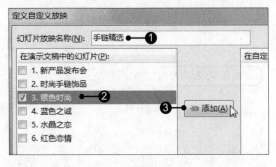

图 17-34

图 17-35

步骤05 查看创建的自定义放映幻灯片。返回"自定义放映"对话框中,在"自定义放映"列表框中显示了新建的"手链精选"自定义放映。若要新建下一个自定义放映,可以再次单击"新建"按钮,如图17-36所示。

步骤06 选择自定义放映的幻灯片。弹出"定义自定义放映"对话框,❶在"幻灯片放映名称"文本框中输入自定义放映的名称,如"手链精选2",❷在"在演示文稿中的幻灯片"列表框中按住【Ctrl】键选中第5张和第6张幻灯片,❸单击"添加"按钮,如图17-37所示。

图 17-36

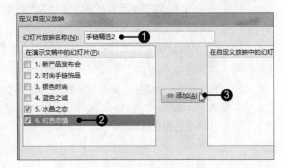

图 17-37

步骤07 确认自定义放映幻灯片。在"在自定义放映中的幻灯片"列表框中列出了选择的幻灯片,如图 17-38所示,设置完成后单击"确定"按钮。

步骤08 放映自定义放映。返回"自定义放映"对话框,在"自定义放映"列表框中列出了新建的自定义放映,❶选择需要放映的选项,如"手链精选"选项,❷然后单击"放映"按钮,如图17-39所示。

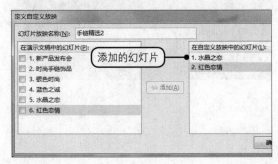

图 17-38

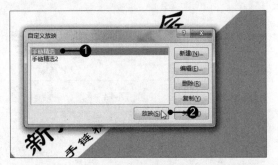

图 17-39

步骤09 查看放映效果。此时进入幻灯片放映视图,它只放映"自定义放映"选择的幻灯片,如图17-40和图17-41所示。

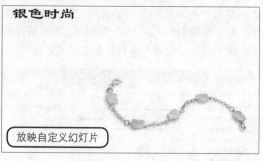

图 17-40

图 17-41

在 PowerPoint 中,演示者视图可以让用户在一台计算机上查看显示器和演讲者备注,同时让其他人在另一台显示器上查看不带备注的演示文稿(前提是计算机可以连接两台显示器)。在演示者视图模式下,用户可以自由定义幻灯片的播放顺序,同时该视图下将显示幻灯片的备注信息以及当前幻灯片的顺序。下面介绍开启演示者视图进行幻灯片放映的操作方法。

原始文件: 下载资源 \ 实例文件 \ 第 17 章 \ 原始文件 \ 新产品发布会 .pptx
最终文件: 下载资源 \ 实例文件 \ 第 17 章 \ 最终文件 \ 新产品发布会 6.pptx

(1)**选择使用演示者视图。** 打开原始文件,切换至"幻灯片放映"选项卡,在"监视器"组中勾选"使用演示者视图"复选框,如图17-42所示。

(2)**切换至演示者视图。** 在键盘上按【Alt+F5】组合键,即可切换至演示者视图,该视图下的界面左侧将显示幻灯片内容,底部显示各种功能按钮,右侧显示下一张幻灯片的内容和当前幻灯片的备注信息,如图17-43所示。

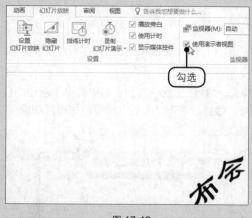

图 17-42

图 17-43

(3)**选择查看所有幻灯片。** 若要选择从指定幻灯片开始放映,则在界面底部单击"第1张幻灯片,共6张"选项,如图17-44所示,选择查看所有幻灯片。

(4)**选择从第3张开始放映。** 跳转至新的界面,此时可看到当前演示文稿中的所有幻灯片,选择从第3张幻灯片开始播放,单击第3张幻灯片缩略图,如图17-45所示。

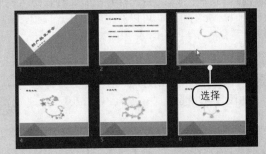

图 17-44   图 17-45

（5）继续放映幻灯片。返回上一级界面，此时可看到PowerPoint自动从第3张幻灯片开始播放，如图17-46所示，该播放操作并非自动播放，需要用户执行单击操作。

图 17-46

17.3　在放映幻灯片的过程中进行编辑

　　在演示文稿进入幻灯片放映状态后，可以一张一张按顺序播放，也可以根据实际需要，使用鼠标和键盘有选择性地进行跳跃播放。本节将介绍如何在幻灯片放映过程中快速切换或定位至指定幻灯片、如何在放映过程中切换至其他程序中、如何使用墨迹对幻灯片中的重点内容进行标记。

17.3.1　切换与定位幻灯片

　　切换幻灯片就是指放映过程中幻灯片内容的转换，定位则是指快速跳转到特定的位置。在幻灯片放映过程中，可以使用快捷菜单和幻灯片放映工具栏来实现幻灯片的切换与定位。若幻灯片按顺序切换，则只需单击鼠标左键即可。

原始文件：下载资源\实例文件\第17章\原始文件\业务拜访礼仪.pptx
最终文件：无

步骤01 播放下一张幻灯片。打开原始文件，进入幻灯片放映视图下，在幻灯片放映过程中，若要快速跳转到下一张幻灯片，可以右击屏幕任意位置，在弹出的快捷菜单中单击"下一张"命令，如图17-47所示。

步骤02 查看跳转后放映的幻灯片。此时跳转至当前幻灯片的下一张幻灯片，如图17-48所示。

步骤03 选择查看所有幻灯片。右击幻灯片任意位置，在弹出的快捷菜单中单击"查看所有幻灯片"命令，如图17-49所示。

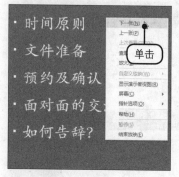
图 17-47

图 17-48

图 17-49

知识点拨 **幻灯片中对象带动画的放映控制**

　　在幻灯片放映过程中，当幻灯片中的对象添加了动画效果，使用"下一张"或"上一张"命令来手动跳转幻灯片时，它将以对象动画为基准进行跳转，如在一张幻灯片中有多个动画，当单击"下一张"命令时，则在屏幕中放映当前幻灯片中下一对象的动画。

步骤04 定位到第4张幻灯片。跳转至新的界面，在界面中选择要浏览的幻灯片，例如选择第4张幻灯片，如图17-50所示。

步骤05 查看跳转后放映的幻灯片。自动跳转到第4张幻灯片中，如图17-51所示。

步骤06 返回上次查看过的幻灯片。若要快速返回上次看过的幻灯片，在屏幕任意位置右击，在弹出的快捷菜单中单击"上次查看过的"命令即可，如图17-52所示。

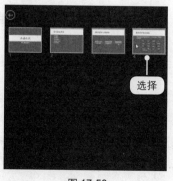
图 17-50

图 17-51

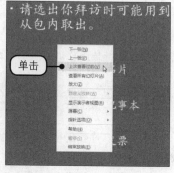
图 17-52

步骤07 查看跳转后放映的幻灯片。此时跳转至上次看过的第3张幻灯片中，如图17-53所示。

步骤08 转换至上一张幻灯片。若要返回当前幻灯片的上一张幻灯片，在屏幕任意位置右击，在弹出的快捷菜单中单击"上一张"命令即可，如图17-54所示。

步骤09 查看跳转后放映的幻灯片。此时跳转至当前幻灯片的上一张幻灯片，如图17-55所示。

图 17-53

图 17-54

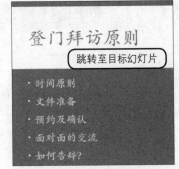
图 17-55

17.3.2 在放映的过程中切换到其他程序

幻灯片放映一般都是全屏状态，想要使用鼠标切换至其他程序非常不方便，PowerPoint 提供了在播放时切换到其他程序的功能。

原始文件：下载资源\实例文件\第 17 章\原始文件\业务拜访礼仪 .pptx
最终文件：无

步骤01 切换程序。打开原始文件，进入幻灯片放映视图下，在幻灯片放映过程中，若要切换至其他程序，右击屏幕任意位置，在弹出的快捷菜单中单击"屏幕>显示任务栏"命令，如图17-56所示。

步骤02 选取要切换至的程序任务按钮。此时将在屏幕下方显示任务栏，单击任务栏中的程序图标按钮，如"开始"按钮，如图17-57所示，启动需要的应用程序。

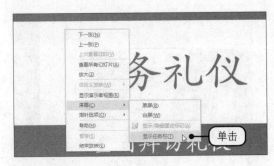
图 17-56

图 17-57

17.3.3 使用笔对幻灯片进行指示或标注

在幻灯片放映过程中，除了可以用鼠标切换幻灯片之外，还可以用鼠标在幻灯片上进行指示或标注。用户可以将鼠标指针更改成笔的形状。在 PowerPoint 中不仅可以更改指针形状，还可更改所添指示或标注的颜色，并将其保存在幻灯片中，以备日后查看。

原始文件: 下载资源 \ 实例文件 \ 第 17 章 \ 原始文件 \ 业务拜访礼仪 .pptx
最终文件: 下载资源 \ 实例文件 \ 第 17 章 \ 最终文件 \ 业务拜访礼仪 .pptx

步骤01 选择指针类型。打开原始文件，切换至幻灯片放映视图下，定位到要添加注释的幻灯片，右击屏幕上的任意位置，在弹出的快捷菜单中单击"指针选项>笔"选项，如图17-58所示。

步骤02 更改墨迹颜色。❶单击屏幕左下角的"笔"图标，❷在展开的列表中选择颜色，例如选择"红色"，如图17-59所示。

步骤03 绘制墨迹注释。此时鼠标指针呈蓝色圆点状，可以在幻灯片中按住鼠标左键并拖动，绘制需要的墨迹注释，如图17-60所示。

图 17-58

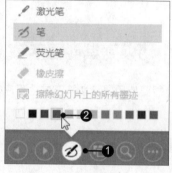

图 17-59

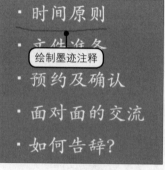

图 17-60

步骤04 保留墨迹。当退出幻灯片放映状态时，会弹出Microsoft PowerPoint对话框，询问"是否保留墨迹注释？"单击"保留"按钮，如图17-61所示。

步骤05 显示保留墨迹的效果。返回幻灯片普通视图下，可看到添加了墨迹注释的幻灯片中的墨迹依然存在，如图17-62所示。当再次放映幻灯片时，该墨迹不能被清除。

图 17-61

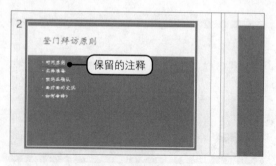

图 17-62

知识点拨 清除幻灯片中的墨迹注释

如果需要去除已添加的注释，可以右击屏幕上的任意位置，在弹出的快捷菜单中单击"指针选项 > 橡皮擦"命令，鼠标指针呈橡皮擦状，拖动鼠标擦除墨迹。还可以在快捷菜单中单击"指针选项 > 擦除幻灯片中所有墨迹"命令，一次性删除当前幻灯片中的所有墨迹注释。

17.4 演示文稿的其他功用

演示文稿除了最常见的进行辅助演讲展示功能外，还可以生成讲义、打包成 CD，其中打包成 CD 后，即使是没有安装 PowerPoint 程序，计算机也是可以进行播放的。还可以将演示文稿创建为视频，或是使用联机演示允许他人观看放映。

17.4.1 将演示文稿创建为讲义

将演示文稿创建为讲义就是创建一个包含此演示文稿中的幻灯片和备注的 Word 文档，并且能使用 Word 设置讲义布局、格式和添加其他内容。将演示文稿创建为讲义，可以将其作为书面材料给观众作为学习参考。

原始文件： 下载资源 \ 实例文件 \ 第 17 章 \ 原始文件 \ 新产品发布会 .pptx
最终文件： 下载资源 \ 实例文件 \ 第 17 章 \ 最终文件 \ 新产品发布会 .docx

步骤01 创建讲义。打开原始文件，单击"文件"按钮，❶在弹出的菜单中单击"导出"命令，❷在"导出"选项面板中单击"创建讲义"选项，❸然后单击"创建讲义"按钮，如图17-63所示。

步骤02 选择Word使用版式。弹出"发送到Microsoft Word"对话框，❶在"Microsoft Word使用的版式"选项组中单击"空行在幻灯片旁"单选按钮，❷在"将幻灯片添加到Microsoft Word文档"选项组中单击"粘贴"单选按钮，如图17-64所示，单击"确定"按钮。

步骤03 查看创建的讲义。自动启动Word组件，根据演示文稿中的幻灯片自动生成如图17-65所示的表格，并在表格中填入了幻灯片编号、幻灯片内容及空白行。

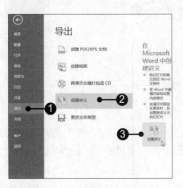

图 17-63

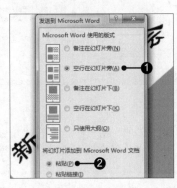

图 17-64

图 17-65

17.4.2 将演示文稿打包成CD

将演示文稿打包成 CD，就可以把演示文稿所需要的所有文件存放在一个文件夹中，避免文件的丢失。打包后文件路径不会发生变化，即使版本不一致，也可以实现演示文稿的播放，总之，将演示文稿打包成 CD 有着众多好处。

原始文件： 下载资源 \ 实例文件 \ 第 17 章 \ 原始文件 \ 新产品发布会 .pptx
最终文件： 下载资源 \ 实例文件 \ 第 17 章 \ 最终文件 \ 演示文稿 CD

步骤01 打包成CD。打开原始文件，单击"文件"按钮，❶在展开的菜单中单击"导出"命令，❷在"导出"界面中单击"将演示文稿打包成CD"选项，❸然后单击"打包成CD"按钮，如图17-66所示。

步骤02 添加文件。弹出"打包成CD"对话框，❶在文本框中输入CD名称，❷在"要复制的文件"列表框中显示当前演示文稿名称，❸若要添加其他文件，单击"添加"按钮，如图17-67所示。

图 17-66

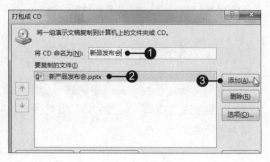

图 17-67

步骤03 选择要添加的文件。弹出"添加文件"对话框，选择要添加的文件，如图17-68所示，然后单击"添加"按钮。

步骤04 打开"选项"对话框。返回"打包成CD"对话框，❶此时在"要复制的文件"列表框中显示了新添加的视频文件，若还需要添加文件，用相同的方法添加即可，❷若要增强打包的CD文件的安全性，可以为其添加密码，单击"选项"按钮，如图17-69所示。

图 17-68

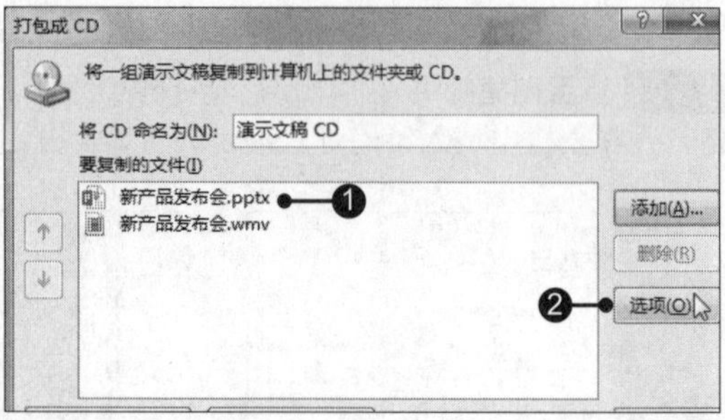

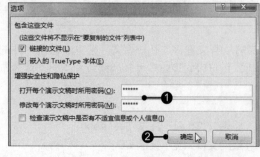

图 17-69

步骤05 增强安全性和隐藏保护。弹出"选项"对话框，❶在"增强安全性和隐私保护"选项组中的"打开每个演示文稿时所用密码"和"修改每个演示文稿时所用密码"文本框中输入密码123456，❷单击"确定"按钮，如图17-70所示。

步骤06 确认打开权限密码。弹出"确认密码"对话框，❶在"重新输入打开权限密码"文本框中再次输入密码"123456"，❷单击"确定"按钮，如图17-71所示。

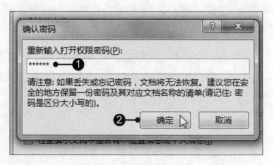

图 17-70

图 17-71

步骤07 确认修改权限密码。弹出"确认密码"对话框，❶在"重新输入修改权限密码"文本框中再次输入密码"123456"，❷单击"确定"按钮，如图17-72所示。

步骤08 复制到文件夹。返回"打包成CD"对话框，单击"复制到文件夹"按钮，如图17-73所示，若计算机直接连接了CD刻录机，且放入了CD刻录光盘，则单击"复制到CD"按钮，可直接将演示文稿刻录到CD。

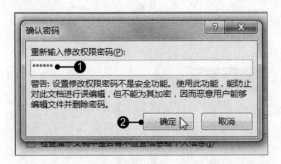

图 17-72

图 17-73

步骤09 输入文件夹名称。弹出"复制到文件夹"对话框，❶在"文件夹名称"文本框中输入名称，❷然后在"位置"文本框后单击"浏览"按钮，如图17-74所示。

步骤10 选择保存位置。弹出"选择位置"对话框，❶在"查找范围"下拉列表中选择目标文件夹，❷单击"选择"按钮，如图17-75所示。

图 17-74

图 17-75

步骤11 确认复制到文件夹信息。返回"复制到文件夹"对话框，❶此时在"位置"文本框中显示了选择的保存位置路径，❷勾选"完成后打开文件夹"复选框，❸单击"确定"按钮，如图17-76所示。

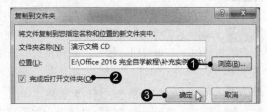

图 17-76

步骤12 复制时包含所有链接文件。弹出Microsoft PowerPoint对话框，提示程序会将"链接文件复制到您的计算机"，直接单击"是"按钮，如图17-77所示。

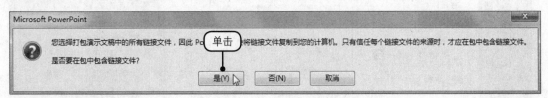

图 17-77

步骤13 显示复制文件进度。弹出"正在将文件复制到文件夹"对话框，如图17-78所示，并复制文件，复制完成后，用户可关闭"打包成CD"对话框，完成打包操作。

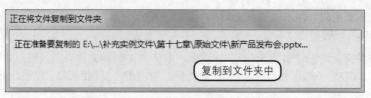

正在将文件复制到文件夹

正在准备要复制的 E:\...\补充实例文件\第十七章\原始文件\新产品发布会.pptx...

复制到文件夹中

图 17-78

步骤14 显示打包后的文件夹内容。打包完成后，自动打开目标文件夹，在该文件夹中显示了打包的文件及相关文件，如图17-79所示。

打包完成后的文件

图 17-79

知识点拨　**删除要复制的文件**

若要删除"要复制的文件"列表框中现有的文件（不需要添加到 CD 文件包的文件），在"打包成 CD"对话框中选中不需要的文件，然后单击"删除"按钮即可。

17.4.3　将演示文稿创建为视频文件

PowerPoint 2016提供了将演示文稿转变成视频文件的功能，用户可以将当前演示文稿创建成一个全保真的视频，此视频可通过光盘、Web 或电子邮件分发。创建的视频包含所有录制的计时、旁白和激光笔势，包括幻灯片放映中未隐藏的所有幻灯片，并且保留动画、转换和媒体等。

创建视频所需的时间视演示文稿的长度和复杂度而定，在创建视频时可继续使用 PowerPoint 应用程序。下面介绍将当前演示文稿创建为视频的操作。

原始文件：下载资源 \ 实例文件 \ 第 17 章 \ 原始文件 \ 新产品发布会 .pptx
最终文件：下载资源 \ 实例文件 \ 第 17 章 \ 最终文件 \ 新产品发布会 .wmv

步骤01 创建视频。打开原始文件，单击"文件"按钮，❶在弹出的菜单中单击"导出"命令，❷在"导出"选项面板中单击"创建视频"选项，如图17-80所示。

步骤02 录制计时和旁白。如果要在视频文件中使用计时和旁白，❶可以单击"不要使用录制的计时和旁白"右侧的下三角按钮，❷在展开的下拉列表中单击"录制计时和旁白"选项，如图17-81所示。如果已为演示文稿添加计时和旁白，则选择"使用录制的计时和旁白"选项。

步骤03 开始录制幻灯片演示的计时和旁白。弹出"录制幻灯片演示"对话框，勾选"幻灯片和动画计时"和"旁白、墨迹和激光笔"复选框，如图17-82所示，单击"开始录制"按钮，与前面介绍的录制幻灯片演示操作相同。

图 17-80

图 17-81

图 17-82

步骤04 开始录制幻灯片演示。进入幻灯片放映状态，弹出"录制"工具栏，在其中显示当前幻灯片放映的时间，用户可以使用前面学习的幻灯片手动控制方法来进行幻灯片的切换、跳转，并将演讲者排练演讲的解说及操作时间、操作动作完全记录在下面，如图17-83所示。

步骤05 开始创建视频。当完成幻灯片演示录制后，在"文件"菜单中的"创建视频"选项下选中了"使用录制的计时和旁白"选项，如图17-84所示。然后单击"创建视频"按钮。

图 17-83

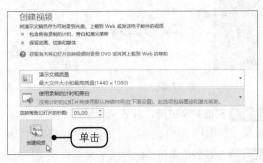
图 17-84

步骤06 选择视频文件保存位置。弹出"另存为"对话框，❶在"保存位置"下拉列表中选择视频文件保存的位置，❷在文本框中输入文件名称，如图17-85所示，单击"保存"按钮。

步骤07 显示制作视频进度。此时在PowerPoint演示文稿的状态栏中将显示将演示文稿创建为视频的进度，如图17-86所示，等待其制作完成即可。

图 17-85

图 17-86

17.4.4 使用联机演示允许他人观看放映

　　PowerPoint 2016 提供了联机演示的功能，该功能是基于 Office 演示文稿服务的，在使用联机演示过程中，PowerPoint 会自动创建一个演示链接地址，将该地址发送给他人后，再启动指定演示文稿开始联机演示，他人就能观看到该演示文稿。

原始文件：下载资源\实例文件\第 17 章\原始文件\新产品发布会 .pptx
最终文件：无

步骤01 选择联机演示。打开原始文件，单击"文件"按钮，❶在弹出的菜单中单击"共享"命令，❷在右侧单击"联机演示"选项，如图17-87所示。

步骤02 启用远程查看器下载演示文稿。❶在"联机演示"界面中勾选"启用远程查看器下载演示文稿"复选框，❷单击"联机演示"按钮，如图17-88所示。

步骤03 准备演示文稿。弹出"联机演示"对话框，此时可看到程序"正在准备联机演示文稿"的进度，如图17-89所示。

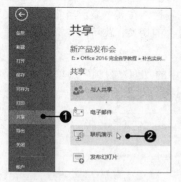
图 17-87

图 17-88

图 17-89

步骤04 获取共享链接。准备完毕后在对话框中显示联机演示的链接，将该链接发送给需要联机查看的好友，如图17-90所示，然后单击"启动演示文稿"按钮。

步骤05 正在联机演示。此时演示文稿自动全屏演示，如图17-91所示。

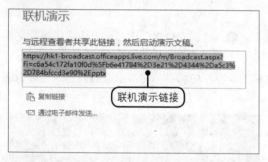
图 17-90

图 17-91

步骤06 选择结束联机演示。放映完毕后返回PowerPoint窗口，在"联机演示"组中单击"结束联机演示"按钮，如图17-92所示。

步骤07 确认结束联机演示。弹出对话框，单击"结束联机演示文稿"按钮，确认结束联机演示，如图17-93所示。

图 17-92

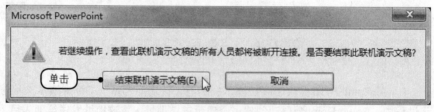
图 17-93

助跑地带——将幻灯片发布到幻灯片库

在 PowerPoint 中，幻灯片库用于保存指定幻灯片，用户可以将不同类型的幻灯片发布在该库中，发布后指定幻灯片就会保存在该库中，便于以后直接调用。

原始文件： 下载资源 \ 实例文件 \ 第 17 章 \ 原始文件 \ 新产品发布会 .pptx
最终文件： 无

（1）选择文件保存类型。打开原始文件，❶打开"共享"选项面板，❷单击"发布幻灯片"选项，❸然后在右侧单击"发布幻灯片"按钮，如图17-94所示。

（2）单击"浏览"按钮。弹出"发布幻灯片"对话框，选中所有的幻灯片，然后单击"发布到"右侧的"浏览"按钮，如图17-95所示。

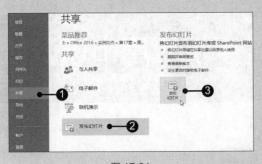

图 17-94

图 17-95

（3）选择保存位置。弹出"选择幻灯片库"对话框，在列表框中新建保存发布幻灯片的文件夹，然后选中它，如图17-96所示，选中后单击"选择"按钮。

（4）选择导出演示文稿幻灯片。返回"发布幻灯片"对话框，直接单击"发布"按钮，如图17-97所示。

（5）查看发布后的幻灯片。发布完成后打开第3步操作中所设置的保存位置对应窗口，便可看到发布后的幻灯片，每张幻灯片都以独立文件形式保存，如图17-98所示。

图 17-96

图 17-97

图 17-98

同步实践 编辑手机应用市场调查并创建视频保存到云

本章主要介绍了幻灯片放映前的准备工作，如隐藏幻灯片、排练计时、录制幻灯片演示、放映幻灯片控制技巧及与他人共享演示文稿的各种方法。通过本章的学习，可以录制演示文稿演示，并与他人分享演示文稿。下面结合本章所述知识点，介绍编辑手机应用市场调查演示文稿并创建视频保存到云的操作方法。

原始文件： 下载资源 \ 实例文件 \ 第 17 章 \ 原始文件 \ 手机应用市场调查 .pptx
最终文件： 下载资源 \ 实例文件 \ 第 17 章 \ 最终文件 \ 手机应用调查 .pptx

步骤01 删除除第1张外的其他幻灯片。打开原始文件，删除模板中除第1张外的其他幻灯片，如图17-99所示。

步骤02 编辑第1张幻灯片显示的内容。选中第1张幻灯片，输入标题文本和其他文本，输入后设置字体为"华文中宋"，如图17-100所示。

图 17-99

图 17-100

步骤03 新增幻灯片。❶切换至"开始"选项卡，❷单击"幻灯片"组中的"新建幻灯片"按钮，❸在展开的库中选择幻灯片版式，例如选择"标题和内容"版式，如图17-101所示。

步骤04 编辑第2张幻灯片。在第2张幻灯片中输入标题和文本内容，然后插入表格并输入表格内容，如图17-102所示。

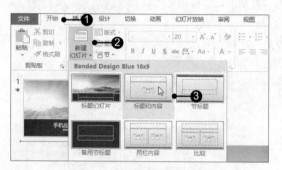

图 17-101

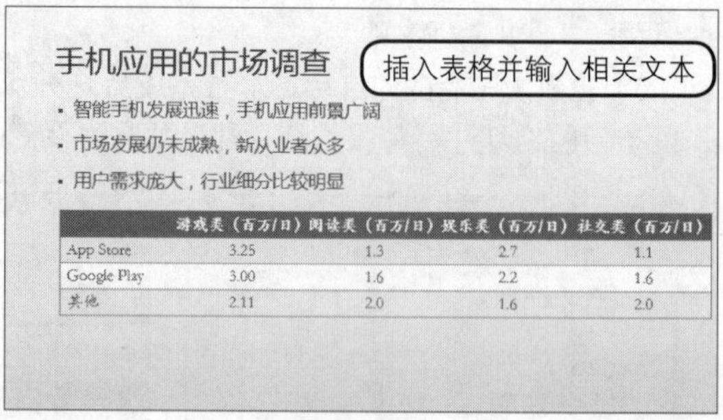

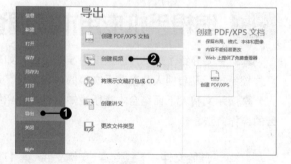

图 17-102

步骤05 编辑第3张幻灯片。继续新建"标题和内容"版式的幻灯片，然后插入"水平层次结构"SmartArt图形，插入后输入文本并设置图形外观，如图17-103所示。

步骤06 选择创建视频。创建完毕后单击"文件"按钮，❶在弹出的菜单中单击"导出"命令，❷然后单击"创建视频"选项，如图17-104所示。

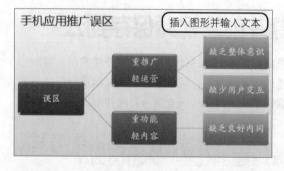

图 17-103

图 17-104

步骤07 选择录制计时和旁白。❶单击"不要使用录制的计时和旁白"右侧的下三角按钮，❷在展开的下拉列表中单击"录制计时和旁白"选项，如图17-105所示。

步骤08 设置要录制的内容。弹出"录制幻灯片演示"对话框，勾选"幻灯片和动画计时"和"旁白、墨迹和激光笔"复选框，单击"开始录制"按钮，如图17-106所示。

图 17-105

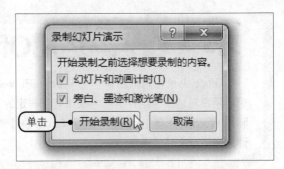

图 17-106

步骤09 开始录制旁白和计时。PowerPoint自动全屏放映演示文稿，并自动记录旁白和计时，如图17-107所示。

步骤10 开始创建视频。录制完毕后返回"创建视频"选项面板，直接单击"创建视频"按钮，如图17-108所示，开始创建视频。

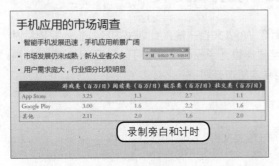

图 17-107

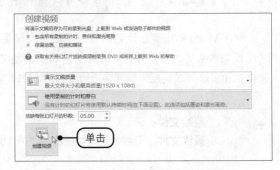

图 17-108

步骤11 将其保存在OneDrive中。弹出"另存为"对话框，❶在对话框中选择OneDrive文件夹，❷输入文件名称，如图17-109所示，然后单击"保存"按钮。

步骤12 查看上传的视频。保存后登录http://onedrive.live.com后输入个人Microsoft账户和密码，便可在界面中看到上传的视频，如图17-110所示。

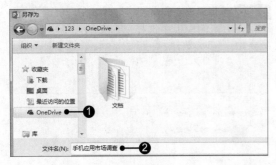

图 17-109

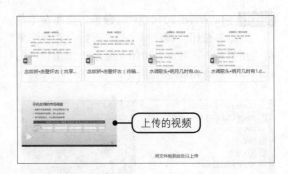

图 17-110

知识点拨 在计算机中安装OneDrive客户端后才会出现OneDrive文件夹

在步骤 11 中，有些用户可能会发现自己的计算机中没有 OneDrive 文件夹，这是因为用户未将 OneDrive 安装到本地计算机中，在计算机中安装 OneDrive 客户端后便会自动显示 OneDrive 文件夹。

第18章 运用Office制作商业计划书

Office 中最常用的组件包括 Word、PowerPoint 和 Excel 三个，通过前面章节的介绍，想必用户对这三个组件的基本操作有了一定的了解，那么本章就以商业计划书为例，来介绍利用 Word 制作商业计划书、利用 Excel 统计资金和财务情况以及利用 PowerPoint 制作商业计划书演示文稿的操作方法。

18.1 在Word中编辑商业计划书

利用 Word 制作商业计划书时，用户首先需要新建 Word 文档并输入计划书内容，输入完毕后通过设置文本格式、对齐方式、段落缩进和间距使文档显得较为专业，同时还可以利用 Word 提供的预设样式和多级列表功能来调整商业计划书，使其内容层次更加分明。

原始文件：无
最终文件：下载资源 \ 实例文件 \ 第 18 章 \ 最终文件 \ 商业计划书 .docx

18.1.1 新建并保存文档

用户编辑商业计划书的第一步操作就是新建一个空白文档，然后将商业计划书的具体内容输入到文档中，输入完毕后为防止数据的丢失，需要将其保存在计算机中，在保存时可以手动设置其保存位置和文件名。

步骤01 启动Word 2016组件。❶单击桌面左下角的"开始"按钮，❷在弹出的"开始"菜单中单击"所有程序> Word 2016"命令，如图18-1所示，即可启动Word 2016组件。

步骤02 选择新建空白文档。打开Word 2016启动菜单，在右侧的模板中选择空白文档，单击对应的缩略图，如图18-2所示。

图 18-1

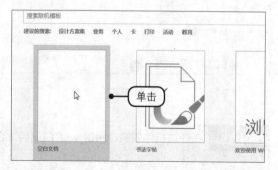

图 18-2

步骤03 输入文本。此时可看到新建的空白文档，在文档中输入商业计划书的文本内容，利用【Enter】键可以实现换行，输入后的文本如图18-3所示。

步骤04 选择保存文档。接下来就需要及时地保存文档，单击文档左上角的"保存"按钮，如图18-4所示。

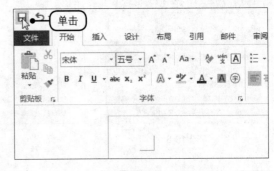

图 18-3　　　　　　　　　　　　　　　　　图 18-4

步骤05 单击"浏览"按钮。❶Word自动切换至"另存为"选项面板，❷在右侧的"另存为"界面中单击"浏览"按钮，如图18-5所示。

步骤06 设置保存位置和文件名。弹出"另存为"对话框，❶在地址栏中设置保存位置，❷在"文件名"右侧的文本框中输入"商业计划书"文本，如图18-6所示，然后单击"保存"按钮。

步骤07 查看保存后的文档。返回文档窗口，此时可看到文档的标题栏显示了步骤06手动设置的文件名"商业计划书"，如图18-7所示。

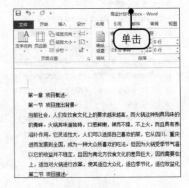

图 18-5　　　　　　　　　　图 18-6　　　　　　　　　　图 18-7

18.1.2　设置文本格式与对齐方式

在新建的"商业计划书"中，文档默认的文本格式和对齐方式并不能突显文档的专业性，因此用户还需要手动调整其文本格式和对齐方式。

步骤01 选择所有的文本。继续上小节中的"商业计划书"文档，按【Ctrl+A】组合键，选中所有的文本，如图18-8所示。

步骤02 单击"字体"组的对话框启动器。❶切换至"开始"选项卡，❷单击"字体"组中的对话框启动器，如图18-9所示。

步骤03 设置字体和字号。弹出"字体"对话框，❶设置"中文字体"为"华文中宋"，❷"西文字体"为"Times New Roman"，❸"字号"为"五号"，❹"字体颜色"为"黑色，文字1"，如图18-10所示，然后单击"确定"按钮。

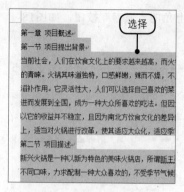

图 18-8

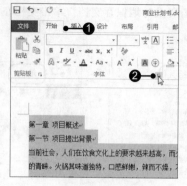

图 18-9

图 18-10

步骤04 选择要更改对齐方式的文本段落。返回文档中，选择要更改对齐方式的段落，例如选择章名所在的段落，如图18-11所示。

步骤05 设置对齐方式为居中对齐。单击"开始"选项卡下"段落"组中的"居中"按钮，设置章名所在段落对齐方式为居中对齐，如图18-12所示。

步骤06 查看设置后的文档。用相同的方法为其他章名设置居中对齐方式，可看到设置文本格式和对齐方式后的文档效果，如图18-13所示。

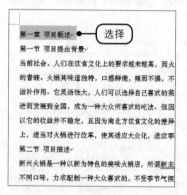

图 18-11

图 18-12

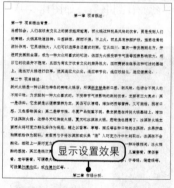

图 18-13

18.1.3 调整段落缩进与间距

调整段落缩进与间距可以让文档的专业性更上一层楼，为文档中指定段落设置首行缩进2个字符，可使得文档显得段落分明，而调整合适的段落间距则可以让用户更轻松地阅读文档。

步骤01 选择要调整段落格式的文本。继续上小节中的"商业计划书"文档，选择要调整段落格式的文本，如选择"项目概述"下方的文本段落，如图18-14所示。

步骤02 单击段落组中的对话框启动器。单击"开始"选项卡下"段落"组中的对话框启动器，如图18-15所示。

步骤03 设置段落缩进属性。弹出"段落"对话框，❶在"缩进和间距"选项卡下的"缩进"选项组中设置段落的左、右侧缩进值均为"0字符"，❷设置"特殊格式"为"首行缩进"，此时"缩进值"自动变为"2字符"，❸在"间距"选项组中设置段前、后的间距为"0行"，❹然后设置"行距"为"固定值"，"设置值"为"23磅"，如图18-16所示，设置后单击"确定"按钮。

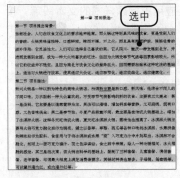
图 18-14

图 18-15

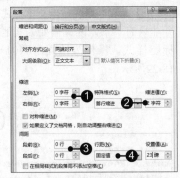
图 18-16

步骤04 选择使用格式刷。返回文档中，❶此时可看到调整段落缩进和间距属性后的显示效果，❷将光标定位在已设置段落缩进和间距属性的段落任意位置处，❸单击"开始"选项卡下"剪贴板"组中的"格式刷"按钮，如图18-17所示。

步骤05 为其他内容复制段落属性。此时鼠标指针呈刷子状，将其移至要调整段落缩进和间距属性的段落开始处，按住鼠标左键不放，然后拖动鼠标选择要设置的文本段落，如图18-18所示。

步骤06 查看设置缩进和间距属性后的段落。❶释放鼠标便可看到所选段落自动应用了步骤03所设置的段落属性，❷使用相同的方法为其他文本段落应用步骤03所设置的段落属性，设置后的段落显示效果如图18-19所示。

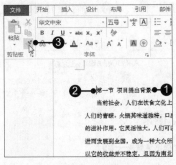
图 18-17

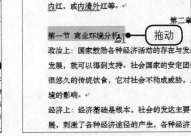
图 18-18

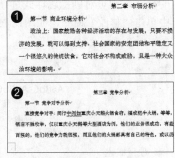
图 18-19

18.1.4 对大标题应用样式

商业计划书中包含了不少作为标题的文本，为了能够让新员工一眼就知道这些文本是标题，可以对其应用 Word 预设的标题样式。

步骤01 为指定文本应用标题样式。继续上小节中的"商业计划书"文档，❶将光标定位在"第一章 项目概述"所在段落，❷在"开始"选项卡下的"样式"组中选择"标题"样式，如图18-20所示。

步骤02 查看应用标题样式后的文本。将光标移至"第一章 项目概述"文本的任意位置，便可看到三角形状的折叠按钮，如图18-21所示，单击该按钮可隐藏下方所有的文本内容。

图 18-20

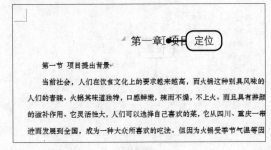
图 18-21

步骤03 为其他章名应用文本样式。由于本文档中并非只有一章，因此需要为其他章名应用相同的标题样式，操作方法同步骤01~02，效果如图18-22所示。

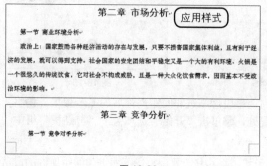

图 18-22

步骤04 选择需要应用副标题样式的文本段落。接下来为每章的节名应用副标题样式，❶将光标定位在"第一节 项目提出背景"文本所在段落的任意位置，❷单击"开始"选项卡下"样式"组中的快翻按钮，如图18-23所示。

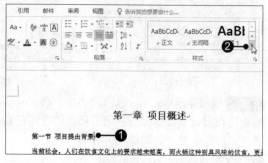

图 18-23

步骤05 为其应用副标题样式。在展开的样式库中选择"副标题"样式，为其应用副标题样式，如图18-24所示。

步骤06 调整副标题的字体和对齐方式。❶随后可看到应用副标题样式后的节效果，如果发现不是想要的样式，则可对副标题样式进行修改，❷右击"样式"组中的"副标题"样式，❸在弹出的快捷菜单中单击"修改"命令，如图18-25所示。

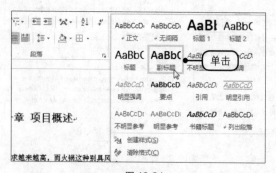

图 18-24

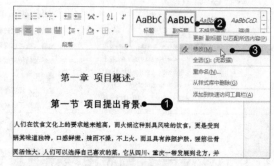

图 18-25

步骤07 修改样式。弹出"修改样式"对话框，在"格式"选项组中设置"字体"为"华文中宋"，"字号"为"四号"，单击"加粗"按钮取消加粗字体，设置"对齐方式"为"两端对齐"，如图18-26所示，然后单击"确定"按钮。

步骤08 显示修改样式后的效果。返回文档中，即可看到修改副标题样式后的文档效果，如图18-27所示。

图 18-26

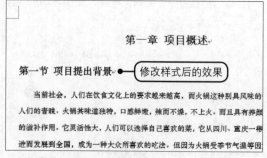

图 18-27

步骤09 为第二章的节名应用副标题样式。依次选择第二章的节名，为第二章的所有节名应用副标题样式，如图18-28所示。

步骤10 为第三章的节名应用副标题样式。使用相同的方法为第三章的节名应用副标题样式，如图18-29所示。

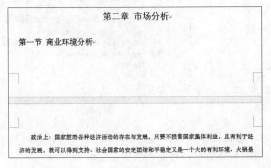

图 18-28　　　　　　　　　　　　　　　　图 18-29

步骤11 显示"导航"任务窗格。❶切换至"视图"选项卡，❷在"显示"组中勾选"导航窗格"复选框，如图18-30所示。

步骤12 定位文本位置。此时可看到文档的左侧出现一个"导航"任务窗格，在该窗格中可看到应用了标题和副标题样式的章节名和节名，❶单击要查看的章节名，❷即可发现右侧的文本内容定位到了该章节处，如图18-31所示。

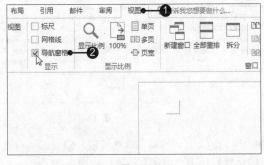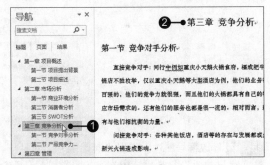

图 18-30　　　　　　　　　　　　　　　　图 18-31

18.1.5　对小标题使用多级列表调整层级

商业计划书中的大标题固然可以为其套用 Word 预设的标题样式，那么文档中的小标题呢？这里所说的小标题属于正文内容，为其套用标题样式不符合初始的设定，此时用户可以为其套用多级列表，然后调整列表的层级及更改列表的编号。

步骤01 选择需要应用多级列表的段落。继续上小节中的"商业计划书"文档，选择"第五章 营销"包含的文本段落，如图18-32所示。

步骤02 应用指定的多级列表样式。❶单击"开始"选项卡下"段落"组中的"多级列表"按钮，❷在展开的库中选择合适的样式，如选择"列表库"组中的第一种列表样式，如图18-33所示。

步骤03 选择要更改列表级别的段落。在文档中可看到应用所选列表样式的段落，选择要更改列表级别的段落，如选择1.5～1.11的内容，如图18-34所示。

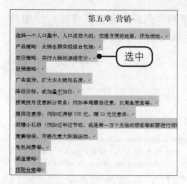

图 18-32

图 18-33

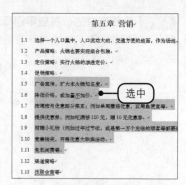

图 18-34

步骤04 将其列表级别更改为3级。❶单击"编号"按钮，❷在展开的下拉列表中单击"更改列表级别"选项，❸然后在展开的子列表中选择"3级"样式，如图18-35所示，将其列表级别更改为3级。

步骤05 查看更改列表级别后的段落。在文档中可看到更改列表级别后的段落，步骤03中所选段落的编号自动更改为1.4.1～1.4.7，如图18-36所示。

步骤06 设置编号值。❶右击"1.1"编号，❷在弹出的快捷菜单中单击"设置编号值"命令，如图18-37所示。

图 18-35

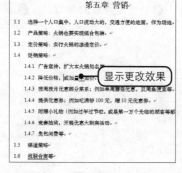

图 18-36

图 18-37

步骤07 修改编号属性。弹出"起始编号"对话框，❶单击"继续上一列表"单选按钮，❷勾选"前进量（跳过数）"复选框，❸在下方设置编号值为5.1，❹设置后单击"确定"按钮，如图18-38所示。

步骤08 查看调整编号值之后的文本段落。在文档中可看到调整编号值之后的段落，编号值全部以5开始，如图18-39所示。

步骤09 调整4级列表的编号值。使用相同的方法为其他指定的文本段落应用并更改列表级别，如果用户对03级列表的设置不满意，❶可选中3级列表，❷单击"编号"按钮，❸在展开的列表中单击新的编号值，如图18-40所示。

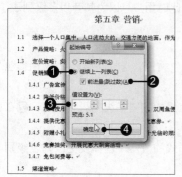

图 18-38

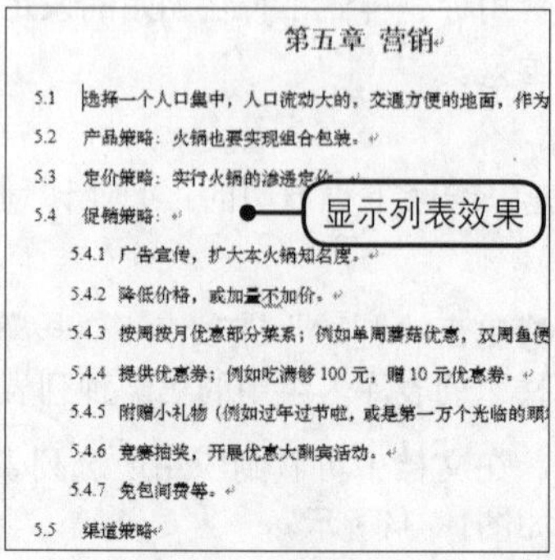

图 18-39

图 18-40

步骤10 启动"段落"组中的对话框启动器。设置了编号值后，可以发现文本内容和编号之间的距离太远，显得不是很美观，❶选中要设置缩进值的文本内容，❷单击"段落"组中的对话框启动器，如图18-41所示。

步骤11 设置缩进值。弹出"段落"对话框，在"缩进"选项组中设置"左侧"为"1.5厘米"，"右侧"为"0字符"，"特殊格式"为"无"，如图18-42所示，然后单击"确定"按钮。

步骤12 显示设置后的效果。返回文档中，即可看到设置缩进值后的文本效果，如图18-43所示。

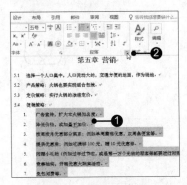

图 18-41

图 18-42

图 18-43

18.2 设计商业计划书外观

完成商业计划书的内容制作后，还可以为其添加封面、页眉和页码来进行完善，封面的添加可以通过选择 Word 预设的样式来实现，页眉处可以添加图片，而添加页码时则无需为封面添加页码，即从正文页开始添加。

18.2.1 设计商业计划书封面

为商业计划书添加封面可以让商业计划书册显得更专业。Word 2016 提供了很多封面样式，用户可以选择合适的样式作为商业计划书的封面，然后添加标题文本等内容进行完善。

步骤01 选择封面样式。继续上小节中的"商业计划书"文档，❶切换至"插入"选项卡，❷单击"页面"组中的"封面"按钮，❸在展开的库中选择封面，如选择"丝状"样式，如图18-44所示。

步骤02 调整显示的日期。在文档中可看到套用"丝状"样式后的封面，❶选中"日期"，单击右侧的下三角按钮，❷在展开的日期控件中单击"今日"按钮，如图18-45所示。

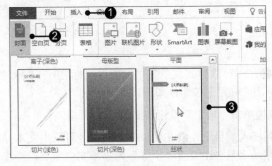

图 18-44

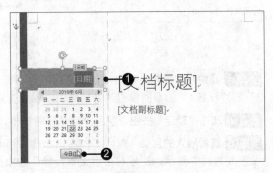

图 18-45

步骤03 输入文档标题并调整文本框的大小。❶接着在右侧输入文档的标题"商业计划书"，删除副标题，❷然后将鼠标指针移至标题文本框右侧中部，直至鼠标指针呈双向箭头，按住鼠标左键不放向右拖动，增大标题文本框的宽度，如图18-46所示。

步骤04 输入作者和公司名称。接着在封面所在页面的底部输入作者和公司名称，如图18-47所示。

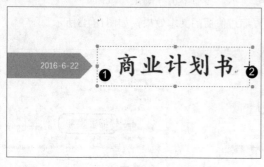

图 18-46

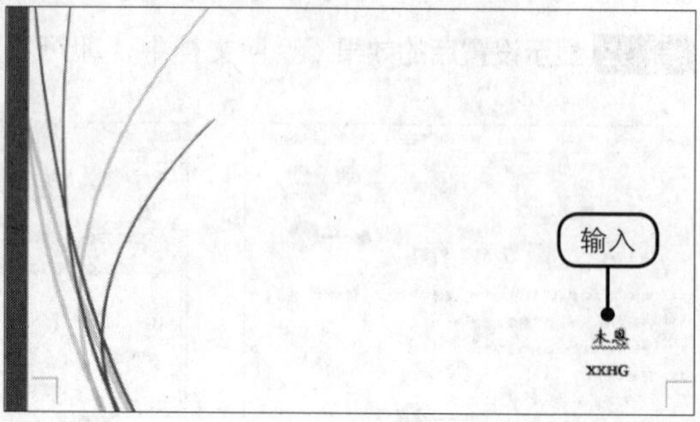

图 18-47

18.2.2　自动生成计划书目录

当商业计划书中的内容较多时，用户可以运用 Word 提供的自动生成目录功能为其制作内容目录，以便能够快速查找到指定的内容。

步骤01 选择目录的插入位置。继续上小节中的"商业计划书"文档，将光标定位在"第一章 项目概述"最前端，如图18-48所示，选择在此处插入目录。

步骤02 选择自定义目录。❶切换至"引用"选项卡，❷单击"目录"组中的"目录"按钮，❸在展开的下拉列表中单击"自定义目录"选项，如图18-49所示。

步骤03 单击"选项"按钮。弹出"目录"对话框，❶勾选"显示页码"和"页码右对齐"复选框，❷然后单击"选项"按钮，如图18-50所示。

图 18-48

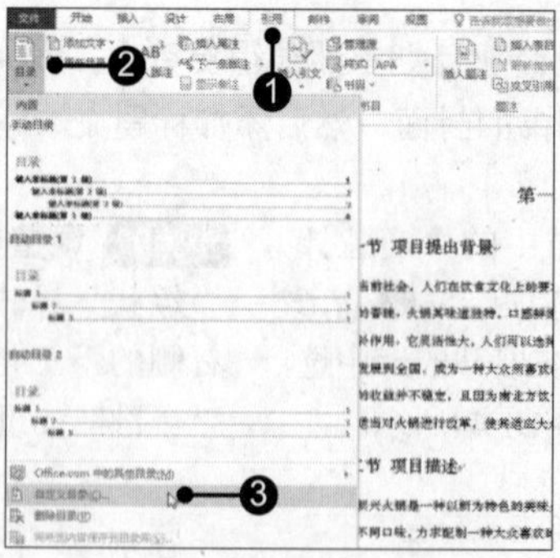

图 18-49

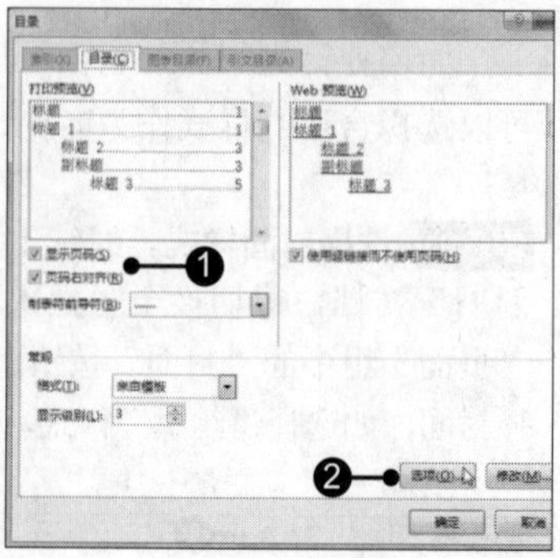

图 18-50

步骤04 调整有效样式。弹出"目录选项"对话框，❶在"有效样式"下方"标题""标题1""标题2"和"标题3"的右侧设置其目录级别，❷设置后单击"确定"按钮，如图18-51所示。

步骤05 单击"确定"按钮。返回"目录"对话框，直接单击"确定"按钮，如图18-52所示。

步骤06 查看插入的目录。返回文档窗口，此时可看到插入的目录，❶在目录顶部输入"目录"文本并设置其为居中显示，然后右击该文本，❷在弹出的浮动工具栏中设置"字体"为"华文中宋"，"字号"为"四号"，如图18-53所示。

图 18-51

图 18-52

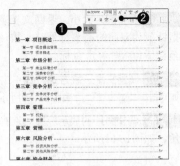
图 18-53

步骤07 选择要查看的内容。若要查看"竞争对手分析"的具体内容，则按住【Ctrl】键不放，然后单击"第一节 竞争对手分析"，如图18-54所示。

步骤08 阅读指定的内容。Word自动显示"竞争对手分析"的内容，如图18-55所示，用户可在该页面中阅读。此外，用户可利用【Enter】键将文本内容下移一页，使得目录单独成为一页。

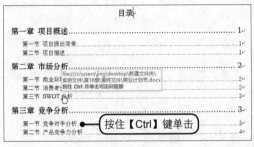
图 18-54

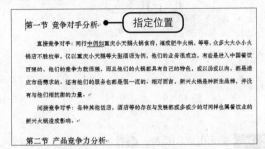
图 18-55

18.2.3 为计划书添加页眉与页码

为商业计划书添加页眉时，可以选择将图片添加到页眉中，而添加页码时，则可以选择从正文页面开始添加，下面就来介绍如何为商业计划书添加页眉和页码。在页眉中插入图片时需要注意：由于图片的大小很难完全适合页眉的空间，因此需要调整图片的大小，同时还可以更改其环绕方式，完成图片的调整后再输入公司的名称，即可完成商业计划书页眉的制作。

步骤01 选择编辑页眉。继续上小节中的"商业计划书"文档，❶单击"插入"选项卡下"页眉和页脚"组中的"页眉"按钮，❷在展开的下拉列表中单击"编辑页眉"选项，如图18-56所示。

步骤02 选择插入图片。❶此时光标定位到页眉的顶端，❷单击"页眉和页脚工具-设计"选项卡下"插入"组中的"图片"按钮，如图18-57所示。

步骤03 选择图片。弹出"插入图片"对话框，❶在路径位置中选择图片的保存位置，❷在列表框中选中缩略图，如图18-58所示，单击"插入"按钮。

图 18-56

图 18-57

图 18-58

步骤04 调整图片大小。返回文档窗口，此时可看到插入的图片，将鼠标指针移至图片右下角，当鼠标指针变为双向的箭头符号时，按住鼠标左键不放，向左上方拖动鼠标，缩小图片，如图18-59所示，拖至合适位置处释放鼠标。

步骤05 调整文字环绕方式。❶单击图片右侧的"布局选项"按钮，❷在展开的库中选择文字环绕方式，如单击"四周型"，如图18-60所示。

步骤06 调整图片的显示位置。选择图片，按住鼠标左键不放，然后拖动图片，使其位于页面的最左上角，如图18-61所示。

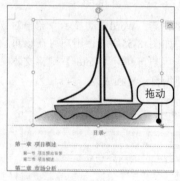

图 18-59

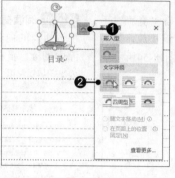

图 18-60

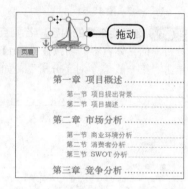

图 18-61

步骤07 关闭页眉和页脚。❶接着在页眉区域中输入"新兴火锅"，❷单击"关闭页眉和页脚"按钮，如图18-62所示。

步骤08 查看设置后的页眉。此时可看到设置后的页眉，最左侧为图片，中间则显示了公司的名称，如图18-63所示。

步骤09 定位光标。将光标定位至目录所在页面的最后一行，如图18-64所示。

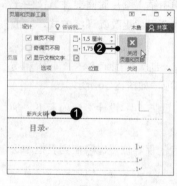

图 18-62

图 18-63

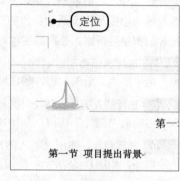

图 18-64

步骤10 插入分节符。❶切换至"布局"选项卡，❷单击"页面设置"组中的"分隔符"按钮，在展开的下拉列表中单击"下一页"选项，如图18-65所示。

步骤11 插入页码。❶单击"插入"选项卡下"页眉和页脚"组中的"页码"按钮，❷在展开的下拉列表中单击"页面底端"选项，❸接着在右侧选择页码样式，如选择"普通数字2"样式，如图18-66所示。

步骤12 取消链接到前一条页眉。❶将光标定位在页码为"0"的页面页码处，❷切换到"页眉和页脚工具-设计"选项卡，❸单击"导航"组中的"链接到前一条页眉"按钮，如图18-67所示。

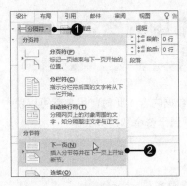

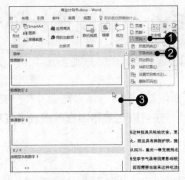

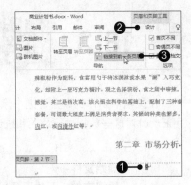

| 图 18-65 | 图 18-66 | 图 18-67 |

步骤13 选择设置页码格式。❶单击"页眉和页脚"组中的"页码"按钮，❷在展开的下拉列表中单击"设置页码格式"选项，如图18-68所示。

步骤14 调整页码格式。弹出"页码格式"对话框，❶设置"起始页码"为"1"，❷然后单击"确定"按钮，如图18-69所示。

步骤15 取消正文内容第2页的链接到前一条页眉。返回文档中，❶将光标定位在文档中正文内容的第2页页码处，❷单击"导航"组中的"链接到前一条页眉"按钮，如图18-70所示。

| 图 18-68 | 图 18-69 | 图 18-70 |

步骤16 插入页码。❶单击"页眉和页脚"组中的"页码"按钮，❷在展开的下拉列表中单击"页面底端"选项，❸接着在右侧选择页码样式，如选择"普通数字2"样式，如图18-71所示。

步骤17 选择关闭页眉和页脚。设置后在"页眉和页脚工具-设计"选项卡中单击"关闭页眉和页脚"按钮，如图18-72所示。

步骤18 查看添加的页码。❶此时可看到目录所在页面并未添加页码，❷正文内容的第1页页码为1，如图18-73所示，而正文其他页码则按照2、3、4……的方式进行编排。

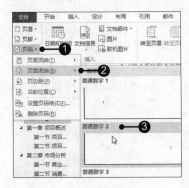

| 图 18-71 | 图 18-72 | 图 18-73 |

18.3 使用Excel对商业计划书中的资金财务进行分析

在文档中制作的商业计划书除了有文本内容，还可能会存在一些数据内容，此时，用户就可以使用 Excel 对这些数据进行录入和统计，还可以在表格中插入图表来直观展示资金和财务数据。

原始文件：无
最终文件：下载资源 \ 实例文件 \ 第 18 章 \ 最终文件 \ 资金财务费 .xlsx

18.3.1 制作投资资金和财务预算表

在 Excel 中制作资金和财务表不仅可以直接输入文本，而且还可以对这些文本进行设置以及套用表格格式等。

步骤01 新建空白工作簿。启动Excel 2016组件，在启动菜单中单击"空白工作簿"图标，选择新建空白工作簿，如图18-74所示。

步骤02 单击"重命名"命令。❶右击空白工作簿中的"Sheet1"工作表标签，❷在弹出的快捷菜单中单击"重命名"命令，如图18-75所示。

步骤03 显示重命名效果。随后工作表标签呈编辑状态，输入名称，然后按下【Enter】键，即可看到重命名的工作表标签效果，应用相同的方法为Sheet2重命名，如图18-76所示。

图 18-74

图 18-75

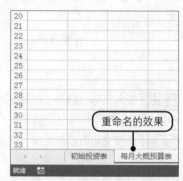

图 18-76

步骤04 输入数据内容并设置格式。根据Word文档中的"资金财务"章节内容，在"初始投资表"工作表中输入要输入的文本内容，并为输入的文本内容设置字体格式，使其变得更为美观，如图18-77所示。

步骤05 继续输入内容并设置格式。应用相同的方法在"每月大概预算表"工作表中输入内容并设置字体格式，如图18-78所示。

步骤06 选择表格格式。❶选中要套用格式的单元格区域，❷单击"开始"选项卡下"样式"组中的"套用表格样式"按钮，❸在展开的库中选择合适的样式，如图18-79所示。

图 18-77

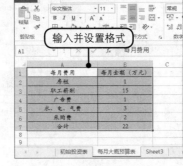
图 18-78

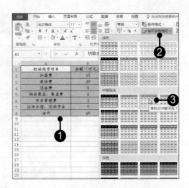
图 18-79

步骤07 选择包含标题。弹出"套用表格式"对话框，❶勾选"表包含标题"复选框，❷单击"确定"按钮，如图18-80所示。

步骤08 取消筛选功能。返回工作表中，❶切换至"数据"选项卡，❷单击"排序和筛选"组中的"筛选"按钮，取消筛选功能，如图18-81所示。

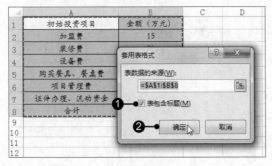
图 18-80

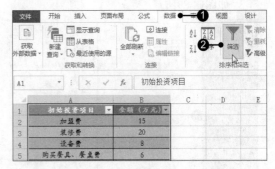
图 18-81

步骤09 查看应用表格格式后的表格。在工作簿窗口中可看到应用格式后的表格，如图18-82所示。

步骤10 继续套用表格格式。应用相同的方法为"每月大概预算表"套用表格格式，如图18-83所示。

步骤11 将表格转换为区域。❶选中套用了表格格式的任意单元格，❷切换至"表格工具-设计"选项卡，❸单击"工具"组中的"转化为区域"按钮，如图18-84所示。

图 18-82

图 18-83

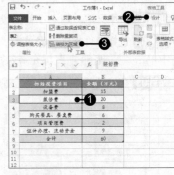
图 18-84

步骤12 确定将表格转换为普通区域。弹出对话框，单击"是"按钮，即可将表格转换为普通区域，如图18-85所示，应用相同的方法还可以将另外一个工作表转换为普通区域。

步骤13 选择保存工作簿。完成表格的编辑后就需要保存工作簿了，单击快速访问工具栏中的"保存"按钮，如图18-86所示。

图 18-85

图 18-86

步骤14 单击"浏览"按钮。❶自动切换至"另存为"面板中，❷在右侧的"另存为"界面中单击"浏览"按钮，如图18-87所示。

步骤15 设置保存位置和文件名。弹出"另存为"对话框，❶在地址栏中设置文件的保存位置，❷然后输入文件名，如图18-88所示，输入完毕后单击"保存"按钮。

步骤16 查看保存后的工作簿。返回工作簿窗口，此时可看到保存后的工作簿标题栏显示的名称发生了变化，如图18-89所示。

图 18-87

图 18-88

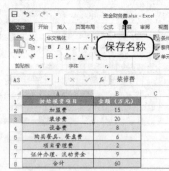

图 18-89

18.3.2 使用条件格式分析

商业计划表工作簿中的数据固然能够直观地展示投资资金的情况，但是若想从这些数据中获取最高或者最低的数据记录项，则无法直观得到结果，此时可以选择使用条件格式来实现。

步骤01 选中区域。选中"初始投资表"工作表中的B2:B7单元格区域，如图18-90所示。

步骤02 选择条件格式。❶单击"开始"选项卡下"样式"组中的"条件格式"按钮，❷在展开的列表中单击"数据条>渐变填充>浅蓝色数据条"选项，如图18-91所示。

步骤03 显示设置格式的效果。随后即可看到添加数据条后的表格效果，如图18-92所示。

图 18-90

图 18-91

图 18-92

步骤04 选择条件格式。❶切换至"每月大概预算表"工作表中，❷选择B2:B6单元格区域，❸单击"开始"选项卡下"样式"组中的"条件格式"按钮，❹在展开的列表中单击"突出显示单元格规则>大于"选项，如图18-93所示。

步骤05 设置条件格式。弹出"大于"对话框，❶设置值为"2"，❷填充颜色为"浅红填充色深红色文本"，❸最后单击"确定"按钮，如图18-94所示。

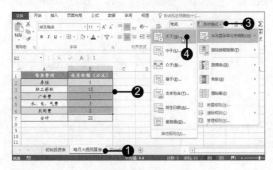

图 18-93

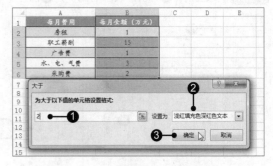

图 18-94

步骤06 显示应用效果。返回工作表中，即可看到应用样式后的表格效果，可发现金额大于2万元的单元格数据被填充了浅红色，且文本被应用了深红色，如图18-95所示。

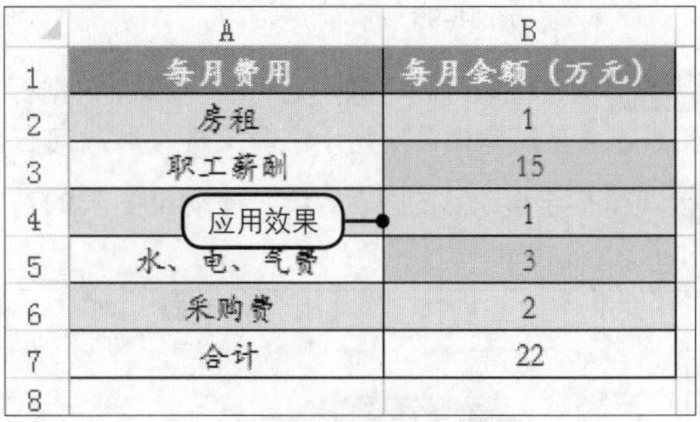

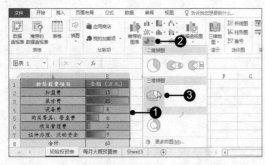

图 18-95

18.3.3 使用数据图表直观展示投资和预算金额

图表比数据更能够直观地展示数据，在商业计划书工作簿中，可以选择创建数据图表来直观展示各项投资的比例效果，创建图表后，通过对图表应用布局样式或者是其他的设置，即可对资金财务的比例一目了然。

步骤01 插入图表。❶选择"初始投资表"工作表中的A1:B7单元格区域，❷单击"插入"选项卡下"图表"组中的"插入饼图或圆环图"按钮，❸在展开的列表中单击"三维饼图"选项，如图18-96所示。

步骤02 显示插的图表效果。❶随后即可看到插入的三维饼图效果，❷然后更改图表标题的内容，如图18-97所示。

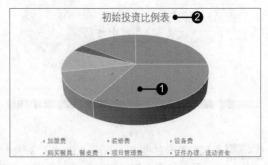

图 18-96

图 18-97

步骤03 添加数据标签。❶单击图表右上角的"图表元素"按钮，❷在弹出的快捷菜单中单击"数据标签>更多选项"选项，如图18-98所示。

步骤04 勾选数据标签选项。工作表的右侧弹出"设置数据标签格式"任务窗格，在"标签选项"下面的"标签包括"组中勾选需要显示的标签的复选框，如图18-99所示。

步骤05 删除图例。❶右击图表中的图例，❷在弹出的快捷菜单中单击"删除"命令，如图18-100所示。

图 18-98

图 18-99

图 18-100

步骤06 移动图表标题。❶随后可看到添加数据标签和删除图例后的图表效果，❷然后选中图表中的图表标题，当鼠标指针变为十字箭头符号后，向右拖动鼠标，如图18-101所示。

步骤07 显示移动后的图表效果。拖动至图表的右上角后，释放鼠标，即可看到图表效果，如图18-102所示。

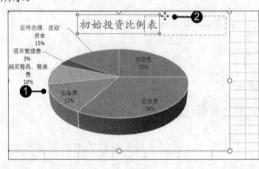

图 18-101

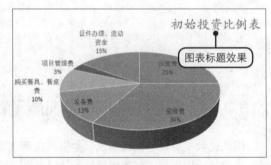

图 18-102

步骤08 继续插入图表。应用相同的方法为另外的工作表数据插入图表，如图18-103所示。

步骤09 更改图表类型。如果对插入的图表类型不满意，❶则可以选中图表，❷切换至"图表工具-设计"选项卡，❸单击"类型"组中的"更改图表类型"按钮，如图18-104所示。

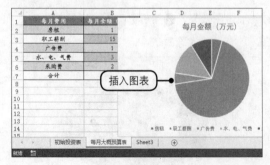

图 18-103

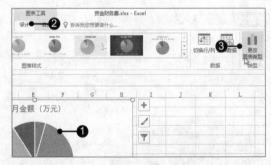

图 18-104

步骤10 选择要更改的图表。弹出"更改图表类型"对话框，❶单击"所有图表"选项卡下的"条形图"选项，❷然后在右侧选择"簇状条形图"，❸单击"确定"按钮，如图18-105所示。

步骤11 选择布局样式。返回工作表中，❶单击"图表工具-设计"选项卡下"图表布局"组中的"快速布局"按钮，❷在展开的列表中单击"布局8"样式，如图18-105所示。

步骤12 设置坐标轴标题格式。❶在坐标轴中输入对应的文本内容，右击图表中的纵坐标轴，❷在弹出的快捷菜单中单击"设置坐标轴标题格式"命令，如图18-107所示。

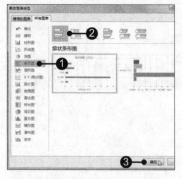

图 18-105

图 18-106

图 18-107

步骤13 设置坐标轴的文字方向。❶右侧弹出"设置坐标轴标题格式"任务窗格，单击"对齐方式"选项组下"文字方向"右侧的下三角按钮，❷在展开的列表中单击"竖排"选项，如图18-108所示。

步骤14 显示设置后的效果。❶返回图表中，可看到设置竖排后的纵坐标轴效果，❷选中图表中的数据系列，如图18-109所示。

图 18-108

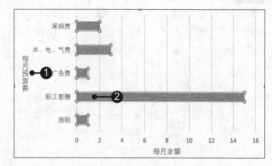

图 18-109

步骤15 设置预设渐变。在工作表的右侧弹出了"设置数据系列格式"任务窗格，❶在"填充与线条"选项下单击"渐变填充"单选按钮，❷单击"预设渐变"右侧的下三角按钮，❸在展开的列表中单击合适的样式，如图18-110所示。

步骤16 设置渐变方向。❶设置预设渐变的"类型"为"射线"，❷单击"方向"右侧的下三角按钮，❸在展开的列表中选择"从右上角"选项，如图18-111所示。

步骤17 设置分类间距。❶切换至"系列选项"，❷拖动鼠标调节"分类间距"，如图18-112所示。

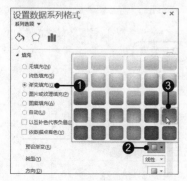

图 18-110

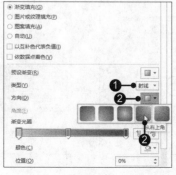

图 18-111

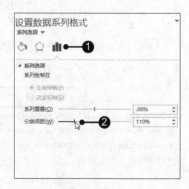

图 18-112

步骤18 设置图表的字体和字号。单击"关闭"按钮，返回工作表中，❶选中图表，❷设置图表中的"字体"为"幼圆"，"字号"为"10"号，如图18-113所示。

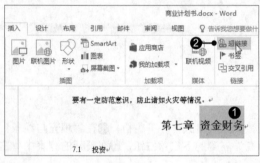

图 18-113

步骤19 显示图表设置后的最终效果。最后即可看到设置后的图表效果，如图18-114所示。

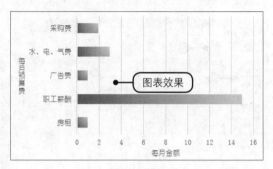

图 18-114

18.3.4 将Excel表格链接到Word文档中

在 Excel 中制作好了表格内容后，可以将其链接到 Word 文档中，以便于直接查看插入的图表效果。

步骤01 单击"超链接"按钮。继续18.2小节中制作好的"商业计划书"文档，❶选中要插入超链接的文本，❷单击"插入"选项卡下"链接"组中的"超链接"按钮，如图18-115所示。

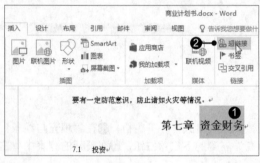

图 18-115

步骤02 选择要链接的文件。弹出"插入超链接"对话框，❶在"查找范围"中找到文件的位置，❷选择要插入的文件，❸最后单击"确定"按钮，如图18-116所示。

图 18-116

步骤03 单击超链接。返回文档中，在插入了超链接的文本处按住【Ctrl】键并单击，如图18-117所示。

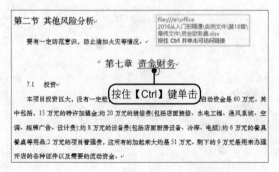

图 18-117

步骤04 显示打开的链接文件。此时自动弹出了插入的超链接文件，如图18-118所示。

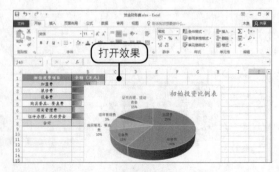

图 18-118

18.4 制作商业计划书演示文稿

为了便于商业计划书的查看，用户可制作商业计划书演示文稿。为了节约时间，用户可以将已经制作好的商业计划书导入 PowerPoint中，并在大纲视图下调整结构和使用节对幻灯片的内容进行分组。

原始文件： 无
最终文件： 下载资源\实例文件\第 18 章\最终文件\商业计划书演示文稿.pptx

18.4.1 将Word内容导入幻灯片

将 Word 内容导入幻灯片的操作方法主要有两种：第一种是在 Word 中导入，第二种是在 PowerPoint 中导入，下面介绍具体的操作方法。

步骤01 单击"选项"命令。继续上小节中制作好的"商业计划书"文档，❶单击"文件"按钮，❷在弹出的菜单中单击"选项"命令，如图18-119所示。

步骤02 选择所有命令。弹出"Word选项"对话框，❶单击左侧的"快速访问工具栏"选项，❷接着在右侧的"从下列位置选择命令"下拉列表中选择"所有命令"，如图18-120所示。

步骤03 添加"发送到Microsoft PowerPoint"命令。❶在列表框中选择"发送到Microsoft PowerPoint"命令，❷然后在右侧单击"添加"按钮，如图18-121所示。

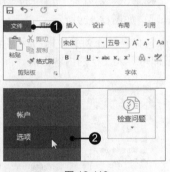
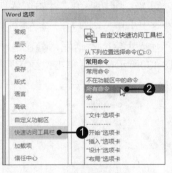

图 18-119   图 18-120   图 18-121

步骤04 保存退出。❶此时在"自定义快速访问工具"下方看到添加的"发送到Microsoft PowerPoint"命令，❷单击"确定"按钮保存退出，如图18-122所示。

步骤05 选择"发送到Microsoft PowerPoint"命令。返回文档窗口，在快速访问工具栏中单击"发送到Microsoft PowerPoint"按钮，如图18-123所示。

步骤06 查看自动生成的演示文稿。系统自动启动PowerPoint组件，并且生成了含有商业计划书内容的幻灯片，如图18-124所示。

图 18-122   图 18-123   图 18-124

步骤07 单击"保存"按钮。若要保存自动生成的演示文稿，则在快速访问工具栏中单击"保存"按钮，如图18-125所示。

步骤08 单击"浏览"按钮。❶自动切换至"另存为"选项面板，❷在"另存为"界面中单击"浏览"按钮，如图18-126所示。

步骤09 设置保存位置和文件名。弹出"另存为"对话框，❶在地址栏中设置演示文稿的保存位置，❷在"文件名"右侧输入文稿名称"商业计划书演示文稿"，如图18-127所示，单击"保存"按钮。

图 18-125

图 18-126

图 18-127

步骤10 查看保存后的演示文稿。返回演示文稿窗口，此时可看到演示文稿的名称变成了"商业计划书演示文稿"，如图18-128所示。

步骤11 从大纲新建幻灯片。除了以上方法之外，还可以使用另外一种方式导入文档内容，启动PowerPoint 2016组件，新建空白演示文稿，❶切换至"开始"选项卡，❷单击"幻灯片"组中的"新建幻灯片"按钮，❸在展开的下拉列表中单击"幻灯片（从大纲）"选项，如图18-129所示。

步骤12 插入商业计划书文档。弹出"插入大纲"对话框，❶在地址栏中选择商业计划书文档的保存位置，❷选中商业计划书文档，如图18-130所示，最后单击"插入"按钮即可导入文档的内容。

图 18-128

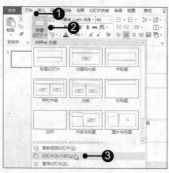

图 18-129

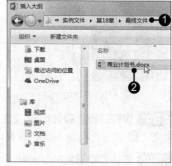

图 18-130

18.4.2 使用大纲视图调整结构

通过"商业计划书"文档导入PowerPoint中所生成的演示文稿并不能立即投入使用，需要做进一步的编辑和完善。由于自动生成的商业计划书演示文稿的幻灯片内容比较混乱，存在一些疏漏的内容及标题级别不恰当，因此需要用户在大纲视图下进行调整。

步骤01 切换至大纲视图。继续上小节中的"商业计划书演示文稿"，❶切换至"视图"选项卡，❷单击"演示文稿视图"组中的"大纲视图"按钮，如图18-131所示。

步骤02 删除无用的幻灯片。❶利用【Ctrl】键选中第1张和第2张幻灯片并右击，❷在弹出的快捷菜单中单击"删除幻灯片"命令，如图18-132所示。

步骤03 降低列表级别。❶随后可看到删除幻灯片后，第3张幻灯片变为了第1张，在左侧的大纲窗格中选择要降低列表级别的标题内容，将光标定位在其所在的位置，❷单击"开始"选项卡下"段落"组中的"降低列表级别"按钮，如图18-133所示。

图 18-131

图 18-132

图 18-133

步骤04 显示降低列表级别后的效果。此时在大纲窗格中可看到所选标题由副标题变成了标题，并且该标题单独占据一张幻灯片，如图18-134所示。

步骤05 提高列表级别。❶在左侧的大纲窗格中选择要提高列表级别的幻灯片，如第3张幻灯片，将光标定位在其所在的位置，❷切换至"开始"选项卡，❸单击"段落"组中的"提高列表级别"按钮，如图18-135所示。

步骤06 查看提高列表级别后的标题内容。操作后可看见步骤05中所定位的标题自动变成了上一张相邻幻灯片中的第1级副标题，使用相同方法提高其他相关内容的列表级别，如图18-136所示。

图 18-134

图 18-135

图 18-136

步骤07 显示内容较多的幻灯片效果。将某些标题内容变为上一张幻灯片的副标题后，可以发现由于内容太多，造成了文本的拥挤，显得不是很美观，如图18-137所示。

步骤08 新建幻灯片。此时可以在该幻灯片的下方插入一张幻灯片放置过多的内容，❶右击要在其下方插入新幻灯片的幻灯片，❷在弹出的快捷菜单中单击"新建幻灯片"命令，如图18-138所示。

步骤09 显示新建的幻灯片效果。随后即可看到幻灯片的下方新建了一张空白的幻灯片，如图18-139所示。

图 18-137

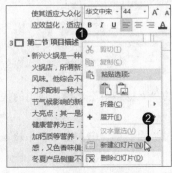

图 18-138

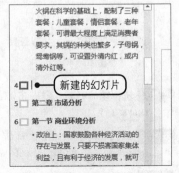

图 18-139

步骤10 剪切并粘贴幻灯片内容。在第3张幻灯片中剪切出过多的幻灯片内容，然后将剪切后的文本内容粘贴至第4张幻灯片中的副标题文本框中，随后即可看到如图18-140所示的效果。

步骤11 切换至幻灯片浏览视图。单击"视图"选项卡下"演示文稿视图"组中的"幻灯片浏览"按钮，如图18-141所示。

步骤12 查看调整结构后的演示文稿。此时可浏览调整结构后的幻灯片效果，如图18-142所示。

图 18-140

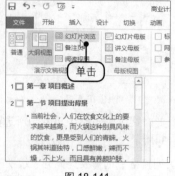

图 18-141

图 18-142

18.4.3　使用节分组幻灯片内容

没有章名幻灯片的演示文稿可能看上去衔接不太紧密，为了弥补这一缺陷，用户可以新增节并将节名命名为章名。

步骤01 切换至普通视图。继续上小节中的"商业计划书演示文稿"，❶切换至"视图"选项卡，❷单击"演示文稿视图"组中的"普通"按钮，如图18-143所示。

步骤02 删除章名所在的幻灯片。❶右击含有第一章章名的幻灯片缩略图，❷在弹出的快捷菜单中单击"删除幻灯片"命令，如图18-144所示。

步骤03 新增节。❶选中第1张幻灯片，❷切换至"开始"选项卡，❸单击"幻灯片"组中的"节"下三角按钮，❹在展开的下拉列表中单击"新增节"选项，如图18-145所示。

图 18-143

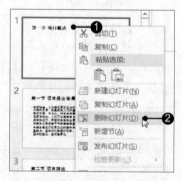

图 18-144

图 18-145

步骤04 选择重命名节。❶右击添加的"无标题节"，❷在弹出的快捷菜单中单击"重命名节"命令，如图18-146所示。

步骤05 输入节名称。弹出"重命名节"对话框，❶在文本框中输入节名称"项目概述"，❷然后单击"重命名"按钮，如图18-147所示。

步骤06 显示重命名节后的效果。随后即可看到该节被命名为"项目概述"，如图18-148所示。

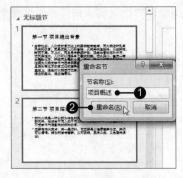

图 18-146 　　　　　　 图 18-147 　　　　　　 图 18-148

步骤07 删除幻灯片。❶继续选中章名所在的幻灯片并右击，❷在弹出的快捷菜单中单击"删除幻灯片"命令，如图18-149所示。

步骤08 继续新增节。❶选中第4张幻灯片并右击，❷在弹出的快捷菜单中单击"新增节"命令，如图18-150所示。

步骤09 重命名节。❶右击添加的"无标题节"，❷在弹出的快捷菜单中单击"重命名节"命令，如图18-151所示。

图 18-149 　　　　　　 图 18-150 　　　　　　 图 18-151

步骤10 输入节名称。弹出"重命名节"对话框，❶在文本框中输入节名称"市场分析"，❷单击"重命名"按钮，如图18-152所示。

步骤11 显示重命名后的效果。随后即可看到重命名节后的幻灯片效果，如图18-153所示。

步骤12 继续删除章名幻灯片并重命名节。使用相同的方法删除章名所在的幻灯片，并在章名下的幻灯片处新增并重命名与章名相同的节名称，效果如图18-154所示。

图 18-152 　　　　　　 图 18-153 　　　　　　 图 18-154

步骤13 全部折叠节。❶单击"开始"选项卡下"幻灯片"组中的"节"下三角按钮，❷在展开的下拉列表中单击"全部折叠"选项，如图18-155所示。

步骤14 查看折叠后的显示效果。此时可看到全部折叠后，幻灯片浏览窗格中只显示了添加的节名，如图18-156所示。

步骤15 查看某一节包含的幻灯片。若要查看某一节包含的幻灯片，则单击其所在节名左侧的"展开节"按钮即可，如图18-157所示。

图 18-155

图 18-156

图 18-157

18.4.4 插入并设置SmartArt图形样式

在某些情况下，为了使幻灯片中的某些内容直观地展示，可以在幻灯片中插入 SmartArt 图形样式。

步骤01 复制幻灯片。❶选中第8张幻灯片并右击，❷在弹出的快捷菜单中单击"复制幻灯片"命令，如图18-158所示。

步骤02 插入SmartArt图形。❶可看到在该幻灯片的下方插入了一张与之相同的幻灯片，❷删除第8张幻灯片中的副标题文本，❸单击"插入"选项卡下"插图"组中的"SmartArt"按钮，如图18-159所示。

步骤03 选择图形样式。弹出"选择SmartArt图形"对话框，❶单击"循环"选项，❷然后在该选项组中双击合适的图形样式，如图18-160所示。

图 18-158

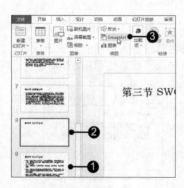
图 18-159

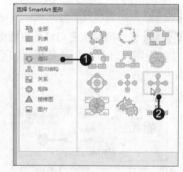
图 18-160

步骤04 调整图形大小。在该幻灯片中即可看到插入的图形效果，由于插入的图形太大，影响到了标题内容，可选中该图形，将鼠标指针放置在图形的边框中间处，当鼠标指针变为双向的箭头符号时，向下拖动鼠标，如图18-161所示。

步骤05 输入文本。拖动到合适的位置后释放鼠标即可，然后在该图形中输入对应的文本内容，如图18-162所示。

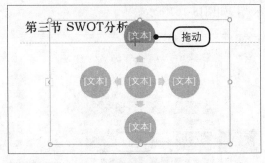

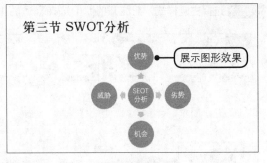

图 18-161　　　　　　　　　　　　　　　　　图 18-162

步骤06 更改图形颜色。选中该图形，❶切换至"SmartArt工具-设计"选项卡下，❷单击"SmartArt样式"组中的"更改颜色"下三角按钮，❸在展开的列表中选择合适的图形颜色，如图18-163所示。

步骤07 美化图形样式效果。随后即可看到更改颜色后的图形样式效果，更改图形中的文本字体和字号，使其更为美观，效果如图18-164所示。

步骤08 删除复制幻灯片中的标题。切换至复制的幻灯片即第9张幻灯片中，删除标题，即可得到如图18-165所示的幻灯片效果。

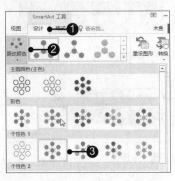

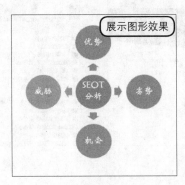

图 18-163　　　　　　　　　　图 18-164　　　　　　　　　　图 18-165

18.5　设计计划书幻灯片并发布为视频

完成商业计划书演示文稿的内容编辑后，为了能够供多个人观看，且减少人力财力的开销，用户可以将该演示文稿发布为视频，不过在发布视频之前，用户需要为演示文稿应用主题、美化版式及添加培训旁白和动画效果。

原始文件：无
最终文件：下载资源 \ 实例文件 \ 第 18 章 \ 最终文件 \ 商业计划书演示文稿 .mp4

18.5.1　使用主题统一整体风格

利用商业计划书文档所创建的商业计划书演示文稿默认是没有应用任何主题的，为了使演示文稿整体看上去更加专业，可以为其应用 PowerPoint 预设的主题。

步骤01 单击快翻按钮。继续上小节中的"商业计划书演示文稿"，❶选中任意一张幻灯片，❷切换至"设计"选项卡，❸单击"主题"组中的快翻按钮，如图18-166所示。

步骤02 选择主题样式。在展开的库中选择合适的主题样式，如图18-167所示。

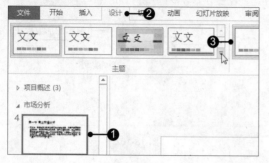

图 18-166

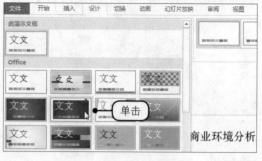

图 18-167

步骤03 显示应用主题样式的效果。随后即可看到应用主题样式后的文稿效果，如图18-168所示。

步骤04 选择变体颜色。单击"变体"组中的快翻按钮，在展开的列表中单击"颜色>黄绿色"选项，如图18-169所示。

图 18-168

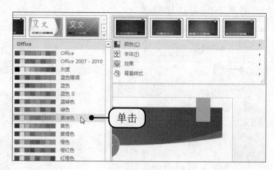

图 18-169

步骤05 显示更改变体颜色后的效果。返回文稿中，即可看到改变变体颜色后的文稿效果，如图18-170所示。

步骤06 调整文稿中的文本框大小。应用了样式后，还需要对文稿中的某些幻灯片的文本框大小进行调整，以便于文本内容能够清晰地显示在文稿中，将鼠标指针放置在要调整文本框的边框中部，当其变为双向的箭头符号时，向下拖动鼠标，如图18-171所示。

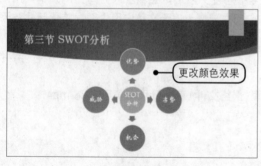

图 18-170

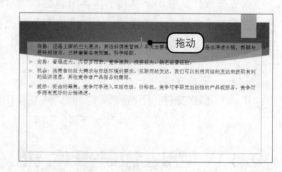

图 18-171

步骤07 显示调整后的效果。随后即可看到调整文本框大小后的幻灯片效果，如图18-172所示。

步骤08 继续调整文本框。应用相同的方法对其他需要调整文本框大小的幻灯片进行调整，调整后的效果如图18-173所示。

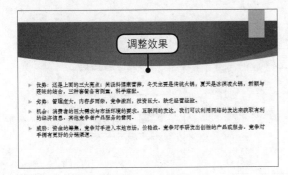

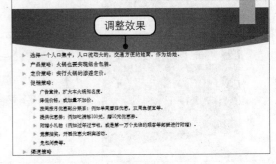

图 18-172   图 18-173

18.5.2 录制旁白

用户可以为演示文稿添加旁白,这样观众在浏览幻灯片的同时又可听到录制的旁白,帮助观众更快地理解幻灯片中的内容。

步骤01 选择从头开始录制。继续上小节中的"商业计划书演示文稿",❶切换至"幻灯片放映"选项卡,❷单击"设置"组中的"录制幻灯片演示"按钮,❸在展开的下拉列表中单击"从头开始录制"选项,如图18-174所示。

步骤02 选择录制旁白。弹出"录制幻灯片演示"对话框,❶勾选"旁白、墨迹和激光笔"复选框,❷单击"开始录制"按钮,如图18-175所示。

步骤03 切换至下一张幻灯片。PowerPoint自动全屏放映幻灯片,在顶部显示录制时间,用户可通过麦克风进行讲解,完成当前幻灯片的旁白添加之后,可以选择切换至下一张幻灯片,单击"下一项"按钮,如图18-176所示。

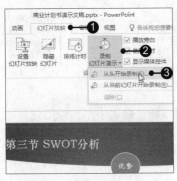

图 18-174   图 18-175   图 18-176

步骤04 撤销当前幻灯片的旁白计时。此时PowerPoint自动开始录制,当前幻灯片的录制时间从0开始,而演示文稿的录制时间则从上一张幻灯片的录制结束时的时间开始计时。若要撤销当前幻灯片的旁白计时,单击"撤销"按钮即可,如图18-177所示。

步骤05 继续录制。撤销后,PowerPoint自动暂停录制,若要选择继续录制,在弹出的对话框中单击"继续录制"按钮即可,如图18-178所示。

步骤06 查看录制后的幻灯片。使用相同的方法为其他幻灯片录制旁白,录制完毕后按下【Esc】键,可在演示文稿窗口中看到每张幻灯片右下角都显示了喇叭状图标,即成功添加旁白,如图18-179所示。

图 18-177

图 18-178

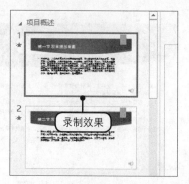

图 18-179

18.5.3 添加动态效果

为了让制作的演示文稿在播放时更加流畅，用户可以选择为其添加动态效果，既可以为指定标题添加动画效果，也可以为每张幻灯片设置切换效果。

步骤01 选择要添加动画效果的标题。继续上小节中的"商业计划书演示文稿"，选择要添加动画效果的标题，如选择第1张幻灯片中的标题文本框，如图18-180所示。

步骤02 添加进入效果。❶切换至"动画"选项卡，单击"动画"组中的快翻按钮，❷在展开的库中单击"轮子"动画效果，如图18-181所示。

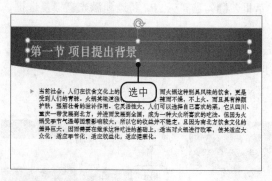

图 18-180

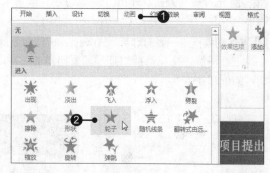

图 18-181

步骤03 显示应用后的动画效果。应用相同的方法为其他文本框应用动画效果，即可看到应用动画后的幻灯片效果，如图18-182所示。

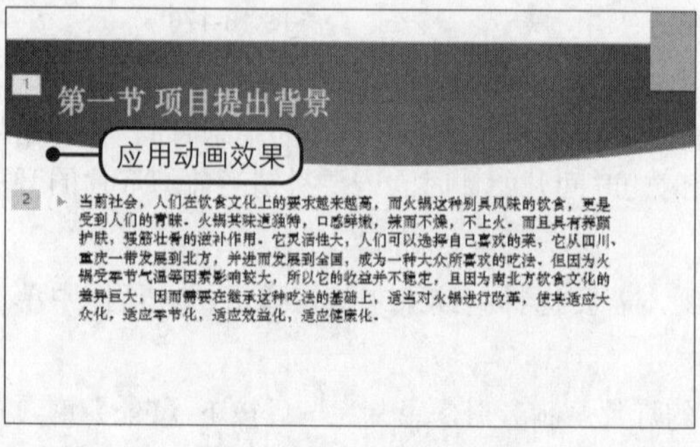

步骤04 单击快翻按钮。❶选中第一张幻灯片，❷切换至"切换"选项卡，❸单击"切换到此幻灯片"组中的快翻按钮，如图18-183所示。

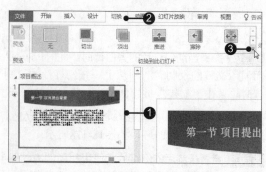

图 18-182

图 18-183

步骤05 添加切换效果。在展开的库中选择切换效果样式，如选择"帘式"样式，如图18-184所示。

步骤06 为其他幻灯片添加动画效果和切换效果。使用相同的方法为演示文稿中的其他幻灯片添加动画效果和切换效果，最终效果如图18-185所示。

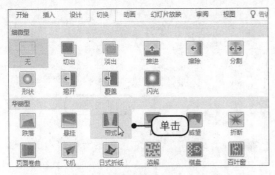

图 18-184

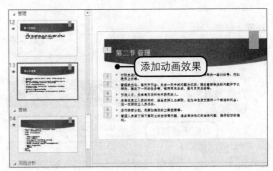

图 18-185

18.5.4　将演示文稿发布为视频

为了节约人力和财力，可以将制作的商业计划书演示文稿发布为视频，便于其他人观看视频，达到传播的目的。

步骤01 单击"导出"命令。继续上小节中的"商业计划书演示文稿"，单击"文件"按钮，在弹出的菜单中单击"导出"命令，如图18-186所示。

步骤02 选择创建视频。在"导出"选项界面中单击"创建视频"选项，如图18-187所示。

步骤03 创建视频。❶在右侧的"创建视频"界面中设置"放映每张幻灯片的秒数"为"20"秒，❷单击"创建视频"按钮，如图18-188所示。

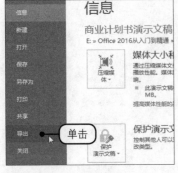

图 18-186

图 18-187

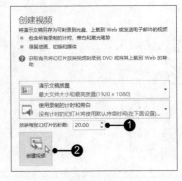

图 18-188

步骤04 设置保存位置和文件名。弹出"另存为"对话框，❶在地址栏中选择视频保存的位置，❷在"文件名"文本框中输入视频名称，如图18-189所示，最后单击"保存"按钮。

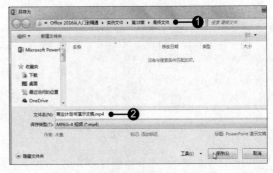

图 18-189

步骤05 查看创建的视频。返回文稿中，可在该文稿的状态栏中看到视频的制作进度，如图18-190所示。

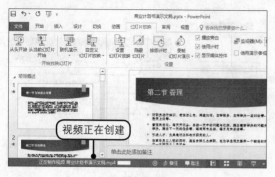

图 18-190

步骤06 查看创建的视频。打开步骤04中所设保存位置对应的窗口，便可看到创建的视频文件，如图18-191所示。

图 18-191